두근두근 해외여행

여행준비의 달인 쏘댕기자의
해외여행 실전코칭

임소정 지음

꿈의지도

계획대로 되지 않는 게 인생이라는데, 여행은 더더욱 그렇다. 대학교 1학년, 첫 여행 경비를 모으기 위해 불철주야 과외 아르바이트를 했다. 가르치던 고3이 원하던 대학에 합격하자 휴대폰에 불이 났다. "저, 곧 떠나요." 당당하게 공표했건만 못 떠났다. 고향에 계신 아버지가 여자 혼자 무슨 배낭여행이냐며 '내 귀에 캔디'도 아닌 "내 눈에 흙이…" 노래를 부르셨다.

그로부터 3년 뒤 유럽 땅을 밟고서, 다시 여행은 못 갈 줄 알았다. (그 파란만장한 여행에 대해서는 1장에 살짝 나온다.) 그러나 직장에 매이자마자 언제고 기어나갈 궁리만 하기 시작했다. 길어봤자 1주일인 휴가를 불사르며 가까운 일본부터 지구 반대편 남아공까지 날아갔다. 가고 싶은 곳이 생겨도 떠나고, 그저 시간만 생겨도 떠났다.

평범한 여행이었다. 귀가 습자지처럼 얇다 보니 추천장소 위주로 다녔다. 명불허전인 곳도 있지만, 듣던 것만 못하거나 취향에 안 맞을 때도 있었다. 덕분에 여행에는 정답이 없다는 걸 알았다. 때론 기차를 잘못 타서 자포자기 상태로 무작정 걸었던 소박한 골목이, 잘못 주문해서 황망하게 남기고 나온 식사가 더 기억에 남기도 했다.

결국 책까지 쓰게 된 건 이런 실패들 덕분이다. 내 인생이 시트콤인가 싶은 실패의 기억들도 누군가에겐 쓸모가 있기 때문이다. 스스로 준비하고 발로 쏘다닌 곳들을 최대한 넣으려 노력했다. 남들이 권하는 것 중에서 좋았던 것과 싫었던 것을 되도록 적나라하게 알리려 했다. 왜 여행을 하는지, 어떻게 준비하는지, 그 준비가 얼마나 즐거운지도 공유하고 싶었다. 평소 일정표에 모든 정보를 우겨넣어 가볍게 들고 다니는데, 책 속에 100% 구현하지 못해 아쉽다.

재미도 없고, 감동도 없고, 유익하지도 않은 책은 아니길 바란다. 재미를 interesting(흥미로운)이 아니라 funny(웃기는)로 오해하고 던진 무리수들이 보이더라도 바다 같은 마음으로 품어주시길 부탁드린다. '늦었다고 생각할 때가 가장 늦은 거다'라는 우스갯소리가 있지만, 여행에 있어서 늦은 때란 없다. 우물쭈물하느라 못 떠나던 누군가가 이 책을 읽고 '여행 준비 1주일만 하면 쏘댕기자만큼 쏘댕긴다'는 자신감을 품기를 소망한다.

2014년 3월 어느 날, 정동에서,

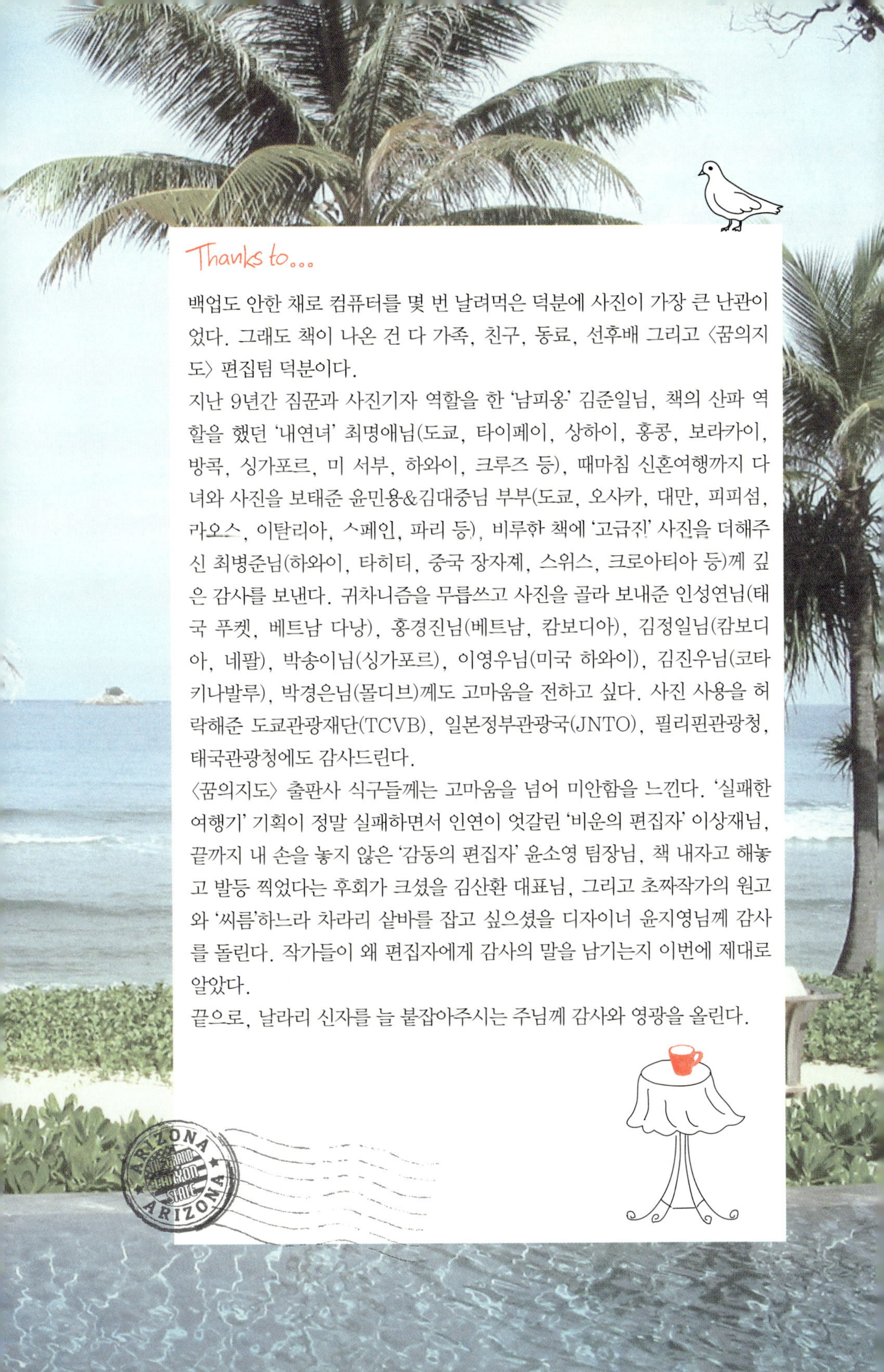

백업도 안한 채로 컴퓨터를 몇 번 날려먹은 덕분에 사진이 가장 큰 난관이었다. 그래도 책이 나온 건 다 가족, 친구, 동료, 선후배 그리고 〈꿈의지도〉 편집팀 덕분이다.

지난 9년간 짐꾼과 사진기자 역할을 한 '남피옹' 김준일님, 책의 산파 역할을 했던 '내연녀' 최명애님(도쿄, 타이페이, 상하이, 홍콩, 보라카이, 방콕, 싱가포르, 미 서부, 하와이, 크루즈 등), 때마침 신혼여행까지 다녀와 사진을 보태준 윤민용&김대중님 부부(도쿄, 오사카, 대만, 피피섬, 라오스, 이탈리아, 스페인, 파리 등), 비루한 책에 '고급진' 사진을 더해주신 최병준님(하와이, 타히티, 중국 장자제, 스위스, 크로아티아 등)께 깊은 감사를 보낸다. 귀차니즘을 무릅쓰고 사진을 골라 보내준 인성연님(태국 푸켓, 베트남 다낭), 홍경진님(베트남, 캄보디아), 김정일님(캄보디아, 네팔), 박송이님(싱가포르), 이영우님(미국 하와이), 김진우님(코타키나발루), 박경은님(몰디브)께도 고마움을 전하고 싶다. 사진 사용을 허락해준 도쿄관광재단(TCVB), 일본정부관광국(JNTO), 필리핀관광청, 태국관광청에도 감사드린다.

〈꿈의지도〉 출판사 식구들께는 고마움을 넘어 미안함을 느낀다. '실패한 여행기' 기획이 정말 실패하면서 인연이 엇갈린 '비운의 편집자' 이상재님, 끝까지 내 손을 놓지 않은 '감동의 편집자' 윤소영 팀장님, 책 내자고 해놓고 발등 찍었다는 후회가 크셨을 김산환 대표님, 그리고 초짜작가의 원고와 '씨름'하느라 차라리 샅바를 잡고 싶으셨을 디자이너 윤지영님께 감사를 돌린다. 작가들이 왜 편집자에게 감사의 말을 남기는지 이번에 제대로 알았다.

끝으로, 날라리 신자를 늘 붙잡아주시는 주님께 감사와 영광을 올린다.

Chapter 1 아직도 해외여행을 망설이는 그대에게

Chapter 2 해외여행 이렇게 떠나보자–계획짜기 준비편

Chapter 3 쏘댕기자의 해외여행 버킷리스트

CONTENT

Chapter 4 쏘댕기자의 해외여행 실전편

하나

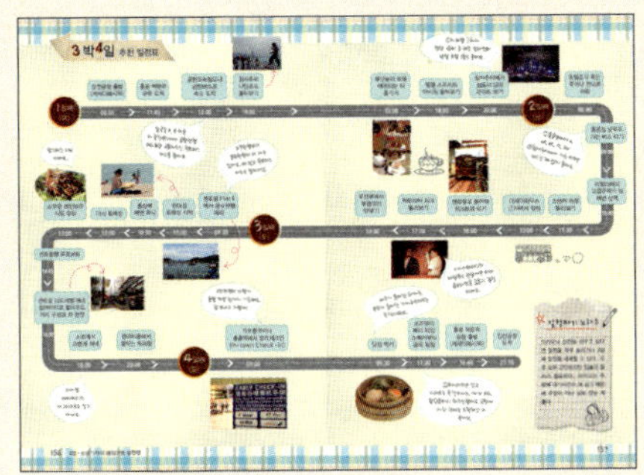

일정에 꼭 맞는
추천 일정표가 보기 쉽게
정리되어 있어요.

둘

MUST DO *이건 꼭 해보자,*
MUST SEE *이건 꼭 보고오자,*
MUST EAT *이건 꼭 먹고 오자,*
MUST STAY *여기서 묵어보자*를 통해
그곳에서 무엇을 보고, 무엇을 하고, 무엇을 먹고,
어디서 자야 하는지 콕콕 찍어 알려줘요.
〈두근두근 해외여행〉 실전편은 알짜 여행족보예요.
이것만 보면,
"기껏 거기까지 가서 그것도 못 봤냐,
그것도 못 먹고 왔냐, 엉뚱한 데서 잤냐?"
핀잔 듣고 후회하는 불상사는 절대~절대~ 없을 거예요.

셋

쏘댕의 친절한 여행코칭
에서는 그 지역으로 가는 항공편,
공항에서 시내로 가는 법,
현명한 환전 방법, 기념품 사는 노하우 등
놓치기 쉬운 여행 팁들을 세세히 알려줘요.
여행준비는 여행준비의 달인
쏘댕과 함께~

Chapter 1

아직도 해외여행을 망설이는 그대에게

이. 떠나지 못하는 당신, 정녕 쥐꼬리 월급 탓일까?

돈 없어서 여행 못 간다는 당신. 혹시 억대 연봉이 되면 여행가려고 계획 중이신가? 당신을 위해 냉수 한 사발 주문해드리고 싶다. 쫙 들이키고 정신 차리시자. 다음 분은 혹시 열심히 로또 사서 부자된 다음에 맘껏 놀 생각이신가? 꿈★이라고 다 이뤄지는 거 아니다. 앞에 분 냉수 사발 리필해서 쫙 들이키고 맑은 정신에 만나자.

대한민국 직장인의 납세액에 대한 자료에 따르면, 대한민국 직장인 1인당 평균 연봉은 2,817만원 (2012년 기준)이었다. 이 평균치보다 많이 받는 사람, 그냥 여행가면 된다. 평균치보다 덜 받는 사람, 아껴서 가면 된다. 지속적으로 큰 지출을 해야 할 의무만 없다면 누구나 해외여행 어렵지 않다. 저 연봉보다 훨씬 덜 벌던 때부터 여행 다니던 사람, 여기 있다.

혹시 여행비용 마련이 어렵게 느껴진다면 매달 10만원씩만 여행을 위해서 떼어놓아 보자. 1년에 120만원이면 적어도 1년에 한 번 해외여행을 남부럽지 않게 다녀오고, 쇼핑할 돈이 남는다. 계절마다 떠나고 싶다면 매달 25만원씩 모으면 된다. 일본 밤도깨비여행(60만원), 중국 2박3일(60만원), 필리핀 3박4일(90만원), 태국 3박5일(90만원)… 12달간 모은 300만원이면 가능한 일이다.

혼자서 돈을 모으기 어렵다면 함께 여행갈 친구를 만들어보자. 그리고 조금이라도 이자를 보태주는 통장(적금 혹은 CMA통장)을 하나 만들어서 여행 장소를 이름으로 붙여 계를 조직해 보자. 예를 들자면 푸켓먹자계, 사이판놀자계 등등. 달력에 X자 치면서 날짜를 꼽아보면, 제대나 출소날짜 기다리는 사람처럼 가슴 콩닥거리는 재미도 있다.

여행비용을 모으는 과정에서 삶의 긍정적 변화도 생길 수 있다. '식후불연 삼보즉사 食後不燃三步卽死'라던 좌우명을 버리고 흡연횟수를 줄인다거나, 밤늦게 택시 잡느라 오만고생 다하는 대신 일찍 지하철을 탄다거나, 점심 먹고 별다방에 줄서서 아메리카노 한잔 사먹는 대신 봉지커피로 아메리'카누'에 만족하는 식으로 말이다.

02. 빚내서 산 아파트, 머리 위에 이고 사실 건가?

직장인들의 고정지출 중 가장 큰 부분이 주택담보대출 원리금이다. 최근 몇 년 사이에 '하우스 푸어'라는 단어가 여기저기서 많이 들려온다. 과하게 빚내서 집을 장만했다가 엄청난 원리금 쓰나미가 몰려와, 집은 있지만 살림은 어려운 사람들을 부르는 용어다. 집값이 오르던 시절에야 기쁘게 이자를 갚으며 살 수 있었겠지만, 부동산 경기가 예전 같지 않아진지 오래다. 손해를 감수하고 집을 팔려 해도 거래조차 별로 없어서 동분서주 오매불망 발 동동거리는 경우 꽤 봤다.

실은 몇 해 전 여름, 지은 지 20년이 넘은 코딱지만한 아파트형 연립을 사려고 했다. 뉴타운 예정지로 지정돼서 가격은 이미 두 배 뛰어 있었고, 결혼한 지 몇 년이 되지 않아 수중에 큰돈도 없었다. 하지만 나중에 새 아파트로 변신할 곳이니 빚을 내서 투자할 가치가 있겠거니 생각했다. 그런데 도장 찍는 날, 집주인이 나타나지 않았다. 그 가격에 팔기가 아까웠던 모양이다. 그로부터 딱 석 달 뒤 '리먼 브러더스'가 무너졌다. 월스트리트 발 금융위기에 수많은 회사들이 휘청댔고 직장인들의 월급이 깎였고 언론사도 예외는 아니었다. 그 때 집을 샀다면, 지금쯤 좁디좁은 집에서 바닥이 꺼져라 한숨을 쉬며 살고 있을지 모른다. 해외에서 보내는 휴가는 꿈도 못 꾼 채.

집은 있는 게 안정적이라는 말, 맞다. 이미 가정을 이뤘고 자식들이 커가고 있다면 2년마다 이사를 다니는 것도 귀찮고 힘든 일이다. 그러나 자기 깜냥 이상으로 빚을 내서 집을 사는 건 도박이다. 장밋빛 미래를 꿈꾼다 해도, 그 꿈만 갖고 감당하기에는 돈에 쪼들리는 현실이 녹록치 않다. 사람은 현재를 사는 존재다. 나중을 위해 너무 많은 것을 희생하면 현재의 삶이 고통이 된다. 지금 행복하고자 한다면, 분에 넘치는 집보다는 자신을 위한 투자를 권하고 싶다. 그게 내겐 여행이었다.

3) 새 차 사서 살림살이 좀 나아지셨나?

남자들은 특히 차와 자신의 자존심을 동일시하는 경향이 있다. 주변 사람들의 차에도 은근히 신경을 쓰며 비교도 한다. 허나 새 차를 사면 할부를 택한다 해도 부담이 만만치 않다. 36개월간 다달이 수십만 원이 쥐도 새도 모르게 통장에서 빠져나가고, 새 차가 긁힐라, 더럽혀질라 걱정하느라 차의 노예가 될 지경이다. 허나 이것만은 알아두자. 할부금 다 갚기도 전에 새 차는 사라지고 헌 차만 남는다. 보장한다.

"내 차가 내 인격이고 품위야!" 이렇게 말하는 사람도 있을 수 있다. 인정한다. 어화둥둥 금지옥엽 차만 아끼며 '애마남편'으로 오래오래 행복하시길 빌어도 드린다. 허나 그 정도는 아닌 사람이라면 다시 생각해보자. 수천만 원을 호가하는 새 차에 유리알 월급을 저당잡히는 건 당신의 행복을 저당잡히는 일이다. 산은 산이오, 물은 물이오, 자동차는 자동차일 뿐이다. 과하지 않게, 딱 생활필수품의 수준으로만 투자하고 관리하자. 차에 대한 눈을 좀 낮추자는 말이다. 그리고 남는 돈으로 우리 사는 지구의 아름다운 모습을 조금 더 만나보자.

참고로 내겐 17년 된 똥차가 있었다. 언니에게서 내비게이션보다도 싼 값에 넘겨받았더니, 늘 (차 말고) 내비를 도둑맞을까 걱정이었다. 주말나들이 때만 핸들을 잡았더니 기름값도 별로 안 들었고, '사고 나면 폐차'라는 마음으로 '자차 손실 보장'을 뺐더니 보험료도 저렴했다. 주행거리 25만㎞를 돌파했어도 '숨 막히는 뒤태'를 유지하던 똥차 덕분에 늘 여행자금이 풍족했다. 아직 차가 없는 상황이라면 딱 잘됐다. 세상이 당신을 뚜벅이라 비웃어도, 아직 차도 없냐고 소개팅녀가 타박해도, "돈이 없는 게 아니라 온몸으로 지구 사랑을 실천하고 있다"고 말해주자. 평소 대중교통을 이용하면서 환경을 생각하고, 몇 달에 한 번은 지구의 속살을 만나러 떠날 수 있지 않은가.

4) 지금 명품백 포기하면 '방,콕' 대신 방콕 여행인데?

전설의 게임 디아블로가 오랜만에 다시 나왔을 때, 온 동네 남자사람들이 들끓었다. 심지어 한정판을 사겠다고 왕십리역에 하루 전부터 줄을 선 '덕후'들의 물결. 여자사람들로서는 도저히 이해할 수 없는 이 현상을 단칼에 이해시킨 무용담이 인터넷에 올라왔다.

여자 도대체 왜들 디아블로에 미치는 거야?
남자 샤넬이 15년간 '빽'을 안 만들다가, 어젯밤 12시에 내놓았다면?
여자 아~하!!!!

명품백에 대한 무한사랑 인정한다. 꼭 수천만 원짜리까지는 아니라도, 면접 자리나 선보는 자리에서 스스로의 안목이 너무 찌질해 보이지는 않을 정도의 가방 하나, 아이들 학부형 모임 갈 때 다른 집 엄마들이 남 걱정하게 만들지는 않을 정도의 가방 하나는 있어야 된다고 치자. 그러나 거기까지다. 명품이라 엄마가 자식한테 물려줄 만큼 오래 쓸 수 있다는 건 옛말. 이제 명품은 장인들이 한 땀 한 땀 만들어내는 귀한 제품이 아니라, 누구나 따라하고 싶도록 소비를 부추기면서 대량생산되는 사치품에 불과하다. 게다가 비싼 가방 하나를 산다고 '클리어'할 수 있는 게임이 아니다. 미션 하나를 완수하면 다음 유행을 향해 죽어라 달려가야만 하는 네버엔딩 게임이다.

명품가방 휘감고 버스나 전철 탈 수도 없는 노릇이다. 어디 긁힐까, 뭐라도 묻을까 조심해야지, 가방에 맞게 옷의 격도 갖춰줘야지, 소비의 악순환이 시작된다. 잊지 말자! 여자들의 충동구매와 남자들의 '단란한 시간'이 남긴 술값 폭탄은 '돈 버는 거지'로 가는 양대 지름길일 뿐이다. 물론 충동구매 남성과 술값 폭탄 맞는 여성도 마찬가지다. 정 좋은 가방이 하나 필요하다면, 비싼 백화점 대신 여행사 사이트로 가보자. 그리고 명품백을 사려던 돈으로 비행기표를 사자. 그러면 최대 70%까지 깎아주는 국내 면세점에 가는 길이 열리고, 홍콩, 싱가포르, 안도라공화국, 지브롤터 같은 면세 지역의 세일기간에 맞춘 여행도 가능하다.

5) 노처녀&노키드족, 당신은 여행하기 위해 태어난 사람!

해외로 기어나갈 때마다 언니는 늘 "나도 데려가"라고 외친다. 그러나 막상 같이 떠나려고 계획을 세워도 아이들과 남편 때문에 포기하는 경우가 부지기수다. 남편과 아이들 탓에 운신의 폭이 넓지 않다. 아직 결혼을 하지 않은 싱글이라면 자유롭게 여행할 수 있는 상황을 긍정적으로 생각해보자. 골드미스, 골드미스터가 아니라 '구리구리' 브론즈미스나 혼자 개풀 뜯어먹는 소리나 하는 초식남이라도 여행자로서는 훌륭한 자격조건이다.

친구와 여행을 가는 것도 자유롭고, 혼자 떠나더라도 훨씬 많은 사람들과 어울릴 수 있으니까. 게다가 여행은 짝을 만날 수 있는 장이 되기도 한다. 인도나 유럽에서 만나 신혼여행을 세계일주로 떠났다는 커플도 여럿이다. (물론 여행 중 몇 번이나 마주친다고 운명이겠거니 착각하지는 말자. 보편적 여행루트는 운명이 아니라도 많은 사람을 마주치게 만든다.)

아직 아이가 없는 부부도 여행에는 딱이다. 일생에서 가장 풍족한 예산으로 다녀오는 신혼여행을 시작으로 "아이가 생기면 못 간다"는 마음으로 열심히 다니자. 그러다 양가 부모님의 눈치가 보이면 "아이 만들러 간다"로 목적만 바꾸면 된다. 아이가 생기면 여행은 끝일까? 천만에! 요즘 산모들 머리 좋다. '태교여행'이라는 신조어를 만들어서 임신 초기와 만삭 사이 기간에 비행기를 꼭 탄다. 사실 몸은 무겁고 비행은 힘들지만, 태교라는 핑계로 맛난 거 먹고 푹 쉴 수 있으니 여자로서 이 절호의 찬스를 마음껏 누려보자.

애를 낳고 나면, 이제는 정말 끝일까? 천만에! 아이는 24개월 미만이면 성인 항공운임의 10%만 내면 된다. 따로 좌석이 없지만 배시넷(Bassinet, 아기요람)을 신청하면 좌석 앞에 작은 아기침대를 걸 수 있는 자리를 준다. 아기요람이 작을 정도로 아이가 크다면 체크인 할 때 옆자리 하나를 비워달라고 요청해보자. 만석만 아니면 좌석 하나를 '블록'해주니 편하게 갈 수 있다. 출국 72시간 전에 베이비밀이나 토들러밀을 전화로 신청하면 아이용 식사와 함께 장난감도 준다.

6) 여행은 세상을 다르게 보게 한다

난, 타고난 길치, 방향치다. 그런 사람이 낯선 곳에 가는 걸 즐긴다면, 다 '믿는 구석'이 있기 때문이다. 준비한 자료가 늘 완벽하냐고? 아니, 택도 없다. 아무리 준비를 해도 현지에선 늘 예상치 못한 일들이 벌어진다. 그럼 뭘 믿느냐고? 사람들이다. 길을 헤매면 누군가 와서 가르쳐주고, 기차를 잘못 타고 있으면 누군가 갈아탈 곳을 알려주고, 차가 끊기면 차를 태워준다. 세상엔 여행자를 도와줄 넓은 마음을 가진 사람이 참 많다. 덕분에 난 세상을 바라보는 눈이 달라졌다.

종말이 오네 마네 하던 20세기말 떠난 첫 유럽 배낭여행, PC통신의 '동행 찾기'로 만난 아이와 서로 다른 비행기로 런던 히드로공항에 도착했다. 접선하는 것부터 시련이 있다. 서머타임 닷에 시간을 잘못 알아서 도착 후 몇 시간이 시나노톡 공항을 헤맸다. 우여곡절 끝에 극적 상봉을 했더니, 바로 다음날 그녀는 지하철에서 백팩을 털렸다. 그리고 그로부터 이틀 뒤 우리는 도버해협을 코앞에 앞두고 국제미아가 될 뻔했다.

분명 버스가 통째로 배를 타고 바다를 건넌다는 유로라인 티켓을 산 줄 알았다. 그러나 버스는 우릴 침침한 버스정류장에 덜렁 내려주고 떠나버렸다. 가도가도 항구는 안 나오고, 생수 2통이 든 트렁크를 끌던 친구는 곧 "나를 버리고 가라" 할 태세였다. 2시간도 넘게 헤매다 '이렇게 우리는 끝나는구나, 생각한 순간 불 꺼진 건물에서 아저씨 한 분이 나왔다. 생판 모르는 아저씨의 자동차를 얻어 타고 신나게 달려 배에 올랐다. 새벽바다 위로 떠오르는 붉은 해를 보는데, '아아! 어떤 상황이 생겨도 해결은 되는구나' 싶어 뭉클했다.

물론 그 이후로도 사기를 당하고 급체로 고생하는 등 사건사고는 끊이지 않았다. 그래도 계속 여행을 꿈꿀 수 있었던 건, 유럽의 풍광이 아름다웠기 때문이 아니라 얼굴도 까먹은 한 아저씨의 친절 덕분이었다. 내가 여행을 통해 배운 건 이 세상의 따뜻함이었으며, 여행을 통해 얻은 건 반전에 반전을 거듭하는 인생과 여행을 둘 다 진심으로 즐길 수 있게 되었다는 것이다.

7) 여행이 성격을 바꿔준다

눈이 큰 사람은 겁이 많다는데, 나는 겉으로 보이는 것보다 몇 배는 더 큰 눈을 가졌나보다. 몸으로 하는 모든 것이 두려워 늘 피하려고만 한다. 피구를 하라 그러면 얼른 맞고 나가고 싶고, 자동차를 운전하면 차선을 못 바꿔 부산까지 갈 기세고, 자전거를 타면 차가 지나갈 때마다 멈춰 서느라 걷는 것보다 늦고, 스키를 타면 리프트에 발이 걸리고, 스케이트를 타면 벌벌 떠느라 트리플 회전을 하지 않아도 회가 동할 지경이다.

그런 사람이 어떻게 낯선 곳에 가고, 낯선 사람들을 만나는 걸 즐기느냐고 물으신다면 이렇게 답하겠다. 설렘은 두려움을 이긴다고. 공항버스나 공항철도를 타고 영종도로 넘어갈 때, 온몸에 퍼지는 여행을 향한 설렘. 그것이 바로 말도 안 통하는 곳에 가는 두려움도, 언제나처럼 길을 헤맬 거라는 걱정도 이겨내게 하는 원동력이라고!

소심하고 소극적인 성격이 여행을 통해 극복된 부분도 있다. 낯선 곳에 가면 생존본능이 "여보세요, 잠깐만요" 하며 두더지게임처럼 고개를 내민다. 여행만 가면 어디서 그런 친화력이 샘솟는지 길가는 사람도 붙잡고 숙소 아줌마도 붙잡고 식당 옆자리 아저씨도 붙잡고… 아주 거미여인이 따로 없다. 그저 동네 맛집 어디어디 가봤느냐부터, 때론 인생에 대한 깊은 대화를 이어가기도 한다. 여행은 새로운 인연과 만나는 기회이자 숨겨졌던 내 새로운 모습, 즉 사람에 대한 순결한 호기심과 조우하는 기회다.

혹시라도 겁이 날 땐 "지금 아니면 언제 하겠어?" 그 한 마디가 모든 일의 열쇠다. 그리고 한번 떠나보면 안다. 여행, 별 거 아니다. 일단 떠났다면, 앞으로는 무엇에든 도전할 수 있다. 떠남 자체가 가장 큰 도전이므로.

8) 여행이 일상에 에너지를 준다

어찌 보면 여행은 참 피곤한 일이다. 비행기에서는 답답한 이코노미석에 앉아 맛없는 기내식에 사육당하고, 생각보다 시시한 관광지와 실망스러운 숙소를 만날 수도 있다. 택시기사랑 신나게 흥정했는데 나중에 보니 역시나 바가지였고, 맛집을 발이 부르트게 찾아갔는데 입맛에 안 맞아 속만 뒤집히는 수도 있다. 비싼 대중교통비 아껴보겠다고 지하철역 몇 개를 걸었더니 저녁에는 다리가 아파 질질 끌고 다닐 정도가 되기도 한다.

그런데 참으로 신기하게도, 정신적 피로는 말끔히 사라진다. 솔까말(솔직히 까놓고 말해서), 여행을 떠날 수 없었다면 나는 매일 마감 스트레스와 싸우는 이 직장에 오래 못 다녔을 것 같다. 틈날 때마다 여행을 떠나는 사람늘 숭에는 긴 여행을 꿈꾸는 사람도 많다. 좀 더 길게 그곳을 알고 싶고, 세계를 한 바퀴 돌며 그동안 멀어서 귀찮아서 비싸서 못 갔던 곳들을 다 만나고 온다거나, 어딘가 한 곳에 진득하니 머물며 이방인의 삶을 살아보겠다는 욕심도 들기 마련이다. 하지만 나는 직장에 착 달라붙어 있으면서 이렇게 기를 쓰고 떠나는 것이 좋다. 직장은 내게 여행 떠날 돈을 주고, 떠나고 싶게 만드는 스트레스도 준다. 나는 죽어라 떠났다가 죽어라 돌아온다. 내게 떠남은 돌아오기 위한 과정이고, 돌아온 일상을 버티기 위해서 나는 다시 떠난다.

여행은 내게 에너지를 주는 원천이고, 나의 숨 쉴 구멍이다. 갑갑한 일상은 내게 여행할 의지와 비용을 주는 원천이다. 바쁜 일상이 없이는 여행의 재미도 없다. 실제로 사정상 회사를 1년간 쉬었던 때는 여행에 대한 욕구도 사라졌다. 긴 여행에 대한 꿈이 없지는 않지만, 여행이 일상이 되는 것이 두렵기도 하다. 그럼 여행이 내게 스트레스를 줄 텐데, 그 스트레스는 어찌 푼단 말인가.

고로 난 늘 돌아온다. 그리고 다시 돌아오기 위해 떠난다.

9) 여행의 추억, 절대 줄지 않는 나의 자산

어린 조카는 나를 '부자 이모'라고 불렀다. 허구한 날 해외여행을 간다는 게 그 이유였다. 사실 나는 부자는커녕 중산층에 해당되는지도 의심스럽다. 경제 관련 통계에 나오는 중산층은 '인구를 소득 순서로 세웠을 때 한가운데 있는 사람의 소득(중위소득)의 50~150%에 해당하는 계층'을 말한다. 대부분의 사람들이 생각하는 중산층의 기준은 이보다 한참 높다.

한 경제신문 온라인사이트가 2013년 초 실시한 설문조사에 따르면, 응답자의 45%가 "순자산 10억원 이상을 가져야 중산층"이라고 답했다. 인터넷에 떠도는 '한국 중산층의 5대 조건'도 비슷한 수준이다. 빚 없는 30평대 이상 아파트, 월급 500만원 이상, 2,000cc 넘는 차, 1억원 넘게 든 통장, 최소 1년 1회 이상의 해외여행 등이다. 죄다 경제력이 기준이다 보니 마지막 항목 말고는 당최 해당사항이 없다.

설령 저 다섯 가지 조건을 다 갖췄더라도 삶에는 만족 못할 수 있다. 수치나 통계와는 상관없이, 스스로 삶의 질을 어떻게 느끼고 있는가가 문제다. 십여 년 간 여행에 쏟은 돈이 그리 적지는 않겠지만, 그 돈 꼬박꼬박 모았다고 더 행복했을 것 같지는 않다. 그래도 세상에 추억계좌라는 게 있다면 꽤 부자에 속할지도 모른다. 지난 여행들이 차곡차곡 쌓여 있고, 새로 쌓을 계획도 늘 있으며, 어딜 가는 게 좋을지 고민하는 사람들에게 작은 이자(커피?)에 대출(일정표와 사진 공유)도 해줄 수 있으니까. 게다가 추억계좌는 내가 아무리 '마이너스의 손'이라도 투자해서 망할 일도 없으니, 잘하면 대한민국 '여행 중산층'에는 당당히 속할 것 같다.

10) 시작하자, 여행보다 더 즐거운 여행준비

앞서 말한 9가지 중 어느 하나에라도 솔깃했다면, 당신이 지금 할 일은 '준비'다. 마음의 준비가 끝났다고? 몸으로도 준비를 해야 한다. 마음만 세계여행 중이고 몸은 아무 것도 안 하면 공항 근처에도 못 간다.

여행준비는 여행의 재미를 앞당겨서 맛보는 과정이다. 어디를 갈지, 무엇을 할지, 뭘 먹을지, 여행준비의 세계는 깊고도 넓으며 파도 파도 새로운 것이 나오는 화수분이다. 덕분에 여행만큼이나 설레고, 여행의 피곤은 쏙 빠져 있기 때문에 상당히 즐겁다. 한번 여행준비에 중독되어 보면, 여행 자체보다 여행준비를 즐기게 되기도 한다. 덕분에 준비만 해놓고 못간 곳이 쌓이고, 가보지도 않았으면서 아는 척 허세를 부리다 불현듯 '아, 나 여기 아직 안 갔지?' 깨닫기도 한다.

아는 만큼 보이고, 아는 만큼 찾아가고, 아는 만큼 아낄 수 있지만, 모든 것을 알아야 즐거운 여행이 되는 것은 아니다. 게다가 모든 것을 다 아는 건 불가능하다. 세상에 수많은 가이드북이 있지만, 어느 것도 당신의 여행에 발생할 모든 상황을 말해줄 수는 없다. 어차피 여행은 '100% 리얼'이고, 정답도 없다. 적당히 알고 떠나 예상치 못한 것들과 만나는 것도 여행의 묘미다. 그 만남이 기쁨을 줄 수도 있고 괴로움을 줄 수도 있다. 하지만 괴롭고 힘들었던 여행이 더 기억에 남는 법 아닌가.

알 수 없다는 것, 그게 누군가가 떠났던 길을 또 떠나야 하는 이유다. 그래서 이 말을 하고 싶어 입이 간질간질 간질발작을 할 지경이다.
"어여어여 쏘댕기자고요, 응?"

1. 여행지, 어디로 정할까
2. 비행기, 어떤 걸 탈까
3. 숙박, 어디서 머물까
4. 일정, 어떻게 짤까
5. 예산, 얼마면 되겠니
6. 지금 필요한 건 뭐?
7. 지금 공항으로 간다

Chapter 2
해외여행
이렇게
떠나보자
·
계획짜기
준비편
ⓒ 최병준

여행지, 어디로 정할까

여행을 떠나기 전에 가장 우선적으로 정해야 하는 것은 목적지다. 여행기간, 여행지역의 기후, 여행경험의 유무, 그리고 뭘 하고 싶은지, 누구와 떠나는지 등 다양한 기준에 따라 목적지를 정할 수 있다. 목적지를 먼저 정하고 항공권을 끊는 게 수순이지만, 간혹 싼 비행기표에 파닥파닥 낚여서 목적지를 정하는 경우도 있다. 한 곳만 콕 찍어 준비하는 것보다는, 가고 싶은 곳 두 곳 정도를 후보군에 올려놓고 항공권 상황을 본 다음 결정하는 것도 방법이다.

★ 여행기간과 비행시간을 맞춰라

여행에 필요한 최소한 날짜를 어림잡고 싶다면, 여행일자와 편도 비행시간의 숫자를 맞춰보면 된다. 예를 들어 3일간 여행을 다녀올 생각이라면 직항으로 3시간 이내의 여행지가 적당하다. 공항에 두어 시간 일찍 도착해 출국수속을 해야 하고 도착해서 입국심사도 받아야 하기 때문에, 2박3일이라도 놀 수 있는 날은 이틀에 불과하다.

같은 기준에서, 4일짜리 여행이라면 비행시간 4시간 이내, 5일짜리 여행이라면 5시간권의 여행지를 물색하는 것이 좋다. 예를 들자면 비행시간이 3시간 이내인 일본 후쿠오카나 중국 상하이는 최소 2박3일이 필요한 여행지다. 5시간 안팎이 걸리는 베트남, 태국 등은 최소 4박5일 이상이어야 한다. 경유편 비행기를 이용하게 된다면 여행 일정을 하루나 이틀 정도는 길게 잡아야 느긋하다. 여행 이후 시차적응이나 피로회복을 위해 휴가 마지막 날 정도는 비워두는 것이 좋다.

★ 건기와 우기 등 날씨를 알고 떠나라

동남아 지역의 날씨는 크게 건기와 우기 2가지로 구분한다. 적도 살짝 아래의 남반구에 걸쳐진 인도네시아 발리는 우리의 여름 휴가철이 들어 있는 5~10월이 건기라 여행하기에 가장 좋다. 하지만 말레이시아, 베트남, 필리핀은 이 시기에 비가 많다. 태국은 말레이반도를 중심으로 날씨가 다르다. 말레이반도 왼편에 있는 푸켓과 크라비는 우리나라의 여름에 우기다. 반면, 코사무이나 코따오처럼 말레이반도 오른편에 있는 섬은 8월까지 괜찮다가 9월부터 비가 오기 시작한다.

동남아의 우기는 하루 두어 차례 열대성 스콜(소나기)만 내리는 경우가 많다. 문제는 파도가 거세기 때문에 섬 여행에 제약이 있다는 것. 바다 속 풍경도 건기만은 못하다. 덕분에 건기에는 숙박비가 2배까지 비싸진다. 저렴하면서도 날씨가 나쁘지 않은 시기는 우기의 시작이나 우기의 끝이다. 우기 가격으로 건기와 비슷한 날씨를 즐길 가능성도 있다.

우리나라의 한겨울에 흔히 '아열대'라 부르는 지역, 즉 홍콩이나 대만, 중국 하이난, 베트남 북부를 찾는 경우 주의할 것이 있다. '겨울에도 따뜻하겠거니, 수영도 할 수 있겠거니' 하는 거다. 그러나 천만에 말씀, 만만의 콩떡 되시겠다. 게다가 중요한 것! 웬만한 숙박업소에 '난방'이라는 개념이 없다. 호텔방이 추우면 "히터가 고장났다" 따지지 말고 "담요를 더 달라"고 해야 문제가 해결된다.

일본 도쿄나 홍콩, 괌, 사이판, 태국 방콕, 싱가포르 등은 직항으로 갈 수 있고, 관광 인프라도 잘 갖추고 있다. 첫 해외여행지로 손색이 없다. 일본의 대도시들은 영어가 잘 통하는 곳은 아니지만 공항이나 지하철 등 곳곳의 안내판에서 한글표기를 볼 수 있다. 택시비는 비싸지만 전철과 버스 등 대중교통이 잘 갖춰져 있다.

홍콩은 볼거리도 많지만 다른 중국 도시들과 달리 영어가 잘 통한다는 큰 장점을 가졌다. 특히 홍콩 영화를 많이 본 세대에게는 추억이 방울방울 퍼지는 도시이면서 먹을 것도, 쇼핑할 것도 많다.

괌과 사이판은 직항으로 갈 수 있는 휴양지다. 미국령이기 때문에 영어가 통하고, 리조트와 해변에서 놀다 프랜차이즈 식당들과 '미제 쇼핑'을 즐길 수 있다.

태국의 수도인 방콕은 동남아 여행의 입문 장소로 손꼽힌다. 서양여행자들이 워낙 많아서 기본적으로 영어가 통하고, 대도시임에도 호텔 값과 음식 값 등 기본적 물가가 저렴해 가격 대비 만족도가 '갑'이다. 싱가포르는 도시 자체가 청결하고 영어가 잘 통하며, 지하철도 잘 갖춰져 있으면서 택시비가 비싸지 않아 이동이 편하다.

여행 경험이 많지 않다면, '여행=관광'이라고 생각해도 사실 무리는 없다. '백문이 불여일견'이라고, TV나 신문, 영화 속에서 보고 듣기만 했던 유명한 장소들을 실제로 보는 것은 충분히 감동적이고 의미 있는 일이다. 우리나라를 벗어나서 새로운 세상을 만난다는 의미도 있다. 언젠가 한번 가고 싶었던 곳을 몇 곳 골라놓고, 거리와 내 일정을 고려해서 선택만 하면 된다.

그러나 관광이 주가 되는 여행을 몇 차례 해보면 일정에 피로를 느끼게도 된다. 일상도 바빴는데, 여행조차 바빠야 하나 싶고, 책이나 인터넷에서 보던 사진에 포토샵으로 내 사진 갖다 붙여도 다를 게 없을 것 같은 기념사진에 회의가 들 수도 있다. 덕분에 언제부턴가 '보러 가는' 여행이 아닌 여유 있게 '쉬러 가는' 여행도 늘고 있다. 굳이 관광지를 찾아 돌아다니지 않고 눈부신 해변 모래사장이나 수영장 앞 선베드에서 꾸벅꾸벅 졸아도 보고, 해변에서 저렴한 마사지도 받고, 한적하게 동네 산책하면서 시간을 보내는 식으로 몸이 느끼는, 휴식 같은 여행이다.

'(체험)하러 가는' 여행도 있다. 지역봉사활동과 여행을 접목했다. '노동'이 필요하지만 지역주민들과 교류하고 직접 문화를 체험할 수 있다. 체험여행은 공정여행, 지속가능한 여행 등등으로 부르는 '윤리적 여행'과 궤를 같이 한다. 윤리적 여행은 여행자들이 찾아와서 발생하는 수익을 현지에 돌려주자는 뜻에서 출발한다. 현지인을 고용하거나 지역사회에 수익을 되돌려주는 여행시설이나 서비스를 이용하고, 동물학대로 문제가 되는 투어를 하지 않는 식으로 현지인에게도, 자연환경에도 득이 되는 여행을 고민한 결과다.

함께 여행할 사람이 누구인가에 따라 여행은 180도 달라진다. 5살도 안 된 아이를 데리고 푸켓이나 발리에 가는 사람은 있어도, 캄보디아 앙코르와트에 가서 유적을 탐방할 사람은 많지 않다.

나이 드신 부모님을 모시고 간다면 라오스 일주보다는 하와이 일주가 더 현명한 선택이 된다. 어린이와 함께라면 되도록 휴양지를 택해야 부모의 체력이 버틸 수 있다. 어차피 멋있는 거 봐도 기억도 못한다는 것이 포인트다. 부모님과 함께라면 아기자기한 곳보다는 거대한 힘이 느껴지는 절경이 좋다. '죽기 전에 한번은 봐야할' 절경이 있는 곳에 모시고 간다면, 두고두고 효자 효녀로 등극할 수 있다.

여행지는 같더라도 찾는 장소가 달라지기도 한다. 미국 LA에 어린 아이와 함께 온 부부는 디즈니랜드에 가겠지만, 아이가 없는 커플이라면 유니버설 스튜디오를 찾는 것처럼.

Tip 마찰 없이 여행하는 법

동반자가 있으면 외롭지 않다. 멋진 풍경을 보고 "멋있네" 라고 뱉으면 누군가가 "정말~"이라고 받아줘야 감동이 배가 된다. 준비치 못한 사고나 위급한 상황이 닥쳤을 때도 누군가가 옆에 있어야 힘이 난다. 그러나 아무리 친한 사이라도(심지어 가족이라도) 사적공간을 공유하게 되면 마찰이 생기기 쉽다. 날씨는 덥지, 배는 고프지, 찾던 식당은 눈앞에 안 보이지… 이 정도만 돼도 서로 짜증부터 내고, 남 탓하기 바빠진다.

이럴 때 멤버들 간에 역할분담을 하면 여행이 수월하게 굴러간다. 한쪽은 여행 준비를 맡고 한쪽은 사진 촬영을 맡고, 누군가는 오밤중에 함께 붙일 마스크팩을 챙겨오는 식으로라도 역할분담이 되면 좋다. 발이 부르트게 걷고 온 날 밤에 다함께 팩을 붙이고 지면서 수다를 떨다보면 팩 토라졌던 기분도 피부와 함께 쫙 가라앉는다.

| 02 |

비행기, 어떤 걸 탈까

두 번째로 해야 할 일은 목적지까지 나를 데려다줄 비행기 좌석을 예약하는 일이다. 수많은 항공사가 있고, 예약시기, 경유횟수, 유효기간, 일정변경 가능 여부, 마일리지 적립 유무, 좌석승급 가능 여부 등에 따라 가격도 다양하다. 항공권을 예약할 때는 영문명이 여권에 기재된 이름과 동일해야 한다. 마일리지 번호와 여권번호가 있으면 미리 입력해 놓고, 미주여행의 경우는 현지 체류주소도 입력하게 된다. 여권을 아직 안 만들었거나 여행 시점에서 유효기간이 6개월 이내로 남아 교체할 예정이라면, 출발 전까지 여행사에 연락해서 수정할 수 있다.

★ 되도록 직항으로, 현지 체류시간은 길게

여행일정이 짧다면 항공권은 직항으로 끊는 게 좋다. 경유항공권을 끊었다가 아침에 공항에 가서 해가 진 다음에 일본 도쿄에 도착해본 경험자로서 말하건대, 여행자에게는 시간이 돈이다. 한 달씩, 일 년씩 길게 여행할 수 있는 사람이 아니라면, 웬만한 경우에는 직항이 낫다. 직항 항공권이 너무너무 비싸다거나, 경유지도 여행지로서 매력이 있어서 1타2피로 둘러볼 목적이 아니라면 직항을 권한다. 출국편은 되도록 아침 일찍이고, 귀국편은 되도록 늦은 시간에 도착하면 금상첨화다.

이런 스케줄은 주로 여행지의 국적기에서 찾을 수 있다. 싱가포르의 경우 싱가포르항공이, 홍콩의 경우 게세이피시픽이 기장 스케줄이 다양하고, 아침 일찍 출발해 저녁 늦게 돌아오는 게 가능한 식이다.

우리나라 국적기가 가장 스케줄이 좋은 경우도 있다. 기내식도 입맛에 맞고 말이 통하는 스튜어디스가 서비스를 하기 때문에 편리하지만, 당연스럽게 가격이 비싸다는 게 흠이다.

적당한 시간대에 출발하는 직항항공권이 없다면, 경유항공권을 알아본다. 당일 연결편이 있는 경우라면 대기시간은 1시간 30분~2시간 정도가 좋다. 1시간 이내 짧은 대기의 경우 혹시라도 날씨 등 불가피한 상황으로 연착되는 경우 갈아탈 비행기를 놓칠 수 있다. 단, 미국은 첫 도착공항에서 무조건 짐을 찾아 입국심사와 세관검사를 받아야 하므로 대기시간이 최소 3시간은 되어야 안심이다.

Tip *트랜싯과 트랜스퍼, 스톱오버를 구별하자*

트랜싯Transit은 비행기 밖으로 나왔다가 타고 왔던 비행기가 주유와 정비를 끝내면 같은 게이트에서 다시 그 비행기를 타고 가는 것을 말한다. 머리 위 짐칸에 넣어둔 짐은 놔두고 손가방과 귀중품류만 갖고 내리면 된다.

트랜스퍼Transfer는 다른 국내선이나 국제선 비행기로 갈아타는 것으로, 기내용 짐가방을 챙겨들고 트랜스퍼Transfer 사인을 따라 다음 비행기의 게이트까지 스스로 이동해야 한다. 대기시간이 8시간 이상이면 입국수속 후 공항 밖으로 나가서 관광을 해도 된다. 공항에 돌아올 땐 새로 탑승수속을 해야 하므로 최소 2시간 전에 공항에 돌아와야 한다.

스톱오버Stop-over는 경유지에서 24시간 이상 머무는 것을 말한다. 당연히 입국수속이 필요하며, 목적지 외의 다른 지역을 짧게나마 여행할 수 있다는 장점이 있다. 푸켓 다녀오는 길에 방콕도 둘러보고 오거나, 발리 가는 길에 자카르타를 구경하는 식이다. 출국편과 귀국편 두 번 중 언제 스톱오버를 할 건지 항공권을 발권하기 전에 미리 여행사에 알려야 하며, 항공권 별로 추가금액이 드는 경우도 있다.

같은 조건의 항공권이라도 여행사마다 판매하는 가격은 조금씩 다르다. 일단은 여행사도 이득을 남겨야 하기 때문에 판매수수료를 붙이기 마련이고, 성수기에 대비해 미리 선점해 놓은 단체항공권이 있느냐에 따라서도 가격이 달라진다. 여행사별로 계약된 항공사의 규모가 다르고, 할인 조건이 있는 신용카드가 다를 수도 있다. 대부분의 항공권 예약 사이트는 최종예약단계까지 가야 TAX와 유류할증료를 공개하는 경우가 많다. 항공권 가격만 생각하지 말고 TAX, 유류할증료를 다 더한 최종 가격을 보고 판단하는 게 좋다.

최저가를 표방하는 여행사 사이트들은 필수적으로 둘러보는 게 좋다. 온라인투어, 와이페이모어, 인터파크투어, 탑항공 등은 특가항공권이나 할인, 부가혜택을 종종 제시한다. 여러 여행사의 항공권 가격을 한눈에 비교해보려면 투어캐빈이나 G마켓, 포털 다음 항공권 혹은 투어자키 등을 이용하면 된다.

가끔은 항공사 사이트에서 더 싼 항공권을 팔기도 한다. 여행사에서 항공권을 고르고 나서 해당 항공사 홈페이지에 한번쯤 더 들어가 주는 수고가 때로는 커피 한두 잔 값은 아껴줄 수도 있다. 저가항공은 특히 여행사에서 많이 다루지 않기 때문에 항공사 홈피를 순례해야 한다. 항공사에서 티켓을 사면 취소나 변경 때 손해를 덜 보는 점도 있다. 여행사에서 예약한 항공권은 예약 변경이나 취소 때 여행사와 항공사에 이중으로 수수료를 물어야 하지만, 항공사에서 예약한 경우는 항공사에만 수수료를 내면 된다.

신용카드사에서 운영하는 여행 사이트가 자사 카드 고객에게 5~10% 추가할인을 제공하기도 한다. 보유하고 있는 신용카드의 사이트에서 자체 할인이나 제휴여행사 할인 서비스가 있는지 찾아보는 게 좋다. 땡처리 항공 사이트나 소셜쇼핑 사이트에도 종종 싼 항공권이 나온다.

일반적으로는 항공권을 미리 사는 게 싸지만, 갑자기 특가가 나오기도 하고, 출발 직전에 갑자기 확 싸게 나오는 땅처리 항공권도 있다. '땅처리'라는 개념은 '눈물의 폐업' 광고처럼 손해라도 보고 파는 티켓이란 뜻이다.

여행사들이 성수기 좌석 확보를 위해 항공사 좌석 수십석을 통째로 도매로 사둔 경우를 '하드 블록'이라고 부르는데, 이 좌석으로 패키지를 만들고 나머지를 할인항공권으로 판다. 그러고도 남는 좌석은 이미 선금을 냈기 때문에 얼마를 받더라도 팔아야 이득이다.

따라서 이런 항공권들이 출발일이 얼마 남지 않은 상황에 헐값에 나오는데, 대부분 출발일과 귀국일이 정해져 있고 취소가 불가능한 경우도 많다. 이런 항공권 때문에 여행사 직원과 가족 등 주변인을 대상으로 'AD투어'라 부르는 염가여행 상품도 등장하곤 한다.

땅처리항공권에 대한 정보는 항공사 사이트 이름에 땅처리(072)가 들어가는 땅처리항공 사이트나 각종 여행사, 할인쇼핑 사이트의 '긴급모객'란을 보면 된다. 알뜰항공권에 대한 정보메일 서비스를 신청해두고 계속 주시하다가, 이거다 싶을 때 바로 여행을 떠나도 좋다.

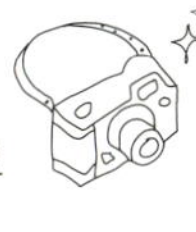

땅처리항공의 땅처리 긴급소식, 투어팁스의 알뜰항공 메일 등을 신청하면 특가항공권 관련 안내가 이메일로 배달 온다. 항공사, 여행사, 소셜쇼핑의 특가들도 포함돼 있다.

취소가 불가능한 경우가 대부분으로, 저렴하다고 무작정 발권하고 나서 이름 철자가 틀리거나 일정이 변경되면 골치 아픈 상황이 된다. '땅처리'라고 덜컥 결제했다가 '땅 칠 일' 만들 수도 있다. 간혹 TAX와 유류할증료에 판매수수료를 더하면 그리 싸지 않은 경우도 있으니 잘 알아보고 결제하자.

많은 항공사가 비행거리 만큼의 마일을 적립해주는 마일리지 제도를 운영한다. 쌓인 마일리지가 높으면 공짜로 비행기를 타거나 우선수속과 짐 가방 무게 추가 허용, 라운지 무료이용 등 각종 혜택을 얻을 수 있다.

마일을 적립받으려면, 탑승 전에 해당 항공사 혹은 그 항공사와 제휴된 프로그램에 가입하면 된다. 미리 인터넷으로 가입신청을 하거나 항공사 카운터에서 바로 가입할 수 있다.

비행기 탑승뿐 아니라 호텔이나 렌터카, 항공사 사이트를 경유한 인터넷 쇼핑으로도 마일리지를 쌓을 수 있다.

항공사별 마일리지 프로그램에 모두 가입할 필요는 없다. 유명 항공사들은 주로 '항공 연맹체'에 가입되어 있기 때문에 같은 연맹체에 소속한 항공사의 마일리지 구좌에 다른 항공사 이용분까지 몰아서 적립하고 사용할 수 있다. 항공 연맹체로는 스카이팀Sky Team, 스타얼라이언스Star Alliance, 원월드One World, 아시아마일즈Asiamiles 등이 대표적이다.

스카이팀에는 대한항공이, 스타얼라이언스에는 아시아나가 속해 있다. 같은 연맹체 소속이라 해도 비행구간마다 필요한 마일리지의 크기는 다르고, 수수료나 유류할증료, 편도나 왕복 발권 등 조건이 다르다.

같은 스타얼라이언스라도 아시아나는 동남아 왕복에 4만마일이 필요하고, 캐나다항공의 아에로플랜은 3만마일이면 된다. 일본 왕복도 아시아나는 3만마일이 들지만, ANA항공은 1만2,000마일이면 된다. 하와이행의 경우 대한항공은 미주라며 7만마일을 내놓으라 하고, 같은 스카이팀의 델타항공은 5만5,000마일로 대한항공의 보너스항공권을 발급해준다. 국적기는 자국민이 많이 사용하는 한국 출발 구간의 공제마일리지를 더 올려서 설계하는 탓이다.

특히 대한항공과 아시아나는 기름 한 방울 나지 않는 나라의 설움 탓에 유류할증료가 비싸기로 유명하다. 덕분에 유류할증료가 없는 미국 국적 항공사들의 마일리지 프로그램을 활용하는 사람들도 있다. 비행구간별로 어느 항공사 마일이 가장 저렴한지 찾아주는 사이트www.milez.biz도 있다.

적립해둔 1마일의 가치는 흔히 15원, 혹은 2센트 정도라고 말하지만, 어디서 어떻게 사용하느냐에 따라 1마일에 10원 미만이 될 수도 있고, 30~40원의 가치를 가질 수도 있다.

일반적으로 국내선보다 국제선에 쓰는 게 더 현명하고, 무료 이코노미항공권보다는 좌석승급이나 무료 비즈니스항공권에 쓰는 게 더 쏠쏠하다고 말한다. 비즈니스석의 가격이 이코노미석의 3~4배인 경우도 많은데, 공짜 이코노미석 좌석을 얻는 것과 비즈니스석으로 한 단계 승급의 공제마일리지는 동일하기 때문이다.

Tip 대한항공 '편도신공', 아시아나 '이원발권'을 노려라

대한항공과 아시아나 마일리지로 보너스 항공권을 발급하는 경우, 편도 발권이 가능하고 일정 변경에 따로 비용이 들지 않는다. 대한항공 보너스 항공권은 편도 당 1회의 스톱오버가 가능하기 때문에 '편도 신공'을 활용하는 사람들이 부쩍 늘고 있다. '편도 신공'이란 A지역을 출발해 B와 C지역을 각각 다녀오는 A-B-A / A-C-A 왕복 보너스 항공권 2장보다 A-B / B-A(스톱오버)-C / C-A 편도항공권 3장을 끊으면 마일리지를 적게 쓰고도 같은 여행을 할 수 있다는 구상이다. 보통은 출발지여야 하는 인천을 스톱오버로 설정하면, 첫 여행지에서 인천에 돌아와도 다음 여행지까지의 편도항공권이 남는 것이 포인트다. 보너스항공권의 유효기간이 1년이므로 1년 내에 다음 여행 계획이 있어야 쓸모가 있다.

아시아나항공은 다른 나라에서 출발해 한국을 경유하는 '이원구간 발권'을 활용하면 대한항공 편도신공과 비슷한 효과를 낼 수 있다. 공제기준은 대한항공보다 살짝 높지만, 만2~13세 아동은 75%만 공제해 가족 전체로 계산하면 큰 차이가 나지 않는다. 취항지가 상대적으로 많지 않은 아시아나의 경우 스타얼라이언스 제휴사들을 활용한 보너스 항공권도 활용할 수 있다. 스타얼라이언스 보너스 항공권은 원래 이동거리를 더해 공제하던 방식에서 2014년 6월5일부터 권역별로 마일을 공제한다. 아시아나 자체 보너스 항공권보다 공제마일이 큰 편이나, 전체 여정 중 아시아나항공 이용구간이 성수기에 걸리더라도 추가 공제는 하지 않는다.

저가항공 즉 저비용항공사LCC, Low Cost Carrier는 유럽을 중심으로 발달해 아시아로 퍼졌다. 요즘은 국내에도 저가항공사가 많이 생기면서 해외여행지에도 앞다퉈 취항하고 있다. 다만 이름과 달리 그리 저가가 아닌 경우도 많다. 특히 특가 이벤트가 아닌 평상시 주말요금은 일반 항공사와 큰 차이가 안 난다.

저가항공은 일반 항공사와는 기내 서비스의 차이가 크다. 숏다리인 사람이 롱다리들에게 우월감을 느낄 수 있는 유일한 공간이라고 해도 될 만큼 좌석이 좁다. 기내식도 유료이거나 단출하다. 그러나 비행시간은 비슷하고, 괌이나 사이판의 경우처럼 일반 국적기보다 일정이 나은 경우도 있다.

저가항공의 기본은 일찍 예약하는 것이다. 그리고 진정한 저가를 탐하고 싶다면, 초저가 프로모션을 노려보자. 아시아에서는 세부퍼시픽과 에어아시아가 이런 '폭탄세일' 부분의 선두주자인데, 특히 세부퍼시픽은 필리핀까지 편도항공권 가격이 1만원도 안 할 때가 있다. 물론 그의 몇 배나 되는 TAX와 수하물 비용이 추가되기 때문에 최종 가격은 그보다 꽤 올라가지만, 어쨌건 4인 가족 항공권을 다른 항공사에서 1명 좌석 사는 값으로 해결하는 경우도 있다. 다만 취소와 변경이 불가능하기 때문에, 몇 개월 후의 일정을 미리 잡아놓고 '일정대로 못 떠나면 이 돈을 날릴 수도 있다'는 불안에 떨어야 한다는 문제가 있다. 휴가를 마음대로 정할 수 있는 상황에 있는 사람들에게 가장 쏠쏠하다.

국내 저가항공사들도 출발일 몇 달 전에 미리 예약하는 티켓에 한해 큰 폭으로 할인해주는 이벤트를 종종 한다. 위치버짓과 스카이스캐너에서 여러 저가항공 스케줄을 비교검색할 수 있다.

바로바로 좌석이 있는 경우는 예약에서 발권까지 수월하게 진행
되지만, 부분적으로 좌석이 없어 대기예약을 해야 하는 경우도
있다. 항공사들은 예약변경이나 취소에 대비해 일정 분량의 대기
예약을 받아놓고, 실제 결원이 생기면 그 사람들에게 자리를 준
다.

여행 출발일까지 여유가 있는 경우는 일부 대기예약인 항공권 여
럿을 예약해 두고 연락을 기다려보는 경우도 있다. 인기구간이
미리 선점되는 경우는 끝까지 기다려도 좌석 상황이 풀리지 않을
수 있으므로, 취소수수료가 비싸지 않은 다른 항공사의 항공권으
로 '보험'을 들어놓는 것도 좋다. 항공사만 다르다면 항공권을 여
러 장 예매하는 것은 큰 상관이 없다.

하지만, 여러 여행사를 통해 같은 항공사에 같은 이름으로 여러
건의 예약이 있으면 항공사에서 중복 예약으로 판단해 임의로 취
소할 수가 있으니 주의해야 한다. 좌석이 생기면 확약메일이 오
며, 며칠 뒤의 결제시한까지 요금을 내고 발권을 하면 되는데,
자칫 이 결제시한을 넘기면 예약이 자동으로 취소되고 좌석을 놓
칠 수도 있다. 결제 후에는 여행사 홈페이지의 내 계정이나 이메
일로 이티켓E-ticket이 온다. 예전에는 항공권이 구간별로 한 장
한 장 뜯는 수표책처럼 발행됐었지만, 지금은 A4 사이즈 한두
장에 예약번호와 모든 스케줄, 관련사항이 적혀서 나오니, 출력
만 해서 들고 공항으로 가면 된다.

비행기 좌석은 보통 일등석, 비즈니스석, 이코노미석으로 나뉘어
져 있다. A380 같은 2층 항공기를 제외하면 대부분 조종석 바로
뒤부터 순서대로 배치된다. 일반적으로 이코노미석 중에 가장 편
한 자리는 비상구석이라고 알려져 있는데, 앞좌석과의 간격이 넓
기 때문에 다리를 뻗을 공간이 충분한 덕분이다. 간혹 미녀 승무원
과 마주보며 행복하고도 민망한 비행을 할 수도 있다. 비상구석을
추가금액을 받고 파는 항공사만 아니라면 공항에 일찍 도착해 넌
지시 비상구석 배정을 요청해볼 수 있다. 기본적으로는 이 자리는
비상상황이 생겼을 때 승무원을 도와 다른 승객들을 탈출시켜야
하는 자리이기 때문에 체력이 좋고 영어를 잘하는 사람을 선호한
다. "영어 잘하냐"고 물었을 때 1초라도 머뭇거리면 '팽' 당한다.
비상구석보다 더 편한 건 서너 자리를 독차지하고 누워서 가는 맨
뒷자리다. 환승시간이 빠듯하거나 빠른 입국수속을 위해 앞자리가
필요한 경우가 아니라면 수속을 하면서 풀북(만석)인지 물어보자.
좌석에 여유가 있다고 하면 맨 뒤쪽 가운데 쪽 자리를 달라 하고,
가능하면 옆자리를 블록해달라 하면 주변자리에 다른 사람을 배정
안하는 경우도 있다.
비상구도 뒷자리도 안 된다면 다음은 복도좌석→창가좌석→가운데
낀 자리 순이다. 단거리라면 창가좌석도 창밖을 보는 재미가 있지
만, 장거리비행에서는 몇 번이나 화장실에 가느라 들락거려야 하
고 다리 운동도 필요하기 때문에 복도자리가 편하다. 쿨쿨 자는 옆
사람을 몰래 넘어가다 다리 위에 앉아버리기라도 하면 민망하기가
그지없다. 보딩패스 받을 때 복도쪽 자리aisle seat를 달라고 하자.
승무원들이 식사를 준비하는 갤리나 화장실 바로 앞줄은 좌석 등
받이가 덜 젖혀지거나 앞에 발걸이가 없고 식사시간 직후 화장실
앞에 줄을 선 인파 때문에 답답함을 느낄 수 있다. 대형모니터 바
로 앞줄은 신생아 배씨넷과 모니터 불빛 때문에 숙면에 지장을 받
을 수 있다.
간혹 오버부킹 때문에 이코노미석이 모자라 비즈니스석으로 업그
레이드 되는 사람들도 있다. 대부분 마일리지 실적이 좋거나, 옷
차림이 단정한 1인 승객인 경우를 선정하는데, 탑승 수속 때 자리
가 바뀌는 경우도 있고 비행기를 타는 탑승구에서 새 좌석으로 안
내받기도 한다. 공항에 늦게 도착한 경우에도 운좋게 업그레이드
되는 경우가 있으나, 탑승수속 창구가 닫히고 도착하면 꼼짝없이
다음 비행기를 타야 한다.

Tip 비행기 좌석 미리 지정하기

같은 기종의 비행기라도 항공사에 따라 태울 수 있는 인원도, 좌석의 편안함 정도도, 좋은 좌석의 위치도 조금씩 다르다. 항공사와 비행노선을 입력하면 편한 자리와 '흠 있는 자리'를 그림으로 보여주는 씻구루www.seatguru.com를 참고해 좌석을 미리 지정해두는 것도 좋다.

일등석은 아예 호텔방처럼 문이 달린 경우도 있고, 비즈니스석도 180도로 침대처럼 젖혀지는 좌석부터 우등고속 좌석 수준까지 다양하다. 이코노미석도 좌석마다 개인 모니터가 갖춰져 있는 경우에서 천정에 달린 공용모니터를 쳐다보다 기린이 될 것 같은 경우까지 있다.

항공사에 따라 기존 이코노미 좌석보다 앞뒤 간격이 조금 더 넓고 등받이가 더 많이 젖혀지는 자리(이코노미 컴포트 등)를 만들어 추가비용을 받기도 한다. 자리에 전원 콘센트(영어로는 outlet이 있냐고 물어야 한다)가 있는 좌석들도 있지만, 아래에 도구함 같은 게 있어서 다리 뻗기 불편한 자리도 있으니 미리 알고 타자.

| 03 |

숙박, 어디서 머물까

잠자리가 편해야 하루가 편하다는 말이 있다. 여행에서도 숙소는 꽤 큰 영향을 미친다. 저렴한 민박, 게스트하우스, 호스텔부터 좁지만 있을 건 다 있는 비즈니스호텔, 직접 요리를 해먹을 수 있는 서비스드 아파트먼트, 작지만 화려한 부티크 디자인호텔, 비싼 만큼 서비스가 좋은 최고급 호텔과 풀빌라 리조트까지 선택의 폭은 다양하다. 숙소는 여행의 베이스캠프. 하루의 피로를 풀 수 있는 편안함과 교통의 편리성을 갖추면 좋다. 성수기만 아니라면 여행지에 일찍 도착해서 직접 돌아다니면서 방의 상태를 보고 숙소를 구할 수도 있다. 하지만, 짐을 들고 다녀야 하기 때문에 생각보다 여러 곳을 둘러보기 어렵다. 되도록 첫 날 숙박 정도는 예약해 두고 떠나야 여유 있다.

숙소를 예약하기 전에 그 지역의 추천숙소를 미리 파악해보자. 트립어드바이저www.tripadvisor.co.kr는 전세계 여행자들의 리뷰가 올라오는 곳이다. 한국어 서비스도 하고 있으며, 지역을 고르면 소비자들의 평가점수가 높은 순서대로 숙소가 안내된다. 원하는 가격조건 안에 들어가는 숙소만 따로 골라볼 수도 있고, 수영장이 있는 곳, 주차 가능한 곳 등 세부조건이나 가족용, 휴양용 등 용도에 따라 분류된 곳을 따로 추려볼 수도 있다.

특히 여행자들이 직접 올려놓은 사진이 있어서 예약사이트에 올라 있는 폼 나게 찍힌 '사진빨'의 낚시질에서 헤어나올 수 있다. 먼저 다녀간 '선배'들의 적나라한 평가도 도움이 된다. 여러 호텔 예약사이트들로 링크가 되어 있어 가격 검색과 예약도 바로 가능하다. 세금을 포함하지 않은 상태로 가격을 게시하는 곳도 있으니 최종 결제 직전 단계까지 가서 모든 것이 포함된 가격을 보고 판단하면 된다.

국내 사이트 중에도 추천숙소 정보를 참고하고자 한다면 인터넷 여행정보와 무료 맵북을 제공하는 투어팁스를 둘러볼 만하다. 포털에 흡수되면서 제 색깔을 잃은 윙버스 대신 적당한 가격대의 평 좋은 숙소들에 대한 정보가 잘 정리돼 있다. 아직 트립어드바이저처럼 다양한 지역을 다루고 있지는 않지만, 서비스 지역을 늘리는 중이다.

국내외 호텔 전문 예약사이트부터 일반 여행사들, 현지 한인여행사까지 많은 곳에서 호텔 예약을 대행하고 있다. 지역과 날짜 검색 후 원하는 조건을 입력해서 후보군을 좁혀놓고, 가격대를 비교해보면 된다. 세금과 수수료를 예약 초반에 안 보여주는 사이트도 있으니, 최종 단계의 가격을 확인하는 것이 필수다. 최대 숙박인원과 조식 포함 여부, 결제수수료와 일정 변경, 취소 가능한 날짜 등은 꼼꼼히 체크해야 한다.

호텔스컴바인은 다양한 해외 호텔 예약사이트의 가격을 비교할 수 있다. 호텔스닷컴, 아고다, 부킹닷컴, 익스피디아 등과 호텔 자체 사이트를 비교 검색해준다. 국내 업체는 빠져 있어서 호텔패스, 호텔트리스, 호텔자바 등은 따로 둘러보는 게 좋다.

인터파크투어 등 종합 여행사들도 호텔을 취급한다. 호텔트래블 등 외국 사이트들도 한국어 서비스를 하고, 사이트별로 특가상품과 10회 숙박 시 1회의 무료 숙박 등 혜택이 다르니 잘 비교해 보자. 현지에 특화된 해외여행사와 현지 한인여행사가 가격 경쟁력이 있는 지역도 있다. 4부의 각 지역 '코칭' 부분을 참조하자.

호텔에서 자체적인 최저가 보장 선언을 하는 경우도 많다. 특히 대형 호텔체인에 속한 숙소들은 일명 BRGBest Rate Guarantee 서비스를 내세우고 있다. 같은 조건의 방을 더 싸게 파는 곳이 있으면 최소한 그 가격을 보장해주고, 추가할인이나 적립 등 혜택을 준다. 호텔 예약사이트보다 더 싸게 팔더라도 예약사이트에 커미션을 내지 않고 직접 손님을 받는 게 이득이기 때문이다.

일단 묵고 싶은 호텔이 대형 호텔체인에 속해 있다면, BRG 서비스가 있는지 확인해본다. 다음으로는 위고나 호텔스컴바인드에서 호텔 자체사이트와 예약 대행사이트의 가격을 비교해본다. 조식, 방 타입 등 모든 조건이 동일한 상태에서 호텔 사이트보다 더 싸게 파는 곳이 있다면 먼저 호텔 자체사이트에서 방을 예약한 뒤, 더 싼 예약사이트의 이름과 가격을 'BRG Claim' 페이지에 입력하면 된다.

만약 BRG에 해당되지 않는다는 메일이 오면, 취소 시한 내에 예약을 취소해도 된다. 같은 값이면 호텔 자체사이트 예약이 좋은 점도 많다. 해당 호텔 체인의 다양한 호텔을 추후에 예약할 가능성이 있다면, 멤버십을 쌓아 무료 숙박 기회를 잡을 수도 있다. 중저가 체인의 경우는 예약 취소 시한도 관대한 편이어서 일정 변경 가능성이 있을 때 자체 사이트에서 예약하는 게 이득인 경우도 많다.

또, 대행사이트에서 만실이었더라도 호텔에 직접 연락하면 방이 있는 경우도 많다. 예약사이트에는 일정 수량의 방만 내놓기 때문이다. 따로 최저가 선언을 한 호텔체인이 아니더라도 홈페이지나 이메일을 통해 "예약사이트보다 싸게 줄 수 있느냐"고 가격 흥정을 시도하면 의외로 좋은 조건을 제시하는 경우도 많다.

호텔도 이용하는 만큼 포인트를 쌓아주고, 자주 가는 사람을 더 극진히 대접해준다. 고급호텔은 멤버십 등급이 높아지면 룸 업그레이드와 체크아웃 시간 연장, 웰컴음료나 과일 등의 혜택을 준다. 기본적으로 호텔 자체사이트에서 예약해야만 포인트와 유효숙박 횟수를 쌓을 수 있다. 호텔방은 스탠더드Standard룸, 디럭스Deluxe룸, 이그제큐티브Exacutive룸, 스위트Suite룸 등으로 나뉘는데, 룸 업그레이드는 예약한 방보다 한 단계 윗방을 받는 것을 말한다. 가장 효용이 큰 구간은 이그제큐티브룸 바로 아랫 등급으로 예약해서 업그레이드 되는 경우다. 이그제큐티브룸 이상은 전용 이그제큐티브 라운지에서 주류와 안주를 무제한 제공하는 해피아워와 조식 등의 특별한 혜택이 있다. 참고로 스위트룸이 Sweet한 경험을 줄 수는 있겠지만 Suite라고 쓴다. 방과 거실이 분리된 형태의 객실을 부르는 용어다.

하나의 글로벌 체인에 소속된 여러 호텔 브랜드들은 하나의 멤버십으로 관리할 수 있다. 스타우드 계열에는 W, 웨스틴, 쉐라톤 등이 소속되어 있고, 하얏트 계열은 그랜드 하얏트, 파크 하얏트, 하얏트 리젠시 등이 있다. 힐튼에는 힐튼, 콘래드, 더블트리 등이, 인터콘티넨탈IHG에는 인터콘티넨탈 호텔 외에 크라운플라자, 홀리데이인 등이 포함돼 있다. 메리어트는 JW메리어트, 르네상스, 코트야드 등이 포함되고, 소피텔, 노보텔, 머큐어 등이 속한 어코르도 있다. 베스트웨스턴 등 중저가 체인도 멤버십 제도를 운영한다.

고급호텔 체인은 기본적으로 숙박비가 비싸고 골드, 플래티넘 등 높은 등급이 되거나 유지하기에 필요한 숙박 수가 만만치 않다. 까놓고 말해서 출장을 자주 다니지 않는 웬만한 직장인에게 상위 티어는 그림의 떡이다.

그러나 높은 등급 회원들의 혜택을 체험할 수 있는 한시적 프로모션도 종종 있다. 힐튼, 어코르 등 체인이 종종 특정 카드 소지자나 일반인을 대상으로 1년짜리 골드나 플래티넘 혜택을 줄 때가 있으니, 관련 정보에 밝은 여행카페 '스사사'cafe.naver.com/hotellife나, 'MNMF'cafe.naver.com/mnmfreaks 등에 귀를 걸어두자.

최고급 호텔을 반값에 이용했다는 사람들이 종
종 있다. 그 비결은 '비딩'Bidding이라는 일종의
역경매다. 프라이스라인www.priceline.com이
라는 사이트에서 제공하는 'Name Your Own
Price' 서비스가 대표적이다.

비딩의 기본은 원하는 숙박날짜에 원하는 지역과
호텔등급만을 지정하고 가격을 조금씩 높여 쓰
면서 도전하는 것이다. 비딩에 실패했을 때 다시
도전하려면 원칙적으로는 24시간이 지나야 한
다. 그러나 숙박날짜나 호텔등급, 지역 조건을
바꾸면 계속 도전할 수 있기 때문에, 같은 등급
의 호텔이 없는 지역을 추가하는 방법을 사용하
면, 사실상 같은 조건으로 가격만 높여 재검색을
할 수 있다.

다른 여행자들이 어떤 호텔을 얼마에 낙찰 받았
는지 알아보고 도전하면 낙찰 확률이 높다. 비딩
포트래블bidding for travel.yuku.com, 베터비딩
닷컴www.betterbidding.com 등에서 '선배'들
의 낙찰가를 볼 수 있다. 같은 프라이스라인의
'Express Deals'이나 핫와이어Hotwire가 제시
하는 가격을 기준으로 그보다 20~30달러 적게
써내는 것도 방법이다. 호텔 수준별 개수와 지
역, 그리고 수영장 등 어메니티 시설들은 확인이
가능하기 때문에 이름을 안 써놓았어도 어느 호
텔인지 대충 윤곽이 드러나기도 한다. 호텔들도
안 팔린 방을 내놓는 것이기 때문에 여행 일주일
전에 가장 좋은 가격에 낙찰받을 수 있다는 분석
이 많다. 취소 가능한 다른 숙소를 예약해두고,
하루 전까지 비딩에 도전하는 게 안전하다.

경유 항공권을 끊으면 국제공항에서 어정쩡한
시간을 때워야 하는 경우가 생긴다. 특히 밤늦
게 도착해서 다음날 아침 일찍 국내선 환승을 해
야 한다면 숙소가 고민이다. 국제공항들은 대부
분 시내에서 조금 떨어져 있어서 시간 소모도 크
고 왕복 택시비도 만만찮다.

경제력이 허락한다면, 공항에 딸린 호텔이 가장
좋다. 하지만, 시설에 비해 비싼 가격이 단점이
다. 시간 단위 이용이나 24시간 체류가 가능한
경우도 있으니 공항호텔사이트의 곳곳을 잘 살
펴보는 것이 좋다. 공항 출국장 내에 있는 데이
룸Day Room을 이용할 수도 있다. 문제는 여기
도 눈이 돌아가게 비싸다는 것. 입국수속 후 미
리 공항 근처에 있는 숙소 중 셔틀 서비스가 있
는 곳으로 이동해 몇 시간 눈을 붙이는 것이 그
나마 가격대비 괜찮은 선택이다.

경비를 아끼기 위해서 공항에서 그냥 몇 시간
을 버티겠다는 사람도 있을 수 있다. 이 경우 전
세계 여행자들이 공항 노숙에 대한 다양한 경
험담을 나누는 '슬리핑인에어포츠닷넷'www.
sleepinginairports.net을 참고하자. 노숙하기
좋은 공항 순위와 공항 내 노숙의 명당, 각종 편
의시설에 대한 정보가 풍성하다.

명당에 대한 정보를 입수했다면 입국수속 때는
대학 입학원서 낼 때의 눈치작전을, 자리를 맡
을 때는 지하철에서 엉덩이부터 들이미는 아줌
마 신공을 동원해야 조금이라도 길게 눈을 붙일
수 있다. 특히, 담요와 수면양말, 귀마개는 노
숙(여행)자의 필수 장비다.

비행기표와 숙소를 고르면 사실상 여행준비가 절반 이상 해결되는 셈이다. 하지만 처음부터 이걸 준비하려면 머리가 쥐가 나는 사람도 많다. 이 부분을 항공사나 여행사가 대신해주는 게 에어텔이다. 에어텔은 항공기의 air와 호텔의 tel을 합한 말로 원래 항공사에서 항공권과 숙소를 묶어팔던 것이지만, 여행사에서 비슷한 형태로 묶어파는 '자유여행', '해외배낭' 상품도 포괄하는 말이 됐다. 관광, 식사까지 다 포함된 패키지여행에 비해서는 자유롭고, 모든 것을 스스로 준비하는 100% 자유여행에 비해서는 편한 것이 강점이다.

항공사 자체 에어텔의 경우는 비행기표 확보가 쉽고, 시즌 한정으로 2인 예약 시 어린이 1명 무료 등 행사를 하는 곳도 있다. 여행사 '자유여행' 상품들은 항공권과 숙박을 개별 예약하는 금액과 비슷하거나 다소 저렴한 편이다. 숙소 선택의 폭이 좁고, 시내에서 먼 숙소와 묶여 있는 경우가 있으니 잘 살펴보고 예약해야 한다.

땡처리 상품 중에 에어텔이 있다면 알뜰한 선택이 될 수 있다. 패키지가 땡처리일 땐 과한 옵션 강요의 우려가 있지만, 자유여행 상품은 그런 부담이 덜하다. '긴급모객'이라는 이름으로 판매되는 상품들 중에 '에어텔'이나 '자유여행'이라고 명시된 상품을 고르면 된다. 경우에 따라 현지에서 가이드가 숙소까지 이동을 시켜주고, 패키지와 비슷한 옵션을 고르게 하는 경우도 있다. 팔라우 같은 지역은 비행기 시간이 고약스럽다보니 자유여행 상품도 거의 패키지나 다름없이 돌아간다.

Tip 패키지, 이건 알고 가자

패키지는 일단 짧은 기간에 많은 곳을 볼 수 있다는 게 특징이다. 가격대에 비해 높은 등급의 숙소를 제공한다는 것도 장점이다.

그러나 잘 모르는 사람들, 특히 패키지의 주요고객인 나이드신 분들과 줄곧 한 팀으로 'You go, We go' 정신을 강요받기 때문에 마음이 안 맞는 사람들을 만나면 꽤나 고역이 되기도 한다. 그리고 과하게 찍고 턴하는 일정 탓에 원하는 곳을 제대로 더 즐길 수 없다는 것도 단점이다. 과한 쇼핑이나 옵션 강요 때문에 여행 기분 자체를 망치는 경우도 있다. 현지에서 유명한 제품이라도 가격을 몇 배나 높게 책정해 두거나, 라텍스가 많이 나지도 않는 곳에 라텍스 공장을 만들어 상품을 파는 어이없는 상황도 벌어진다.

자유여행을 준비할 시간적 여유가 없다면, 그리고 대가족여행을 준비 중인데 함께 이동할 차량이 아쉽다면 패키지도 가능한 선택이다. 다만 너무 싼 가격의 상품은 피하는 게 좋다. 여행상품의 가격책정 구조 상, 저렴한 상품은 현지 가이드에게 넘겨지는 돈이 거의 없다. 호텔 등 현지비용이 죄다 가이드 주머니에서 나왔기 때문에 쇼핑과 옵션 강요가 당연히 심할 수밖에 없다. 또 스케줄이 너무 빡빡한 상품은 고르지 않는 게 낫다. 가격 차이가 크지 않다면 비행기는 되도록 직항과 국적기로 고르고, 목적지와 가까운 공항을 이용하는지 먼 공항을 이용하는지 정도는 확인해보는 것이 좋다. 가능하다면 하루 정도 자유시간을 주는 상품을 택해서 자유여행의 맛을 미리 살짝 맛보거나 해피타이(www.happythai.co.kr) 등에서 제공하는 소그룹 맞춤 패키지를 선택해보자.

일정, 어떻게 짤까

원하는 여행지를 정했다면 꼭 가야할 만한 곳이 어디
인지 여행정보를 찾아본 뒤 간략한 여행일정을 미리
짜보는 게 좋다. 계획없이 무턱대고 가면, 여행지에
서 내내 이제는 뭐할까, 내일은 뭐할까 고민하느라
여행을 제대로 즐길 수 없다. 물론 미리 짜놓는 일정
은 꼭 해야 할 일이 아니라 일종의 가이드라인이고
처음 가보는 여행지에서 헤매느라 시간과 돈을 낭비
하는 일을 줄이기 위한 최소한의 준비라고 생각하면
된다.

대략적 스케줄을 짜려면 먼저 여행지의 기본 정보를 쫙 한번 예습하는 것이 좋다. 최소한 꼭 가야 하는 곳이 어디인지, 꼭 해볼 만한 것은 무엇인지, 꼭 먹을 것은 무엇인지 정도는 기본이다. 큰 틀에서 어디어디 가고 싶은지 골라 대략적 순서를 정해 동선을 만들고, 이동방법과 현지어로 표기한 지명 등 필요한 정보를 챙겨놨다가 찾아볼 수 있으면 된다.

가고 싶은 곳들을 꼽은 다음 중요하게 체크해야 할 것은 문 닫는 날, 그리고 개장 시간이다. 문 여는 날에 방문할 수 있도록 배치하고, 개장 시간을 고려해 하루 일정 안에서 순서를 정하면 된다. 주로 오전에는 공원, 오후에는 박물관, 미술관, 쇼핑몰이나 번화한 거리, 저녁에는 야경이 멋진 고층 빌딩을 넣는 경우가 많다. 테마파크처럼 사람이 북적이는 곳은 아침 일찍 가야 하고, 무료 관람 시간이 정해져 있는 미술관에는 30분 정도 일찍 가서 줄을 서는 것이 좋다. 일정 중 비가 오는 날에는 박물관이나 쇼핑몰 등 실내에서 놀 수 있는 곳을 가면 된다. 더운 나라에서는 점심 시간에 적당히 숙소에서 휴식을 취하는 것이 좋다.

그리고 다음으로 중요한 것은 목적지까지 가는 방법이다. 택시를 쉽게 탈 수 있는 동네가 아니라면 대중교통 이용방법과 교통패스에 대해서 미리 알고 가는 게 좋다. 기본적으로는 가까운 곳 위주로 동선을 짜되, 지하철 1일권 같은 교통패스를 사용하는 날이라면 조금 멀고 따로 갈 때 교통비가 비싼 곳들을 몰아서 넣는 것도 가능하다. 맛집을 찾아다니는 것도 좋지만, 특별히 입맛이 까다롭지 않다면 눈에 보이는 식당과

현지음식에 도전해보는 것도 좋다. 동선과 맞지 않으면 시간 소모가 클 수 있기 때문이다.

하루에 너무 많은 곳을 보려하지는 말자. 하루 무리하면 다음날 너무 힘들다. 첫 술에 배부를 리 없다. 하루 관광을 하면 하루는 휴양을 즐기거나 쉬엄쉬엄 돌아다니는 일정이 좋다. 굳이 시간 단위로 세세하게 계획을 세울 필요도 없다. 예상 밖의 사고들이 많이 벌어지기 때문에 어차피 지켜지지도 않는다. 뻔히 보이는 장소 앞에서도 헤매고, 목적지 반대방향으로 가다 뒤늦게 알아채는 일도 부지기수로 벌어진다. 그래도 갈 곳을 알고 돌아다니는 것과 정처 없이 돌아다니는 것은 천지차이다.

여행지에 대한 정보를 얻으려면 관광청부터 가볼 만하다. 관광청들은 대부분 무료 여행가이드와 지도를 갖추고 있다. 무료 가이드라도 현지 사정과 맛집 등 쏠쏠한 내용이 담겨 있고, '엑기스'만 잘 요약돼 있어서 처음 가이드북을 들여다보고 느낄 어지러움을 예방해준다. 홍콩이나 마카오 같은 지역은 가이드북처럼 들고 떠나도 될 정도로 내용이 풍부하고, 대만관광청처럼 예비여행자에게 무료 온천권이나 교통패스 등 선물을 주는 곳도 있다. 시청, 광화문, 명동 일대에 몰려 있기 때문에 고민 중인 여행지 여러 곳의 관광청 순회도 가능하다.

다음 코스는 서점이다. 내가 꼭 가고자 하는 지역의 정보가 잘 나와 있고 보기 편한 디자인과 깔끔한 구성을 갖춘 책을 고르면 된다. 요즘은 인터넷에 정보가 많아 굳이 가이드북이 필요하지 않다고 생각하는 사람도 있겠지만, 가이드북 한 권은 들고 떠나야 든든하다는 건 늘 느끼게 된다.

여행 준비용으로는 여러 지역을 통합적으로 다룬 책이 좋고, 실제 여행지에서는 한 지역에 대해 자세히 다룬 책이 유용하다. 국내 필자가 쓴 가이드북이 많지 않은 지역은 론리플래닛Lonely Planet 같은 외국서적도 정보가 풍부해서 쓸모가 많다. 번역본은 따끈하기보다는 미지근한 정보라는 점, 그리고 서양인과 우리의 기준이 다를 수 있다는 점은 감안하자. 가이드북은 실제 출간되기 몇 달 전 정보이기 때문에 물가 등 일부 정보는 실제와 차이가 있을 수 있다. 이런 부분은 인터넷 최신 정보로 보완하면 된다.

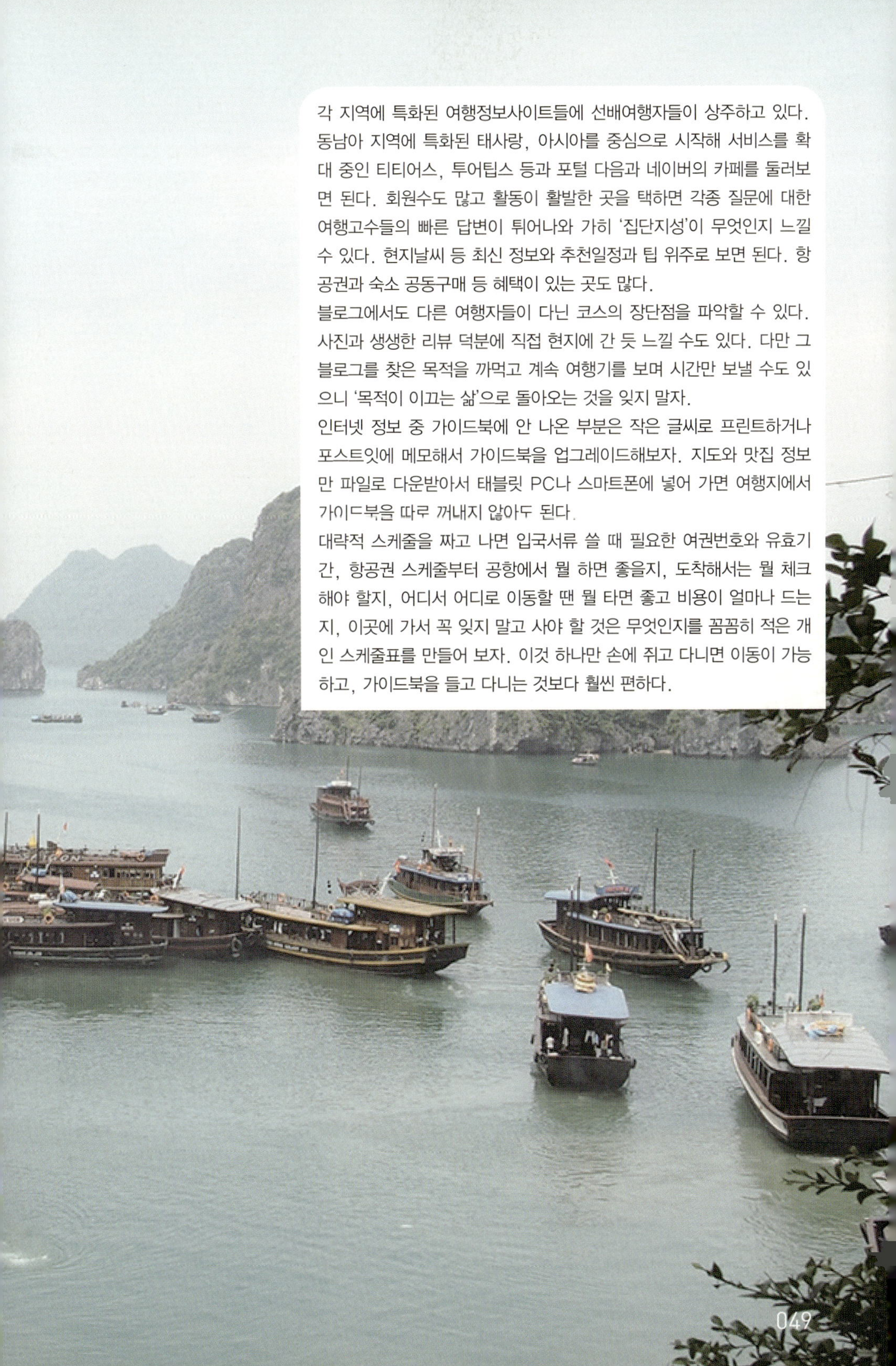

각 지역에 특화된 여행정보사이트들에 선배여행자들이 상주하고 있다. 동남아 지역에 특화된 태사랑, 아시아를 중심으로 시작해 서비스를 확대 중인 티티어스, 투어팁스 등과 포털 다음과 네이버의 카페를 둘러보면 된다. 회원수도 많고 활동이 활발한 곳을 택하면 각종 질문에 대한 여행고수들의 빠른 답변이 튀어나와 가히 '집단지성'이 무엇인지 느낄 수 있다. 현지날씨 등 최신 정보와 추천일정과 팁 위주로 보면 된다. 항공권과 숙소 공동구매 등 혜택이 있는 곳도 많다.

블로그에서도 다른 여행자들이 다닌 코스의 장단점을 파악할 수 있다. 사진과 생생한 리뷰 덕분에 직접 현지에 간 듯 느낄 수도 있다. 다만 그 블로그를 찾은 목적을 까먹고 계속 여행기를 보며 시간만 보낼 수도 있으니 '목적이 이끄는 삶'으로 돌아오는 것을 잊지 말자.

인터넷 정보 중 가이드북에 안 나온 부분은 작은 글씨로 프린트하거나 포스트잇에 메모해서 가이드북을 업그레이드해보자. 지도와 맛집 정보만 파일로 다운받아서 태블릿 PC나 스마트폰에 넣어 가면 여행지에서 가이드북을 따로 꺼내지 않아도 된다.

대략적 스케줄을 짜고 나면 입국서류 쓸 때 필요한 여권번호와 유효기간, 항공권 스케줄부터 공항에서 뭘 하면 좋을지, 도착해서는 뭘 체크해야 할지, 어디서 어디로 이동할 땐 뭘 타면 좋고 비용이 얼마나 드는지, 이곳에 가서 꼭 잊지 말고 사야 할 것은 무엇인지를 꼼꼼히 적은 개인 스케줄표를 만들어 보자. 이것 하나만 손에 쥐고 다니면 이동이 가능하고, 가이드북을 들고 다니는 것보다 훨씬 편하다.

| 05 |

예산, 얼마면 되겠니

여행경비 중에서 가장 많은 부분을 차지하는 것은 항공권과 숙박비다. 항공과 숙박을 예약하고, 따로 예약해야 하는 투어나 입장권, 교통패스가 있다면 미리 사둔다. 나머지는 현지물가 수준에 따라 교통비, 식비, 입장료, 쇼핑비용 정도를 환전해가면 된다. 물가 수준에 따라 1일 경비는 달라진다. 물가가 저렴한 곳은 숙박비 포함 5만원에도 가능하지만, 생활 수준이 높고 문화생활을 즐길 수 있는 곳은 숙박비 빼고 10만원도 모자랄 수 있다. 일반적으로 자유여행이 여행사 패키지보다 돈이 많이 든다고들 한다. 패키지는 가격 대비 좋은 숙소로 구성돼 있지만, 현지에서 필요한 옵션 등의 비용은 높다. 자유여행에서 숙박의 수준을 조금 낮추면 현지비용은 되레 덜 쓰고 비슷한 예산으로도 다녀올 수 있다.

일반적으로 항공권 구입 비용이 여행 전체 예산의 절반 가량을 차지한다. 항공권은 성수기냐 비수기냐의 차이가 크다. 시기를 자유롭게 정할 수 있다면 남들 다 가는 성수기는 피하는 게 좋다. 여행도 경제원리가 그대로 적용되는 분야다. 원하는 사람이 많으면 비싸고 예약도 힘들다. 여름휴가철 피크는 7말8초 대신 6월초~7월초나 8월말~9월초를 노리면 한결 알뜰한 여행이 가능하다.

여건만 된다면 9월에 떠나는 여름휴가가 제맛이다. 공항도 북적거리지 않고, 휴가철의 들뜬 분위기가 한바탕 휩쓸고 지나간 여행지의 한적함도 좋다. 남들 휴가 갈 때 손가락만 빨며 기다리는 세월은 고통이지만, 종종 늦더위도 기승을 부리니 '피서避暑'로서 손색이 없다.

6월도 나쁘지 않지만, 더운 나라에서 한참 땀 흘리고 왔더니 한국이 선선한 장마철이라면 '돈 들여 더위를 찾아갔나' 하는 후회의 쓰나미가 뒤늦게 밀려올 수도 있다.

겨울여행이라면 12월20일 전후부터 1월까지의 성수기를 피해보자. 12월초나 2월은 준성수기이고, 11월말이나 3월초로 가면 더 싸지는 경우가 많다. 일본 등지로 스키여행을 떠난다면 4월까지도 괜찮다.

장기여행이거나 현지 치안이 좋지 않은 곳이라면 현금과 여행자수표Traveler's Check, T/C를 섞어서 환전하는 것도 좋다. 주로 유럽이나 호주 등 선진국을 여행할 때 유용하다.

여행자수표에는 이름 쓰는 칸이 두 곳 있는데, 한쪽에는 이름을 써두고 현지에서 현금으로 바꿀 때 나머지 한쪽에 이름을 적는다. 이름을 한 곳에만 써놔야 분실이나 도난 때에도 수표번호를 신고해 보상을 받을 수 있다. 국내 은행에서 현금보다 저렴한 수수료로 발급받을 수 있고, 현지에서 공식 환전소로 가면 수수료 없이 현금화가 가능하다.

문제는 공식 환전소 숫자가 많지 않고, 휴일에는 문을 닫는다는 것과 결국 사설 환전소에 가서 비싼 수수료를 내고 환전하는 일이 꼭 한 번은 생긴다는 거다.

따라서 여행자수표와 현금을 적절히 나눠 환전해가는 것이 좋다. 한국에 남겨온 여행자수표는 재환전 가능하지만, 수수료를 내야 한다. 비자VISA, 아멕스AMEX, 토마스쿡THOMAS COOK을 주로 사용하며, 달러, 엔화, 유로, 파운드 등 다양한 화폐로 발행된다.

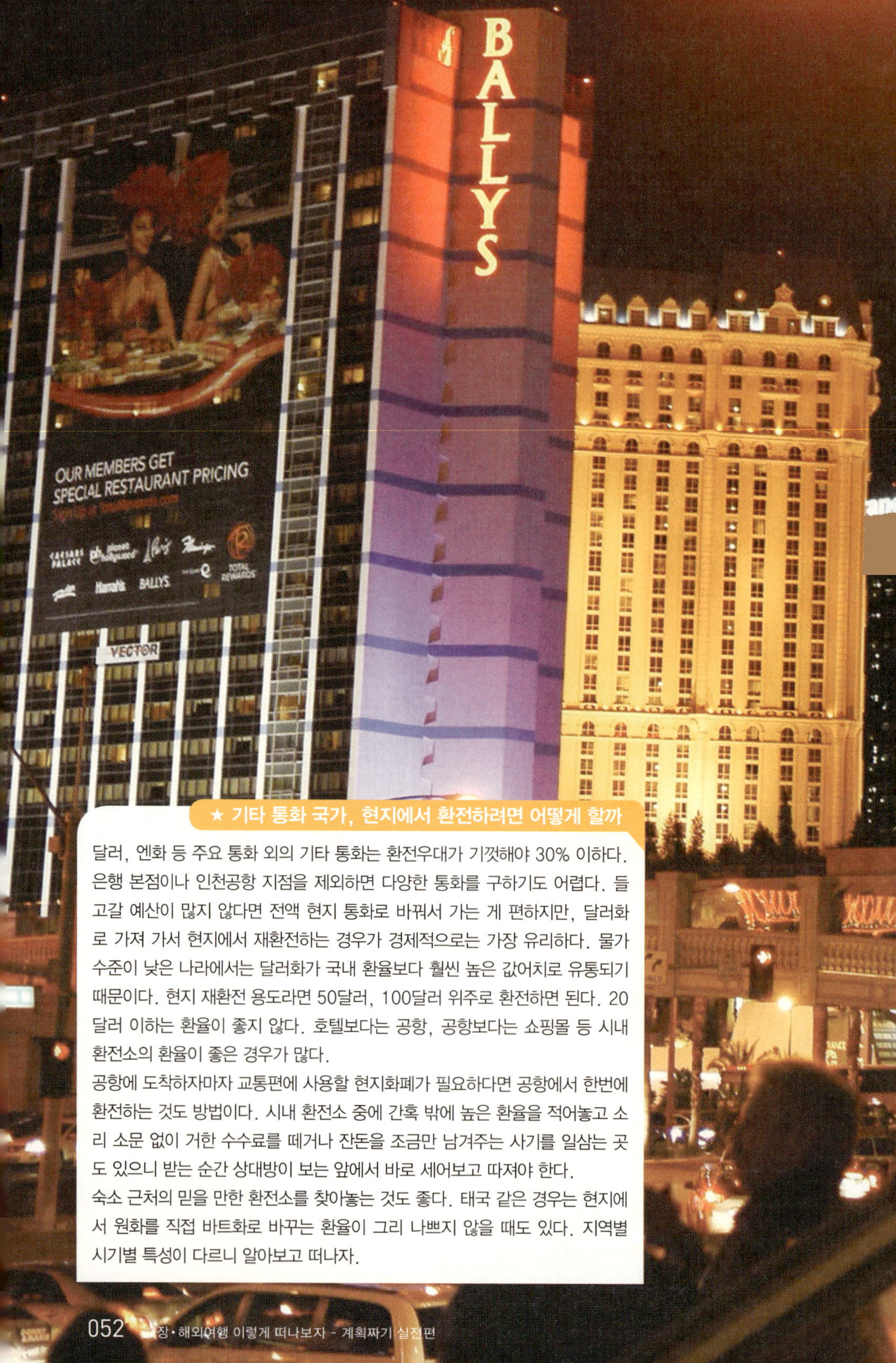

★ 기타 통화 국가, 현지에서 환전하려면 어떻게 할까

달러, 엔화 등 주요 통화 외의 기타 통화는 환전우대가 기껏해야 30% 이하다. 은행 본점이나 인천공항 지점을 제외하면 다양한 통화를 구하기도 어렵다. 들고갈 예산이 많지 않다면 전액 현지 통화로 바꿔서 가는 게 편하지만, 달러화로 가져 가서 현지에서 재환전하는 경우가 경제적으로는 가장 유리하다. 물가 수준이 낮은 나라에서는 달러화가 국내 환율보다 훨씬 높은 값어치로 유통되기 때문이다. 현지 재환전 용도라면 50달러, 100달러 위주로 환전하면 된다. 20달러 이하는 환율이 좋지 않다. 호텔보다는 공항, 공항보다는 쇼핑몰 등 시내 환전소의 환율이 좋은 경우가 많다.

공항에 도착하자마자 교통편에 사용할 현지화폐가 필요하다면 공항에서 한번에 환전하는 것도 방법이다. 시내 환전소 중에 간혹 밖에 높은 환율을 적어놓고 소리 소문 없이 거한 수수료를 떼거나 잔돈을 조금만 남겨주는 사기를 일삼는 곳도 있으니 받는 순간 상대방이 보는 앞에서 바로 세어보고 따져야 한다.

숙소 근처의 믿을 만한 환전소를 찾아놓는 것도 좋다. 태국 같은 경우는 현지에서 원화를 직접 바트화로 바꾸는 환율이 그리 나쁘지 않을 때도 있다. 지역별 시기별 특성이 다르니 알아보고 떠나자.

일주일 이내의 단기여행에 1~2곳의 나라만 여행한다면 현금으로 환전해가는 게 편하다. 되도록 환전수수료가 덜 드는 은행으로 가면 된다. 매매기준율은 동일하지만 은행마다 '살 때' 금액은 조금씩 다르다. '살 때' 금액과 매매기준율의 차이가 각 은행이 붙이는 수수료이고, 환율우대는 그 수수료를 깎아주는 걸 말한다. 만약 수수료를 90% 깎아주는 ㄱ은행과 80% 깎아주는 ㄴ은행이 있다고 하면, 무조건 ㄱ은행에서 환전하는 게 이득일까? 아닐 수도 있다. 앞서 말한 수수료가 다르게 책정되어 있기 때문에 환율우대 비율이 크다고 꼭 더 싸게 환전한다고 볼 수는 없다. 시내은행끼리라면 큰 차이는 안 나겠지만, 시내은행과 인천공항 은행의 수수료 차이는 엄청나다. 무조건 시내에서 환전하는 것이 옳다.

수수료를 가장 절약할 수 있는 방법은 은행 직원이 되거나 직원 중 친한 사람을 만드는 거다. 직원이 환전하면 최대 수수료 0%, 즉 매매기준율에도 환전이 가능하다.

마음 편하게 꽤 쏠쏠한 환전우대를 받는 방법도 있다. 바로 사이버 환전이다. 기타 통화를 제외한 달러화나 엔화 같은 경우는 50% 이상, 최대 70%까지도 수수료를 절약할 수 있다. 은행 웹사이트에서 계좌이체로 원화를 입금한 다음, 지정한 영업점에 가서 외화를 찾는 방식이다. 내가 사고자 하는 해당 통화가 있는 지점만 지정할 수 있고, 일단 입금하고 나면 취소가 불가능하다.

환전금액을 수령할 때는 고액권만 말고 소액권도 섞어달라고 하자. 고액권만 가져가면 물가가 높지 않은 나라에서 잔돈사기를 당하기 쉽고, 팁을 주거나 할 1달러짜리도 은근히 필요하다.

환전한 금액이 모자랄 때를 대비해 신용카드 한두 장 정도는 가져가는 것이 좋다. 해외에서 사용할 수 있는 카드는 카드 전면 우측 하단에 VISA, MASTER, AMEX, JCB 등 마크가 달려 있다. 결제금액에 브랜드수수료(VISA/MASTER 1%, 아멕스 1.4% 등)와 환가료(1%)가 붙어 청구되는데, 환율이 내리는 추세라면 신용카드 사용을 늘리는 것도 좋다. 대금 결제일에 더 낮은 환율로 결제할 가능성이 있기 때문이다. 최근 신용카드 복제 사고가 늘어서, 경제 상황이 좋지 않은 나라에서는 카드 결제를 조심하는 것이 좋다. 또, 귀국한 뒤에는 꼭 해외 결제기능을 정지시켜 놓아야 안심이다.

돈이 떨어졌을 때 현지에서 직접 현지화폐를 인출해서 쓸 수도 있다. 신용카드 현금서비스의 경우는 브랜드이용수수료와 환가료, 그리고 결제일까지의 이자에 해당하는 현금서비스수수료가 붙는다. 수수료가 인출액에 연동되기 때문에 소액 인출에 유리하다. 브랜드이용 수수료가 없는 카드도 있는데, JCB카드와 BC글로벌카드 등이다. BC은련카드도 중국, 홍콩, 싱가포르, 마카오, 타이완 등 지역에서는 브랜드수수료가 없다.

국제 직불/현금카드로는 은행 잔액 한도 내에서 현금을 인출할 수 있다. 카드 우측이나 뒷면에 PLUS나 CIRRUS 마크가 있어야 해외 사용이 가능하다. 인출수수료(1~3달러)와 해외 네트워크이용수수료(인출액의 0.2~1% 안팎), 현지 ATM수수료(최대 5달러)가 붙는다. 회당 1달러의 출금수수료만 붙었던 씨티은행 국제현금카드에는 네트워크이용수수료(0.2%)와 이용수수료 선납 형식의 발급비용(3만원)이 생겼다. 네트워크이용수수료를 없앤 ExK 카드는 미국, 필리핀, 말레이시아, 베트남, 태국 등 5개국에서 사용 가능하다.

Tip *"원화로 결제해 드릴까요"에는 무조건 "노(No)"를 외쳐라*

참고로, 해외에서 신용카드로 물건을 살 때 원화로 결제하겠느냐고 묻는 경우가 있는데, 무조건 현지화폐로 결제해야 예상치 못한 추가수수료를 막을 수 있다. 자국통화결제서비스라 불리는 DCCDynamic Currency Conversion는 여행자 편의를 봐주는 서비스처럼 포장되어 있지만 실상은 환전수수료를 붙이는 바가지 서비스다.

원래 해외에서 신용카드로 결제를 하면 현지화→달러화→원화의 과정으로 재환전을 하면서 환율 손해를 보게 된다. 그런데 DCC 서비스는 현지화→원화→달러화→원화 방식처럼 환전수수료를 한 번 더 떼어먹는 구조다. 결제할 때 화면에 나타나는 원화 결제금액과 실제 카드명세서에 날아오는 금액 사이의 차이가 크다. 현지화로 하겠다고 말했는데도 원화로 결제된 경우는 신용카드사에 요청해서 보상을 받을 수 있다.

관리비, 주유비, 점심식사, 커피, 영화티켓 값을 깎아주는 신용카드도 있지만, 요즘은 결제금액만큼 항공사 마일리지를 쌓아주고 항공권이나 호텔 예약 시 1+1 혜택을 주는 카드가 인기다. 마일리지 적립이 가능한 신용카드들은 작게는 1,500원에 1마일, 많게는 1,000원에 3마일까지 항공사 마일리지를 적립해준다.

국내 카드는 주로 국적기인 대한항공과 아시아나항공 중 한군데로 적립하게 되며 연회비가 추가된다. 주로 아시아나항공의 적립률이 높다. 연회비가 2만원 이하인 카드로는 1,500원당 1.8~2.16마일을 주는 외환크로스 마일카드, 특정 가맹점에 대해 1,500원당 최대 20마일까지 주는 씨티메가마일카드 등이 인기다. 현대A2카드는 해외 사용액에 대해 1,000원당 3마일을 준다.

혜택을 너무 퍼주던 카드는 중간에 서비스를 확 줄이는 경우가 있어 소송까지도 벌어진다. 국내선이나 국제선 동반자 무료 항공권 혜택이 있는 프리미엄급 카드들은 자신의 소비 스타일과 맞는지 잘 살펴보고 가입해야 한다. 동남아 항공권 1+1 혜택은 KB로블카드, 현대카드 퍼플, 삼성 아멕스 플래티넘 등이 제공한다. 연회비가 각각 30만원, 60만원, 70만원이라 매년 연회비보다 큰 혜택을 누릴 수 있을지 고민해보는 게 좋다. 호텔 예약 1+1은 BC 플래티넘 카드의 혜택인데, 해당 사이트에 올라 있는 숙소 안에서만 고르기 때문에 선택의 폭이 좁고, 1박 가격이 다소 높게 책정돼 있어서 실제 기대만큼의 혜택을 보긴 어렵다.

Tip *PP카드와 공항라운지*

세계 각지의 공항에는 '라운지'라는 이름의 공간들이 있다. 식사를 대체할 만한 먹거리와 무선인터넷, 피곤할 때 눈을 붙일 수 있는 공간까지 있는 곳이다. 공항에 일찍 도착했거나 경유편을 타기 전까지 쉴 공간이 마땅치 않은 경우 이런 라운지를 이용하면 좋다. 그러나 주로 비즈니스, 퍼스트 좌석 티켓을 갖고 있거나 멤버십 등급이 높은 고객들만 무료로 출입할 수 있고, 따로 계산하면 1인당 금액이 만만치가 않다.

이 때 유용한 카드가 PP(Priority Pass)카드다. 전 세계 600곳 이상의 공항 라운지에 무제한 출입할 수 있는 이 카드는 3종류가 있는데, 각각 연회비(99달러, 249달러, 399달러)에 따라 혜택이 달라진다. 연회비가 10만원 이상인 프리미엄급 신용카드 중에는 PP카드를 따로 발급해주는 경우가 있으니, 해외여행이 잦다면 눈여겨볼 만하다.

단, 공항 내 모든 라운지가 PP카드와 제휴한 것은 아니니 이용 가능한 라운지가 어디인지 스마트폰 앱이나 인터넷(www.prioritypass.com)을 통해 미리 파악하는 게 좋다. 공항 규모가 너무 작으면 PP카드와 제휴된 무료 라운지가 없는 경우도 있다. 공항에 항상 빠듯하게 도착하는 경우에도 활용가치가 떨어진다.

06

지금 필요한 건 뭐?

여행 가방을 열심히 쌌는데, 떠나보면 아차 싶은 경우가 많다. 하지만 특별히 오지에 가지 않는 이상 현지에서 구할 수 있는 것도 많다. 꼭 국내에서만 구비해야 하는 것들, 신청해서 받는 데에 시간이 많이 걸리는 것들은 미리 체크해 놓는 것이 좋다.

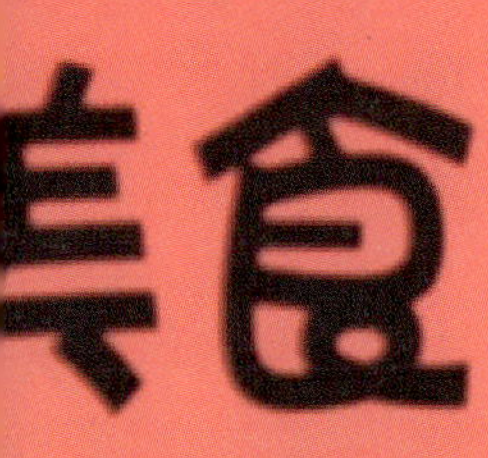

★ 여권 없인 아무 데도 못 간다

여권은 외국에서 나의 신분을 증명해줄 공식 신분증이다. 고로, 여권이 없으면 해외에 나가지 못한다. 가까운 구청이나 지자체에 신분증과 6개월이 지나지 않은 여권용 사진 1장을 가지고 가서 발급받으면 된다. 흰 배경에 귀가 노출되어야 하는 등 사진에 관한 규정이 까다로우나 사진관에서 잘 알려준다.

전자여권을 발급하는 경우 10년짜리 복수여권은 5만3,000원, 1년짜리 단수여권은 2만원의 수수료가 든다. 외교부 여권 안내www.passport.go.kr를 참조할 것.

이미 여권이 있는 사람도 항공권을 사면서 여권번호를 입력할 때 유효기간을 확인하고, 남은 유효기간이 6개월이 넘지 않는다면 재발급을 받아야 한다. 유효기간이 6개월 미만이라면 입국을 불허하는 나라가 많다. 비행기표를 살 때 재발급 필요성이 있다면, 일단 발권을 하고 나서 나중에 여행사에 연락해 여권번호를 입력하면 된다. 성수기에는 여권 발급에 일주일 가까이 걸릴 수 있으니 미리 유효기간을 점검하는 게 좋다.

★ 비자 없이 못 가는 나라도 많다

다른 나라에 들어가려면 원칙적으로 사증(입국허가서)이 필요하다. 여권의 수많은 빈 페이지가 다 출국/입국 사증을 찍으라고 있는 것이다. 관광 목적으로 방문 땐 무비자 입국이 가능하도록 우리 정부와 상대국가 간에 협정이 맺어진 나라들도 있다. 이 65개국에 들어갈 땐 비자가 없어도 체류 가능하다.

비자가 꼭 필요한 나머지 나라 중에는 캄보디아, 인도네시아, 몰디브처럼 공항에서 방문비자가 가능한 곳도 있고, 국내에서 미리 서류를 제출하고 중국처럼 초청장을 받아야 하고, 인터뷰를 해야 하는 곳도 있다.

미국은 2008년부터 관광 목적으로 입국하는 전자여권 소지자에 한해 인터넷으로 ESTAElectronic System for Travel Authorization를 신청하면 무비자 입국이 가능하다. 유럽 국가들 중 26개국은 셍겐조약에 가입해서 국경을 자유롭게 오고갈 수 있는데, '최종 출국일 기준으로 이전 180일 중 90일 이상은 셍겐국에 체류할 수 없다'는 조항이 있어 장기여행 시 유의해야 한다.

낯선 세계로 떠나는 여행에서는 종종 사고에 노출될 수 있다. '불의의 사고'는 그야말로 뜻밖의 일이다. 길을 가다 교통사고가 날 수도 있고, 바다 속에 들어갔다가 발에 깊은 상처가 날 수도 있고, 처음 먹는 음식에 배탈이 날 수도 있다. 들고 간 고가의 카메라를 술집에서 도둑맞을 수도 있다. 앞의 세 가지는 일단 병원에 가서 진료를 받거나 약국에서 약을 사서 처치해야 하고, 네 번째 사건은 경찰서에 가서 도난신고서를 작성해야 한다. 보험을 들고 떠났다면 이 모든 손실을 한국에 와서 보상을 받고, 보험을 들지 않았다면 그저 열만 받는다.

여행자보험은 종합보험에 가까운 형태다. 가벼운 도난사고에서 비행기 납치, 인명사고까지 보장되며 분실보상금, 상해치료비, 사망보험금 등 다양한 보상을 받는다. 가입기간이 짧기 때문에 아무리 높은 보장상품을 들어도 몇 만원 선을 넘지 않는다. 보상을 받을 때 본인부담금(면책금액)이 있는 항목도 있다. 위험 지역에 간다면 상해나 사망에 대한 보상이 큰 보험을 고르고, 고가의 휴대품을 들고 간다면 휴대품 보장사항이 높은 보험을 고르면 된다. 다만, 물품별로 보상금액도 미리 알아두자. 물품별 20만원 한정이라면 100만원짜리 제품도 20만원까지밖에 보상을 못 받는다. 또, 분실은 자신의 과실이라 보상금을 받을 수 없는 경우가 대부분이다.

여행자보험에 가입하려면 LIG나 현대해상, 차티스 등 보험사의 여행자보험 상품을 검색해도 되고, 여러 보험을 한꺼번에 안내해주는 사이트에서 한꺼번에 견적을 내볼 수도 있다. 은행에서 일정 금액 이상을 환전하면 무료로 여행자보험에 가입할 수 있는 경우도 있는데 보상이 크지는 않다. 미리 준비하지 못했다면 공항에서도 가입할 수 있는데 가입 가격이 비싼 종류만 안내받는다는 게 단점이다. 렌터카를 빌릴 때는 렌터카 회사에서 제시하는 풀커버 보험을 들어놓는 것이 마음 편하다.

해외에서 렌터카나 오토바이를 빌려 여행할 계획이 있다면 국제운전면허증을 받아야 한다. 한국에서 딴 운전면허증을 지참하고 여권과 여권용(혹은 반명함판) 사진 1장을 들고 전국의 운전면허시험장이나 경찰서로 가면 된다. 수수료는 7,000원이며 유효기간은 1년이다. 국제면허증을 받았다고 한국면허증은 집에 고이 모셔놓고 가면 역시나 헛일이다. 국제면허증은 한국면허증의 번역본인 셈이어서 해외에서 운전을 하려면 국제운전면허증과 한국면허증, 여권을 함께 소지하고 있어야 한다. 경찰 단속에 걸렸는데 제대로 신분증을 갖추고 있지 않았다가는 벌금으로 한몫 날릴 수 있다.

배낭여행이라고 진짜 배낭을 매고 떠나면 물건 하나 찾을 때마다 짐을 하나하나 뺐다 넣었다 하느라 아침마다 짐정리에 시간이 다 간다. 또 캐리어를 끌고 계단이 많은 고풍스러운 도시에 갔다가는 '집 떠나면 개고생'이라는 걸 실감하게 되기도 한다. 배낭은 배낭대로 캐리어는 캐리어대로 장단점이 있다.

배낭은 기동성이 좋다. 하지만 물건을 하나하나 찾기가 어렵고 늘 가방을 짊어지고 이동하면 '수고하고 무거운 짐진 자들'이 다 내 이야기 같아진다. 배낭을 들고 갈 생각이면 짐을 최소화하고 현지에서 필요한 물건을 그때그때 조달하는 게 좋다. 배낭은 여행에도 쓰고 등산 때도 쓸 수 있는 견고한 것을 사는 것이 좋다. 주머니가 많으면 짐을 분산하기 좋지만, 도둑을 향해 살랑살랑 손을 흔드는 효과가 날 수도 있으니 쓰기도 편하고 단속도 쉬운 디자인을 골라보자.

캐리어는 내용물이 구겨지지 않고 무거운 것도 바퀴로 밀고 다니면 된다는 장점이 있다. 하지만 짐 말고 가방 자체도 무겁다. 교통이 편리한 도시여행이나 한 곳을 베이스캠프로 잡고 돌아다니는 여행에는 적합하지만, 배 타고 다시 버스 타고 비포장길 걸어야 하는 여행이라면 짐가방이 말 그대로 짐이다. 캐리어를 고를 때는 남들과 짐을 헷갈리지 않도록 화려한 색이나 디자인을 고르고, 바퀴와 지퍼가 튼튼한지 확인해야 한다. 천으로 된 소프트케이스는 가방 크기를 키울 수 있고 자체 무게가 가볍다. 하드케이스는 무거운 대신 튼튼하긴 하나, 비행기에서 내던져지다 보면 '쩍'하고 갈라지는 경우도 있다.

비행기 탈 때, 체크인하면서 맡기는 수하물은 가로/세로/높이의 합이 157㎝를 넘지 않아야 하고 보통 23kg까지 1개나 2개까지 허용된다. 무게 초과(33kg까지)나 가방 개수 추가 시에는 따로 비용이 든다. 기내에 들어가는 짐의 사이즈는 22인치 이하로 가로/세로/높이를 더해 115㎝가 넘지 않아야 하며 무게는 보통 10kg 이하지만 재는 일이 거의 없다. 기내용 트렁크와 가방 하나(백팩, 핸드백, 노트북 가방 중 하나) 정도를 허용한다. 미국항공사들은 국내선 이용 시 위탁 수하물이 무조건 유료이고, 기내용 가방 숫자도 엄격하게 제한하는 편이다.

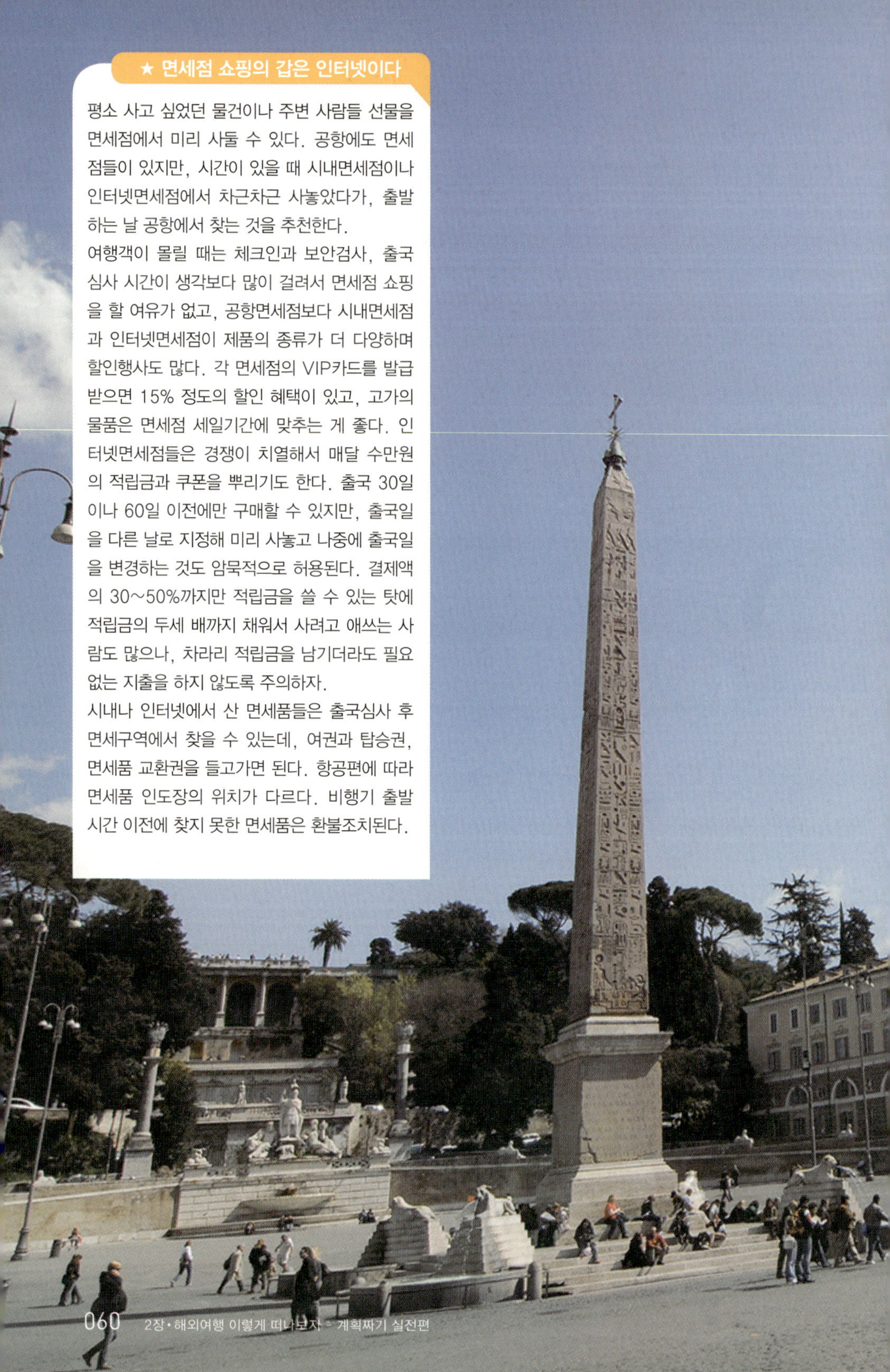

평소 사고 싶었던 물건이나 주변 사람들 선물을
면세점에서 미리 사둘 수 있다. 공항에도 면세
점들이 있지만, 시간이 있을 때 시내면세점이나
인터넷면세점에서 차근차근 사놓았다가, 출발
하는 날 공항에서 찾는 것을 추천한다.

여행객이 몰릴 때는 체크인과 보안검사, 출국
심사 시간이 생각보다 많이 걸려서 면세점 쇼핑
을 할 여유가 없고, 공항면세점보다 시내면세점
과 인터넷면세점이 제품의 종류가 더 다양하며
할인행사도 많다. 각 면세점의 VIP카드를 발급
받으면 15% 정도의 할인 혜택이 있고, 고가의
물품은 면세점 세일기간에 맞추는 게 좋다. 인
터넷면세점들은 경쟁이 치열해서 매달 수만원
의 적립금과 쿠폰을 뿌리기도 한다. 출국 30일
이나 60일 이전에만 구매할 수 있지만, 출국일
을 다른 날로 지정해 미리 사놓고 나중에 출국일
을 변경하는 것도 암묵적으로 허용된다. 결제액
의 30~50%까지만 적립금을 쓸 수 있는 탓에
적립금의 두세 배까지 채워서 사려고 애쓰는 사
람도 많으나, 차라리 적립금을 남기더라도 필요
없는 지출을 하지 않도록 주의하자.

시내나 인터넷에서 산 면세품들은 출국심사 후
면세구역에서 찾을 수 있는데, 여권과 탑승권,
면세품 교환권을 들고가면 된다. 항공편에 따라
면세품 인도장의 위치가 다르다. 비행기 출발
시간 이전에 찾지 못한 면세품은 환불조치된다.

큰 가방 외에 항상 휴대할 수 있는 작은 가방 하나는 필수다. 가이드북과 카메라, 선글라스, 지도, 지갑, 여권, 선크림 등을 넣고 다닐 용도다. 등에 매는 가방은 소매치기들의 표적이 될 수 있다. 사이드로 매는 가방이면서 특히 남의 손이 들락날락 하지 않도록 지퍼는 꼭 있는 게 좋다.

옷은 날씨에 맞춰 준비하되 매일 패션쇼할 욕심은 버리는 게 좋다. 속옷과 양말을 중간에 간단하게 빨 수 있으니 일정 전체만큼 챙길 필요는 없다. 더운 곳에 간다면 모자와 선그라스, 선크림이 필수. 신발은 편한 것을 신자. 새 구두 사서 여행 떠나는 사람은 여행 초짜 맞다. 뒤꿈치다 까인다. 이미 발에 적응한 운동화를 신어도 발이 아플 정도로 걷기 마련이다. 바닷가에 갈 일이 있으면 낮은 샌들이나 슬리퍼, 플립플랍(조리)류를, 스노클링을 할 생각이면 아쿠아슈즈를 챙기는 게 좋다.

상비약으로 두통약, 소화제, 설사약, 상처치료 연고 정도는 챙기자. 여성들 중 위생용품을 잊고 온 사람이라면 비행기 화장실에서 한두 개 정도는 챙길 수 있다. 중급 이상 숙소에 머문다면 비누, 샴푸, 바디클린저는 숙소 것을 사용할 수 있으니 세면도구 중 샴푸나 비누는 예비용으로만 챙긴다. 기내가 상당히 건조하니 얼굴에 바를 만한 화장품이나 마스크팩을 챙겨들고 타도 좋다. 액체류는 100ml가 넘으면 기내에 들고 탈 수 없으니 100ml 이하로 골라 투명한 지퍼백에 넣어 보안검사 바구니에 놓으면 된다.

귀중품은 수하물용 가방에 넣으면 분실 우려가 있으니 들고 타는 게 좋다. 노트북 등 하드디스크가 들어 있는 제품은 출국 전 보안검사 때 가방에서 따로 꺼내서 엑스레이를 통과해야 한다. 우리나라는 220V를 쓰지만 다른 나라는 110V를 쓰기도 하고 콘센트 모양이 다르기도 하다. '유니버셜 어댑터(멀티 플러그)'를 하나 마련해두면 편하다. 공항에 있는 통신사 로밍센터에서 대여해주기도 한다.

유사시를 대비해 여권과 여행자수표 번호는 복사해서 들고 다니는 가방과 분리돼 있는 짐에 넣어두는 게 좋다. 위탁 수하물이 분실되는 경우도 간혹 있는데, 항공사에서 보상은 해주겠지만 하루 정도 지낼 수 있는 짐을 기내용 짐에 챙겨두는 것도 좋다. 대기 중이나 휴식 중에 읽을 책도 한 권 챙기는 게 좋은데, 가벼운 에세이나 추리소설이 적당하다.

지금 공항으로 간다

여행의 시작은 여행준비부터지만, 제대로 가슴이 쿵
쾅거리기 시작하는 건 공항으로 가는 길에서부터다.
인천공항에는 보통 2시간반 전에 도착하면 충분하지
만, 주말이나 성수기에는 3시간 전에 도착해야 여유
있다. 김포공항은 1시간 30분도 충분하다. 도착하
면 해당 항공사 카운터에서 탑승 수속을 하고 수하물
을 부친 뒤, 혹시 사이버환전 수령지점을 공항으로
지정했다면 환전 금액을 찾고 휴대폰 로밍에 대해 안
내를 받은 뒤 출국장으로 들어가면 된다. 탑승수속
은 출발 1시간 전까지도 가능하지만, 보안검사, 출
국검사, 면세품 수령 외에도 외국항공사의 경우 탑
승동으로 건너가는 시간까지 생각하면 넉넉하게 도
착하는 것이 좋다.

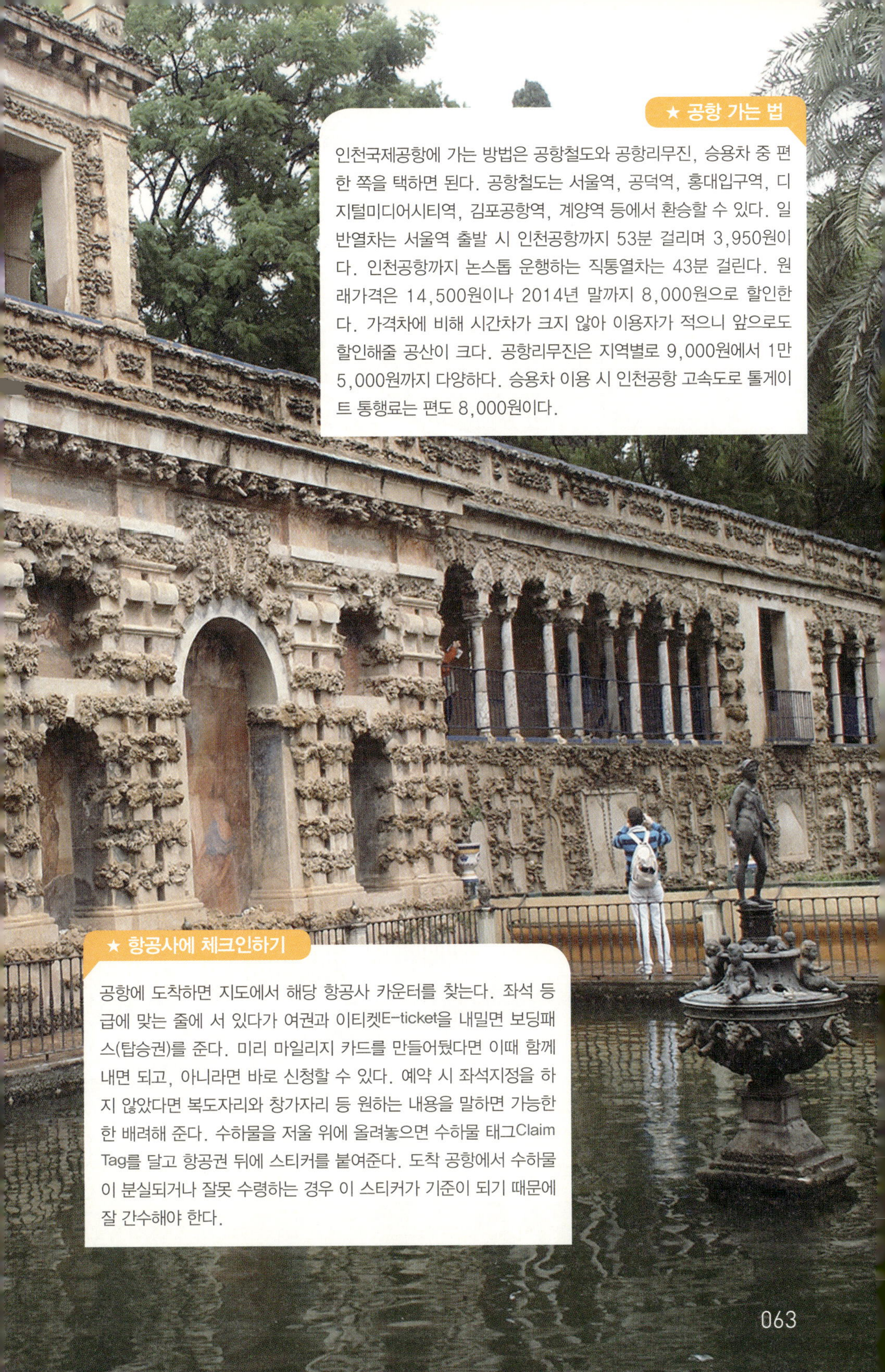

인천국제공항에 가는 방법은 공항철도와 공항리무진, 승용차 중 편한 쪽을 택하면 된다. 공항철도는 서울역, 공덕역, 홍대입구역, 디지털미디어시티역, 김포공항역, 계양역 등에서 환승할 수 있다. 일반열차는 서울역 출발 시 인천공항까지 53분 걸리며 3,950원이다. 인천공항까지 논스톱 운행하는 직통열차는 43분 걸린다. 원래가격은 14,500원이나 2014년 말까지 8,000원으로 할인한다. 가격차에 비해 시간차가 크지 않아 이용자가 적으니 앞으로도 할인해줄 공산이 크다. 공항리무진은 지역별로 9,000원에서 1만 5,000원까지 다양하다. 승용차 이용 시 인천공항 고속도로 톨게이트 통행료는 편도 8,000원이다.

공항에 도착하면 지도에서 해당 항공사 카운터를 찾는다. 좌석 등급에 맞는 줄에 서 있다가 여권과 이티켓E-ticket을 내밀면 보딩패스(탑승권)를 준다. 미리 마일리지 카드를 만들어뒀다면 이때 함께 내면 되고, 아니라면 바로 신청할 수 있다. 예약 시 좌석지정을 하지 않았다면 복도자리와 창가자리 등 원하는 내용을 말하면 가능한 한 배려해 준다. 수하물을 저울 위에 올려놓으면 수하물 태그Claim Tag를 달고 항공권 뒤에 스티커를 붙여준다. 도착 공항에서 수하물이 분실되거나 잘못 수령하는 경우 이 스티커가 기준이 되기 때문에 잘 간수해야 한다.

★ **휴대폰 로밍**

로밍이란 해외에서 휴대폰을 사용할 수 있게 해주는 서비스다. 요즘 많은 나라에서 자동로밍이 가능한데, 기내에서 껐던 전원을 해외에서 켜자마자 바로 현지시간이 뜨면서 로밍 안내 문자가 온다. 로밍서비스 통화는 해외 통신망을 사용하게 되므로 국내에서 가입된 요금제와 전혀 별개로 요금이 부과된다. 통화료는 거는 사람, 받는 사람 모두에게 부과되며, 1분에 수천원 단위이므로 급한 일이 아니면 쓰지 않는 게 좋다. 해외 로밍 안내 서비스를 미리 신청하고, 모르는 번호가 뜨면 받지 않는 것이 좋다.

지인들에게는 미리 "SMS로 연락하라"고 당부해 놓고 떠나도 된다. SMS 문자를 보낼 때는 100~300원 선, 받는 것은 무료다. 긴 문자나 사진이 담긴 MMS의 경우는 데이터 로밍을 켜야만 받을 수 있어서 쓰지 않는 게 좋다. 불의의 요금폭탄 공격에 망연자실하고 싶지 않다면 데이터 로밍을 차단하는 게 좋다. 데이터 로밍을 차단하지 않으면 친절한 휴대폰씨가 남몰래 카카오톡을 받고 트위터 밀린 글들을 읽어놓느라 나도 모르는 데이터 요금이 당신의 귀국을 기다리게 된다. 휴대폰을 켜자마자 차단 여부를 묻게 되어 있지만, 가끔 오류가 나는 경우가 있으니 고객센터나 공항 로밍센터에서 미리 차단서비스를 신청하자. 이곳에서 멀티어댑터도 빌릴 수 있다.

스마트폰으로 무선인터넷을 늘 써야 한다면 하루에 9,000~1만원 선인 데이터 무제한로밍 요금제에 가입하거나 KT '로밍에그'를 대여해 갈 수 있으니 서비스가 가능한 국가인지 알아보는 게 좋다. 데이터 무제한로밍은 2013년 초반 기준으로 SKT가 88개국, KT가 69개국, LG U+가 85개국에서 서비스 중이며 일부 국가는 LTE 자동로밍도 된다. 현지의 저렴한 심카드나 글로벌 심카드를 사서 끼워 쓸 수도 있다.

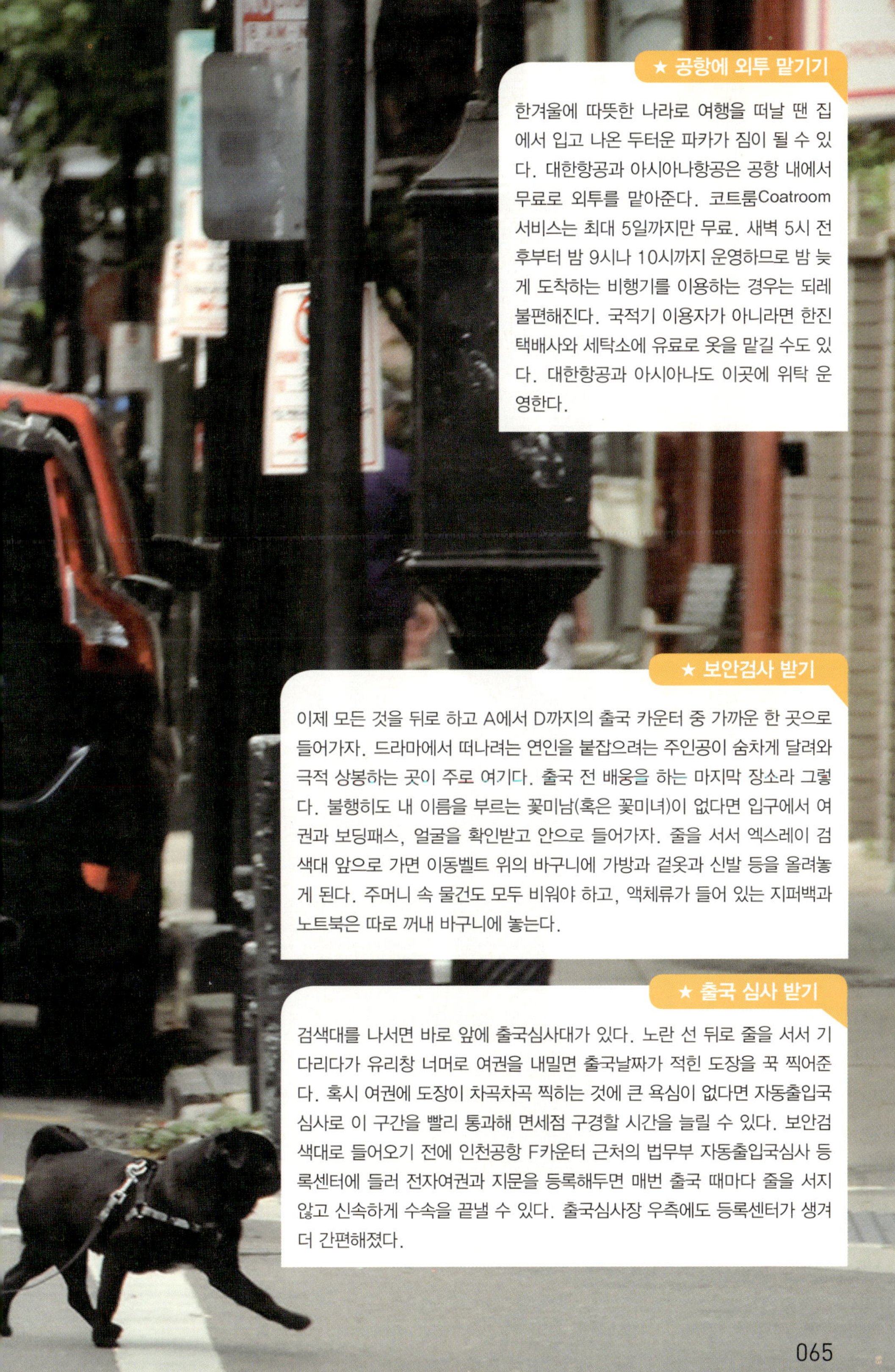

★ 공항에 외투 맡기기

한겨울에 따뜻한 나라로 여행을 떠날 땐 집에서 입고 나온 두터운 파카가 짐이 될 수 있다. 대한항공과 아시아나항공은 공항 내에서 무료로 외투를 맡아준다. 코트룸Coatroom 서비스는 최대 5일까지만 무료. 새벽 5시 전후부터 밤 9시나 10시까지 운영하므로 밤 늦게 도착하는 비행기를 이용하는 경우는 되레 불편해진다. 국적기 이용자가 아니라면 한진택배사와 세탁소에 유료로 옷을 맡길 수도 있다. 대한항공과 아시아나도 이곳에 위탁 운영한다.

★ 보안검사 받기

이제 모든 것을 뒤로 하고 A에서 D까지의 출국 카운터 중 가까운 한 곳으로 들어가자. 드라마에서 떠나려는 연인을 붙잡으려는 주인공이 숨차게 달려와 극적 상봉하는 곳이 주로 여기다. 출국 전 배웅을 하는 마지막 장소라 그렇다. 불행히도 내 이름을 부르는 꽃미남(혹은 꽃미녀)이 없다면 입구에서 여권과 보딩패스, 얼굴을 확인받고 안으로 들어가자. 줄을 서서 엑스레이 검색대 앞으로 가면 이동벨트 위의 바구니에 가방과 겉옷과 신발 등을 올려놓게 된다. 주머니 속 물건도 모두 비워야 하고, 액체류가 들어 있는 지퍼백과 노트북은 따로 꺼내 바구니에 놓는다.

★ 출국 심사 받기

검색대를 나서면 바로 앞에 출국심사대가 있다. 노란 선 뒤로 줄을 서서 기다리다가 유리창 너머로 여권을 내밀면 출국날짜가 적힌 도장을 꾹 찍어준다. 혹시 여권에 도장이 차곡차곡 찍히는 것에 큰 욕심이 없다면 자동출입국심사로 이 구간을 빨리 통과해 면세점 구경할 시간을 늘릴 수 있다. 보안검색대로 들어오기 전에 인천공항 F카운터 근처의 법무부 자동출입국심사 등록센터에 들러 전자여권과 지문을 등록해두면 매번 출국 때마다 줄을 서지 않고 신속하게 수속을 끝낼 수 있다. 출국심사장 우측에도 등록센터가 생겨 더 간편해졌다.

Chapter 3

쏘댕기자의
해외여행
버킷리스트

금토일 밤도깨비여행

'밤도깨비여행'이란 주말 이틀을 최대한 활용해 다녀오는 초단기 해외여행을 말한다. 2000년대 초반 시작된 인천-도쿄 하네다 심야전세기 1박3일 여행상품이 원조다. 기본일정은 금요일 자정을 지난 늦은 시간 떠나 월요일 새벽에 돌아오는 것. 징검다리로 이틀 밤을 새우고 월요일에 바로 출근해야 하는, 고행 혹은 수행에 가까운 여행이다. 덕분에 귀국 후 여행자들의 몰골이 여행상품 이름에 맞춰지는(인간이냐 도깨비냐!) 상황도 벌어진다.

그래도 휴가를 내지 않아도 되고 비용도 저렴하다는 건 무시할 수 없는 매력. 덕분에 밤도깨비 상품이 오사카, 상하이, 홍콩, 싱가포르 등지로 퍼지기도 했고, '부엉이', '올빼미', '황금박쥐' 같은 유사상품도 생겼다.

전통의 밤도깨비 전세기는 출발하는 날은 불 꺼진 공항면세점 앞에서 할 일 없이 시간을 보내고, 현지에서도 대중교통이 다니지 않는 시간에 공항과 시내를 오가는 불편을 감수해야 했다. 하지만 이제는 금요일 저녁 비행기로 가는 2박4일 상품이나, 토요일 이른 아침 비행기를 타고 떠나서 월요일 아침에 돌아오는 좀 더 편한 일정도 가능해졌다. 하루 더 휴가를 내서 금토일을 최대한 활용하는 경우는 조금 더 여유롭다.

- 대만 타이베이 ■ 중국 상하이 ■ 홍콩
- 일본 오사카 ■ 일본 도쿄

기대 없이 가서 만족하고 오는 도시. 비행시간 2시간30분 남짓. 국립고궁박물관을 중심으로 한 전통문화와 몇 년 전까지 세계 최고最高 건물이었던 '타이베이 101' 빌딩을 앞세운 현대적 도시의 조화가 포인트다. 국립고궁박물관은 세계 4대박물관 중 하나로 장제스 총통이 중국 본토를 떠나오면서 엄청나게 챙겨온 유물들의 덕을 입었다. 언덕 위의 아기자기한 시장거리 지우펀과 '혹성탈출'을 찍어도 될 법한 돌무더기가 즐비한 예류 나들이도 추천.

자고나면 새로운 건물이 서는 경제의 도시다. 유럽식 건물들이 멋진 와이탄과 떡꼬치 모양 동방명주 등 고층 빌딩들이 수놓는 황푸강의 야경이 자랑거리다. '상하이의 명동' 난징동루와 고풍스러운 정원 위위안도 명소. 근처 상점가에서 파는 기념품 시계는 며칠 내로 고장나는 조악함이 특징이지만, 난샹만터우에서 먹는 샤오롱바오의 맛은 명불허전이다. '상하이의 청담동' 신티엔디는 이국적인 건물에서 미식을 즐길 수 있다. 중국 같다는 느낌이 전혀 들지 않는다. 이름 그대로 신천지라고나 할까. 독립열사들의 흔적이 남아 있는 상하이 임시정부청사와 가깝다. 인천공항에서 푸동공항으로 가도 되지만, 김포공항에서 홍차오공항으로 가는 게 더 편하고 가격 차이도 별로 없다. 중국 4대정원 중 하나인 쑤저우(소주)의 쭈어정위엔(졸정원)이나 항저우(항주)의 거대한 시후(서호)를 보러 당일치기 나들이도 가능하다.

중화권 여행 입문지. 비행시간은 3시간30분 남짓. 도시 곳곳에 스며 있는 홍콩영화의 추억이 온몸을 후벼판다. 보기만 해도 떠들썩한 간판 사이로 질주하는 빨간색 2층버스를 타고 짜릿함을 온몸으로 느끼는 것이 포인트. 영화 '중경삼림'과 예능프로 '러닝맨'에 등장했던 미드레벨 에스컬레이터와 카오룽(구룡)반도 침사추이의 화려한 간판들, 스타의 거리나 피크트램에서 바라보는 홍콩섬의 야경, 기념품과 볼거리, 먹을거리가 넘치는 야시장은 놓치지 말자.

일본 오사카 大板

식도락의 도시. 비행시간은 1시간40분 안팎. 먹다 망한다는 뜻의 '구이다오레(食い倒れ)'라는 별명을 가진 도시의 실체를 직접 느껴보는 것이 포인트다. 간판이 요란한 도톰보리 거리에 가면 타코야끼와 오코노미야끼, 회전초밥, 라면 등이 당신을 기다린다. 쇼핑으로 유명한 신사이바시스지도 가깝다. 관광지는 오사카성, 유니버셜 스튜디오, 카이유칸 정도. 우메다역이나 난바역에서 30분~1시간 정도면 교토, 나라, 고베 등 근교 관광지로 갈 수 있다. 한 곳만 고른다면 단언컨대 교토다.

일본 도쿄 東京

밤도깨비여행의 원조이자 본좌. 비행시간은 2시간20분 안팎. 전통의 향기가 넘치는 아사쿠사, 일본 '고삐리'들의 알 수 없는 패션세계를 엿볼 수 있는 하라주쿠, 길거리밴드의 열정을 만날 수 있는 시부야, 야경과 쇼핑명소 오다이바, 미술의 '우아한 세계' 롯본기 등 가볼 곳이 넘친다. 밤도깨비라면 귀국할 때 오다이바 오오에도 온천에서 쉬고 송영버스를 타는 콤보티켓을 추천한다. 지브리 스튜디오나 하코네, 요코하마 등 근교 나들이도 가능하다.

3박4일여행

주말만으로는 아쉽고, 여름휴가를 통째로 쓰기는 아까울 때 혹은 긴 여행이 경제적이나 체력적으로 부담될 때 가볍게 떠날 수 있는 일정이다. 비행시간 5시간대 이내에서 목적지를 고르고, 가능하다면 출국 비행기는 오전 일찍, 돌아오는 비행기는 늦게 도착하도록 잡는 게 좋다. 부득이하게 경유편을 타야 한다면 전날 저녁비행기로 경유지까지 가서 1박을 하는 것도 방법이다. 다음날 아침부터 알뜰하게 시간을 사용하는 게 가능해진다. 저가 항공들이 경쟁적으로 취항지를 늘리고 있기 때문에, 마일리지 욕심이 없다면 불편한 좌석과 썰렁한 기내식(혹은 손가락 빨기)을 감안하고 조금 알뜰하게 다녀올 수도 있다. 일정이 짧은 편이므로 여러 곳을 돌아보기보다는 한 곳을 베이스캠프로 잡고 도시여행이나 휴양을 즐기면서 하루 정도만 근교 나들이를 다녀오는 정도가 좋다. 특히 휴양지여행이라면 최소 하루 이상을 여유롭게 해변과 수영장에서 보내보자. 주변 현지식당에서 다양한 음식에 도전해보는 것도 좋다. 관광에 방점을 찍는 여행이라면, 직접 운전하는 것도 가능하지만 도로방향이 반대인 곳도 있으니 운전자가 딸린 교통편을 렌트해서 주변을 돌아보는 것도 고려해보자.

- 필리핀 보라카이 ■ 일본 오키나와
- 마카오 중화인민공화국 아오먼 특별행정구
- 캄보디아 앙코르와트 ■ 태국 방콕

필리핀 보라카이

세계 3대 해변에 뽑힌 적이 있다는 전설의 해변을 가진 섬이다. 동남아시아권에서(몰디브는 서남아) 물빛과 모래사장의 길이로 이 정도 수준의 해변은 없다. 섬이 너무 작아 공항이 없는데, 이 치명적 단점 덕분에 덜 훼손되는 측면도 있다. 화이트비치와 푸카쉘비치 등 해변에서의 휴식과 비치로드 산책, 호핑 투어 뱃놀이가 필수코스. 진한 망고 주스는 매일 마셔줘야 후회가 없다. 편하게 가는 휴양지를 원한다면 세부가 대안. 대신 앞바다에서 에메랄드빛을 기대하진 말 것.

일본 오키나와

일본 열도의 최남단이다. 본토보다 대만에 가깝다. 500여 년 간 류큐왕국이라는 독립국가였고, 색다른 문화와 깨끗한 남국의 바다를 만날 수 있다. 오키나와섬 나하공항까지 직항으로 2시간15~20분. 아시아나와 진에어가 매일 운항한다. 렌터카를 빌려 북쪽으로 가면서 류쿠무라 테마파크, 만자모, 츄라우미 수족관, 부세나 해중전망대를 보고 남쪽의 슈리성을 둘러보면 된다. 본섬에서 비행기를 한번 더 타야 하지만, 이시가키섬과 이리오모테섬도 때묻지 않은 자연으로 유명하다.

마카오 중화인민공화국 아오먼 특별행정구

'동양의 작은 유럽' 혹은 '동양의 라스베가스'라 부른다. 비행시간은 3시간40분 안팎. 중국 땅이지만 450년 간 포르투갈의 식민지였기에 동서양의 미묘한 조화를 느낄 수 있다. 물결무늬 세나도광장을 출발해 유네스코 세계문화유산 '마카오 역사 지구'를 탐험하고, 베네시안 등 화려한 카지노호텔들을 갈고 다니면 된다. 에그타르트를 먹으며 세나도광장 뒷골목들을 탐험하고 콜로안 빌리지에서 드라마 '궁'을 떠올리며 닭살스러운 커플 행각으로 시간을 보내도 좋다.

캄보디아 앙코르와트

크메르왕국의 신비로운 사원들을 볼 수 있는 유적지다. 직항으로 5시간20분 거리. 유적들이 꽤 넓게 분포되어 있지만, 힌두신화도 전혀 모르는 채 멍 때리고 돌아다니다 보면 어느 순간 이 유적이 저 유적 같고 다 비슷하게 보일 수 있다. 되도록 유적해설서나 유적해설사의 도움을 받는 게 좋다. 일반적으로 가까운 유적에 2~3일, 멀리 있는 유적과 톤레삽호수에 하루 정도 투자하게 된다. 유적만 보는 게 지루하다면 수도 프놈펜과 해변휴양지 씨하눅빌까지 묶어서 갈 수도 있다.

태국 방콕

저렴한 물가가 사랑스러운 태국의 수도다. 비행시간은 5시간30분 정도. 국내 대부분 저가항공사까지 웬만한 항공사는 다 취항해서 땡처리 항공권도 잘 나온다. 왕궁, 에메랄드 사원, 왓포 등을 돌아보고 배낭여행자의 거리 카오산이나 팟퐁 거리에서 젊음을 불태우면 된다. 짜오프라야강 뱃놀이와 멋진 전망의 옥상 바Bar도 필수코스. 가격대비 질이 좋은 숙소, 음식, 마사지를 주목적으로 삼아도 된다. 바다를 원한다면 파타야보다 코사멧이 낫다. 가는 시간은 두 배로 걸리지만.

5박6일여행

1주일의 휴가 중 전반부는 여행을 하고 후반부는 쉬면서 다시 일상생활에 복귀할 체력을 만들 수 있는 일정이다. 비행에 6~7시간을 투자하는 게 가능해지기 때문에 동남아권에서는 인도차이나반도나 보르네오섬, 말레이반도, 그리고 적도 살짝 아래 지역까지도 넘볼 수 있다. 휴양여행이라면 한 군데 머물면서 섬 투어나 몸을 쓰는 활동과 휴양을 사이사이 끼워 일정을 짜보면 된다. 가까운 동북아 지역에서도 목적지를 늘려 일대를 샅샅이 돌아보는 것도 가능하다. 일본 같은 경우는 지역별 기차패스를 활용하면 개별 교통비용보다 저렴하고 편리하게 주변을 돌아볼 수 있다. 국철과 사철이 분리되어 있어서 원하는 기간과 지역에 따라 필요한 패스가 달라질 수 있다. 직항편 대신 저렴한 경유편을 타면서 가는 길 혹은 오는 길에 경유지 여행을 추가할 수도 있다. 공항 밖으로 나가 여행을 하는 경우를 제외하고 공항에 대기하는 경유편의 경우는 대기시간이 적당한 항공권을 끊는 게 좋다. 대기가 너무 짧으면 앞 비행기가 연착되는 경우 환승이 어려운 문제가 생길 수 있고, 대기시간이 너무 길면 공항에서 시간과 체력을 다 낭비하는 불상사가 생긴다.

- **태국 푸켓+피피섬**　**베트남 호치민+나짱** 나트랑
- **라오스** 비엔티안/방비엥/루앙프라방
- **일본 간사이 일주** 오사카/교토/나라/고베
- **말레이시아 코타키나발루**

ⓒ 태국관광청

태국 최대의 섬 푸켓은 세계적 휴양지로, 직항이 5시간45분
~6시간40분 정도 걸린다. 번화가인 빠통비치를 중심으로 서
해안을 따라 여러 해변들이 늘어서 있다. 낮에는 바다에서, 밤
에는 바Bar에서 논다. 배로 1시간 남짓 거리에 아름다운 절경을
품고 있는 피피섬과 팡아만도 있다. 피피섬에서 1박을 하면 당
일치기 관광객들이 빠져나간 뒤의 고요를 즐길 수 있다. 방콕행
땡처리 항공권을 사고 방콕−푸켓 구간만 저가항공을 끊어서 돌
아오는 길에 방콕에서 하루를 보내는 것도 좋다.

ⓒ 최병준

베트남의 수도는 하노이지만, 최대의 도시는 호치민(사이공)이다. 인천공항에서 약 5시간 걸린다. 통일궁, 중앙우체국, 노틀담성당 등 프랑스 식민지 시대의 건축물과 화려한 동코이로드, 재래시장 벤탄마켓, 사이공강의 야경이 둘러볼 만하다. 데탐 거리에 배낭여행자용 숙소와 여행사들이 많다. 메콩델타나 구찌터널 등 근교 투어도 있지만, '동양의 나폴리' 나짱(나트랑)에서의 휴양을 더할 수도 있다. 1만원도 안 되는 돈으로 스노클링에 종일 먹고 마실 수 있는 '환상의 보트 투어'는 필수코스다. 여름 한정으로 인천-나트랑 직항 전세기도 종종 나온다.

■ **라오스** 비엔티안/방비엥/루앙프라방

인도차이나의 한가운데에 있는 라오스는 느린 삶이 떠오르는 살짝 낙후된 오지의 이미지다. 수도 비엔티안까지 직항은 약 5시간 걸리며, 꼭 가야할 도시는 루앙프라방이다. 프랑스식 건물들과 주황빛 가사를 걸친 스님들의 탁발 행렬의 이질적인 조화가 매력적이다. 비엔티안부터 시작해 강가에서 젊음을 폭발시키는 방비엥을 거쳐 루앙프라방으로 가거나 그 역순으로 내려오면 6박이 꽉 찬다. 도로 사정상 이동시간이 길어서, 평지를 달려도 엉덩이가 얼얼하다.

■ 일본 간사이 일주 오사카/교토/나라/고베

간사이 혹은 긴키라고 부르는 이 지역은 좀 과장하자면 '수도'가 '수도 없이' 있는 곳이다. 교토는 4세기 전까지 오랜기간 일본의 왕이 살던 수도였고, 오사카와 나라도 한때는 도읍지에 이름을 올렸다. 덕분에 유네스코 세계문화유산을 비롯해 문화재급 유적이 득시글거린다. 오사카 우메다에서 서쪽으로 30분 거리인 고베에는 눈 돌아가는 야경과 입에서 살살 녹지만 가격 보면 눈 튀어나오는 쇠고기가 있다. 일정에 맞는 기차패스를 사면 알차게 찍고 올 수 있다.

■ 말레이시아 코타키나발루

말레이시아의 유명 휴양지 중 하나다. 보르네오 섬 북쪽에 있어 말레이반도 쪽보다 비행시간이 덜 걸린다(5시간). 대규모 리조트들이 서해안을 따라 자리 잡고 있어서 석양이 멋지다. 바다와 섬과 리조트가 다라고 하면 해발 4,000m가 넘는 키나발루산이 섭하다. 동남아시아에서 가장 높은 이 산에 오르려면 미리 산장 예약이 필수. 첫 날은 산장까지 가서 일찍 자고 새벽 2시께 정상을 향해 진격하게 된다. 고산병이 두렵다면 포린 온천과 정글체험만 하고 돌아올 수도 있다.

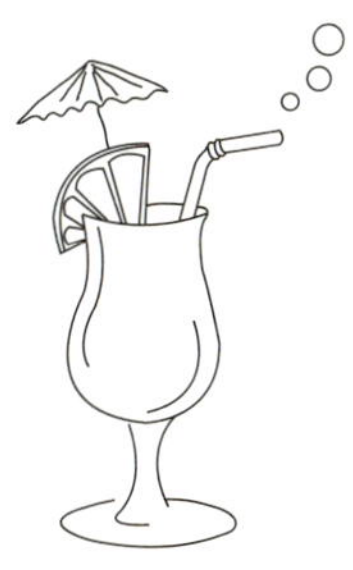

1주일 이상 여행

일단 태평양을 건너거나 북극해를 지나거나, 적도 아래로 내려가겠다는 생각을 한다면 무조건 일정부터 엿가락처럼 쭈욱~쭉 길게 뽑아야 한다. 항공권 가격도 비싸지만 직항으로 이동해도 10~14시간이 걸리는지라, 출국과 입국 수속에 드는 시간까지 더하면 오가는 길에 왕복 이틀을 훌렁 날린다.

사실 시간만 생각하면 직항이 정답이지만, 돌아와서는 물론 여행 중에도 손가락만 빨아야 할 가정경제 파탄을 걱정해야 한다면 경유편도 고려해보자. 미주행이라면 최대한 돌아가지 않는 노선이 일본과 중국 정도. 그 외에 대만과 홍콩까지는 내려갔다 갈 수 있지만 그 이하로는 경로 상 너무 돌아간다. 유럽편은 유럽 내에서 경유를 하는 것이 시간적으로 가장 유리하나 가격이 직항과 큰 차이가 안 날 수 있다. 동남아나 중동을 경유하는 경우가 주로 저렴한데, '이번 아니면 언제 가보겠나' 싶은 경유지가 있다면 귀국길에 하룻밤이라도 둘러보는 '1타2피'를 택할 수도 있다.

경유시간은 2시간 남짓이 적당하다. 행여라도 앞 비행기가 지연되어 연결편을 놓치게 되는 경우는 항공사에서 가장 빠른 다음 편으로 연결해주며, 필요한 경우 숙박문제도 해결해준다.

- 스페인 ■ 호주 ■ 미국 서부
- 터키 ■ 남아공

스페인은 서유럽에서 프랑스 다음으로 땅덩어리가 넓다. 국토의 중심인 수도 마드리드와 남부 안달루시아 지방, 바르셀로나가 있는 까딸루냐 지방은 상당히 다른 문화를 갖고 있다. 수도 마드리드의 프라도미술관과 소피아미술관(피카소의 '게르니카'!), 세비야의 플라멩코와 대성당, 알카사르성, 그라나다의 알람브라 궁전, 바르셀로나의 가우디 건축물 기행이 기본 코스요리다. 남부의 네르하, 미하스 같은 '하얀마을'은 '특식'이랄까. 마드리드 기준 직항이 약 13시간30분이다.

호주

코알라가 졸고 캥거루가 뛰노는 풍경이 떠오르는 나라다. 대표도시 시드니는 남동쪽에 있고 직항으로 10~11시간 걸린다. 오페라하우스와 하버브리지가 상징. 세계 최대 산호초 그레이트 배리어 리프는 북동부에 있어 케언즈에서 가깝다. 형제같은 이름의 그레이트 오션 로드는 남쪽 끝의 멜버른 근처로, 12사도 바위가 유명하다. 시드니와 골드코스트와 브리즈번, 혹은 시드니와 케언즈, 혹은 멜버른을 묶어서 가는 경우가 많다. 참고로 호주의 수도는 시드니가 아니라 캔버라다.

미국 서부

미국 서부는 가볼 곳이 천지다. LA는 할리우드와 비벌리힐스, 말리부 해변 등 영화 속 명소들이 즐비하고, 원조 디즈니랜드가 있는 곳이다. 샌프란시스코는 빨간 금문교와 영화 〈더 록The Rock〉의 배경 알카트라즈 감옥, 물개들이 팔자 좋게 늘어진 피어39 등이 명소다. 렌터카로 두 도시를 잇는 1번국도를 달리면서, 미국에서 가장 아름다운 도로라는 17마일 드라이브17-mile Drive를 지나보자. 네바다 주의 사막에 피어난 '향락의 도시' 라스베가스를 지나면 그랜드캐니언 국립공원을 비롯한 대자연의 선물들도 당신을 기다린다.

터키

아시아의 끝이자 유럽의 시작인 터키의 이스탄불
은 세계사책 속 비잔티움, 콘스탄티노플과 같은
곳이다. 술탄 아흐멧 모스크(블루 모스크)와 아야
소피아성당, 토프카프궁전, 그랜드바자르 등이
볼거리. 카파도키아는 버섯 모양의 기암괴석과
박해를 피해 지은 동굴집을 볼 수 있는 외계 같은
곳. 온천으로 유명한 파묵칼레까지 필수코스인
데, 심야버스나 국내선 비행기를 이용한다.

남아공

치안이 좋지 않은 요하네스
버그보다는 남서쪽의 케이
프타운을 중심으로 여행한다.
테이블마운틴과 희망곳 외에도
펭귄들이 그득한 볼더스비치, 짝
퉁(?) 12사도 바위가 있는 캠스베
이, 새하얀 아틀란티스 샌듄 등을 둘 러볼
수 있다. 케이프타운에서 남해안을 따라 가든
루트를 돌거나 사파리 투어를 추가하자. 사파
리는 케이프타운 근교에서보다는 남한 넓이의
20%에 달하는 크루거국립공원에서 해야 제맛
이다. 웬만하면 빅파이브(사자, 표범, 코끼리,
하마, 버팔로)를 거의 볼 수 있다.

일생에 한 번(?) 신혼여행

결혼식 날을 기다리는 건 어쩌면 예식 자체보다 신혼여행 때문일 수 있다. 대체로 '일생에 한 번'이다 보니 가장 경제적으로 구애받지 않는 여행이며, 해외여행 경험이 없는 사람에게는 인생 최초(이자 당분간 마지막인)의 여행이 된다. 일반적으로 동남아 휴양지가 가장 대중적이다. 주로 낮시간에 예식을 올리고 당일 저녁에 출발하기 때문에 도착해서 바로 호텔에서 쉴 수 있는 5~6시간 이내 거리를 많이 택하게 된다. 둘만의 시간을 보내기 위해 가족여행객이 많은 일반 리조트보다는 고급스러운 풀빌라나 외딴 섬의 다리로 연결된 수상 빌라를 택하는 경우도 늘고 있다. 모험을 좋아하는 사람들은 평소 못 갔던 먼 나라로의 여행을 실현하기도 한다. 심지어 신혼여행으로 세계일주를 하는 사람들도 있다. 급하게 공항에 가느라 신부의 올림머리와 '분장' 상태로 도착하는 경우가 대부분인데, 장거리 비행이라면 공항 화장실에서 화장과 머리를 해체하고 편하게 비행기를 타는 게 좋다. 공항 근처에서 첫날밤을 보내고 출발하거나, 일본이나 중국 등 가까운 곳을 경유하는 비행기를 골라 경유지에서 하룻밤을 자고 출발하는 것도 괜찮다.

■ 미국 하와이 ■ 몰디브 ■ 인도네시아 발리
■ 이탈리아 아말피 ■ 타히티 보라보라

예전에 '좀 있는' 사람들은 다들 하와이로 (그렇지 못한 사람들은 '부곡하와이'로?) 신혼여행을 가던 시절이 있더랬다. 동남아 휴양지들이 많이 알려지면서 다소 주춤했던 하와이의 인기는 연예인들의 신혼여행 덕분에 다시 살아나고 있다. 와이키키비치 자체는 명성만큼 훌륭하지 않지만, 오아후섬 곳곳에 볼거리가 많고, 빅아일랜드나 마우이, 카우아이 등 주변 섬이 자연도 멋들어진다. 최소 2곳을 묶어서 가면 좋다. 오아후섬까지 갈 때는 8시간, 올 때는 10시간 정도 걸린다.

몰디브

천 개가 넘는 산호섬으로 이뤄진 몰디브는 빼어난 물빛으로 유명한 곳이다. 섬의 지면이 높아봤자 해발 2m이기 때문에 기후변화로 인한 수면 상승을 걱정하는 곳이기도 하다. 200여개의 유인도 중 많은 곳이 '1섬 1리조트'로 개발되어 오붓한 시간으로는 견줄 곳이 없다. 바다와 '그대' 말고는 아무 것도 없다는 것이 오히려 단점이 될 수도 있을 정도. 불안하다면 만화책을 왕창 가져가보자. 수도인 말레까지 직항으로 9시간대이나 스리랑카나 싱가포르 등을 경유하는 항공편만 가능할 수도 있다.

인도네시아 발리

대놓고 까'발리'자면 발리에 예쁜 물색의 바다는 없다. 하지만 그 약점을 이겨내기 위해 발달한 풀빌라가 발리를 최고의 신혼여행지로 만든다. 계단식 논이 멋들어진 정글이 건너다보이거나 절벽 위로 튀어나간 듯한 인피니티 풀을 갖춘 풀빌라를 보면 입이 쩍 벌어진다. 멋진 숙소에서 오붓한 시간을 보내다가 한갓지게 동네를 산책하는 것이 발리의 재미다. 사실 제주도 넓이의 3배나 되는 섬이라 둘러볼 곳이 많으며, 해변의 트렌디한 식당들은 강남에 갖다놔도 안 빠진다.

이탈리아 아말피

이탈리아 남부의 아말피는 지중해의 멋진 휴양지다. 꼬불꼬불한 해안선과 바다로 곤두박질치는 절벽 위의 성냥갑 같은 집들이 근사하다. '죽기 전에 꼭 가봐야 할 곳'으로도 꼽혔고, 영화 속 배경으로도 종종 나온다. 특히, 브란젤리나(브래드 피트와 안젤리나 졸리) 커플, 페이스북 창업자 저커버그가 신혼여행을 다녀간 곳으로도 유명하다. 그들이 묵은 하룻밤에 수백만원짜리 호텔들이 아니라도 절경을 즐기는 데에는 제약이 없다. 여행으로라도 세계의 거물들과 어깨를 나란히 해보자.

타히티 보라보라

보라보라Bora Bora는 프랑스령 폴리네시아에 속한 섬으로, 타히티의 북서쪽에 자리잡고 있다. 섬 주변을 둘러싼 환초 덕분에 에메랄드빛 바다색으로는 따라올 곳이 없을 정도. 모든 물자를 수입하기 때문에 물가는 우리나라의 너덧 배 정도 비싸다. 숙소는 20만원 미만의 스탠다드룸부터 하룻밤에 150만원을 넘는 수상방갈로까지 종류가 다양하다. 일본을 경유해 타히티 파페에테공항으로 가서, 보라보라까지 다시 비행기를 탄 뒤 배로 리조트까지 이동하는 수고스러운 일정을 소화해야 한다. 되도록 여유있게 긴 일정을 쭉쭉 뽑아서 날아가보자.

아이들과 함께 가족여행

아이와 함께라면 단언컨대, 가까운 휴양지가 최선의 선택이다. 부모는 유모차나 아이를 안고 다니느라 체력 소모가 커서 관광이 버겁다. 아이들은 5살 이하라면 어딜 다녀왔는지 잘 기억도 못한다. 비행시간이 길면 아이가 기내에서 빽빽 울 때마다 비상구 열고 나가고 싶은 생각이 들 수도 있다. 편하게 가는 게 옳다. 아이가 초등학교 저학년 이하라면, 수영장과 놀이동산 이 두 가지만 생각하자. 이 나이에 '본전'을 생각하며 교육적 여행을 계획하면 부모만 상처받고 끝난다. 교과서에 나오는 명소나 박물관에 데려가봤자, 조금 지나면 혼자 뛰어다니거나 집에 가자 조른다. 리조트라면 아이들을 맡겨둘 수 있는 키즈클럽과 어린이용 풀장이 있는 리조트가 좋다. 방에서 풀장이 바로 연결되면 풀빌라의 느낌도 낼 수 있다. 도시여행이라면 놀이동산이나 관광을 반나절 넣고 나머지 시간은 수영장에서 놀게 하는 일정이 좋다. 항공기 출발 72시간 전까지 키즈밀(베이비밀, 토들러밀, 차일드밀)을 신청하면 간식이 딸린 어린이용 식사와 장난감을 준다. 만 24개월을 넘어서면 항공료가 어른에 육박하므로, 어른 2명에 어린이 1명이 무료인 비수기 에어텔도 고려해보자.

- 홍콩 ■ 괌 ■ 필리핀 세부&보홀
- 싱가포르 ■ 태국 푸켓

서리도 가깝고 아이들이 좋아하는 테마파크도 잘 깃춰져 있다. 그 양대 산맥이 란타우섬에 있는 디즈니랜드와 홍콩섬 남부의 오션파크다. 홍콩 디즈니랜드는 아시아에서 일본 도쿄에 이어 두 번째로 2005년 문을 열었다(세 번째는 상하이로 2015년 완공 예정). 공항에서 가까우며 규모가 그리 크지 않은 편이라서 하루면 충분히 둘러볼 수 있다. 오션파크는 놀이기구 외에 동물원, 아쿠아리움이 있다. 케이블카를 타고 바다를 나는 재미도 쏠쏠.

▌괌

직항으로 4시간30분 안팎이면 도착하며, 투몬 비치에 리조트들과 쇼핑몰, 식당이 몰려 있다. 키즈클럽과 워터파크, 다양한 액티비티가 가능한 PIC 리조트가 가족여행객들에게 인기가 높다. 아이를 키즈클럽에 맡기고 어른들끼리 쇼핑을 즐겨보자. 섬 전체가 면세구역인데다 프리미엄 아울렛도 있다. 대한항공은 새벽 1시대 도착, 새벽 3시대에 출발하는 스케줄이니 낮시간대에 운항하는 진에어와 제주항공을 고려해도 좋다. 택시비가 비싸므로 쇼핑몰 셔틀이나 렌터카를 활용하는 게 낫다.

▌필리핀 세부&보홀

세부는 직항으로 4시간이면 닿는 필리핀 휴양지다. 볼거리가 많거나 바다가 훌륭한 곳은 아니지만, 섬 투어와 먹거리를 즐기면서 널널하게 시간을 보내기에 적당하다. 휴가스케줄을 편하게 조정할 수 있는 상황이라면 세부퍼시픽 특가가 떴을 때 미리 예약해서 초저가여행을 시도해볼 수도 있다. 가까운 보홀섬에 가면 타르시어 원숭이와 원뿔형의 키세스 초콜릿이 떠오르는 초콜릿 힐도 있다. 바다도 훨씬 고와서 다이빙이나 스노클링 투어를 하기에 적합하다.

싱가포르

깨끗하기로 두 번째 가라면 서러운 도시국가다. 직항으로 6시간 정도 걸리는 다소 먼거리지만, 섬 자체가 그리 넓지 않다. 수족관과 유니버셜 스튜디오가 있는 센토사섬과 주롱새공원, 나이트사파리 등 다채로운 테마파크가 있어서 어린이들과 함께 즐기기에 좋다. 클락키 야경을 보며 배를 타는 것도 아이들이 즐거워한다. 센토사섬의 리조트들도 휴양지 느낌이 나지만, 페리로 1시간 정도만 가면 도착하는 인도네시아 빈탄과 묶으면 제대로 휴양 기분을 느낄 수 있다.

태국 푸켓

직항이 5시간45분~6시간40분 정도 걸리는 세계적 휴양지다. 가격 대비 시설이 넓고 훌륭한 리조트가 많다. 바다의 상태도 나쁘지 않으며, 키즈클럽을 갖춘 곳도 많다. 가장 번화한 빠통비치에 있는 홀리데이인 리조트도 가족여행용으로 인기지만, 방타오비치 라구나단지의 리조트들이나 다소 떨어져 있는 한적한 비치에 있는 리조트에 머무는 것도 괜찮다. 바다를 즐기고 빠통비치와 푸켓타운의 맛집에 들러보자. 단, 빠통비치의 밤은 어린이들에게 맞지 않으니 주의하자.

부모님과 함께 가는 효도여행

부모님과의 여행에서 관건은 체력이다. 평소 운동을 하시는 분들이 아니라면 일정을 최대한 느슨하고 유동성이 있게 잡는 편이 좋다. 젊은 사람들은 도시에서 박물관, 쇼핑을 즐기기도 하지만, 부모님 세대는 주로 대자연의 손길에 감동을 받으시는 경우가 많다. 목적이 휴양이더라도 해변보다는 온천을 선호하는 편이다. 유럽이나 미주로 여행을 떠나는 경우라면 비행기 좌석을 잘 고르는 것이 좋다. 경제적으로(현금이건 마일리지건) 여유가 있다면 비즈니스급 이상이 좋고, 그게 아니라면 최소한 비행기 좌석이 편한 쪽은 미리 알아두자. 장거리는 화장실에 자주 다녀올 수 있는 통로석이 낫고, 승무원들의 갤리 바로 뒷자리는 베이비싯을 설치하는 경우가 많아 잠을 설칠 수 있다. 탑승권 수속 때 비행기가 만석인지 아닌지 물어보는 것도 방법이다. 빈자리가 많다고 하면 뒤쪽 가운데 자리를 달라고 하자. 옆 사람 없이 누워가는 게 가장 편할 수도 있기 때문이다. 패키지라면 약장수와 라텍스가게가 오매불망 기다리는 저가상품은 피하고, 자유여행이라면 중간중간 쉬는 일정을 넣어주는 게 좋다. 가족계로 매달 금액을 모아 목돈을 만드는 것도 좋다. 식사가 입에 안 맞으실 경우를 대비해 고추장과 김, 한식집 리스트, 청심환 등 비상약도 챙기자.

- 베트남 하롱베이 ■ 중국 장자제 장가계
- 일본 큐슈 온천여행 후쿠오카/벳푸/유후인/구마모토 등
- 미국 하와이 ■ 스위스 알프스

베트남 하롱베이

호수라고 해도 믿을 만큼 잔잔한 바다에 수천 개의 섬이 뿌려져 있다. 조물
주가 작심하고 만들었음에 틀림없다. 이 풍경 사이로 배를 타고 짧게는 서너
시간에서 길게는 1박2일을 머물 수 있다. 중간에 휴게소처럼 들러서 횟감과
해산물을 고르게 한다. 이때 다금바리라고 소개해주는 생선은 분명 그의 사
돈의 팔촌쯤 되는 놈이다. 알고나 먹자. 하노이까지는 직항으로 4시간 반,
그곳에서 다시 차로 4시간 정도 이동해야 하롱베이에 도착한다. '육지의 하
롱베이'라 불리는 닌빈(땀꼭)까지 둘러보는 것도 괜찮다.

후난성에 있는 중국 최초의 국가삼림공원이다. 주변 풍경구를 묶어 위링위안(무릉원)이라 부른다. 푸른 나무를 두르고 하늘을 향해 200~300m를 솟아오른 돌기둥에 안개와 구름이 걸린 풍경이 숨을 멎게 한다. 한 폭의 동양화다. 길이 7km가 넘는 케이블카와 326m 높이의 엘리베이터 등 개발의 흔적마저 대륙의 패기를 엿보게 한다. 쓰촨성 주자이거우(구채구) 풍경구는 말로 표현할 수 없는 물빛의 호수가 눈을 멀게 한다. 되도록 직항전세기 상품을 골라야 길에서 버리는 시간이 적다.

■ **일본 큐슈 온천여행** 후쿠오카/벳푸/유후인/구마모토 등

큐슈 북동부의 벳푸는 수천 개의 온천이 있는, 일본에서 온천수 용출량이 가장 많은 곳이다. 2,000개가 넘는 온천이 있고 곳곳에서 올라오는 증기 덕분에 지옥온천으로 불린다. 아기자기한 풍경의 유후인도 여성들에게 인기다. 후쿠오카와 두 곳을 묶어 가면 된다. 큐슈 남쪽의 이부스키도 좋다. 온천욕보다 더 효과가 좋다는 검은모래 찜질이 유명하다. 혼탕이라도 유가타를 입는 경우가 많으니 너무 걱정(기대?) 말자. 노천탕에 몸을 담그고 자연을 바라보면 신선놀음이 따로 없다.

미국 하와이

하와이는 옛날부터 신혼여행지로 유명하다. 해외여행을 자유롭게 다닐 수 없었던 부모님 세대에게는 '꿈의 여행지' 중 하나. 플루메리아 꽃을 엮은 목걸이를 걸고, 열대의 아름다운 바다를 즐기고, 구슬픈 노래와 함께 훌라춤 공연을 즐기면 그야말로 평생의 소원 성취! 특히, 깨끗한 분위기와 화산섬 특유의 거친 지형이 나이 드신 분들께도 사랑받는 비결이다. 와이키키비치로 유명한 오아후섬만 해도 5~6일은 너끈히 채울 수 있는 볼거리가 가득하다. 화산의 신비를 가까이서 볼 수 있는 빅아일랜드나 마우이섬도 아름답다.

스위스 알프스

© 최병준

부모님을 모시고 다시 가야겠다고들 하는 곳이 알프스다. 스위스, 이탈리아, 독일 등 여러 나라에 걸쳐 있는 알프스. 특히 스위스에는 산악열차, 로프웨이, 케이블카 등을 갈아타면서 사철 눈이 쌓여 있는 아름다운 봉우리를 볼 수 있는 전망대들이 많다. 인터라켄에서 오르는 융프라우요흐(해발 3,454m)와 쉴트호른(2,970m), 루체른에서 가는 필라투스(2,132m)와 리기(1,798m) 등이 유명하다. 파리나 비엔나 등 유럽 내 도시를 경유하는 항공권으로 경유지까지 1타2피하는 일정도 좋다.

혼자라서 더 좋은 싱글여행

여행에 동반자가 있다면 좋지만, 없다고 못 떠날 일도 없다. 하지만 만족도 높은 싱글여행을 위해서라면 몇 가지 조건이 있다. 첫째는 안전성이다. 혼자 다니다 소중한 물건을 잃어버리거나 도둑맞거나 빼앗긴다면 실로 '멘붕'이 온다. 동반자가 없으니 위로도, 도움도 받기 어렵다. 특히 여권을 잃어버리면 재발급을 받더라도 이후 일정에 지장을 받는다. 여행경비는 현금보다 여행자수표의 비중을 높이고, 신용카드 한도는 일시적으로 줄여놓고, 귀국 후에는 복제 가능성에 대비해 신용카드 해외사용 정지를 걸어놓는 게 좋다. 안전한 여행지라 하더라도 숙박은 지하철로 바로 연결되는 교통 편한 곳이 최고다. 둘째는 볼 만한 박물관이나 미술관, 공연이 있는 곳이다. 기본적으로 전시나 공연을 볼 때는 혼자여도 전혀 어색할 게 없다. 셋째는 쇼핑할 거리가 많은 곳이다. 기념품부터 필수품이나 패션용품, 인테리어소품까지 다양한 쇼핑을 하다보면 도끼자루가 썩는지 모를 정도로 시간이 술술 간다. 넷째는 맛있는 음식. 여행 재미의 절반은 음식이라고 생각하는 사람은 특히나! 일본처럼 혼자서 음식을 먹어도 눈치 보이지 않는 환경이라면 싱글여행지로 딱이다.

- **일본 대도시** 도쿄, 오사카, 후쿠오카, 삿포로 등   ■ **홍콩**
- **중국 대도시** 베이징, 상하이, 칭다오 등
- **태국 방콕**   ■ **싱가포르**

일본의 최대 강점은 혼자서 밥을 먹어도 눈치 안 보이는 식당이 많다는 것. 독서실처럼 벽을 보고 혼자 있는 구조의 식당까지 있다. 덕분에 혼자 고기를 구워도 쪽팔리지 않을 수 있다. 게다가 치안도 매우 훌륭한 편. 지역마다 볼 만한 박물관과 미술관도 많고, 교통도 편리하다. 쇼핑도 도시여행의 필수코스다. 도큐핸즈 같은 생활용품·DIY 백화점은 물론, 프랑프랑 같은 인테리어 소품점, 화장품과 입욕제, 휴족시간 등 저렴한 기념품이 넘치는 드럭스토어와 100엔숍이 곳곳에 자리 잡고 있다. 쇼핑 후 아기자기한 카페에서 커피와 디저트로 휴식을 즐겨보자.

©Yasufumi Nishi ©JNTO

©Osaka Government Tourism Bureau
©JNTO

©Odakyu Electric Railway ©JNTO

치안도 안전하고 명품 쇼핑부터 야시장의 기념품 쇼핑까지 돌아다닐 곳이 많다. 전역이 면세 지역이지만 평소 가격은 한국면세점보다 비쌀 수 있다. 대신 한여름과 연말연초 세일기간에는 행복한 쇼핑이 가능하다. 꼭 명품 쇼핑몰만 아니라 구룡이나 코즈웨이베이의 길거리 쇼핑도 즐겁고, 각종 야시장, 스탠리마켓에서 가격을 흥정하는 것도 재미지다. MTR에, 버스에, 트램에, 스타페리, 택시까지 다양한 대중교통편이 있고 가격도 비싸지 않다. 테마파크도 많다.

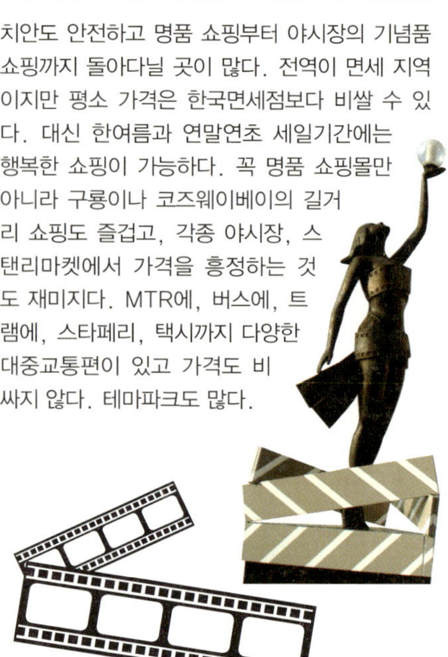

중국 대도시 베이징, 상하이, 칭다오 등

베이징, 상하이, 칭다오 등 대도시는 중국 안에서 나름 치안도 좋고 경제적으로 발전한 곳이다. 지하철이 있어서 관광지를 이동할 때도 편하다. 중국음식이 혹시 입맛에 안 맞을지 걱정되는 사람들이라면 더더욱 대도시가 좋다. 다양한 국가의 음식을 찾을 수 있기 때문이다. 중국식 발마사지도 혼자서 즐기기에 좋은 품목. 단, 쇼핑할 때는 주의할 게 몇 가지 있다. 짝퉁상품을 한국에 들여오다 세관에 걸리면 그대로 압수된다는 것과 기념품은 싼 대신 금방 망가진다는 것.

태국 방콕

태국의 수도로, 비행시간은 5시간30분 정도 걸린다. 수영장 딸린 근사한 호텔이나 레지던스에서 묵어도 비용이 많이 들지 않는다는 게 매력이다. 왕궁, 왓포 등 주요 관광지나 수상시장 등 근교 투어도 좋지만, 랑수안 로드나 수쿰윗에서 맛집순례와 카페놀이를 하는 것도 재미다. 카오산에서 젊은 배낭여행자와 함께 어울리는 것도 즐겁다. 저렴하고도 세련된 시설에서 매일 마사지도 빼먹지 말자. 국내 저가항공사까지 웬만한 항공사는 다 취항해서 땡처리 항공권도 잘 나온다.

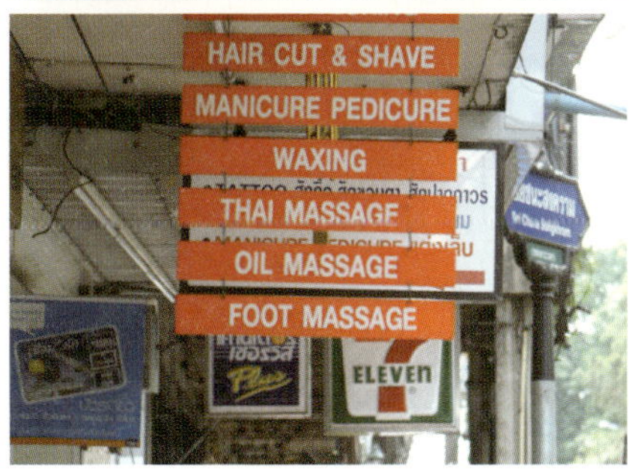

싱가포르

치안 하면 싱가포르, 깨끗한 거리 하면 싱가포르다. 홍콩과 마찬가지로 명품 쇼핑의 메카로 유명하고, 세일기간은 특히 둘러볼 만하다. 도시 자체가 크지 않고, 택시비도 비싸지 않아서 편하다. 다양한 민족이 함께 살고 있기 때문에 먹어볼 수 있는 요리도 다양하다. 센토사섬은 특히 혼자서도 즐거울 수 있는 볼거리들의 집합소이고, 홀랜드 빌리지는 인테리어 소품을 사러 들러볼 만하다. 카페놀이도 가능하기 때문에, 느긋하게 차 한잔과 함께 책을 읽는 '우아녀' 콘셉트도 즐길 수 있다.

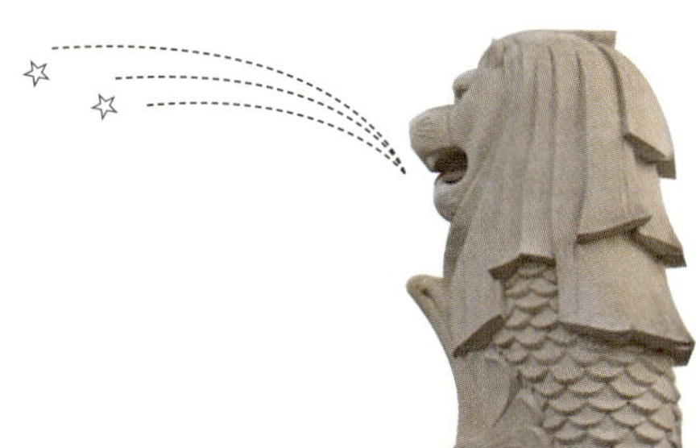

느리게, 여유 있게 휴양여행

피곤한 일상에 절어서 눈 밑 다크 서클이 무릎까지 내려온다면, 주말엔 잠만 잤는데도 월요일 아침엔 다시 '피곤군'이 친구하자고 업혀온다면, 날아가는 똥파리만 봐도 "너는 자유롭구나" 하는 한숨이 절로 나온다면… 지금이 진짜 휴식이 필요한 시기다. 배고프면 먹고 졸리면 자는 휴식에는 깔끔한 리조트가 필수다. 편안한 침대와 깔끔한 수영장을 갖춘 리조트만 있으면 바다가 없어도, 도시나 산이라도 휴양지로 손색이 없다. 숙소가 불편하거나 지저분하다면 작열하는 태양 아래 야자수가 손을 흔들거나 말거나 '이번 여행 망했구나' 싶어서 잠도 안 온다. 무조건 숙소 선택에 공을 들이자. 휴양여행의 필수 준비물은 책과 음악이다. 평생 한번은 읽어봐야야 했던 내 인생의 책은 그냥 다음 생에 양보하자. '독서광 코스프레'의 기본 준비물은 몇 페이지 읽고 바로 얼굴에 덮고 자도 좋을 정도로 내용도 무게도 가벼운 책이다. 단편소설, 추리소설, 여행에세이, 그리고 만화책을 추천한다. 귓가에 싱그러운 음악 틀어놓고 침 흘리며 낮잠도 자고, 형광색 빨대 꽂힌 열대음료도 마시고, 발길 닿는대로 산책도 하고, 동네 마사지숍에 가서 매일 눌리고 꺾이면서 지내보자. '무위의 시간'이 다시 일상으로 돌아갈 힘을 준다.

- 크루즈여행 ■ 필리핀 팔라완 ■ 베트남 다낭
- 네팔 포카라 ■ 인도네시아 발리

크루즈는 숙박과 이동을 한 번에 해결하면서 배에서 마음껏 쉬며 바다를 즐기고, 관광도 할 수 있는 여행이다. 리조트에서 쉬는 것처럼 배 안의 모든 시설을 이용하면서 노닥거리는 게 주가 된다. 지중해나 카리브해, 동남아 등 원하는 곳 기항지에서는 관광을 해도 되고 그냥 배에서나 바로 앞 해변에서 놀아도 될 자유가 있다. 진정한 휴식을 원한다면 발코니룸에서 낭만을 즐겨보자.

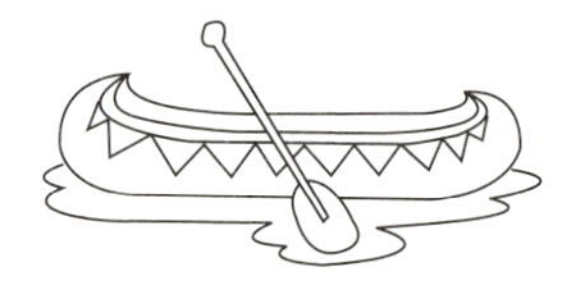

필리핀 팔라완

필리핀 서쪽에 있는 가늘고 긴 섬이다. 개발의 손길이 덜 미쳐서 생태관광지로 늘 거론된다. 깎아지른 석회암 절벽과 산호초가 아름다워 스노클링과 다이빙을 즐기기에 좋은 엘니도까지는 마닐라에서 경비행기로 1시간 남짓 이동한다. 주변 숙소는 비싼 편이 아니지만, 작은 섬들에 위치한 미니락, 라겐리조트는 신혼여행이 아니면 가기 어려운 고가다. 이름이 비슷한 팔라우는 필리핀 동남쪽에 위치한 섬나라로, 에메랄드빛 바다 밑 산호가루로 머드마사지를 하는 재미가 있으나, 왕복 새벽비행기가 체력의 한계를 시험한다.

베트남 다낭

다낭은 베트남 중부 최대 도시다. 수십 킬로미터에 달하는 긴 백사장에서 남중국해의 옥빛 바다를 즐기는 한적한 휴양이 가능하다. 아직 많이 개발된 편은 아니지만, 대한항공, 아시아나, 베트남항공이 모두 직항을 띄우면서 매력이 커졌다. 편도 5시간 정도 걸린다. 인터컨티넨탈과 하얏트 리젠시 등 해외체인이 들어와 있고, 물가도 저렴하다. 유네스코 문화유산인 미손 유적지와 호이안 구시가지, 고대 베트남의 수도 후에 등으로 가는 관문으로 삼아도 된다.

네팔 포카라

히말라야 트레킹의 출발점이 되는 곳으로, 해발 870m에 위치한 네팔 제2의 도시다. 위도가 낮아 연중 따뜻한 편이며, 6~8월은 몬순 시즌이고, 12~2월에 가장 성수기다. 맑디맑은 페와호수에 배를 띄우고 눈이 시리도록 푸른 하늘과 눈 쌓인 안나푸르나의 신령한 봉우리들을 바라보면 신선놀음이 따로 없다. 트래킹을 하지 않더라도 휴양지로도 손색이 없는 곳이다. 페와호수 주변으로 숙소와 식당 등이 몰려 있는데, 호텔 외에는 난방이 잘 되지 않으니 미리 체크해봐야 한다.

인도네시아 발리

바다 자체보다 리조트들의 면면이 훌륭한 곳이다. 특히 풀빌라가 다양하고 저렴해서, 1박 10만 원 언저리에도 작은 풀이 딸린 빌라를 빌릴 수 있다. 바다로 향한 리조트부터 계곡으로 난 절벽 수영장을 품은 리조트까지 다양하니 숙소를 고르는 시간도 즐겁다. 공항에서 가까운 꾸따나 레기안, 스미냑 주변에서 며칠 묵으면서 파도와 트렌디한 맛집들을 즐기고, 산간지대인 우붓에서 며칠 묵으며 한가로운 산책과 갤러리 구경을 추천한다.

세련되고 엣지 있는 도시여행

하늘을 찌르는 고층 빌딩들, 현란한 네온사인의 거리, 빠르게 지나가는 차들, 그 속에서 울고 웃고 화내고 즐기는 다양한 사람들이 사는 곳. 바로 도시다. 도시에서는 대중교통으로 주요 장소까지 이동할 수 있고, 곳곳에 다양한 숙소가 있으며, 미술관이나 박물관, 공연 등 볼거리가 많고, 고층 빌딩숲을 올려다보는 재미와 전망을 깊이 내려다보는 재미가 공존한다. 패셔니스타는 못 되더라도 '패션 있수다' 정도는 되게 해줄 쇼핑몰도 즐비하고, 분위기 있는 맛집들도 어서 오라 손짓을 한다. 도시여행은 콘셉트가 있으면 더 즐겁다. 좋아하는 영화 속 풍경을 찾아본다거나, 미술관기행을 시도해본다거나, 맛집순례를 해본다거나, 그 도시 사람처럼 여행해보는 식이다. 바쁜 도시의 일상을 떠나서 찾아간 만큼 다리가 아플 땐 공원 벤치나 노천카페에서 커피 한 잔의 여유도 누려보자. 대도시일수록 관광객을 노리는 '나쁜 손'이 많으니 소지품은 신경 써서 챙길 것! 숙소는 치안이 좋은 지역으로 고르되, 외곽이더라도 지하철역 근처로 잡는 게 좋다. 교통비가 비싼 도시에서는 1일권, 3일권 등 정액권도 편리하다.

- 미국 뉴욕 · 영국 런던 · 프랑스 파리
- 크로아티아 두브로브니크 · 일본 교토

미국 뉴욕

전세계 젊은이들이 선망하는 도시다. 세계 금융 1번지이자 문화의 중심지인 뉴욕 맨해튼에서 꼭 해야할 것 중 하나는 뮤지컬 관람. 브로드웨이 뮤지컬은 이미 검증된 공연들이고, 실험적 작품들로 관객과 호흡하는 오프 브로드웨이 뮤지컬들도 꽤 볼 만하다. 복권티켓과 할인티켓 등 다양한 방법으로 저렴하게 공연을 즐길 수 있다. 메트로폴리탄과 MOMA, 구겐하임 등 빠뜨리면 서운할 미술관들도 많다. 5th 애비뉴를 구경한 뒤, 진정한 쇼핑은 우드버리 프리미엄 아울렛에서 하자.

▌영국 런던

런던은 늘 흐린 '회색 도시'지만, 빅벤의 금빛, 하이드 파크의 초록, 이층버스의 빨강 등 다채로운 색이 공존한다. 국회의사당, 타워브리지, 런던 아이 등 템즈강 주변 유명 관광지와 트라팔가광장, 코벤트가든 등 번화가는 꼭 들러야 한다. 하절기에는 매일, 동절기에는 격일로 열리는 버킹엄궁전의 근위대 교대식도 한번쯤은 볼만하다. 런던의 웨스트엔드는 뉴욕의 브로드웨이와 함께 뮤지컬의 성지다. '오페라의 유령', '레미제라블' 등 고전에서부터 '라이언 킹', '빌리 엘리어트' 등 스크린에서 무대로 옮겨온 명작들까지 다양하게 볼 수 있다. 날이 궂을 땐 무료 박물관과 미술관도 좋다. 약탈 유물 전시의 오명도 갖고 있는 대영박물관과 발전소를 개조한 테이트 모던 등 다양하다. 드라마 '셜록'과 영화 '해리포터'를 여행 전에 꼭 보고 가자. 옥스퍼드, 코츠왈드, 스톤헨지 등 근교투어도 추천.

▌프랑스 파리

'낭만의 도시', '패션의 도시'이자 '음식의 도시'다. 에펠탑에 올라 전경을 바라보고, 샹젤리제 거리를 걷고, 강바람을 맞으며 세느강 유람선을 타고 노틀담성당을 돌아보면 영화 속 주인공이 된 듯한 착각도 든다. 루브르박물관과 오르세미술관, 몽마르뜨언덕에서는 예술의 향기로 머리끝부터 발끝까지 폭 적셔보자. 근교에 화려함의 상징 베르사유궁전도 있다. 물 위에 떠 있는 수도원 '몽셀미셀'까지는 서너 시간 정도 걸리지만, 탁 트인 풍경이 수고를 보상해 준다.

크로아티아 두브로브니크

크로아티아 남쪽 끝의 도시로 '아드리아해의 진주'라고 불린다. 크로아티아에 가야 하는 단 하나의 이유가 두브로브니크다. 햇살에 물들어 더 붉게 타오르는 구시가의 지붕과 비취색에서 진한 푸른색까지 변화하는 물빛의 조화가 가슴을 뒤흔든다. 한때 베네치아, 아말피 등과 함께 5대 해상공국으로 불렸고, 당시 지어진 구시가 성벽이 유네스코 유산으로 지정됐다. 유고 내전 이후 갈라진 보스니아 헤르체고비나 영토가 바다로 삐쭉 나와 있어 크로아티아의 다른 지역에서 이동 시 국경을 두 번 지난다. 대한항공이 아주 가끔 띄우는 전세기 직항을 이용하면 '꽃누나'보다는 덜 고생하고 다녀올 수 있다. 물론 비싸다.

© 최병준

© 최병준

일본 교토

일본 도시 중 가장 오래 수도의 역할을 했던 오래된 도시 교토는 현대적 도시라기보다는 과거 속으로 시간여행을 떠나는 곳이다. 돌바닥으로 만든 언덕길을 오르면 고즈넉한 사찰과 신사가 있고, 얼굴을 하얗게 분칠한 게이샤 견습생(혹은 관광객)이 기모노를 입고 종종 걸음으로 지나간다. 10년 전에도 버스 도착 예정시간이 표시됐을 정도로 대중교통 체계가 잘 되어 있다. 기요미즈데라, 금각사, 은각사, 료안지의 고즈넉함과 백화점이 늘어선 시조 거리의 활기를 함께 맛볼 수 있다.

에어텔 알뜰여행

에어텔이란 비행기(Airplane)과 호텔(Hotel)의 합성어다. 항공권과 숙소를 따로 예약하는 것보다는 저렴한 편이며, 패키지처럼 일정과 교통편, 식사까지 꽉 짜여져 있는 건 아니기 때문에 자유여행 입문용으로 적당하다. 항공사에서 만드는 상품 외에 여행사 자체 상품도 많은데, '자유여행', '해외자유', '배낭여행' 등의 항목으로 정리돼 있다. 일단 항공사 에어텔은 좌석이 많지 않은 성수기에 좌석을 구할 때 강점이 있다. 그러나 숙박비용은 개별예약보다 특별히 저렴하지 않은 편. 선택할 수 있는 숙소의 종류가 한정적이고, 숙소 가능여부를 바로 체크할 수도 없다는 점도 아쉽다. 에어텔로 항공권을 확보하고, 예약기간보다 항공권만 며칠 연장해서 추가 숙박은 다른 곳에서 해도 무방하다. 에어텔 중에는 공항-호텔 교통편이나 관광지 할인권, 식사권 등을 제공하는 경우도 있다. 저렴하다고 훌렁 넘어가지 말고 상품 세부조건을 잘 살펴봐야 한다. 자세히 보면 게시된 최소 가격은 항공권뿐이거나 남들과 같이 쓰는 민박으로 구성돼 있기도 하고, 원하는 날짜의 금액은 훨씬 높을 수도 있다. 일부 지역은 정해진 가이드에게 교통편과 옵션을 선택해야 하는 '반(半) 패키지' 형태로 운영되기도 하니 잘 살펴봐야 한다.

- 타이항공 ROH Royal Orchid Holiday
- 여행박사 자유여행 ■ 내일투어 금까기
- 이오스여행사 일본 료칸
- 캐세이퍼시픽 홍콩 수퍼시티 & 비지트 홍콩 에어텔

▌타이항공 ROH Royal Orchid Holiday

항공권, 호텔, 공항 왕복 픽업이 포함된 상품으로, 방콕, 파타야, 후아힌, 크라비 등 태국 각 지역으로 갈 수 있다. 우기인 4~10월에는 성인이 2명일 때 12세 미만 어린이 1명의 항공권과 숙박, 조식이 무료라는 쏠쏠한 혜택이 있다. 해당 호텔에서 2박 이상 연달아 묵어야 하며 항공권 세금과 유류할증료는 내야 한다. 비수기에만 가능한 혜택이며, 숙박비가 개별예약보다 싼 편이 아니기 때문에 어린이 무료 혜택이 없는 건기에는 항공권 좌석 확보에 유리하다는 점 외에 큰 이득이 없다.

▌여행박사 자유여행

'올빼미여행' 등 일본여행을 중심으로 성장한 여행사다. 동남아 등 여타 지역까지 발을 넓히긴 했지만, 70%는 일본 상품이다. 일본 내의 다양한 지역을 다루고, 확보할 수 있는 비행기 좌석과 숙소가 많다. 패키지도 옵션과 팁, 쇼핑을 뺐고, 고객게시판에 불만 글을 올려도 다 공개된다. 출발일에 임박해 여행상품을 취소해도 여행박사는 취소수수료 만큼을 다음 여행 때 쓸 수 있도록 포인트로 쌓아준다. 일정 변동의 가능성이 있더라도 마음이 놓인다.

▌내일투어 금까기

금까기는 내일여행사에서 2005년부터 개별자유여행 브랜드로 만든 상품이다. 동남아, 유럽, 미주 등 다양한 지역을 아우른다. 최소 출발인원이 없이 자유로운 날짜와 시간에 출발하는 개인 맞춤형 상품이 가능하다. 현지투어나 공연티켓, 관광지 입장권, 가이드북 등을 프리미엄 서비스로 묶어서 미리 예약할 수 있고, 식당이나 마사지를 무료로 대신 예약해주기도 한다. 여행정보가 충실한 편이며, 개별적인 상황에 맞춰 설계해주는 것이 강점이다.

▌이오스여행사 일본 료칸

일본 료칸과 유럽 지중해 등을 특화해 여행상품을 만드는 여행사다. 일본의 료칸은 저가 패키지로 감당하기 어려운 가격대였고, 관련 정보를 검색하기도 쉽지 않았던 것이 사실. 이곳은 비싸지만 훌륭한 료칸을 소개하는 고급화 전략으로 2000년대 중후반부터 호응을 얻었다. 최고급 료칸에서 개인 노천탕과 가이세키 요리, 특화된 서비스를 체험할 수 있는 상품부터 호텔과 료칸 숙박을 섞어서 하룻밤 정도 료칸을 체험하는 중저가형 상품까지 다양하다.

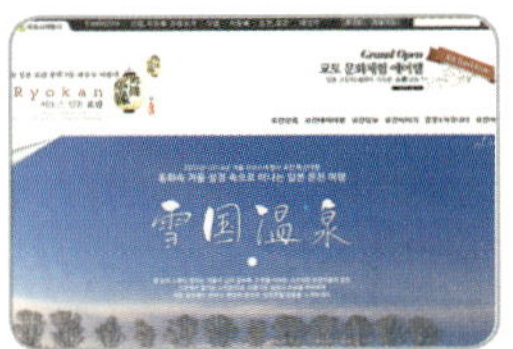

▌캐세이퍼시픽 홍콩 수퍼시티 & 비지트 홍콩 에어텔

캐세이퍼시픽은 홍콩과 마카오행 에어텔을 운영한다. 홍콩 수퍼시티 에어텔은 연중 운영하며 항공권과 호텔 1박에 홍콩섬 반나절 관광, 수하물 무게 추가, 오션파크나 홍콩 디즈니랜드 1일권 등 혜택이 있다. 비지트 홍콩 에어텔은 여름과 겨울에만 한시적으로 운영하는데, 왕복 항공권, 호텔 2박에 조식은 포함되지 않는다. 다른 혜택은 없지만 가격이 저렴해서, 2박 상품인데도 1박짜리 수퍼시티와 별 차이 안 나는 대신 호텔의 다양성이 살짝 약하다.

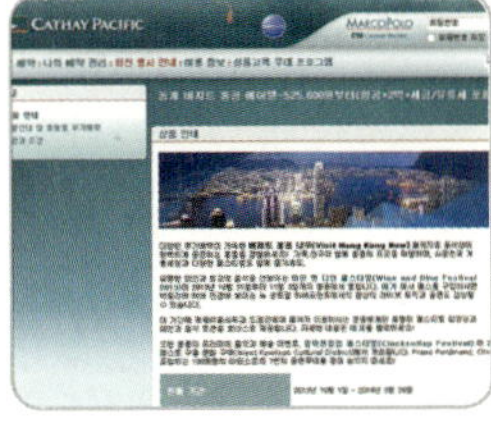

Chapter 4

쏘댕기자의 해외여행 실전편

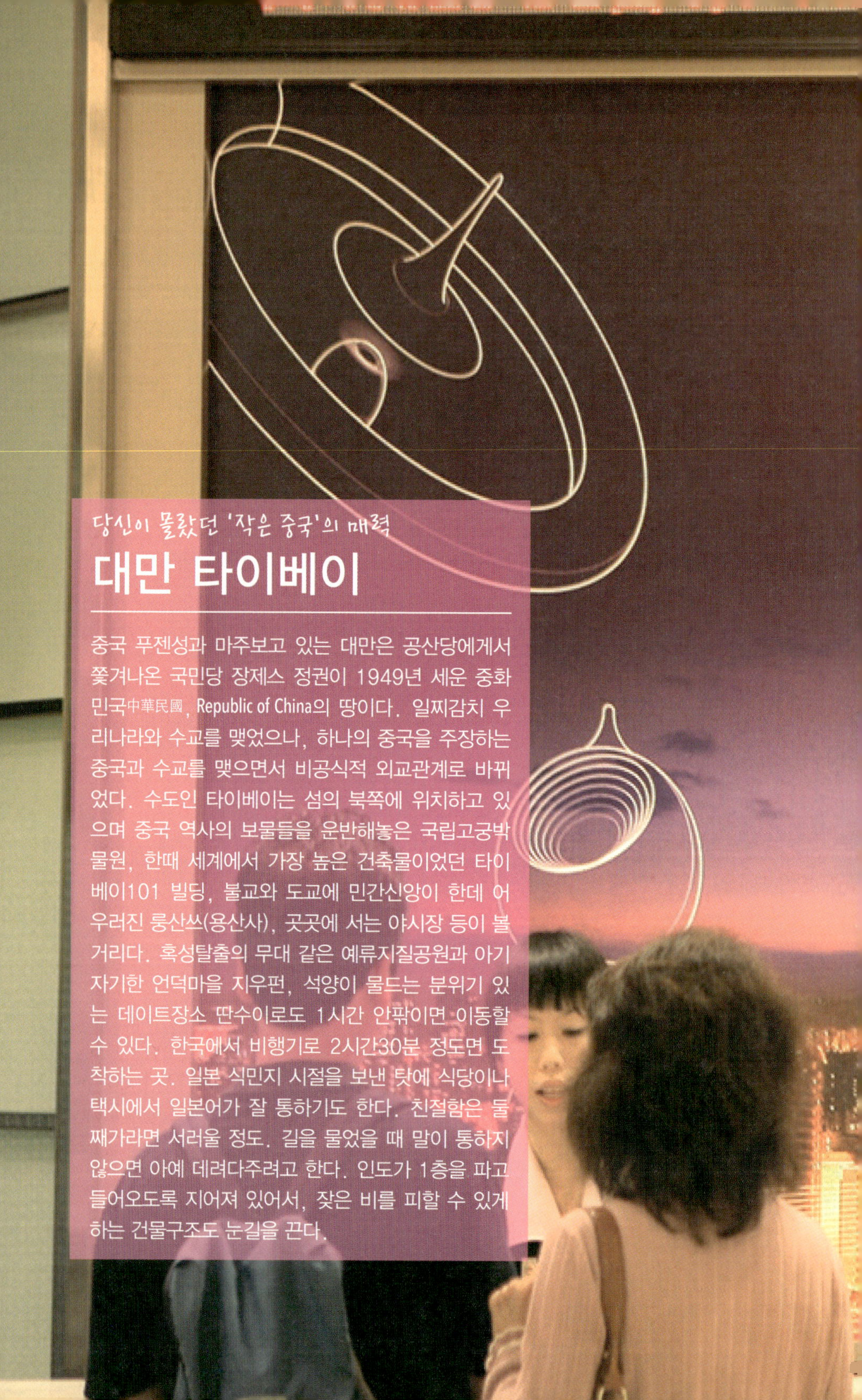

당신이 몰랐던 '작은 중국'의 매력

대만 타이베이

중국 푸젠성과 마주보고 있는 대만은 공산당에게서 쫓겨나온 국민당 장제스 정권이 1949년 세운 중화 민국中華民國, Republic of China의 땅이다. 일찌감치 우리나라와 수교를 맺었으나, 하나의 중국을 주장하는 중국과 수교를 맺으면서 비공식적 외교관계로 바뀌었다. 수도인 타이베이는 섬의 북쪽에 위치하고 있으며 중국 역사의 보물들을 운반해놓은 국립고궁박물원, 한때 세계에서 가장 높은 건축물이었던 타이베이101 빌딩, 불교와 도교에 민간신앙이 한데 어우러진 룽산쓰(용산사), 곳곳에 서는 야시장 등이 볼거리다. 혹성탈출의 무대 같은 예류지질공원과 아기자기한 언덕마을 지우펀, 석양이 물드는 분위기 있는 데이트장소 딴수이로도 1시간 안팎이면 이동할 수 있다. 한국에서 비행기로 2시간30분 정도면 도착하는 곳. 일본 식민지 시절을 보낸 탓에 식당이나 택시에서 일본어가 잘 통하기도 한다. 친절함은 둘째가라면 서러울 정도. 길을 물었을 때 말이 통하지 않으면 아예 데려다주려고 한다. 인도가 1층을 파고 들어오도록 지어져 있어서, 잦은 비를 피할 수 있게 하는 건물구조도 눈길을 끈다.

2박3일 추천 일정표

1일째 (금)

09:10   인천공항 출발 (중화항공)
11:00   타이베이 따오위안공항 도착, 숙소로 이동

①만30세 이하는 공항 여행안내소에서 유스트래블카드를 받으면 관광지 할인! ②국광객운을 타고 타이베이 기차역으로! ③타이베이 기차역에서 MTS를 타려면 '요요카'(이지카드)를 사세요.

I Love travel

운전사에게 미리 말해두지 않으면 훌렁 지나칠 수도 있어요.

14:00   예류지질공원에서 혹성탈출 놀이
16:30   딴수이로 이동
18:30   딴수이 산책
20:00   스린 야시장

MRT 젠탄역. 치킨까스(지파이)와 굴전(커자이지엔)은 꼭! 맛보세요.

예류에서 딴수이로 가는 버스는 진산행에 비해 뜸해요.

수영복과 수건은 꼭 챙겨가세요!

3일째 (일)

08:30   고궁박물관
11:30   스린역 근처에서 간단한 점심
13:00   신베이터우온천 대중노천탕 체험

체크아웃 후 짐을 맡겨두고 나오세요.

딘타이펑 (타이베이101 지점) 에서 점심 후 전망대 돌아보기	'타이베이의 명동' 시먼띵 돌아보고 저녁 먹기	룽산쓰(용산사) 둘러보기

13:00 〉 17:00 〉 20:00

지룽으로 이동	지산제, 수취루 외에 지우펀 구석구석 돌아다녀 보기	지우펀으로 이동

12:30 〈 10:00 〈 08:00 〈

2일째 (토)

일정짜기 노하우

딘타이펑은 카페와 맛집이 몰려 있는 용캉지에 구경을 겸해 본점을 찾아도 좋다. 일정이 늘어난다면 신베이터우 온천에서 1박을 하거나, 지우펀과 진과스를 묶어 하루를 잡자. 딴수이는 다른 날로 잡아 영화 〈말할 수 없는 비밀〉에 나온 딴수이고등학교를 둘러보며 좀 더 긴 시간을 보내도 좋다.

짐 찾아서 공항으로 이동	타이베이 따오위안공항 출발(중화항공)	인천공항 도착

16:00 〉 19:15 〉 22:40

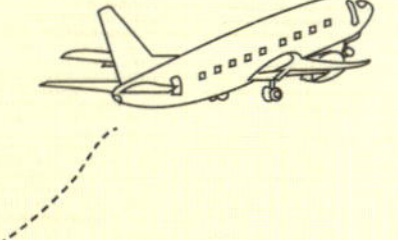

망고빙수와 버블티를 마셔보자

대만의 후텁지근한 날씨를 그저 덥다고 짜증내면서 버티는 것보다는 시원한 과일과 함께하는 것이 좋다. 얼음과 망고와 망고아이스크림을 얹은 망고빙수는 더위와 짜증을 한 방에 날려준다. 보기에도 정말 푸짐하게 콩과 팥을 올려주는 곡물빙수도 별미다. 또 시원하고 달콤 쫀득한 버블티는 대만이 원조. 놓치지 말고 한번쯤 마셔보자. 다양한 여름과일을 활용한 과일주스도 곳곳에서 판다.

도시적인 풍경을 즐겨보자

대도시라면 다 있다는 고층 빌딩, 당연히 있다. 있어도 아주 센 놈으로 있다. 세계에서 가장 높은 건축물이'었'던 타이베이101 빌딩은 어느 도시를 가건 전경을 내려다봐 줘야 직성이 풀리는 사람에게 적격이다. 대도시라면 다 있다는 보행자거리도 물론 있다. 시먼띵에 가면 한국의 명동과 정말 흡사한 거리를 걸을 수 있다. 교통도 편하다. 웬만한 관광지는 MRT로 다 연결이 되고, 택시비도 한국과 비슷해서 부담없이 탈 수 있다.

중국의 전통을 만나보자

대만에 중국 한족이 이주하기 시작한 것은 17세기부터다. 네덜란드, 스페인, 일본 식민지를 거쳤고, 중국문화의 지배를 받은 기간은 그리 오래되지 않는다. 하지만 중국 역사의 방대한 유물을 대만의 국립고궁박물원에서 다양하게 만날 수 있다. 상하이의 샤오롱바오, 사천식 훠궈, 베이징 대표요리 베이징덕까지 중국 본토의 산해진미도 대만에서 골고루 맛볼 수 있다. 본토 음식보다 한국인 입맛에 덜 부담스러운 부분도 있다.

야시장의 매력에 빠져보자

씹고 뜯고 맛보고 즐기고, 구경할 수 있는 곳! 바로 야시장이다. 현지인들의 일상적인 삶을 그대로 들여다볼 수 있는 곳이기도 하다. 대만 사람들은 보통 아침, 점심, 저녁, 야식 4끼를 먹는 경우가 많다보니 타이베이 시내에만 야시장이 아홉 곳이나 된다. 그들처럼 하루 4끼를 실천하다보면, 여행 후 몸무게가 확 늘어버리는 충격 반전을 경험할 수도 있다. 그렇다고 안 먹고 오면 두고두고 후회할 테니 일단 저지르자.

영화와 드라마 속 풍경을 찾아가보자

영화 〈타이베이 카페 스토리〉에서 구이룬메이(계륜미)가 커피를 만들고 빵을 굽던 두얼카페朵兒咖啡, Daughter's Cafe는 촬영을 위해 만든 곳이지만, 영화 개봉 후 실제 카페로 운영 중이다. 영화 〈말할 수 없는 비밀〉에서 그녀가 저우제륜(주걸륜)과 함께 피아노를 치던 학교는 딴수이의 사립고등학교다. 영화 〈비정성시〉와 드라마 〈온에어〉의 무대 지우펀은 타이베이에서 버스로 1시간 거리로 한번쯤 가볼 만한 곳으로 꼽힌다.

마사지에 녹아보자

대만도 마사지로는 빠지는 나라가 아니다. 지압을 기본으로 하며, 지하철역 한 켠에 의자를 놓고 마사지하는 곳이 있을 정도로 마사지가 대중적이다. 전신마사지도 가능하지만 밀폐된 공간에서 이뤄지는 덕분에 불미스러운 일이 생기기도 한다. 동성의 마사지사를 선택하거나 되도록 발마사지 정도로 여행의 피로를 풀어보자. 자극이 너무 심한 경우 참다가 몸살이 나는 경우도 있으니, 아프면 바로 의사표시를 하는 게 좋다.

온천물에 녹아보자

타이베이 근처 베이터우, 양명산, 우라이 지역 등이 온천으로 유명하다. 신베이터우 온천은 MRT로 갈 수 있고, 수영장 딸린 고급스러운 온천(800위안 언저리)부터 현지인들과 터놓고 만나는 노천대중탕(40위안)까지 다양한 선택이 가능하다. 대중탕은 2시간 단위로 개방하며, 수영복과 수건은 챙겨가야 한다. 보관함은 20위안. 한번 문을 열면 끝이다. 온천에서 '이 때다' 하고 과하게 때를 밀면 뱃살에 망신살도 더하게 되니 조용히 몸만 담그고 오자.

1. 시먼띵

'타이베이의 시부야', '타이베이의 명동'이라 부르면 딱 어울리는 곳이다. 보행자 거리에 젊은이들이 넘실거리고, 뒷골목에는 벽화들이 가득하고, 옷과 신발을 파는 가게들과 문신 가게가 늘어서 있어 젊은이들이 우글우글한다. '아중몐셴' 국수와 빙수, 버블티 등 먹거리를 파는 집들도 많아서 호객꾼들이 한국어로 말을 걸어오기도 한다. 대만을 대표하는 서점 청핀슈띠엔誠品書店 지점도 있으니 차분하게 문화의 향기도 느끼보자.

2. 국립고궁박물원

세계 4대 박물관 중 하나로 불린다. 중국의 긴 역사에 빛나는 최고의 황실보물들을 우르르 옮겨와서, 한 번에 다 전시할 수가 없을 정도다. 송, 원, 명, 청대에 걸친 그림과 도자기, 조각, 서적 등을 만날 수 있으며 1층에서 한국어 오디오가이드를 빌릴 수 있다. 최소 2시간 이상을 할애하는 것이 좋다. 연중 무휴이며, 개방시간은 오전 8시 30분부터 오후 6시 30분까지.

3. 롱산쓰

불교, 도교, 민간신앙이 어우러진 독특한 사찰이다. 1740년에 처음 세워졌으나 수차례 파괴됐고, 마지막으로 1957년에 다시 지어졌다. 관음보살부터 삼국지의 관우까지 다양한 존재가 기도의 대상이며, 늘 많은 참배객 덕분에 향냄새가 상당히 독해서 비위가 약한 사람에게는 곤혹스러운 시간이 될 수 있다. 지붕과 돌기둥의 용조각 등 건축물 자체의 화려함도 볼거리이며, 찬란한 조명 덕분에 밤이 더 멋지다.

4. 타이베이101

도심 동쪽 지역에 2005년 완공된 타이베이의 상징적 건축물이다. 중화문화권에서 숫자 8은 행운을 상징하기 때문에, 8층 단위로 같은 모양이 8번 반복되는 형태로 건물을 지었다. 5층에서 시속 60㎞에 달하는 세계 최고 속도의 엘리베이터로 37초 만에 89층 전망대에 도착할 수 있다. 508m 높이로 한때 세계 최고最高 건축물이었다가 두바이의 부르즈 할리파에 밀렸다. 높기는 하지만 전망이 특별한 것은 아니라서 가격 대비 만족도는 낮은 편이다.

5. 스린 야시장

스린 야시장은 타이베이에서 가장 크고 유명한 야시장이다. 옷이나 잡화 등 안 파는 게 없다. 그 중에도 특히 눈길을 끄는 것은 먹거리. 스린 야시장의 명물인 치킨까쓰 지파이雞排는 1시간씩 줄을 서더라도 꼭 먹어야 한다. 굴전인 커짜이지엔蚵仔煎과 버블티도 맛보고 오자. 보통 오후 4~5시대에 가게들이 문을 열기 시작하며, 자정 이후까지도 문을 여는 곳들이 많다. 주말 저녁이 가장 붐빈다.

6. 딴수이

타이베이 북쪽 끝에 자리 잡은 딴수이는 MRT로 연결되어 있어 타이베이시에서 가장 쉽게 강과 바다를 보러 갈 수 있는 곳이다. 행정구역은 신베이시의 딴수이구. 손에 간식거리를 들고 석양이 물든 물가를 따라 이어지는 유원지 분위기의 가게들을 돌아보자. 저우제륜(주걸륜)이 피아노, 연기, 연출 실력을 뽐내는 영화 〈말할 수 없는 비밀〉에 나오는 그의 모교 딴수이고등학교도 근처에 있다.

7. 화시지에 야시장

롱산스(용산사) 근처에 있어서 관광객들이 자주 찾는 화시지에 야시장은 먹을거리와 기념품 가게, 그리고 발마사지숍들이 즐비하다. 간단한 간식거리를 파는 곳부터 제대로 된 고급요리, 심지어 뱀과 자라요리를 파는 식당까지 다양하며, 징그럽지만 싱싱한 식재료들을 마음껏 볼 수 있다. 발마사지숍 중에는 한국말을 써붙여 놓은 곳도 있으나 "아파요?" 정도 간단한 말 정도만 구사하니 아플 때는 만국공통어인 '오만상 찌뿌리기'로 의사표시를 하자.

8. 지우펀

타이베이 동쪽으로 1시간 정도 거리에 있는 언덕 마을 지우펀은 한때 금광 덕분에 영화를 누렸던 곳이다. 지산제基山街 골목길을 따라 먹거리와 기념품을 구경하고, 홍등이 대롱대롱 달린 수취루竪崎路의 계단을 내려온다. 아메이차로우阿妹茶樓 등 분위기를 즐길 만한 찻집도 많다. 영화 〈비정성시(1989)〉와 드라마 〈온에어(2008)〉에도 나와 화제가 됐다. 버스 종점의 옛 금광 진과스金瓜石에서 사금 거르기, 광부도시락 먹기 체험도 가능하다.

9. 예류

타이베이 동북쪽 바닷가에 있는 예류는 혹성탈출
을 연상케하는 돌덩이들로 유명하다. 버스에서
내려 조용한 어촌마을을 지나 한참을 걸어야 예
류지질공원 입구가 나온다. 오랜 세월에 걸쳐 파
도와 바람과 지각운동이 깎고 다듬어놓은 돌들.
그 돌들은 버섯, 생강, 촛대, 아이스크림, 용머
리 등 갖가지 기괴한 형상을 닮았다. 이집트 네페
르티티 여왕 두상 바위 앞에는 늘 사진찍는 사람
들이 줄을 선다. 석회암 지형으로 거세게 몰아치
는 파도 또한 볼거리다.

내릴 곳을 놓치지 않는 방법

종점이 아닌 곳에서 내려야 하는 경우 현지 지명을 한자로 크고 보기 쉽게 프린트해서 가져가자.
버스를 탈 때 기사에게 보여주면 내릴 때가 되었을 때 기사가 알려준다. 관광객이 탔으니 당연히
예류에서 세워주겠지 생각하면 오산. 내리는 사람이 의외로 없고, 살짝 지난 것 같아도 반대쪽
버스 타고 돌아가려면 시간소모가 크다. 지명 프린트한 것을 잃어버렸다면, 타고나서 기사 바로
뒤에 앉아 있다가 파도치는 바다가 보이면 "예류?"라고 외쳐보자.

> 첫 여행이라면 타이베이 기차역(타이베이 처잔台北車站 주변을 선호하게 되지만, 리무진 정류장이나 MRT 역이 가까운 호텔이라면 다른 곳도 상관이 없다. 야시장 때문에 주로 밤늦게도 돌아다니게 되므로, 중산中山역이나 총샤오푸싱忠孝復興역 근처가 좋다. 주변이 번화하기 때문에 밤늦게 돌아다녀도 크게 위험하지 않다.

차분한 느낌의 부티크호텔

숙소에서 주로 짧게 잠만 자고 나오게 되기 때문에 쾌적한 숙면 분위기가 중요하다. 탱고호텔 Tango Hotel은 중심가에 있지만 거위털 침구, 짙은 색의 가구로 차분하고 고급스러운 분위기를 준다. 월풀 욕조가 딸려 있고, 방에 기본으로 신동양 펑리수도 놓여 있다. 난시南西점은 중산中山역과 바로 언걸돼시 편히고, 같은 역에서 7~8분 떨어져 있는 린센점은 상대적으로 더 저렴하다.

발랄한 느낌의 부티크호텔

댄디호텔Dandy Hotel도 깔끔한 인테리어를 자랑한다. 인테리어에 흰색과 연두색 등 밝은 톤을 주로 사용하며 티엔진天津, 티엔무天母, 다안공원大安森林公圓 등 3곳의 지점이 있다. MRT역에서 가까운 곳은 중샨역 근처의 티엔진점이다. 난징동루를 따라 첫 사거리에서 대각선 방향으로 찻길을 건너 첫 번째 골목인 티엔진길로 들어서면 바로 보인다. 화장실 구조가 다소 불편한 점이 있다.

전통의 향기가 물씬 나는 고급호텔

외국계 호텔체인보다는 중국식 호텔을 선택해보는 것도 의미 있다. 그랜드호텔圓山大飯店, 위엔산따판디엔은 타이완 신궁이 있던 자리에 장제스 총통의 부인 쑹메이링宋美齡 여사의 제안으로 지어진 호텔이다. 멀리서도 웅장한 위용이 드러나는 겉모습에 빨간색 난간으로 만들어진 발코니의 전망이 멋지다. 발코니가 없는 저렴한 방도 있으나 기왕이면 발코니가 있는 방이 낫다. 산자락에 있어 교통은 다소 불편하다.

민박

민숙民宿 검색 사이트 www.minsu.com.tw/taipei/에서 아침식사가 포함된 B&B와 숙박을 검색할 수 있다. 한국인이 운영하는 민박을 택하는 것도 가능한 선택이다. 도미토리는 1일 400위안 정도의 저렴한 돈으로 숙박을 해결할 수 있으며 혼자 여행 중인 사람에게는 동행을 구할 기회가 되기도 한다. 여럿이 여행하면 한국인이 운영하는 아파트를 빌릴 수도 있다.

샤오롱바오

투명할 정도로 얇은 만두피를 살짝 꼬집으면 '피육~' 하고 쏟아져 나오는 육즙. 육수를 젤라틴질로 굳혀서 다진 고기와 섞어 만두피 속에 넣고 찐 덕분이다. 상하이 서북쪽 난샹南翔지역에서 유래했다 하여 '난샹 샤오롱바오'라고도 부른다. 샤오롱바오의 고향은 상하이 쪽이라도, 샤오롱바오 전문점 딘타이펑鼎泰豊은 대만이 고향이다. 타이베이101 등 지점이 여러 곳이며 한국어 설명서도 있다. 니우로우미엔牛肉麵/우육면도 추천메뉴 중 하나다.

지파이

스린 야시장의 간판스타는 하늘색 간판의 'Hot Star 하오따따지파이豪大大雞排'에서 파는 지파이, 즉 치킨까스다. 젠탄역에 내려서 인파를 따라 시장을 따라 쭈욱 걸어가면 푸드코드가 즐비한 곳이 나오는데, 가장 긴 줄을 따라 서면 된다. 넓고 얇게 자른 닭가슴살에 옷을 입혀 튀겨내고 매콤한 가루를 뿌려서 주는데 사람 얼굴만한 크기에 55위안(2,000원). 바삭하고 고소한 그 맛이 일품이다.

곱창국수

가는 면발과 진한 육수에 부드러운 곱창이 들어있는 곱창국수는 시먼띵에서 가장 인기 있는 음식이다. 아중멘셴阿宗麵線 Ay-Chung Flour Rice Noodle이라는 식당은 앉아서 먹는 테이블조차 없지만 사람들이 늘 줄을 서서 기다린다. 국수가 가늘어서 젓가락이 아닌 숟가락으로 떠먹는 게 특징. 고명으로 올려주는 고수는 빼도 되지만, 육수와 은근 어울리니 도전해보자. 그릇 크기에 따라 60, 45위안 두 가지로 판다. 참고로 큰 그릇도 양이 많지 않다.

펑리수

네모 모양 빵 속에 쫀득한 파인애플펑리 잼이 들어있는 빵이다. 제조사별로 10위안 미만부터 40위안까지 가격 차이가 나며, 족족함과 단맛의 차이도 크다. 타이베이 시내에도 펑리수 대회에서 우승한 유명 제과점들이 있고, 지룽基隆시의 130년 전통 리후삥띠엔李鵠餅店은 인테리어와 포장은 허름하나 현지인들이 추천하는 곳이다. 펑리수는 개당 14위안. 계란노른자가 든 단황수蛋黃酥는 2배 비싸지만 강력 추천이다.

훠궈

육수에 고기와 야채를 익혀먹는 요리로, '뜨거운 솥'이라는 뜻이다. 몽골 유목민들이 투구를 뒤집어 물을 끓이고 양고기를 익혀 먹었다는 데서 유래한 일본의 샤브샤브, 태국의 수끼, 싱가폴의 스팀보트와 조상이 같다. 맵고 얼얼한 '마라'와 뽀얀 고기육수 등 육수가 다양한데, 일부 가게에는 김치육수도 있다. 뷔페식인 '티엔와이티엔天外天'과 '마라馬辣'가 유명하고 지점도 많다.

커자이지엔

대만식 굴전 커자이지엔蚵仔煎은 타이난臺南지역에서 식량이 떨어진 군대가 배를 채우기 위해 만들어먹었던 음식에서 유래했으며 감자와 고구마 가루에 신선한 굴을 얹어 지진다. 전분으로 만들기 때문에 상당히 부드러운 맛이며, 소스를 왕창 뿌려주는데 보기에는 무섭지만 함께 먹기에 잘 어울리는 맛이다. 야시장에서는 2,000원대 초반이면 맛볼 수 있고, 일반 식당에서는 2~3배 비싸게 판다.

망고빙수&곡물빙수

얼음과 망고 과육에 망고아이스크림까지 얹어주는 망고빙수芒果冰가 유명하다. 융캉지에의 아이스몬스터는 푸짐해서 인기다. 전통적인 빙수를 맛보고 싶다면 생긴지 50년이 넘은 시먼띵西門町에 있는 양찌빙수楊記花生玉米冰, Yangji Peanut Corn Ice로 가자. 가게이름에 땅콩花生과 옥수수玉米가 들어 있는 만큼 옥수수와 노란콩, 흰콩, 검은콩, 팥 등 곡물을 왕창 얹어준다. 겨울에는 얼음물에 밥 말아먹는 기분이 들 수 있으니 꼭 더운 날 가자.

쩐주나이차

밀크티에 달콤하고 쫀득한 타피오카를 엄청나게 많이 넣은 쩐주나이차는 대만의 국민음료다. 이름 속의 진주쩐주는 진한색 타피오카를 말한다. 차에 씹는 맛을 더한 덕분에 세계적으로 인기를 끌고 있으며, 우리나라에서는 '버블티'라 부른다. '버블티'라는 용어 자체는 원래 우유를 넣기 전에 거품만 낸 차를 뜻할 때도 있다. 쩐주나이차는 따뜻하게도 차갑게도 먹을 수 있으며, 타이베이의 야시장이나 길거리 곳곳에서 만날 수 있다.

지역 정보

국명 중화민국. 타이완으로도 불리고 스포츠 대회에서는 중화 타이베이를 사용.

수도 타이베이시

언어 표준 중국어(만다린), 대만어, 객가어, 원주민어 등

전기 110V(흔히 '돼지코'라 부르는 어댑터 필요)

시차 한국보다 1시간 느림

비자 90일 이내 체류 시 불필요

언제 가는 게 좋아요?

타이베이의 위도는 홍콩보다 높고 일본 오키나와보다 낮다. 여름은 길고 습하고 더우며, 폭풍과 태풍이 올 때가 종종 있다. 겨울은 짧고 온화한 기온이지만 '일주일 중 8일간 비가 온다'고 말할 정도로 비오는 날이 많고 생각보다 쌀쌀하다. 어느 때고 큰 불편없이 여행할 수 있지만, 음력설인 춘절 연휴는 피하는 게 좋다. 거의 모든 상점이 문을 닫고 숙박비가 오른다.

어떤 비행기 타면 좋아요?

타이베이에서 40㎞ 떨어진 타오위안桃園국제공항과 시내공항인 타이베이 쑹산松山공항이 있다. 타오위안공항으로는 인천공항에서 출발하는 대만 국적기인 중화항공, 에바항공과 한국 국적기 대한항공, 아시아나, 저가항공 에어부산, 그리고 케세이퍼시픽, 타이항공 등이 운항한다. 쑹산공항으로는 김포공항을 출발하는 중화항공과 한국의 저가항공 티웨이와 이스타가 요일을 나눠 날아간다. 시내공항을 이용하는 게 시간이 절약되기는 하나, 저녁 귀국편이 없어서 하루를 최대한 사용하기 어렵다.

공항에서 시내로는 어떻게 가요?

쑹산공항은 시내공항이므로 MRT를 이용하면 된다. 타오위안공항에서는 공항버스를 이용한다. 국광객운國光客運, 장영버스長榮巴士 Evergreen, 대유버스大有巴士 Air Bus, 건명객운建明客運 Free Go 등 4군데 회사의 버스가 타이베이 시내로 달린다. 미리 숙소 근처로 가는 공항버스를 체크하거나, 공항버스 부스에 목적지를 말하면 어떤 버스를 탈지 알려준다. 타이베이 기차역台北車站, 타이베이처잔까지는 국광여객의 경우 125위안이며 50분 남짓 걸린다. 공항에서 시내로 올 때와 다시 공항으로 갈 때 버스정류장이 다르니, 출국 때에는 타이베이 기차역 근처 타이베이 서쪽터미널A台北西站A棟을 이용하는 것도 괜찮다.

대중교통은 어떻게 이용하나요?

요요카悠遊卡 이지카드는 MRT, 시내버스, 시외버스, 택시를 이용할 수 있는 충전식 교통카드다. MRT 요금이 20% 할인되며, 1시간 이내에 MRT와 버스 환승 때 버스요금도 할인된다. 400위안이 충전된 카드가 500위안이며 100위안의 보증금은 남은 금액과 함께 20위안의 수수료를 제한 뒤 환불된다. 자전거 렌탈이나 편의점, 일부 관광지에서도 사용 가능하다.

MRT 요금은 거리별로 20~65위안이며 어린이/경로 요금은 절반이다. 자동판매기에서 당일에만 사용할 수 있는 동전형 티켓을 살 수 있으나, 교통카드인 요요카를 이용하는 것이 할인도 되고 편하다. MRT 안에서 음식을 먹거나 카메라 사용하는 것은 금지돼 있다.

시내버스 구간별로 요금이 부과되며 1구간에 성인은 15위안, 어린이나 노인은 8위안. 키가 115㎝ 미만인 어린이는 어른과 함께 타는 경우 무료다. 시내버스는 운전석 근처에 '상차수표上車收票'라고 되어있으면 탈 때, '하차수표下車收票'라고 되어있으면 내릴 때 요금을 낸다. 내릴 때 내는 버스에 얼결에 탈 때 돈을 내버리면 내릴 때 또 내면서 울게 된다. 잘 보고 요금을 낼 것!

<u>시외버스</u> 거리별로 요금이 부과되기 때문에 요요카를 사용한다면 탈 때와 내릴 때 각각 한 번씩 찍어야 한다. 한번만 찍고 내린 카드는 사용이 막힌다.

<u>택시</u> 기본 1.25㎞에 70위안부터 시작한다. 심야에는 20위안을 추가하고, 시 외곽의 관광지에 갈 때는 추가요금이 있거나 가격을 흥정해야 한다. 트렁크 사용 시에도 10위안이 추가된다. 뒷자리도 안전벨트를 매야 한다.

여행자 전용 교통패스가 있나요?

타이베이 패스Taipei Pass는 정해진 기간 내에 MRT와 시내버스, 시와 현을 잇는 연합버스를 무제한 이용할 수 있는 교통패스다. 1일권 180위안, 2일권 310위안, 3일권 440위안, 5일권 700위안이며 마오콩 곤돌라 3회가 포함된 1일권은 250위안이다. 1일 기준이 24시간이 아니라 사용하는 날 밤 운행시간까지이며, 꼭 구입한 날부터 사용할 필요는 없다. 요요카로는 이용 가능해도 타이베이 패스로는 이용 불가능한 버스도 있다.

기념품 뭐가 좋아요?

대만에서 유명한 간식인 파인애플 케이크 펑리수鳳梨酥는 꼭 사와서 가족들과 나눠먹어보자. 계란파이 단황수蛋黃酥도 좀 비싸지만 고소한 맛이 일품. 지우펀의 상가들에서는 전병이나 전통주, 혹은 기념품들을 살 수 있다. 2014년 한국에서도 문을 여는 가구인테리어전문점 이케아IKEA에서 아기자기한 소품을 '득템'해 보는 것도 좋다. 싱가포르가 고향인 비첸향 육포는 한국보다 대만, 홍콩이 싸지만 국내 반입 불가!

환전은 어떻게 하면 되나요?

타이완에서 쓰는 화폐는 뉴타이완달러NT$, NTD이며 중국어로 위안圓의 약자인 위안元을 널리 사용한다. 지폐는 100, 200, 500, 1000, 2000위안이 있고, 동전은 1, 5, 10, 20, 50위안이 유통된다. 한국에서 환전이 가능하긴 하지만 수수료 할인이 적다. 달러화로 우대환전을 받아 현지에서 환전하는 것이 낫다.

여행 경비(2박3일 기준)

	비수기	성수기
항공권 (저가항공 포함)	20만원대~	40만원대~
숙소 (2인실의 1인 기준)	1박 5만원	1박 7만원
식대	15만원	
입장료	1만원	
교통비	4만원	
쇼핑	10만원	
총예산	60만원대~	85만원~

유용한 인터넷 사이트

• 관광청과 여행카페

대만관광청 www.tourtaiwan.or.kr/main.asp
타이베이시정부 관광국 taipeitravel.net/kr/
타이베이시청 관광전파국 2012funtaipei.com/T06/web/krl/about/about.php
비취랑 cafe.daum.net/feichui
투어팁스 www.tourtips.com/ap/destination/

• 교통편 안내

이지카드와 타이베이 패스 정보 www.easycard.com.
교통편 검색 yoyonet.biz/egoing/bus.htm
타이베이 MRT 안내 english.trtc.com.tw

• 관광지

국립고궁박물원 www.npm.gov.tw/ko/Article
예류지질공원 www.ylgeopark.org.tw/KOR/info

グリコ

먹다 망해도 좋아라

일본 오사카

일본 오사카는 일본의 중서부 긴키近畿 혹은 간사이關西라고 부르는 지방의 중심지로 도쿄, 요코하마 다음으로 가장 인구가 많다. 옛 수도 교토와 가깝고 바다를 끼고 있어 상업도시로 번성해 왔으며, 인천공항이나 김포공항에서 간사이공항까지 1시간 40분 정도 걸린다. 부산에서 팬스타 페리를 타고 19시간 동안 인내심과 싸우며 가는 방법도 있다. 난바역과 우메다역이 각각 남쪽(미나미)과 북쪽(기타)의 중심지다. 공항에서 난카이센南海線을 타면 난바로, 국철 JR을 타면 우메다 주변 오사카역에 닿는다. 서민석 문위기의 난바는 '구이다오레' 즉 먹고 마시느라 재산을 탕진한다는 식도락의 거리 도톰보리로 이어지며, 지붕이 있는 쇼핑가 신사이바시스지로 이어진다. 북쪽에 있는 우메다역 주변은 고층 빌딩이 즐비한데, 스카이빌딩의 공중정원 전망대에서 내려다보면 9층 건물 옥상의 빨간 헵파이브Hep-Five 대관람차가 눈에 띈다. 봄이면 벚꽃이 만발하는 오사카성공원은 엘리베이터가 있는 '신식' 성이지만 오사카의 상징으로써 의미가 있고, 높이 112m 대관람차와 대형 수족관 카이유칸이 있는 덴포잔 하버빌리지와 유니버셜 스튜디오도 놓치기 아깝다. 교토, 고베, 나라 등과도 1시간 안팎이면 연결되는데, 2박3일이라면 오사카에 집중하는 게 좋다.

2박3일 추천 일정표

1일째 (금)

- 김포공항 출발 (아시아나항공) — 08:30
- 오사카 간사이공항 도착 — 10:10
- 호텔에 짐을 맡기기 — 12:30

2일째 (토)

- 유니버셜 스튜디오 입장 — 09:00
- 도톰보리 치보에서 저녁, 운하 주변 산책 — 20:00

3일째 (일)

- 오사카성공원 산책 — 09:00
- 도톰보리 점심 후 신사이바시스지, 아메리카 무라, 호리에 산책 — 11:30
- 난바역 주변 마무리 쇼핑 — 15:30

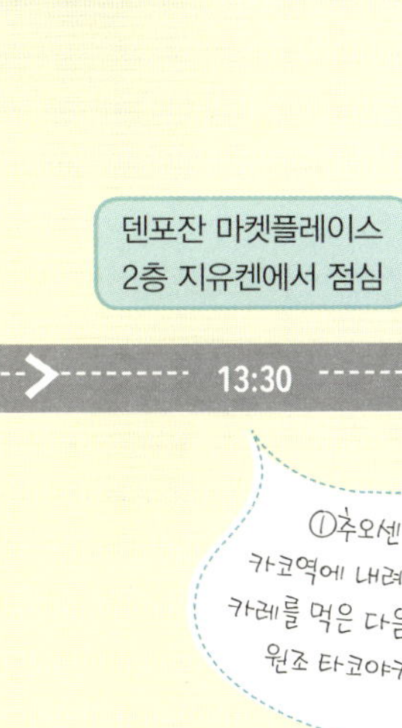

덴포잔 마켓플레이스
2층 지유켄에서 점심

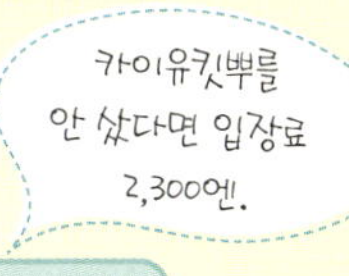

카이유칸 관람

바닥 투명한
대관람차 타기

· · · > · · · 13:30 · · · > · · · 14:30 · · · > · · · 17:00 · · ·

로바다야키
이사리비 저녁

우메다 스카이빌딩
공중정원 야경

세화노사토
우유빙수 맛보기

· · · 20:30 · · · < · · · 19:30 · · · < · · · 18:00 · · ·

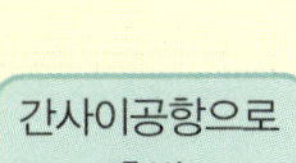

★ 일정짜기 노하우

오사카 주유패스를 사용하는 경우 유료관광지들을 몰아서 봐야 하기 때문에 다소 바쁘게 돌아다니게 된다. 이동이 편한 동선을 짜고 여행 첫 날이나 마지막 날 공항교통편이 포함된 오사카 주유패스 난카이확장판이나 카이유킷뿌 난카이판을 사용하는 것도 고려해보자. 일정이 하루 늘어난다면 교토나 고베 중 한 곳을 추가해 보자. (간사이일주 편 참고)

간사이공항으로
출발

오사카
간사이공항 출발
(아시아나항공)

김포공항 도착

· · · 17:30 · · · > · · · 20:30 · · · > · · · 22:15 · · ·

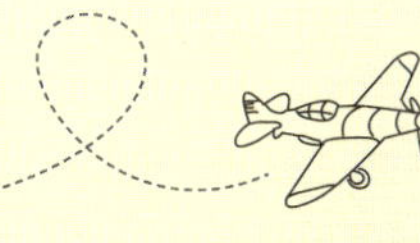

먹다 망해보자

'교토는 (비싼 기모노를) 입다 망하고 에도(도쿄)는 술 마시다 망한다'는 말이 있는데, 이를 따라 '오사카는 먹다 망하고 고베는 (신발을) 신다 망한다'는 말도 생겨났다. 오사카는 음식값이 그리 비싸지 않으면서 종류도 다양한 곳. 특히 도톰보리는 1949년 생긴 '구이다오레'라는 가게를 필두로 요란한 간판과 갖가지 요리의 각축장이 되었다. 라면, 스시, 게요리, 오코노미야키, 타코야키, 우동 등 다양한 음식들이 서로 먹어달라고 아우성. 참고로 구이다오레 식당은 망해서 기념품점으로 바뀌었다.

사다 망해보자

옷을 사려면 난바역, 우메다역의 쇼핑몰이나 신사이바시의 의류브랜드 지점들, 혹은 아메리카 무라(아메무라)를 들러볼 만하다. 전자제품은 우메다 요도바시 카메라, 난바 빅 카메라나 전자상가 거리 덴덴타운으로 가면 된다. 난바역 앞 센니치마에스지 남쪽에 주방용품을 파는 도구야스지 시장도 돌아볼 만하다. 초저가 할인점 돈키호테와 마츠모토 키요시 같은 드럭스토어는 한번 맛을 들이면 보이는 지점마다 들어가서 돈과 시간을 탕진하게 만드는 마력이 있다.

백화점에서 아껴보자

백화점은 알뜰함과 거리가 먼 곳이지만, 폐장시간 직전의 식품층만은 지나칠 수 없다. 당일에 팔아야 하는 맛있는 포장음식과 도시락들이 수백 엔씩 할인되는 '떨이'의 시간이기 때문이다. 오밤중의 간식으로, 혹은 다음날 아침거리로 적당한 음식을 찾아보자. 디저트 코너에는 시식용 과자들이 나올 때도 있으니 평소 마트뷔페에서 단련한 '먹고 떨어지기' 실력을 되살려 쌩하니 한 바퀴씩 도는 것도 좋다.

바다를 품어보자

©Osaka Government Tourism Bureau ©JNTO

오사카는 항구다. 바다를 품은 대도시이다보니 임해지구(베이에어리어)에도 즐길거리가 많다. 수족관인 카이유칸海遊館에서 태평양 주변의 생태계를 관찰한 뒤 대관람차를 타거나 베이에어리어 인근을 산책할 수 있다. 오사카 월드 트레이드센터 빌딩(WTC 코스모 타워)의 252m 높이 전망대에 오르면 오사카항 쪽에서 덴포잔과 오사카 시내를 아우르는 풍경이 한눈에 들어온다. 반대쪽 풍경은 다소 심심하다.

관람차에서 스릴을 즐겨보자

일본 사람들은 관람차를 참 좋아하는 모양. 해안가뿐 아니라 도심에도 관람차가 떡하니 버티고 있다. 덴포잔 대관람차는 크기도 크지만 투명한 관람차가 있어 나름 짜릿하다. 우메다 헵파이브 옥상 위의 빨간 관람차도 제법 스릴있고, 심지어 할인매장 돈키호테 건물에도 작은 관람차가 있다. 난바역 근처의 쇼핑몰 난바힙스 건물 중앙에는 다소 뜬금없는 수직낙하형 놀이기구도 있다. 유니버설 스튜디오에 갈 예정이 없다면 하나쯤 타봄직하다.

사람 구경을 해보자

신사이바시나 난바역 부근에서는 거리공연이나 독특한 패션을 자랑하는 젊은이들을 쉽게 만날 수 있다. 아메리카무라, 호리에 쪽은 '코갸루상'이나 인간복사기처럼 똑같이 차려입은 여성들이 밤을 불태우러 가는 모습도 눈에 들어온다. 오사카성공원은 주말마다 각종 퍼포먼스가 펼쳐진다. 캐리커처를 그려주는 사람들도 있고, 무술 연습을 하는 어린이들도 있다. 아이돌 연습생 같은 날씬한 여성들이 박정현 손동작을 하며 일종의 담력훈련을 하기도 한다.

도톰보리

도톰보리는 커다란 게, 복어 등 요란스러운 간판이 달린 음식점과 화려한 네온사인, 그리고 타코야키 등 다양한 먹거리 노점상이 있는 활기찬 거리다. 터줏대감처럼 유명했던 8층짜리 식당 '구이다오레'는 망했는데, 마지막 날 단골손님들을 초대해 맘껏 먹였다는 전설도 전해진다. 도톰보리강 주변에서 눈에 확 띄는 '글리코' 간판은 관광객 누구나 같은 포즈로 사진을 찍게 만드는 묘한 매력이 있다. 강을 따라 리버크루즈도 다닌다.

신사이바시스지

지하철 미도스지센을 따라가는 대로와 나란하게 도톰보리부터 신사이바시역 위쪽까지 이어지는 쇼핑 아케이드다. 오사카의 대표적인 쇼핑거리로서, 다이마루백화점, 서민식당, 드럭스토어 등 다양한 가게를 구경하는 재미가 있다. 도로를 만나면 잠시 끊겼다가 다시 지붕이 이어지는데, 신사이바시역 주변으로 자라, 유니클로, 갭, 도큐핸즈 등을 만날 수 있다.

오사카성공원

오사카성은 16세기에 도요토미 히데요시가 만들었다. 해자와 성벽으로 둘러싸놓았지만 늘 크고 작은 침략을 당했고, 19세기 중반 전소됐다. 천수각을 복원한지 80년 정도밖에 되지 않아 중요한 건축물로 취급받지는 못한다. 내부는 히데요시와 관련한 전시관으로 사용되고 있고, 5층까지 엘리베이터가 다닌다. 봄이면 흐드러진 벚꽃 사이로 솟아오른 성의 자태가 멋지다. 퍼포먼스를 하는 사람들이 많아 사람 구경의 재미도 있다.

아메리카 무라

신사이바시 서쪽으로는 미국 수입의류를 팔면서 유명해진 아메리카무라가 있다. 동네의 상징이던 성조기 모자 쓴 삐에로 얼굴상은 몇해 전 사라졌고, 이젠 빅스텝이라는 쇼핑센터가 중심이 되고 있다. 신사이바시역을 중심으로 아메리카무라 반대편으로는 잔잔한 부티크와 레스토랑 등이 있는 요로파(유럽)무라가 있다. 아메리카무라 서쪽은 호리에 지역인데, 오렌지스트리트를 중심으로 카페와 보세 가게들이 계속 생기고 있다.

카이유칸

1990년에 문을 연 총수량 11,000톤의 거대한 수족관이다. 카이유칸은 환태평양 화산대와 겹쳐지는 환태평양 생명대를 테마로 14개의 대형수조와 어류 외 각종 동식물을 활용해 태평양 주변의 자연환경을 재현한다. 세계 최대 규모였던 적도 있는 만큼 실망스럽지 않은 구성을 갖췄다.

덴포잔 대관람차

일본 사람들의 독특한 취향인지, 오사카에만도 관람차가 여럿이다. 그러나 그 중 크기로 압도하는 것이 텐포잔에 있는 직경 100m가 넘는 대관람차. 하이라이트는 전체 관람차 중 딱 2대뿐인 투명 관람차로, 의자와 바닥 모두 투명하기 때문에 가장 짜릿하게 오사카만을 조망할 수 있다. 1바퀴를 도는 데 걸리는 시간은 약 15분. 오사카코역에서 걸어가면 된다.

우메다 스카이빌딩

우메다 스카이빌딩은 두 개의 초고층 빌딩이 최상층에서 이어지는 독특한 건축물이다. 아래에서 올려다보면 동그랗게 뚫린 원형 공간에 두 개의 에스컬레이터가 올라가는 아찔한 풍경이 펼쳐진다. 옥상의 스카이 워크로 가면 하늘을 정원 삼아 360°의 전망을 즐길 수 있는데, 스카이 워크 바닥에 낮에 빛을 받아 밤에 빛을 발하는 축광석이 깔려 있어 은하수 같은 장면을 연출한다. 낮의 풍경도 좋고, 해질 무렵이나 밤의 야경도 좋다.

유니버셜 스튜디오 재팬

할리우드 유니버셜 스튜디오를 그대로 옮겨다 놓았다. 죠스, 백투더퓨쳐, 쥬라기공원, 터미네이터, 워터월드, 스파이더맨, 슈렉 등 유명한 영화들을 테마로 한 쇼와 놀이기구로 구성돼 있다. 화려한 퍼레이드도 볼거리. 1일 입장권이 6,600엔인데 길게 늘어선 줄에서 시간낭비를 하지 않으려면 익스프레스 패스를 사야 한다. 3,200엔(4개)에서~4,900엔(7개)까지 만만치 않은 추가비용이 든다는 게 문제. JR로만 갈 수 있다.

리쿠로 오지상노 미세 *난바*

폭신하고 입에서 사르르 녹는 고소한 수플레 치즈케이크를 파는 리쿠로 아저씨의 가게. 오븐에서 꺼내오는 족족 바로 팔리는 관계로 늘 길게 줄을 서는 것은 기본이다. 종종 시식용 샘플도 나눠준다. 한국에도 들어왔지만 더 비싸고 맛도 좀 다르다. 웬만한 사람 얼굴보다 큰 크기에도 600엔을 넘지 않으니 한국 돌아가는 길에 두어 박스 사들고 가시기를 추천!

겐로쿠 스시 *도톤보리 · 우메다*

회전초밥의 원조로 불리는 스시집이다. 접시 당 130엔이라는 저렴한 가격 탓에 인기다. 초밥의 종류도 100가지가 넘는다. 오사카 내에만 지점이 여러 개. 도톤보리점이 찾기는 가장 쉽지만, 한큐우메다역 지하를 헤매며 물어물어 찾아가는 우메다 지점의 스시 상태가 살짝 낫다. 아주 신선한 스시를 기대하면 다소 실망할 수도 있겠으나, 가격 기준으로는 괜찮은 맛이다.

지유켄 *난바 · 베이에어리어*

100년이 넘은 카레라이스 가게다. 난바역 근처의 에비스바시스지에 있고, 빅카메라 뒤편이다. 진한 색의 매운 카레와 비벼진 밥 위에 생계란이 얹혀져 나오는데, 워낙 유명해서 상품형태로 포장된 카레도 나온다. 덴포잔 마켓플레이스 2층에도 지점이 있다.

세화노사토 베이에어리어

덴포잔 대관람차와 카이유칸으로 가는 길목에 있는 빙수 집이다. 한국에 힐탑빙수가 있다면 일본에는 '눈꽃마을'이 있다. 이름에 걸맞게 하얀 우유를 부드럽게 갈아 만든 빙수에 시럽을 뿌려주는데 입에서 살살 녹는다. 녹차, 초코 등 시럽 종류에 따라 400~600엔.

511호라이 난바

엄청 큰 왕만두 부타만(고기만두)을 파는 집으로 쫄깃한 만두피와 꽉 채운 속이 맛있다. 냉동만두와 냉면 등 집에서 해먹을 수 있는 포장상품들도 판다. 간사이공항에도 지점이 있으니 난바에서 들를 시간이 없으면 공항에서 사오면 된다.

치보 도톰보리

전국에 50여개의 분점이 있다는 오코노미야키 전문점. 철판 위에 여러 가지 재료를 얹어 굽는 빈대떡 같은 요리인데 마요네즈와 산들거리는 가츠오부시의 조합이 고소하기 이를 데 없다. 오사카 스타일로 유명한 면이 들어간 모던야키, 파가 들어간 네기야키 등 여러 종류가 있으며, 도톰보리에서 눈에 아주 잘 띄는 위치에 있다. 고급스러운 인테리어의 '치보 엘레강스'도 있다.

카무쿠라 라멘 도톰보리

개점 당시 좌석이 9개뿐이었던 좁은 가게에서 이제는 30석의 가게로 발전했다. 밤마다 늘 손님들이 줄을 선다. 간장과 육수를 기본으로 하는 국물에 배추가 가득 들어 있어서, 진한 돈코츠 라멘을 못 먹는 사람에게도 무난하다. 콩나물과 파 등을 얹어 먹으면 시원해서, 김치 덕분에 유명한 킨류金龍라멘과 시텐노四天王 라멘 사잇길로 들어가면 된다.

호텔 콤즈 오사카 ホテルコムズ大阪 나카츠역

깔끔한 시설에 비해 가격이 저렴한 호텔이다. 높은 층은 우메다 지역 전망을 볼 수 있고, 소파가 딸린 트윈룸은 싱글룸의 2배 이상 넓이라 비즈니스호텔 치고는 넓다는 느낌을 준다. 지하철 미도스지선 우메다역 하나 위인 나카츠中津역 4번 출구에서 직통 연결된다. 우메다 인근은 도보로 둘러볼 수 있다. 뷔페스타일의 조식은 1,300엔을 받는데 상당히 푸짐한 편. 1층에 스타벅스가 있다.

호텔 빌라 폰테뉴 신사이바시

Hotel Villa Fontaine Shinsaibash 신사이바시

빌라 폰테뉴 호텔은 도쿄에 지점이 10개가 넘는 인기 호텔체인으로, 저렴한 가격대에도 마사지체어, 발마사지기, 공기세정기, 저반발 매트리스와 베개 등의 서비스로 만족도가 높다. 방은 깔끔하지만 다소 좁고, 창문을 열어봐야 옆 건물인 탓인지 한여름에는 다소 눅눅한 느낌이 들 수 있다. 빵과 간단한 일본식 조식을 무료로 제공한다. 신사이바시역 1번 출구에서 도보로 1~2분. GAP 건물이 있는 블록 뒤편이라 도큐핸즈 등 쇼핑 장소들과 가깝다. 도톰보리와 난바역까지 걸어서 갈 수 있다.

스위쏘텔 난카이 오사카

スイスホテル 南海大阪 난바역

난카이 난바역에서 바로 연결되는 호텔이다. 전망도 좋고, 가격대가 좀 있다는 것 외에 서비스나 시설, 위치 모두 괜찮은 편이다. 도톰보리나 신사이바시역까지 쉽게 연결되며, 공항에 오고갈 때는 이보다 좋은 위치가 없다.

호텔 몬터레이 그래스미어 오사카

Hotel Monterey Grasmere Osaka *난바역*

JR 난바역에서 바로 연결되는 호텔. 전망도 좋고 유니버셜 스튜디오와 제휴돼 있어서 입장권을 포함한 플랜으로 예약할 수도 있다. 지하철과 사철 난바역들과는 거리가 좀 떨어져 있지만, 도톰보리나 덴덴타운 등으로 걸어서 이동할 수 있다. 호텔 내에 있는 작은 교회는 주로 결혼식에 사용되지만 운치 있다. 지하에 마트가 있어 먹거리 쇼핑에 편하다는 점도 강점이다.

더 웨스틴 오사카 호텔

The Westin Osaka Hotel *우메다*

공중정원 전망대가 있는 우메다 스카이빌딩과 함께 신우메다시티 내에 있는 고급 호텔. 방이 넓고 깔끔하게 관리가 잘 되는 편이다. 실내 수영장과 스파, 야외 러닝트랙이 있는 헬스클럽 등을 갖추고 있으나 유료. 공중정원 전망대와 마찬가지로 지하보도를 지나서 접근해야 하는 불편이 있다. 대신 JR오사카역에서 15분마다 다니는 셔틀버스를 운영한다.

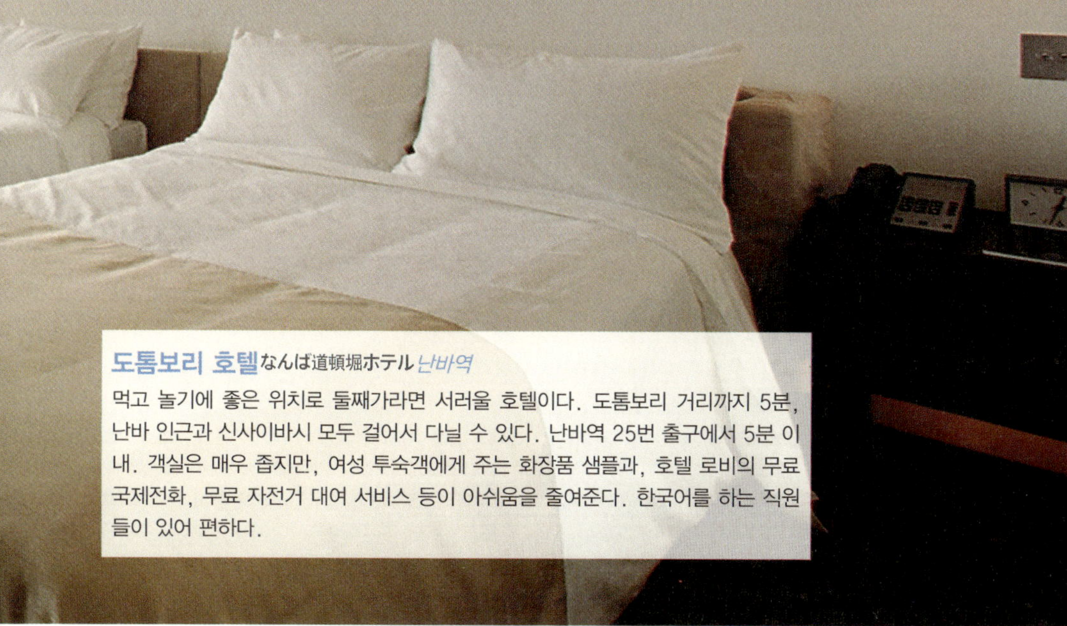

도톰보리 호텔 なんば 道頓堀ホテル *난바역*

먹고 놀기에 좋은 위치로 둘째가라면 서러울 호텔이다. 도톰보리 거리까지 5분, 난바 인근과 신사이바시 모두 걸어서 다닐 수 있다. 난바역 25번 출구에서 5분 이내. 객실은 매우 좁지만, 여성 투숙객에게 주는 화장품 샘플과, 호텔 로비의 무료 국제전화, 무료 자전거 대여 서비스 등이 아쉬움을 줄여준다. 한국어를 하는 직원들이 있어 편하다.

지역 정보

국명 일본
수도 도쿄
언어 일본어(한자로 쓰는 단어가 많음
전기 110V(흔히 '돼지코'라 부르는 어댑터 필요)
시차 한국과 동일
비자 90일 이내 단기체류 시 불필요

언제 가는 게 좋아요?

오사카의 겨울은 한국보다 다소 따뜻하나, 여름은 습기 때문에 상당히 덥게 느껴질 수 있다. 되도록 봄과 가을이 여행하기에 좋은데, 특히 봄에는 벚꽃이 흐드러진 풍경을 볼 수 있어서 가장 좋다.

어떤 비행기 타면 좋아요?

오사카 간사이공항으로는 대한항공, 아시아나, 일본항공JAL, 전일본공수ANA 외에 제주에어, 이스타항공, 피치항공(일본) 등 저가항공도 취항하고 있어 선택의 폭이 넓다. 일정을 2박3일로 잡는다면 되도록 아침 일찍 출발해 저녁 늦게 돌아오는 게 좋다. 저가항공들은 특가로 예약하면 세금 포함 20만원을 조금 넘는 금액부터 가능하다. 김포공항 출발이 인천공항 출발편보다 가격이 조금 비싸지만, 공항 이동 비용과 시간도 절약되고 수속시간도 짧아 유리하다.

공항에서 시내로는 어떻게 가요?

가장 저렴한 방법은 난바역까지 난카이혼센 공항급행空港急行을 타고 가는 방법이다. 890엔이고 45분 걸린다. 시간표를 잘 보고 공항급행을 타야지 아무 열차나 탔다가는 세월아 네월아 모든 역에 서면서 간다. 난카이혼센 라피도南海本線 Rapid는 1,390엔이며 지정석에 앉아 30분 만에 난바역에 도착한다. 국철인 JR 간사이공항 쾌속을 타고 우메다에 있는 오사카역으로 가는 경우는 1,160엔으로 62분이 걸린다. 공항리무진 버스는 난바까지 880엔에 45분, 오사카역까지 1,300엔에 1시간. 일정에 따라 공항 이동편과 시내 교통편을 묶은 패스가 유리할 수도 있다.

오사카에는 어떤 교통패스가 있나요?

오사카 엔조이에코카드(시영지하철/트램/버스) 하루 동안 시영지하철/뉴 트램/버스를 무제한 이용할 수 있는 패스로 800엔이다. JR과 사철은 탈 수 없다. 토, 일, 공휴일은 600엔으로 할인된다. 어린이는 항상 300엔. 승차 당일에 한해 시내 유명관광지 입장도 할인된다.

오사카 주유패스 1일권 2,000엔에 하루 동안 시영지하철/트램/버스/일부 구간 사철을 무제한으로 타고, 공중정원전망대, 헵파이브Hep Five 관람차, 오사카성 천수각, 도톰보리 리버크루즈, 덴포잔 대관람차 등 27곳의 유료관광지를 추가 요금 없이 이용할 수 있다. 산타마리아 유람선(1,600엔)을 이용하면 무조건 남는 장사. 다른 관광지라면 두 곳 이상 이용하고 지하철을 3번 이상 타야 손해를 안 본다. 한국에서 미리 살 수 있다.

오사카 주유패스 2일권 2,700엔에 이틀간 시영지하철/뉴트램/버스에 무한 승차할 수 있고, 1일권과 같은 시설에 추가요금 없이 입장할 수 있다. 1일권과 달리 사철 이용을 못 하나, 오사카 시내여행에서는 별 지장이 없다. 단 이틀 연속 사용해야 하므로, 하루는 유니버설 스튜디오에 가고 하루는 신사이바시/도톰보리/난바 주변을 도보로 둘러볼 생각이라면 2일권까지는 불필요할 수 있다. 한국에서 미리 살 수 있다.

오사카 주유패스 1일권 난카이확장판 주유패스 1일권 기능에 공항–시내간 난카이센 1회를 더해 2,300엔이다. 여행 첫 날 이른 시간에 오사카에 도착하는 사람이나 마지막 날 늦은 비행기로 한국에 돌아오는 사람이 당일에 유료관광지를 2곳 이상 간다면 유용하다.

<u>오사카 카이유킷뿌 오사카시내판&오사카 카이유킷뿌 난카이판</u> 오사카 카이유킷뿌는 2,550엔으로 시영지하철/뉴트램/버스 무제한 이용(800엔)과 카이유칸 입장(2,000엔)을 포함한다. 베이에리어 주변 등 관광지 30곳에서 최대 50% 할인도 된다. 여기에 공항-시내 난카이센 1회를 더한 것이 오사카 난카이킷뿌로 3,000엔. 여행 첫 날이나 마지막 날 카이유칸에 가는 경우 유용하다.

<u>오사카 출장킷뿌</u> 시영지하철/트램/버스 무제한에 공항-시내 난카이센 라피도Rapid 1회를 더해 1,500엔이다. 라피도를 타고 싶다면 절약이지만, 공항특급을 탈 때와 비교하면 메리트가 줄어든다. 시영교통 패스는 다른 날에 써도 된다.

기념품 뭐가 좋아요?

드럭스토어에서 파는 휴족시간이나 동전파스, 빨간색 우루오이 마스크팩, 그리고 퍼펙트휩 세안제와 '일본의 명탕' 등 입욕제는 늘 사랑받는 물품. 알콜 3% 과일맥주인 호로요이 복숭아맛도 인기다. 일본은 초콜릿이나 디저트류가 발달한 곳으로, 백화점에서 사도 좋겠지만 드럭스토어나 돈키호테, 100엔숍에서 파는 과자나 사탕도 사볼 만하다. 카레나 라멘 같은 음식도 괜찮은 선택이다. 드럭스토어들은 같은 체인이라도 지점마다 가격이 다르고 신사이바시 쪽이 조금 비싼 편이다.

환전은 어떻게 하면 되나요?

엔화 지폐는 1,000엔, 2,000엔, 5,000엔, 10,000엔이 있고, 동전은 1, 5, 10, 50, 100, 500엔이 있다. 일본정부의 적극적 환율정책으로 엔저 현상이 계속되고 있는데 여행자들에게는 희소식이다.

여행 경비(2박3일 기준)

	비수기	성수기
항공권 (저가항공 포함)	20만원대~	40만원대~
숙소 (2인실의 1인 기준)	1박 5만원	1박 8만원
식대	15만원	
입장료	13만원	
교통비	3만원	
쇼핑	5만원	
총예산	70만원대~	90만원~

유용한 인터넷 사이트

• **관광청과 여행카페**
오사카시 여행 안내 www.osaka-info.kr/
일본정부관광국 오사카 www.welcometojapan.or.kr/location/regional/osaka/index.html
네일동 cafe.naver.com/jpnstory
J여동 cafe.daum.net/japanricky

• **교통편 안내**
오사카시 교통국 www.kotsu.city.osaka.jp/foreign/korean/index.html
오사카 주유패스 www.osaka-info.jp/osp/kr/
카이유 킷뿌 www.kaiyukan.com/info/admission/ticket/
엔조이 에코 카드 www.kotsu.city.osaka.lg.jp/foreign/korean/ticket/convenient.html

• **숙박 예약**
자란넷 www.jalan.net/kr (일본어 홈페이지가 상품이 더 다양함)
라쿠텐 트래블 www.travel.rakuten.co.kr
재패니칸 www.japanican.com/korean
호텔재팬닷컴 www.hoteljapan.com

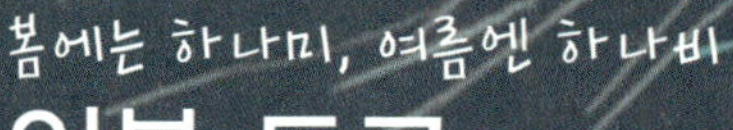

일본 도쿄

벚꽃놀이 花見, 불꽃놀이 花火
가깝고도 볼거리가 많은 일본의 수도 도쿄東京. 대
도시라는 이유로 첫 느낌은 서울과 비슷할 수도 있
지만, 가면 갈수록 보면 볼수록 구석구석 새로운
매력을 찾을 수 있는 곳이다. 일본 젊은이들의 독
특한 패션세계를 만날 수 있는 하라주쿠, 백화점과
길거리밴드들이 모여 있는 시부야, 지하철 출구를
서너 번 나왔다 들어갔다 해봐야 목적지를 찾아갈
수 있을 정도로 복잡한 신주쿠, 전통의 향기가 가
득한 아사쿠사, 구경하고 먹고 놀 만한 건물이 떼
로 몰려 있어 하루가 모자라는 오다이바 등은 꼭 찾
는 명소다. 미술과 건축을 좋아한다면 롯본기, 게
임을 좋아한다면 아키하바라, 애니메이션을 좋아한
다면 미타카시의 지브리 스튜디오도 필수코스다.
여행 시기를 '꽃놀이' 시즌에 맞추면 더 즐겁다. 봄
에는 벚꽃이 흐드러지고, 여름 밤하늘에는 불꽃이
만개한다. 도쿄 23개 구의 면적은 서울보다 조금
큰 정도지만, 주변 도쿄도都까지 합치면 더 거대하
다. 지하철 노선도가 서울의 몇 배는 복잡해 보이
는데, 첫 방문 때 가볼 만한 관광지 대부분은 서울
의 지하철 2호선과 닮은 녹색 순환선 JR야마노테
선으로 해결된다. 가마쿠라, 하코네, 요코하마, 닛
코 등 근교 지역도 1시간 안팎 거리에 있어 당일치
기가 가능하다.

© TCVB

3박4일 추천 일정표

1일째 (목)

김포공항 (일본항공)	도쿄 하네다공항	숙소에 짐 맡기고 가볍게 점심	키치조지역 이노카시라 공원 산책
08:00	10:10	12:30	15:00

백조보트가 명물.
연인이 타면 헤어진다는
설이 있으니 주의!

3일째 (토)

출출할 땐
길에서 파는 크레페
를 사먹어요.

진구(신궁)는
왕실과 관계된
신사.

다케시타도오리	하라주쿠역 메이지진구		고마치도오리에서 저녁 먹고 신주쿠로
11:00	09:00	3일째 (토)	18:00

오모테
산도힐즈

13:00

안도타다오가
지은 쇼핑몰. 인사동
쌈지길과 한번 비
교해보세요.

시부야
109에서
쇼핑

16:00

시부야의 횡단보도는
도쿄의 상징 중 하나에요.

전망대는
30층과 31층에
있어요.

저녁 먹고 거리공연 감상	에비스 가든 플레이스		아사쿠사 센쇼지	소라마치 스카이트리 뷰

4일째 (일)

18:00	21:00	4일째 (일)	09:00	11:00

드라마
'꽃보다 남자' 흉내를
내보아요.

나카미세와
카미나리몬을 지나
커다란 짚신 사진도
찍고 오세요.

| 지브리미술관 입장 | 키치조지역 사토우 저녁 | 신주쿠 도쿄 도청사 전망대 | | 신주쿠역에서 오다큐센 타고 가타세에노시마 역으로 |

16:00 → 18:00 → 20:00 — **2일째 (금)** — 08:00

에노시마섬

09:30

점심 먹고 해변 산책

12:00

| 츠루가오카 하치만구 | 에노덴 타고 가마쿠라역으로 | 고토쿠인 대불과 하세데라 | 에노시마역에서 에노덴 타고 하세역으로 |

16:00 ← 15:30 ← 13:30 ← 13:00

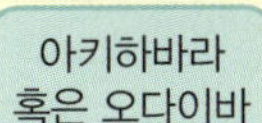

일정짜기 노하우

유명한 거리의 큰 쇼핑몰들과 작은 가게들도 대부분 오전 11시에 문을 여는 경우가 많으니 아침에는 고궁이나 신사, 공원에 가는 일정을 만들자. 마지막 날 숙소에 짐을 맡기고 돌아다닐 예정이라면 숙소 근처 관광지들을 그날 몰아서 돌아보는 게 좋다. 하루 더 여유가 있다면 하코네 혹은 하코네와 요코하마를 묶어서 가보자.

| 아키하바라 혹은 오다이바 | 공항으로 | 도쿄 하네다공항 (일본항공) | 김포공항 |

13:00 → 16:30 → 19:45 → 22:05

만화 속 풍경에 빠져보자

일본영화 역대 영화흥행 1위를 차지한 작품은 뭘까? 미야자키 하야오의 2001년작 〈센과 치히로의 행방불명〉이다. 도쿄도 미타카시에 있는 미타카의 숲 지브리미술관은 그의 작품세계에 폭 빠져볼 수 있는 곳이다. 슬램덩크 팬들에겐 가나가와현의 에노시마 '성지순례'를 권한다. 북산고의 모델인 가마쿠라고교, 강백호가 타던 전차 '에노덴', 그리고 결말에서 강백호가 재활훈련을 하던 해변까지 만날 수 있다. 뜬금없지만 해변을 달리며 외쳐보자. "왼손은 거들 뿐!"

젊음을 느껴보자

하라주쿠는 사람 구경을 하러 가도 좋은 곳이다. 하라쥬쿠의 타케시타도오리는 개성 있는 상품들을 많이 팔고, 근처에서 코스프레를 하는 젊은이들도 많이 볼 수 있다. 키디랜드 등 기념품 쇼핑을 할 곳도 많다. 시부야는 백화점과 패션몰의 각축장이자, 거리공연을 마음껏 즐길 수 있는 곳이다. 90년대에 '시부야케이'渋谷系라고 부르는 음악장르가 생겼을 정도로 음악 하는 사람들이 모이는 장소다. 덕분에 길거리 공연도 꽤 수준이 높다.

예술의 바다에 빠져보자

도쿄는 대도시답게 예술을 만날 수 있는 곳이 많다. 롯폰기에는 '아트 트라이앵글'이라고 부르는 3곳의 미술관이 있다. 바로 롯본기 힐즈 모리 타워 53층에 있는 모리미술관과 미드타운에 있는 산토리미술관, 그리고 국립신미술관. 모리미술관은 어렵지 않고 흥미로운 현대미술 전시로 유명하다. 모리타워 앞에는 한국의 리움미술관에도 있는 루이즈 부르조아의 거대한 거미 마망Maman이 버티고 서 있다. 미드타운 정원의, 안도 타다오가 설계한 21_21 디자인 사이트도 멋지다.

일본 전통의 향기를 맛보자

아사쿠사浅草는 발전된 대도시 도쿄에서 전통적인 분위기를 보존하고 있는 지역이다. 전통음식과 기념품을 파는 상점가 나카미세仲見世를 통과하면 거대한 등이 걸려 있는 카미나리몬雷門을 통과해 7세기에 처음 세워진 센소지浅草寺 절에 들어갈 수 있다. 아사쿠사의 지명이 절 이름에 그대로 들어 있지만 다르게 읽는다. 주변에 인력거 투어가 많지만 30분에 10만원쯤 쉽게 쓸 수 있는 사람이 아니라면 눈으로만 보자.

봄에는 하나미를 보자

도쿄의 벚꽃놀이는 야단법석이다. 하나미는 그냥 벚꽃 구경이 아니라 음식과 술과 함께 즐기는 행사다. 명당을 맡기 위한 전쟁도 있어서, 아침 일찍 큼지막한 벚꽃나무 아래에 돗자리를 펴놓고 퇴근시간까지 자리를 지키는 말단사원도 있다. 가장 붐비는 곳은 우에노上野 공원. 입장료를 내는 신주쿠교엔新宿御苑도 벚꽃 명당으로 꼽힌다. 스미다住田공원이나 기치조지吉祥寺역 근처의 이노카시라井頭 공원도 유명하다. 흩날리는 벚꽃비를 맞으며 사람구경도 해보자.

여름엔 하나비를 보자

불꽃놀이는 여름의 하이라이트다. 주로 7~8월에 열리며, 도쿄와 그 인근 지역 곳곳에서 펼쳐진다. 7월 마지막 토요일 저녁 7시에 아사쿠사 근처에서 열리는 스미다가와 하나비가 가장 규모가 크다. 불꽃놀이가 시작하기 최소 2~3시간 전에는 자리를 잡고 먹을 것을 준비해야 하며, 혼잡함을 피하려면 끝나기 전에 미리 자리를 뜨는 것이 좋다. 불꽃놀이 자체도 즐겁지만 유가타를 입고 쏟아져 나오는 사람들의 물결을 보는 재미도 있다.

도쿄를 발밑에 두자

현재 도쿄의 스카이라인은 아사쿠사 근처의 스카이트리가 휘어잡고 있다. 두바이의 부르즈 칼리파에 이어 세계에서 둘째로 높은 건축물이자 세계 최고 높이의 자립식 전파탑(634m)이다. 350m 전망대까지는 2,000엔이고 450m 전망대까지는 다시 1,000엔을 추가로 내야 하는데 더 높다고 감동이 큰 건 아니다. 스카이트리 근처 소라마치에는 '스카이트리 뷰'라는 무료전망대가 있는데, 높지는 않지만, 이름 그대로 스카이트리를 올려다볼 수 있다. 신주쿠의 도쿄도청사 무료전망대도 유명하며, 도쿄타워에는 유료전망대가 있다. 롯본기 모리미술관에 갔다가 도쿄시티뷰 전망대를 이용하는 것도 괜찮다.

1. 오다이바

에도시대 말기에 도쿄만湾에 만든 인공섬으로 다양한 박람회가 열리는 도쿄 빅사이트와 후지TV 본사 등 미래지향적인 건축물이 몰려 있다. 레인보우브리지를 배경으로 자유의 여신상이 서 있는 오다이바해변공원은 늘 연인들로 붐빈다. 팔레트타운 안에 있는 비너스포트 쇼핑몰은 시간에 따라 색상이 변하는 천장의 하늘과 예쁜 인테리어로 인기가 많다. 돌아볼 곳이 많으므로 무인전철 유리카모메를 활용하는 게 좋다. JR야마노테센 신바시역에서 유리카모메를 타고 들어간다.

2. 하라주쿠의 다케시타 도오리

시부야역에서 한 정거장 떨어진 하라주쿠역은 일본 중고등학생들이 많이 찾는 곳이다. 그 중에서도 다케시타 도오리竹下通는 구제상품과 촌스러운 패션의 발상지다. 주말에는 코스프레를 하는 청소년도 많이 보이며, 가게들마다 특색이 있어서 구경하는 재미가 있다. 도쿄의 샹제리제라는 오모테산도表参道는 명품점으로 가득 차 있어 상반된 느낌을 주며, 오모테산도 힐즈는 독특한 건축 덕분에 인기가 많다. 오모테산도에서 시부야까지 도보 이동도 가능하다

3. 번쩍이는 신주쿠의 밤

12개의 철도노선이 만나는 신주쿠역은 일본에서 가장 혼잡한 철도역으로 출구가 너무 많아 길을 잃기 일쑤다. 다카시마야高島屋, 이세탄伊勢丹 등 유명 백화점과 철도회사 소속의 오다큐小田急, 게이오慶応, 마이로드 등 다양한 쇼핑센터가 모여 있다. 요도바시 카메라와 빅 카메라, 사쿠라야 등 전자제품 할인매장이 많고, 가부키초歌舞伎町에 가면 파칭코와 호스트바 등 일본 최대의 홍등가가 불야성을 이룬다.

4. 시부야역 하치코 동상

시부야는 패션의 유행과 음악적 유행이 함께 탄생하는 곳이다. 쭉쭉 뻗은 쇼핑몰과 백화점들 앞으로 늘어선 횡단보도를 수많은 인파가 한꺼번에 건너는 풍경이 인상적이다. 점원들이 워낙 스타일이 좋아서 '카리스마 점원'이라는 말을 만들어냈던 시부야 109와 다양한 인테리어 용품을 파는 도큐핸즈는 꼭 들러보자. 시부야역 앞에는 주인이 죽은 뒤에도 늘 역 앞에서 주인을 기다렸다는 충견 하치코 동상이 서 있다.

5. 에비스 가든 플레이스

에비스맥주 공장이 있던 터를 유럽 느낌의 복합 쇼핑 지역으로 재개발한 곳이다. 에비스맥주기념관, 비어스테이션, 조엘 로뷔숑 레스토랑, 됴쿄도 사진미술관, 미츠코시백화점 등이 있다. 에비스맥주기념관(10:00–18:00)은 무료견학이 가능하며 시음도 할 수 있다. 만화 원작의 드라마로 국내에서도 리메이크됐던 〈꽃보다 남자〉의 남자 주인공이 비를 철철 맞으며 여주인공을 기다리던 시계탑이 에비스 가든 플레이스에 있다.

에비스의 뜻

에비스맥주는 삿포로맥주의 고급브랜드. 에비스라는 이름은 일본 7복신 가운데 하나다. 낚싯대와 월척을 안고 있는 모습이 익살맞다. 풍어와 상업적 복을 기원하는 대상이라고 한다.

6. 가마쿠라와 에노시마

가나가와현神奈川県의 가마쿠라는 12세기말 막부가 세워지면서 한동안 일본 정치의 중심이었던 곳이다. 쓰루가오카 하치만구와 하세데라, 다이부츠 등 유명한 사찰이 많다. 에노시마는 붉은 도오리鳥屋와 상점가를 지나 언덕 위의 신사까지 금새 한바퀴를 돌 수 있는 섬이다. 신주쿠역에서 오다큐센을 타면 가타세에노시마역으로 가거나, JR을 타면 가마쿠라역으로 가면 된다. 에노시마 내 관광지 입장권이나 에노덴을 포함한 패스들도 다양하다. (친절한 코칭 참조)

7. 이노카시라 온시 코엔

무사시노시와 미타카시에 걸쳐있는 예쁜 공원이다. 키치죠지, 지브리 스튜디오와 가까워서 함께 들를 만하다. 공원 내에 커다란 연못이 있어 백조보트를 타는 사람들이 많은데, 불행히도 연인이 함께 타면 헤어진다는 전설이 있다. 일본 드라마의 배경으로도 여러 차례 등장했으며 주말에는 벼룩시장이 열린다. 공원 안에 동물원도 있고, 봄에는 벚꽃이 예쁘게 흐드러진다. 키치조지역과 이노카시라코엔역에서 갈 수 있다.

스시

스시는 일본의 대표음식 중 하나다. 회전하는 레일 위에 얹어진 초밥을 집어먹는 회전초밥집은 저렴한 가격이 매력. 시부야에서 '100엔 스시집'으로 오랫동안 알려졌던 츠키지혼텐築地本店 은 120엔으로 가격을 올렸지만 여전히 가격대비 괜찮은 맛을 자랑한다. 빠른 자리 회전을 위해 30분 내에 7접시 이상을 먹어야한다는 룰이 있다. 정말 신선한 스시를 먹고 싶다면 오전시간에 츠키지시장의 스시다이寿司大 에 도전해보자.

크레페

팬케이크를 얇게 굽고 각종 재료를 얹어 말아 만드는 음식으로, 프랑스어로 크레프, 영어로 크레이프라 부른다. 치즈나 달걀, 고기를 넣어 식사용으로 만들기도 하지만 딸기와 바나나, 생크림 등을 발라 디저트로 만들기도 한다. 하라주쿠 다케시타도오리에 가면 몇 걸음마다 다양한 종류의 크레페 모형이 진열장에 늘어서 있는데, 마리온 크레페Marion Crepe는 한국에도 진출했다. 맛은 입맛 따라 복불복. 고소함이 좋을 수도 있고, 느끼함에 몸부림치며 남에게 양보하고 싶을 수도 있다.

카페여행

도쿄의 카페만 돌아다니는 책이 나올 정도로 다양한 테마의 카페가 많다. 작은 가게라 해서 무시할 수 없을 정도로 커피와 디저트의 질도 훌륭한 곳이 많으니, 체인점보다는 독특하고 작은 카페들을 찾아보자. 카페 자체가 목적이 되어도 좋겠지만, 미술관이나 관광지에서 지친 다리를 쉬게 하는 목적으로 가는 것도 괜찮다. 날씨가 좋다면 노천카페에서 사람들 구경하면서 쉬어가는 것도 좋다.

야키토리

야키는 굽다, 도리는 새라는 뜻이다. 주로 닭고기를 한입 크기로 잘라 대나무 꼬치에 꽂아 구운 꼬치구이를 말한다. 신주쿠에는 야키토리 요코초(골목)가 있어 수많은 꼬치구이 가게들이 손짓을 한다. 키치죠지 역 쪽에도 유명한 집이 있는데 이노카시라 공원 앞 나나이바시 도오리なないばし通り를 지나다 고소한 냄새를 따라가면 이세야いせや가 나온다. 개당 80엔이라는 초 저렴한 가격과 훌륭한 맛으로 늘 줄이 길다.

수제버거

여행 중 패스트푸드 햄버거를 먹게 된다면 맥도날드보다는 모스버거Mos Burger를 찾아보자. 주문 즉시 만들어준다는데 미리 반조리해둔 재료를 사용하므로 완벽한 수제버거로 보기는 어렵다. 일본 내 가격은 일반 패스트푸드보다 조금 비싼 편. 맛이나 신선도는 만족스러우나 양이 적어서 남자들의 한 끼 식사로는 모자랄 수 있다. 데리야끼소스 등 동양인 입맛에 맞춘 메뉴가 많고, 2012년 한국에도 진출했다.

© TCVB

멘치카츠

다진다는 뜻의 영어 'mince'와 커틀릿cutlet을 합해, 돈카츠, 비후카츠의 친척인 멘치카츠가 됐다. 쇠고기를 갈아 옷을 입혀 기름에 튀기는데 겉은 바삭하고 속은 육수가 배어나오는 부드러운 맛이 일품이다. 기치죠지역 앞 아케이드 상가 선로드에 가면 서너 블록까지 늘어선 줄을 볼 수 있는데, 바로 사토우Satou의 멘치카츠를 사려는 줄이다. 개당 가격은 180엔, 5개 이상 사면 140엔씩이며, 1시간 이상 기다리더라도 맛을 보면 후회가 되지 않는다. 줄을 오래 서지 않는 방법은 있다. 식당인 2층에 올라가서 스테이크 정식을 먹는 것!

규동

돈부리(덮밥) 중에서 쇠고기 덮밥을 규동이라 하는데, 규동 체인점이 길에서 가장 많이 눈에 띈다. 규동 체인점은 3곳이 유명하며 그 중 원조는 도쿄에서 시작해 미국까지도 진출한 '요시노야吉野家'다. 불행히도 한국에서는 망했지만. 요시노야를 체인점 수에서 누른 곳은 스키야すき家다. 요시노야 출신이 만든 다양한 메뉴와 사이즈가 강점이다. 마츠야松屋는 규동을 시키면 무료로 된장국을 끼워주는 게 특징이다.

" 도쿄는 물가 비싸기로 유명하다. 시내 중심에 있는 특급호텔 가격은 1박에 50만원을 우습게 넘어서고 고급호텔 외에는 방도 매우 좁다. 그래도 국내외 체인과 비즈니스호텔, 민박, 캡슐호텔, 위클리맨션 등 다양한 숙박시설이 있어 선택의 폭은 넓다. 일본은 전통적으로 숙박비를 사람 머릿수 당 계산하는 경우가 많으며, 2인실이라도 세미더블룸이라고 표시되어 있으면 침대 폭이 140㎝ 정도여서 건장한 성인 2명이 자기에 매우 비좁다. 대형호텔이나 료칸에는 '화실和室'이라 부르는 일본식 다다미방이 있는 경우도 있다. "

캡슐호텔

방을 공유하는 호스텔이 불편하다면, 혼자만의 작은 공간이 있는 캡슐호텔도 있다. 시체보관소처럼 작은 입구로 들어가 길쭉하게 딱 한 사람이 누울 수 있는 좁은 공간에 TV와 라디오가 갖춰져 있는 형태다. 가격은 민박과 비슷한 정도이고 화장실과 욕실은 공용이다. 남성만 받는 곳이 많은데, 폐소 공포증만 없다면 한번쯤은 도전해볼 만하다. 신주쿠 주변이라면 그린 플라자 신주쿠 캡슐 호텔Green Plaza Shinjuku Capsule Hotel이 괜찮은 편이다. 온천사우나가 딸려 있고 가부키초 쪽이어서 JR신주쿠역보다 세이부신주쿠역에 가깝다.

초행길이라면 신주쿠 근처

첫 도쿄여행의 숙소는 가능하면 JR순환선 야마노테센역 근처에 잡는 것이 편한데, 그중에서도 신주쿠 근처라면 시내는 물론 근교여행도 편하다. 호텔 센추리 서던 타워Hotel Century Southern Tower는 위치와 전망이 탁월하다. 시타딘 신주쿠Citadines Shinjuku Tokyo는 흔히 말하는 레지던스인데, 객실도 비교적 넓고 주방이 갖춰져 있어서 만족도가 높다. 도쿄에만 지점이 10개가 넘게 있는 호텔 빌라 퐁테누Hotel Villa Fontaine 신주쿠점은 가부키초에 있는데, 깔끔한 인테리어와 저렴한 가격이 매력이다.

한인민박과 호스텔

혼자 여행할 때 유용한 곳이다. 한인민박은 한인타운이 있는 신오오쿠보新大久保에 많고, 공동 침실을 쓰는 도미토리 형태가 많다. 다다미방에 이불을 까는 경우도 있고 2층 침대가 놓인 곳도 있다. 아침식사 포함 1인당 2,500~3,500엔 정도다. 1인실과 2인실을 따로 운영하는 경우는 비즈니스호텔 가격과 큰 차이가 안 난다. 호스텔은 민박과 비슷하거나 조금 더 저렴한데, 한 방에 20명이 숙박하는 경우도 있으니 조용한 밤을 보내기는 쉽지 않다.

스타일을 살리는 부티크 호텔

아사쿠사에 있는 게이트호텔The Gate Hotel은 세련된 디자인이 매력적이다. 도쿄지하철 긴자선과 도에이 아사쿠사선 아사쿠사역에서 가깝고 아사쿠사의 상징 카미나리몬이 바로 근처다. 메구로에 있는 클라스카Claska 호텔은 모던하면서 일본풍 객실 등 다양한 스타일로 꾸며져 있다. 가격대에 비해 시설이 좋으나 교통이 편하지는 않아서 여러 번 여행을 온 사람에게 적합하다.

알뜰살뜰 저가 비즈니스호텔 체인

비즈니스 호텔은 방이 매우 작지만 필요한 것은 다 갖춘 저렴한 숙소라 알뜰여행자들에게 유용하다. 특히 수퍼호텔Super Hotel, 도요코인東橫Inn 같은 저가 체인들은 10만원 미만의 가격에 작지만 청결한 방과 쏠쏠한 어메니티 서비스를 보장한다. 가고자하는 주요 관광지와의 교통을 감안해 환승이 최대한 적은 역세권 지점을 고르는 게 좋다.

위클리 맨션

장기간 체류할 목적이라면 위클리 맨션도 고려해볼 만하다. 가구와 가전제품이 준비되어 있어 일본에서 사는 듯한 느낌이 난다. 원래 집을 계약할 때는 보증금과 주인에게 주는 사례금이 필요하지만 위클리 맨션은 집세만 내면 된다. 외국인이 계약하는 게 복잡한 곳들도 있어서 호텔예약사이트에서 예약 가능한 곳을 찾는 게 좋다. 대표적인 위클리 맨션 도쿄 체인은 호텔 마이스테이즈Hotel Mystays와 플렉스테이인Flexstay Inn, 먼슬리레지스테이즈Monthly Resistays로 세분화됐다.

지역 정보

국명 일본
수도 도쿄
언어 일본어한자로 쓰는 단어가 많음
전기 110V 흔히 '돼지코'라 부르는 어댑터 필요
시차 한국과 동일
비자 90일 이내 단기체류 시 불필요

언제 가는 게 좋아요?

도쿄는 여름에 습도가 높아서 우리나라만큼 혹은 그 이상으로 덥다. 6월 말에서 7월 중순까지 장마철이며, 한여름에는 찜통날씨와 열대야가 기승을 부린다. 봄, 가을이 쾌적해서 여행에 적당하며 3월말은 벚꽃 구경, 7~8월은 불꽃 구경, 11월은 단풍 구경이 가능하다. 겨울은 우리나라보다 덜 추운 편이다.

어떤 비행기 타면 좋아요?

인천공항과 김포공항에서 각각 도쿄 나리타공항과 하네다공항으로 매일 여러 편의 항공기가 날아다닌다. 부산과 나리타항공 구간도 매일 편성돼 있다. 대한항공, 아시아나와 일본 국적기인 일본항공, 전일본공수 외에 이스타항공, 부산에어 등 저가항공도 편성돼 있으나 가격 차이가 크지 않다. 수도권 출발이라면 항공편은 되도록 시내공항인 김포공항 출발, 하네다공항 도착편을 이용하는 것이 시간적으로 이득이다.

공항에서 시내로는 어떻게 가요?

하네다공항 도쿄의 남쪽에 자리 잡은 하네다공항에서 도쿄 모노레일을 타면 하마마츠초역까지 가서470엔 JR야마노테센과 JR케이힌-토호쿠센으로 갈아타고 시내로 간다. 게이큐 열차를 타고 도쿄의 시나가와 가거나400엔 근교인 요코하마, 가나가와로 갈 수 있다.

나리타공항 치바현에 위치한 나리타공항은 도쿄 중심부로부터 동쪽으로 60㎞ 정도 떨어져 있다. 시내까지 가장 저렴한 방법은 케이세이 특급으로 닛포리역이나 우에노역까지 70분 남짓 걸리며, 거기서 JR 야마노테센이나 메트로로 갈아타면 된다. JR을 이용하는 경우는 소부総武 쾌속선이 도쿄역까지 1시간30분 정도 걸린다. 나리타 익스프레스N'EX는 도쿄역, 시부야, 신주쿠, 이케부쿠로까지 환승할 필요없이 지정석을 이용한다. 나리타 익스프레스를 이용할 거라면 시내교통카드인 스이카Suica와 세트로 묶인 패키지가 이득이다. 리무진 버스는 시내 대부분 목적지까지 약 1시간 30분 걸린다.

여행용 교통패스가 있나요?

스이카Suica JR에서 발행하는 충전식 교통카드로 JR과 지하철 등 도쿄 지역의 모든 열차와 버스에서 사용할 수 있다. 표를 살 필요가 없어서 편하고 보증금 500엔을 포함해 2,000엔이다. 자동판매기나 편의점에서도 결제 가능하고 유효기간은 10년. 환불할 때는 수수료 210엔을 제외하고 잔액과 보증금을 돌려준다. 사철회사에서 발행하는 파스모Pasmo와 서로 호환되며, 여행서비스센터나 주요 역의 티켓판매기에서 구입할 수 있다.

스이카&도쿄 모노레일 Suica&Monorail 스이카와 도쿄 모노레일 승차권을 묶은 외국관광객 대상의 패키지이다. 모노레일 편도 승차권 포함은 2,400엔, 왕복권 포함은 2,700엔이다. 모노레일이 470엔이므로 크게 절약되는 편은 아니며, 모노레일 이용 때 모노레일 승차권 대신 스이카를 실수로 사용해도 금액이 반환되지 않는다.

스이카&나리타 익스프레스N'EX & Suica 스이카와 나리타 익스프레스를 묶어 편도용은 일반석 3,500엔, 그린일등석 5,000엔이고, 왕복용은 일반석 5,500엔, 그린일등석 8,000엔이다. 스이카 가격을 제외하면 편도용은 나리타 익스프레스를 3,000엔이 넘는 1,500엔에 타는 셈이고, 왕복용은 갈 때와 올 때 각각 1,750엔에 타는 셈이 된다. 나리타공항 JR 여행서비스센터에서만 살 수 있다.

도쿄 내 각종 1일 패스 도쿠나이 패스도쿄 시내 패스는 도쿄 23구 내의 모든 JR을 무제한 이용할 수 있는 1일권으로 성인 730엔, 아동 360엔이다. 도쿄 메트로 1일권은 메트로 지하철에만 해당되며 성인 710엔, 아동 360엔인데, 공항에서는 특별히 외국인만을 대상으로 성인 600엔, 아동 300엔에 특별 1일권을 판다. 도쿄 메트로와 도에이도영지하철 공통 1일 승차권은 성인 1000엔, 아동 500엔이다. 도쿄프리킷푸도쿄투어티켓는 도쿄 내부의 JR과 도쿄 메트로 지하철, 도에이 지하철, 버스, 트램을 하룻동안 무제한 사용할 수 있는 티켓이다. 요금은 성인 1,580엔, 아동 790엔. 본전 뽑으려면 하루 4~5번 이상 전철을 이용해야 한다.

게이세이 스카이라이너&도쿄 메트로 패스 나리타공항과 직동으로 닛포리, 우에노억을 언결하는 스카이라이너와 외국인 관광객용 도쿄 메트로 특별 1일권 혹은 2일권을 묶은 세트다. 메트로 지하철을 얼마나 이용할지 따져보고 사는 게 좋다.

유리카모메 1일패스 신바시나 시오도메역에서 오다이바로 연결되는 돌아보는 유리카모메에서 무제한 사용가능한 1일권으로 가격은 성인 800엔, 아동 400엔이다. 개별 요금은 거리별로 180엔부터. 오다이바의 여러 곳을 둘러본다면 살 만하다.

가마쿠라&에노시마 프리패스, 에노시마 1일 프리패스 신주쿠에서 후지사와역과 가타세에노시마역까지의 오다큐센 왕복티켓과 가마쿠라 지역의 에노덴 전차를 1일간 무제한 이용할 수 있는 티켓을 묶었다. 에노덴을 2번 이상만 타면 본전 뽑는다. JR에서도 비슷한 프리패스를 운영했으나 2011년부터 도쿄에서의 왕복편을 제외하고 가마쿠라·에노시마 지역의 JR과 에노덴, 쇼난 모노레일을 무제한 이용하는 형태로 바뀌었다. 오오후나역이나 후지사와역에 내려서 패스를 사야 한다. 에노시마 1일 프리패스는 도쿄에서 후지사와역까지의 1회 왕복과 후지사와역~가타세에노시마역 구간 무제한 이용, 에노시마 에스카에스컬레이터, 에노시마 전망등대 씨캔들See Candle 등 관광지 입장이 포함돼 있

다. 성인 1,940엔, 아동 970엔. 기차표를 빼고 에노시마 안에서만 사용하는 에노패스는 1,000엔이다.

하코네 프리패스 신주쿠에서 하코네유모토까지 왕복하는 오다큐센과 하코네 지역의 등산전차, 등산 케이블카, 로프웨이, 아시노코 유람선, 지정구역 내의 등산버스, 고속버스 등 7종류의 교통편을 2일 혹은 3일간 이용할 수 있는 패스다. 신주쿠 출발 기준으로 2일권 성인 5,000엔, 아동 1,500엔. 3일권은 성인 5,500엔, 아동 1,750엔이다. 신주쿠 출발 때 특급 '로망스카'를 이용하려면 추가요금을 내야 한다.

기념품 뭐가 좋아요?

아사쿠사의 나카미세에서는 고풍스러운 문양의 천주머니와 부채 등 일본전통의 향기가 물씬 나는 공예품들을 살 수 있다. 프랑프랑Francfranc 같은 인테리어 소품점에서 파는 입욕제와 문구류는 어여뻐서 도저히 사용할 수 없을 지경. 하라주쿠의 키디랜드나 지브리스튜디오의 기념품숍에서 만화 속 캐릭터 상품을 사보는 것도 좋다.

환전은 얼마나 하면 되나요?

일본정부의 적극적 환율정책으로 엔저 현상이 계속되고 있는데 여행자들에게는 희소식이다.

예상 여행경비(3박4일 기준)

	비수기	성수기
항공권 (저가항공 포함)	30만원대~	40만원대~
숙소 (2인실의 1인 기준)	1박 5만원	1박 7만원
식대	30만원	
입장료	3만원	
교통비	7만원	
쇼핑	10만원	
총예산	95만원대~	110만원~

가슴이 콩콩 뛰는 홍콩의 밤거리

홍콩

'향기로운 항구'라는 뜻의 홍콩은 아편전쟁 이후 150년 간 영국의 지배 아래 놓였던 중국 땅이다. 1997년 특별행정구로 중국에 반환됐지만 좌측 차선을 이용하는 자동차와 2층 버스가 거리를 누비는 식민지 시절의 유산은 여전하다. 하지만 도로 위를 점령한 거대한 중국어 간판과 불꽃이 날아다니는 주방 또한 변치 않는 홍콩의 상징이다. 홍콩은 남북으로 마주보고 있는 홍콩섬과 카우롱반도, 공항이 있는 란타우섬과 북쪽의 신계지 등을 아우른다. 고층 빌딩이 즐비한 홍콩섬 북부의 센트럴을 강남으로 치고, 쇼핑몰이 즐비한 코즈웨이베이를 명동, 전통의 향기가 진한 카오룽반도의 침사추이와 몽콕 일대를 종로에 비유하면 대충 그럼직하다. 주요 맛집 거리는 홍콩섬 미드레벨 에스컬레이터 중간의 소호Soho와 카오룽반도 넛츠포드 테라스. 소호에서 식사 후에 란콰이퐁으로 자리를 옮기면 불타는 밤 예약완료다. 홍콩섬 남부의 오션파크, 리펄스베이와 스탠리 지역, 란타우섬의 디즈니랜드와 옹핑360 케이블카, 조용한 어촌마을 란마섬도 가볼 만한 곳으로 꼽힌다. 마카오와 선전 등 또 다른 매력적인 곳들이 가까이에 있다는 점도 매력. 한국에서 3시간반 남짓이면 도착한다.

138
138
138
The ... of Majestic Splendour
比華利山別墅
Tune: 2667 1727
保心安
Shaukeiwan
筲箕灣
BO SUM ON MEDICATED OIL
遍全球
恒基光業地產
HENDERSON REAL
保心安藥廠有限公司
GMP優良藥品生產規範
越南   印尼   荷蘭   德國
www.posumon.com.hk
www.posumon.com.hk
C 33
138

3박4일 추천 일정표

1일째 (목)

- **08:50** 인천공항 출발 (케세이퍼시픽)
- **11:45** 홍콩 첵랍콕 공항 도착
- **13:00** 공항고속철도나 공항버스로 숙소 도착
- **14:00** 침사추이 나단로드 돌아보기

3일째 (토)

- **09:30** 센트럴 Pier4 에서 용슈완행 페리
- **10:00** 란마섬 트래킹 시작
- **10:30** 홍싱예 해변 휴식
- **12:00** 다시 트래킹
- **13:00** 쇼쿠완 레인보우 식당 점심

- 센트럴행 무료보트
- **14:45**
- 센트럴 미드레벨 에스컬레이터로 헐리우드 거리 구경과 차 한잔

- **16:00**
- 소호에서 가볍게 저녁
- 란콰이퐁에서 불타는 토요일

- 카오룽역이나 홍콩역에서 얼리체크인 (In-town Check-in)

4일째 (일)

- **18:00**
- **20:00**
- **09:00**

| 페닌슐라 호텔 애프터눈 티 즐기기 | 템플 스트리트 야시장 돌아보기 | 침사추이에서 심포니 오브 라이트 보기 | | 호텔조식 혹은 죽이나 면으로 아침 |

2일째 (금)

15:00 → 18:00 → 20:00 ····· 08:00

홍콩섬 남부로 가는 버스 타기

09:00

리펄스베이 고급수백가 앞 해변 산책

10:00

| 북경루에서 북경오리 맛보기 | 빅토리아피크 둘러보기 | 센트럴로 돌아와 피크트램 타기 | 머레이하우스 근처에서 점심 | 스탠리마켓 둘러보기 |

19:00 ← 17:00 ← 16:00 ← 13:00 ← 11:30

| 딤섬 먹기 | 코즈웨이베이 타임즈 스퀘어부터 골목 탐험 | 홍콩 첵랍콕 공항 출발 (캐세이패시픽) | 인천공항 도착 |

마카오나 선전을 끼우고 싶다면 일정을 하루 늘리거나 3일째 일정을 대체할 수 있다. 두 곳 모두 간단하지만 입출국 절차가 필요하며, 마카오는 주말에 대기시간이 꽤 길기 때문에 주말이 아닌 날로 잡는 게 좋다.

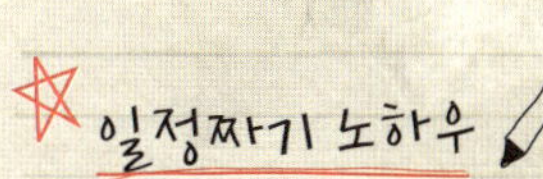

09:30 → 11:00 → 16:40 → 21:10

홍콩섬의 백만불짜리 야경을 즐겨보자

홍콩섬 북부의 고층 빌딩들이 만들어내는 화려함은 '세계 3대 야경'이라는 수식어가 전혀 과하지 않다. 특히 저녁 8시부터 20분간 펼쳐지는 '심포니 오브 라이트' 시간이 하이라이트. 야경을 만끽하는 3가지 방법이 있다. 첫째는 카오룽반도 스타페리 포트 근처 연인의 거리(혹은 스타의 거리)에서 홍콩섬 바라보기, 둘째는 빅토리아피크에서 홍콩섬 내려다보기, 셋째는 유람선이나 스타페리를 타고 바다 위에서 홍콩섬 바라보기다.

홍콩영화의 추억을 되살려보자

홍콩영화에 열광했던 세대라면 그 시절의 향수를 느끼러 떠나보자. 왕자웨이(왕가위) 감독의 〈중경삼림〉에 나온 청킹맨션(중경을 청킹으로 읽는다), 미드레벨 에스컬레이터, 란콰이퐁 거리와 천커신(진가신) 감독이 만든 〈첨밀밀〉의 주인공들이 자전거를 타고 지나가던 캔톤로드는 쉽게 가볼 수 있는 장소들이다. 장궈룽(장국영)의 팬들은 그의 마지막 행적이 남은 만다린 오리엔탈 호텔을 찾기도 한다. 청킹맨션 주변은 밤에 치안이 좋지 않은 편이니 유의.

마음에 점 하나, 딤섬을 즐겨보자

홍콩에서 딱 한 가지 먹고 오겠다면 딤섬點心이다. 점심식사의 '점심'과 동일한 한자이나 차와 함께 먹는 소량의 음식으로 '마음에 점을 찍는' 가벼운 식사이기 때문에 중국인들은 아침에도 즐긴다. '얌차飲茶'라고도 부르며 육류나 야채, 해산물로 속을 채운 만두나 빵 종류가 많다. 직원들이 트레이에 밀고 다니는 음식 중에서 고르거나 주문지에 원하는 양을 표시하는 방식으로 주문한다. 금붕어, 고슴도치 모양 등 눈이 즐거운 메뉴도 있다.

2층버스를 타고 거리를 날아보자

도로의 거대한 간판 아래와 구불구불 산길을 질주하는 2층버스를 타보자. 명당은 당연 2층 맨 앞자리다. 버스가 옆으로 넘어가진 않을까 반대쪽 차와 충돌하진 않을까 걱정돼서 잠도 안 온다. 뚜껑 열린 '오픈 탑' 2층 관광버스도 많다. 릭샤버스Rickshaw Bus는 홍콩섬 북부 2개 코스만 있지만 1회에 8.7홍콩달러, 1일 무제한 50홍콩달러(어린이/경로 반값)로 저렴하다. 빅버스Big Bus Tours는 루트가 다양하나 릭샤버스의 7배쯤 비싸다.

케이블카를 타고 하늘로 날아보자

케이블카라 부를 수 있는 게 여러 가지다. 하나는 빅토리아피크로 오르는 피크트램으로, 45도 각도의 케이블 등산열차다. 또 하나는 곤돌라형 케이블카로 란타우섬과 홍콩섬 남부의 해양놀이공원 오션파크에 있다. 옹핑360은 MTR 통총역 앞에서 옹핑마을까지 5.7㎞ 길이로 25분이 걸리며 투명한 크리스털 케이블카도 있다. 오션파크에는 해변에서 산 위쪽까지 1.5㎞ 길이의 케이블카가 있는데, 디즈니랜드와 옹핑360의 협공에도 여전히 인기다.

쇼핑의 '극과 극'을 체험해보자

화려한 명품으로 눈을 호강시키는 일과 시장에서 물건 값 깎는 재미를 다 느낄 수 있는 곳이 홍콩이다. 전역이 면세지역이라 여름과 연말연초 세일기간에 명품쇼핑족의 발길이 바빠진다. 하버시티는 규모가 너무 커서, 동선이 편한 퍼시픽 플레이스를 선호하는 사람도 많다. 카오룽반도의 템플스트리트와 레이디스마켓, 홍콩섬 남부의 스탠리마켓 등 재래시장과 침사추이 혹은 코즈웨이베이의 로드숍들도 구경하는 재미가 있다.

길고 긴 미드레벨 에스컬레이터를 타보자

홍콩섬의 많은 부분은 산지이며, 언덕배기 위에 부촌이 형성돼 있다. 미드레벨 에스컬레이터 Central-Mid-levels Escalator는 세계 최장의 옥외 에스컬레이터로 20개의 에스컬레이터와 3개의 무빙워크가 센트럴과 고급주거지 미드레벨 사이를 연결한다. 총 길이는 800m. 출근시간(6:00−10:00)에는 내리 아랫방향으로, 나머지 시간은 내내 윗방향으로 운행한다. 끝까지 가는데 20분이나 내려올 때 걷다보면 후회가 커진다. 많이 가도 할리우드 거리까지면 된다.

여기서 잠깐 Tip!

홍콩 건물 층 읽는 법

홍콩은 우리나라의 1층을 G/FGround Floor로 표시하며, 1/F는 2층, 2/F는 3층을 의미한다. 1/F라고 표시된 곳이 1층인 줄 잘못 알고 건물 주변을 빙빙 도는 경우가 꽤 많이 생기니 주의하자. 4자를 싫어해서 4층이 없는 경우도 많아 헷갈릴 수 있다.

심포니 오브 라이트A Symphony of Lights

저녁 8시부터 약 20분간 음악에 맞춰 홍콩섬의 마천루에서 레이저 광선이 뿜어져 나온다. 카오룽반도의 침사추이 선착장 근처 시계탑 부근에서 보려면 최소 10분 전에는 도착해야 앞공간을 선점할 수 있다. 스타의 거리나 연인의 거리도 명당이지만, 날씨가 굳거나 어린이를 동반하고 있다면 인터컨티넨탈 호텔 1층 라운지를 추천한다. 통유리창을 통해 홍콩섬의 야경을 즐길 수 있다.

침사추이

카오룽반도 침사추이에는 해안가 스타의 거리와 연인의 거리, 홍콩 최대 쇼핑몰 하버시티, 최고의 호텔 페닌슐라, 영화 '중경삼림'의 배경이었던 청킹맨션, 남북으로 길게 이어지는 중심가 네이선로드 등이 있다. 하버시티는 너무 커서 길을 잃거나 다리가 아프기 십상. 거대한 간판과 네온사인이 늘어서 있는 골목골목의 홍콩 중저가브랜드 가게들을 돌아보는 것을 추천한다.

코즈웨이베이

시계탑이 있는 타임즈스퀘어Times Square주변부터 소고백화점과 리 가든스까지 골목골목마다 크고 작은 쇼핑몰, 가게들이 늘어서 있다. 인테리어소품이 많은 이케아IKEA도 둘러보고 토이저러스도 둘러보고 화장품도 사고 허유산에서 망고주스도 먹다보면 시간이 금방 간다. 홍콩섬 북부의 중간쯤이지만, 이보다 동쪽 지역은 관광객들이 잘 가지 않는다. 골목마다 돌아보는 재미가 있고, 낮 12시에 해안가로 가면 '눈데이 건' 대포를 쏘는 모습도 볼 수 있다.

빅토리아피크

낮에는 홍콩섬의 고층 빌딩들과 카오룽반도를 굽어볼 수 있고, 밤에는 홍콩섬의 야경을 볼 수 있는 곳이다. 센트럴에서 45도 각도로 산을 오르는 피크트램을 탄다면, 앞쪽과 오른쪽 자리가 바다와 고층 빌딩들을 굽어볼 수 있는 명당. 내려올 때는 15번 버스를 타도 된다. 피크타워 옥상의 스카이테라스는 해발 428m 높이의 유료전망대이며, 중국식 정자가 있는 라이온스 뷰 파빌리온과 루가드로드 전망대는 무료다. 마담투소박물관은 실물 크기 밀랍인형들이 있어 구경할 만한데, 부산에도 생겼으므로 일정의 여유에 따라 선택하자.

마담투소 할인받는 법

마담투소박물관 사이트에서 박물관 티켓을 사면 10% 할인되며, 밤 8시 이후 입장권은 20% 할인, 9시 이후 입장은 50% 이상 깎아준다. 피크트램 왕복권 혹은 피크트램 스카이패스 등과 묶은 2-in-1, 3-in-1티켓도 조금씩 할인된다. 3곳 다 갈 예정이라면 피크트램 스카이패스는 따로 사고 마담투소박물관 티켓만 온라인으로 사거나, 공항에 있는 한국 여행사에서 콤보티켓을 사는 게 저렴하다. 항공사에서 에어텔/항공권 구매자에 할인권을 주기도 한다.

스탠리마켓

홍콩섬 남부의 해안마을 스탠리에서 의류나 신발 외에 인테리어용품이나 전통 문양을 담은 가방, 실크제품도 파는 시장이 있다. 도장을 파주는 곳도 있는데, 한자나 한국어를 멋들어지게 새겨준다. 이태원 분위기라고 생각하면 된다. 가격이 저렴한 편. 쇼핑 후 영국 식민지 시대 건물을 복원한 머레이하우스Murray House, 美利樓에서 음식과 바다를 함께 즐길 수도 있다.

템플 스트리트 야시장과 레이디스마켓

템플 스트리트에는 해질 무렵부터 야시장이 선다. MTR 조단역 근처이며, 근처에 옥시장도 있다. 해산물이나 간식거리를 파는 식당도 많아서 요기도 가능하다. 레이디스마켓은 몽콕역 근처 퉁초이스트리트를 따라 남쪽으로 길게 이어지며 의류, 액세서리 등 여성 대상 물품을 많이 파는 것에서 이름이 유래됐다. 정오부터 문을 열며 북쪽으로 금붕어마켓, 꽃시장과 이어진다.

마카오Macao

중국대륙과 연결된 반도와 남쪽 섬으로 구성된 마카오는 카지노로 유명하다. 포르투갈 식민지 시절을 거쳐 1999년 중국에 반환돼 동서양 문화가 혼합된 독특한 분위기가 있다. 물결무늬가 멋진 세나도광장, 앞면만 남아 있는 성바오로성당, 베니시안호텔, 에그타르트가 즐길거리. 홍콩에서 페리로 1시간쯤 걸리며 주말 표는 미리 사두는 게 좋다. 무비자로 20일간 머물 수 있고, 입출국 수속을 위해 30분~1시간 여유를 둬야 한다.

하얀 런닝셔츠만 입은 주방장이 거대한 칼과 팬을 휘두르는, 불꽃 튀는 요리 장면을 상상만 해도 입 안에 침이 고인다. 홍콩은 식도락으로 둘째가라면 서러운 곳. 대표음식인 딤섬, 완탕면 외에 정통 중화요리, 퓨전요리를 모두 맛볼 수 있다. 식당에서 차나 뜨거운 물 주전자가 나오면 그릇에 따라 수저를 한번 씻어주는 게 좋다. 차는 뜨거운 물을 계속 채워주는데 사람 숫자만큼 계산서에 따라 나오니 놀라지 말자. 현금으로 계산할 경우 잔돈 중에 5홍콩달러 정도 팁으로 남겨놓고 나온다.

딤섬點心

투명한 껍질 속 통새우가 먹음직스러운 '하가우蝦餃'가 가장 인기지만, 부추와 새우가 든 '가우초이까우'도 향긋하다. 돼지고기와 새우로 만든 '슈마이燒賣'와 돼지바비큐 찐빵 '차슈바우叉燒包'도 괜찮다. 카오룽반도 스타의 거리 홍콩문화센터 1/F에 있는 세레나데 Serenades, 映月樓는 위치가 좋다. 완차이 등 여러 곳에 지점이 있는 타오흥Tao Heung, 稻香은 핫팟과 딤섬을 파는데 영어가 잘 안 통하지만 세레나데의 절반 값이다.

애프터눈 티 Afternoon Tea

영국인식 티타임, 홍콩에서도 즐길 수 있다. 홍차와 삼단 트레이에 놓인 스콘, 샌드위치, 초콜렛 등으로 구성되는 애프터눈티 세트를 만끽할 수 있는 곳은 페닌슐라의 '더 로비'다. 14:00-18:00에 가능하며 식기부터 고급스러움이 철철 넘친다. 1인 세트에 300홍콩달러 안팎. 둘이서 1인 세트에 차 1개로 주문해도 된다. 화려한 오후를 위해 지갑을 불살라보자. 주말엔 줄이 길다. 찻집 겸 분식집 체인인 차찬텡茶餐庭에서도 오후에 하이티세트를 판다.

죽Congee과 면Noodle

길을 가다가 자주 보이는 저우미엔촨쟈粥麵專家는 이름 그대로 죽과 면 전문점으로 홍콩 사람들이 아침마다 즐겨 찾는 곳이다. 소, 돼지, 닭고기뿐 아니라 내장이나 커다란 생선머리 등 다양한 재료를 쓴다. 우리나라 죽보다 훨씬 부드럽게 끓인다. 면요리도 종류가 여러 가지인데, 이름이 '河粉'로 끝나면 굵은 면발, '米粉'으로 끝나면 소면, '麵'으로 끝나면 라면과 비슷하다. 새우만두가 들어가는 완탕민雲呑麵이 가장 고르기 편하다.

해산물요리

신선한 해산물 요리는 바다를 보며 먹어야 제 맛이다. 홍콩섬 남부 애버딘의 점보 레스토랑이나 란마섬 레인보우 씨푸드 레스토랑Rainbow Seafood Restaurant에 들러보자. 게, 새우, 생선 등 해산물을 고르고 원하는 조리법을 선택하면 요리를 해서 갖다 준다. 레인보우 식당은 용수완에서 소쿠완으로 란마섬 하이킹을 한 후에 들러도 되고, 바로 소쿠완으로 가서 해산물만 먹어도 된다. 식당을 이용하면 센트럴과 침사추이까지 전용배로 태워다 준다.

> 홍콩은 숙박비가 비싼 편이다. 저렴한 게스트하우스부터 글로벌 체인호텔, 부티크호텔, 최고급호텔까지 선택의 폭은 넓다. 침사추이와 센트럴을 중심으로, 빅토리아 항구가 보이는 숙소일수록 가격이 올라가고, 중심지와 멀어질수록 가격은 착해진다. 해변을 바라보는 수영장을 갖춘 리조트형 호텔들도 있지만, 수영장 자체가 없는 도시형 호텔도 많다. 방은 대체로 좁은 편이며 여행의 목적에 따라 숙소를 정하는 게 좋다.

숙소는 잠만 자면 된다면

위치만 보고 고르면 된다. 주요 관광지를 돌아다니기에 가장 편한 지역은 홍콩섬의 센트럴역과 카오룽반도 침사추이 인근이다. YMCA 솔즈베리YMCA Salisbury는 홍콩문화센터와 스타페리 터미널, 페닌슐라를 지척에 둔 최고의 위치에 자리 잡고 있지만 가격이 저렴하다. 하버뷰 방은 추가금액이 있지만 심포니 오브 라이트를 방이나 옥상에서 볼 수도 있다. YMCA답게 도미토리도 있다. 다른 저렴한 곳을 찾는다면, 한국인이 운영하는 스카이 모텔Sky Motel도 있다. 한식으로 아침을 주며 위치가 괜찮고, 좁지만 모든 방에 컴퓨터가 딸려 있다.

디자인이 멋진 방에 머물고 싶다면

홍콩여행이 처음이 아니라서 돌아다니는 것보다 머무는 것이 좋다면 부티크 호텔이 딱이다. 교통이 불편한 경우도 많은데 주변에 맛집과 바가 많은 유흥거리가 있다면 감수할 만하다. 란콰이퐁과 소호 사이에 있는 란콰이퐁 호텔Lan Kwai Fong Hotel은 중국식 인테리어가 매력이다. 고급 부티크 호텔LKF Hotel도 란콰이퐁을 줄인 이름이기 때문에 헷갈리기 쉬우나 가격 차이가 크다. 침사추이의 럭스 매노Luxe Manor와 버터플라이 온 프랫Butterfly on Prat Boutique Hotel은 넛츠포드 테라스에서 저녁시간을 보내고 휴식을 취하기에 좋다. 해피밸리 경마장과 가까운 코스모 호텔도 젊은 감각의 인테리어를 자랑하는데, 코즈웨이베이역까지는 무료 셔틀버스가 다닌다.

쇼핑하기 편한 곳을 찾는다면

쇼핑족이라면 숙소가 쇼핑가와 가까운 게 가장 유리하다. 침사추이 하버시티 바로 앞, 홍콩섬 센트럴과 애드미럴티 근처가 좋지만 다소 비싸다. 야시장이 있는 몽콕이나 야우마테이 근처나 '홍콩의 명동' 코즈웨이베이 근처는 상대적으로 저렴하다. 몽콕의 랭함 플레이스Langham Place는 쇼핑센터가 바로 붙어 있고 룸 상태도 좋다. 베스트웨스턴 호텔 코즈웨이베이Best Western Hotel Causeway Bay는 타임즈스퀘어 앞에 있어서 주변 쇼핑 후 숙소에서 휴식을 취하기에 좋고, 완차이에 있는 노보텔 센츄리Novotel Century Hong Kong도 완차이와 코즈웨이베이 근처를 쇼핑하기에 멀지 않다.

최고급 시설을 원한다면

홍콩의 최고급 호텔은 하룻밤에 50만원대를 넘어갈 정도로 비싸지만, 다시 가보고 싶은 훌륭한 서비스와 시설로 돈 값을 한다. 카오룽반도 스타의 거리를 바라보고 있는 페닌슐라The Peninsula는 오랫동안 홍콩 최고의 호텔로 손꼽혀온 곳이다. 품격 있는 시설과 서비스가 장점. 인터컨티넨탈Intercontinental Hotel은 빅토리아 항구에 자리 잡고 있어서 홍콩섬의 야경을 즐길 수 있는 객실과 바다와 이어지는 듯한 인피니티풀 등으로 유명하다. '세계에서 가장 높은 호텔' 리츠칼튼The Ritz-Carlton Hong Kong은 ICC 빌딩의 103층에서 118층까지를 사용하기 때문에 전망으로 두 번째 가라면 서럽다. 홍콩섬 애트미럴티역 근처 퍼시픽 플레이스 쇼핑몰에 있는 어퍼하우스The Upper House도 인기가 높다.

지역 정보

공식명칭 중화인민공화국 홍콩 특별행정구
언어 광둥어, 표준 중국어(만다린), 영어
전기 220V이나 _ㅣ_ 모양의 3구 어댑터 필요
시차 한국보다 1시간 느림
비자 90일 이내 체류 시 불필요

언제 가는 게 좋아요?

가을철이 가장 좋다. 9~11월까지도 아직 온도
는 높지만 습도가 점점 낮아진다. 실내는 대부
분 에어컨을 엄청나게 틀어대기 때문에 긴팔 옷
하나 정도는 필요하다. 겨울철은 흐린 날이 많
고 가끔 5도 이하로 뚝 떨어지는 경우도 있다.
바닷바람에 대비한 두툼한 옷 하나는 보험으로
챙겨보자. 호텔에 난방시설 자체가 없는 경우도
많다.

어떤 비행기 타면 좋아요?

인천에서 홍콩 첵랍콕공항까지는 직항으로 3시
간 40분 안팎이 걸린다. 홍콩에 본사를 둔 케세
이퍼시픽이 가장 많은 편수를 자랑하며, 대한항
공과 아시아나, 타이항공, 에어인디아와 저가항
공 제주항공, 진에어 등이 두 공항 사이를 오가
고 있다. 에어인디아는 델리로 가는 중간 기착
지로 홍콩에 들르는데, 저가항공과 가격경쟁이
가능하다는 게 매력이나 시간대가 그리 좋은 편
은 아니다.

공항에서 시내로는 어떻게 가요?

홍콩 첵랍콕공항은 란타우섬에 있으며 시내까지
는 교통체증을 피할 수 있는 공항급행철도AEL를
주로 이용하게 된다. AEL이 끊긴 심야시간대에
는 공항버스를 이용하면 된다.

공행급행철도AEL 카우롱역까지 21분, 홍콩역까
지 24분 걸린다. 편도와 당일 왕복은 가격이 같

고, 카오룽역까지 편도 90/왕복 160홍콩달러,
홍콩역까지 편도 100/왕복 180홍콩달러다. 어
린이(3−11세)는 반값이다. 성인 2인 이상이라
면 AEL역 고객센터에서 편도 그룹티켓을 사는
게 가장 싸다. 시내 AEL역에서 주변 호텔로 무
료셔틀이 다니며, 마지막 날 AEL역에서 미리
체크인In-Town Check-in하면서 짐을 부치면 가볍게
놀다 공항에 갈 수 있다.

공항버스Airport Bus 심야시간이거나 저렴하게 시
내로 이동하고자 하는 경우 공항버스를 타자.
벨을 누르지 않으면 정류장을 지나치므로 전광
판을 잘 지켜봐야 한다. 유명한 노선은 침사추
이로 가는 A21(밤에는 N21)과 홍콩섬으로 가
는 A11(밤에는 N11) 버스. 침사추이까지 33홍
콩달러, 홍콩섬까지 40홍콩달러다. 티켓은 공
항 밖 1층으로 내려와서 공항버스 창구에서 사
고, 왕복으로 끊으면 할인된다. 버스는 24시간
운행하지만 버스표 창구는 12시 정도에 문을 닫
는다. 기사에게 돈을 내도 되지만, 잔돈을 남겨
주지 않는다. 옥토퍼스 카드도 된다.

대중교통은 어떻게 이용하나요?

MTR(지하철, Mass Transit Railway), 트램,
2층버스, 스타페리, 택시 등이 있다.

MTR 10개 노선으로 공항이 있는 란타우섬과
카오룽반도와 홍콩섬 북부, 신계지 일부구간을
커버한다. 거리에 따라 4~26홍콩달러이며 1
회권보다 옥토퍼스 카드가 편하다.

2층버스 홍콩섬 남부에 가려면 2층버스가 왕도.
최대 45홍콩달러까지 구간에 따라 가격이 다르
다. 탈 때 돈을 내며 잔돈을 남겨주지 않기 때문
에 옥토퍼스카드가 편하다. 2층 맨 앞자리가 명
당이다. 센트럴에서 리펄스베이와 스탠리로 갈
수 있는 260, 6, 6A, 6X번 버스와 침사추이에서
오션파크, 리펄스베이, 스탠리로 가는 973번 버
스가 관광객들이 많이 이용하는 버스다.

트램 홍콩섬 북부를 오가는 트램은 창문이 뚫려
있고 속도가 느리기 때문에 홍콩 거리를 제대로
느낄 수 있는 수단이다. 한번에 2홍콩달러이며
내릴 때 돈을 내는데 역시나 잔돈은 주지 않는다.

스타페리 침사추이에서 센트럴이나 완차이 사이를 오가는 수단이다. 평일이냐 주말이냐, 1층이냐 2층이냐에 따라 가격 차이가 나긴 하지만 2~3홍콩달러라는 저렴한 가격에 유람선 타는 기분을 낼 수 있다. 특히 심포니 오브 라이트를 하는 시간에 타면 홍콩섬 가까이에서 조명 쇼를 볼 수 있는 명당이 된다.

택시 운행 지역에 따라 색상이 다른데, 카우롱 반도와 홍콩섬은 빨강색이다. 기본요금은 18홍콩달러며 카오룽반도와 홍콩섬 사이의 해저터널을 이용한 경우 추가요금을 내야 한다. 트렁크에 짐을 넣었거나 콜택시로 불렀을 경우 각각 5홍콩달러가 추가된다.

> ### Tip! 홍콩에서 택시 잡기
> 홍콩의 차선은 영국식으로 좌측이다. 택시를 잡을 때나 길을 건널 때 우리나라에서는 왼쪽에서 오는 차를 봐야 하지만, 홍콩에서는 우측을 봐야 한다. 도로에 "우로 봐!(Look Right)"라고 써져 있는데도 늘 반대쪽을 보고 있는 자신을 발견하고 당황하게 된다. 하루쯤 길 건너다 깜짝 놀라 버릇하면 익숙해진다.

여행자 전용 교통패스가 있나요?

옥토퍼스카드 Octopus Card, 八達通 충전식 교통카드인 옥토퍼스카드는 MTR, 버스, 트램, 스타페리와 편의점, 패스트푸드점에서 사용할 수 있다. 공항 AEL티켓 카운터나 MTR역 매표소 등에서 살 수 있으며 성인용은 보증금 50홍콩달러를 포함해 150홍콩달러, 청소년용은 100홍콩달러, 어린이용은 70홍콩달러부터 살 수 있다. 잔액은 MTR역 무인충전기나 편의점에서 충전할 수 있으며, 환불 땐 보증금과 잔액을 돌려받는다.

> ### Tip! 옥토퍼스카드의 유효기간
> 옥토퍼스카드 충전금액은 천일 동안 사라지지 않으며, 구입 후 3개월 이내 환불 땐 9홍콩달러 수수료가 있다. 2~3년 안에 다시 홍콩에 올 생각이라면 환불하지 않고 갖고 있다가 또 쓰면 된다.

공항급행트래블패스 Airport Express Travel Pass
AEL와 3일간 MTR 무제한 탑승이 가능한 공항급행트래블패스는 2가지로 220홍콩달러(AEL 1회 포함)와 300홍콩달러(AEL 2회 포함)이다. MTR은 무제한이지만 다른 교통편을 사용하려면 추가 충전이 필요하며, MTR 탈 일이 아주 많은 사람이 아니라면 큰 메리트는 없다.

기념품 뭐가 좋아요?

사사 SASA나 봉주르 Bonjour처럼 화장품 브랜드를 모아놓은 체인점이 많은데, 케이스가 없고 유효기간이 얼마 안 남은 경우도 있으니 잘 확인하고 사야 한다. 야시장에서는 아동용 중국 전통옷이나 중국 캐릭터 티셔츠를 사보는 것도 좋다. 스탠리마켓에서는 전통무늬 가방이나 머플러, 직접 짜주는 노상이 한국보나 서렴하나.

환전은 어떻게 하면 되나요?

홍콩달러(HKD)는 미국달러에 연동하는 고정환율로 1미국달러에 7.80홍콩달러이다. 1홍콩달러는 100센트이고, HKD나 HK$로 표시한다. 화폐를 발행하는 은행이 세 곳이기 때문에 모양이 다르다는 게 특징. 미국달러에 비해 환율우대 폭이 작긴 하지만 한국에서 바로 홍콩달러로 환전하는 것이 편하다.

여행 경비(3박4일 기준)

	비수기	성수기
항공권 (저가항공 포함)	30만원대~	40만원대~
숙소 (2인실의 1인 기준)	1박 6만원	1박 10만원
식대	20만원	
입장료	2만원	
교통비	5만원	
쇼핑	10만원	
총예산	85만원대~	110만원~

태국 방콕

짜오프라야강이 유유히 흐르는 태국의 수도 방콕은 인구가 천만이 넘는 대도시다. '동남아' 하면 떠오르는 낙후된 풍경을 기대했다면 거대한 쑤완나품 국제공항에서부터 깜짝 놀랄 수 있다. 방콕은 화려한 고층 빌딩, 유행의 첨단을 달리는 쇼핑센터가 즐비한 곳이다. 그 고층 빌딩 뒤로 무허가 판자촌도 널려 있긴 하지만. 여행사 패키지는 방콕을 파타야로 가는 길목 정도로 만들어왔다. 그러나 자유여행자에게 방콕은 그 자체로 빛이 나는 곳이다. 최대 장점은 가격 대비 만족도다. 항공권도 싸게 구할 수 있고, 숙소 수준은 같은 가격의 다른 어느 지역과 비교를 해도 훌륭하며, 길거리음식마저 맛있고, 2시간짜리 마사지도 2만원대면 충분하다. 왕궁과 에메랄드 사원, 왓포 등은 꼭 한번 들르는 필수 관광지. 짜오프라야강 황토빛 강물에 스며드는 석양은 색다른 느낌을 주고, 시암이나 칫롬, 수쿰윗의 고급 쇼핑센터는 눈을 호강시켜 준다. 'One night in Bangkok'이라는 노래처럼 방콕은 밤이 즐거운 곳이기도 하다. 고층 건물 옥상 위의 분위기 좋은 바를 즐길 수 있고, '아고고 바'로 유명한 실롬의 팟퐁 거리와 배낭여행자의 성지 카오산 로드는 늘 불야성이다.

3박5일 추천 일정표

1일째 (목)

09:35	13:30	16:00
인천공항 출발 (타이항공)	방콕 쑤완나품공항 도착, 시내로 이동해 숙소 체크인	실롬으로 가서 쏨분 씨푸드 저녁

시암 니라밋 쇼 관람	시암 니라밋 쇼장으로 이동, 저녁 먹고 주변 둘러보기	씨암파라곤 MK골드수끼에서 점심 후 와코루 속옷 쇼핑

4일째 (일)

20:00	18:00	13:00

체크아웃 후 짐 맡기기

13:30

라바나 스파에서 마사지와 점심 해결하기	랑수언 로드의 가정집을 개조한 스타벅스에서 책 읽기	나인스 카페에서 저녁	공항으로 이동, 세금 환급 도장 받고 출국수속

12:30	16:00	18:00	20:00

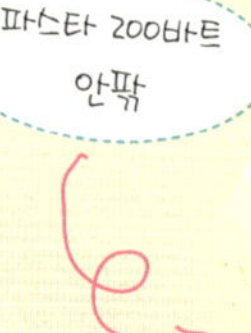

⭐ 일정짜기 노하우

17:00~20:30에 인천공항을 출발하는 경우는 첫 날에 이동만 하게 되므로 일정을 하루 늘리는 게 좋다. 날씨가 더운 4~5월에는 점심식사 이후 숙소에 돌아와 한두 시간 쉬고 저녁나절에 다시 관광을 나서도 된다. 귀국하는 날 짐을 옮기기 불편하다면, 현지 한인여행사에서 킹파워면세점과 라마야나 뷔페, 공연관람을 묶은 공항 샌딩 상품을 예약하는 것도 방법이다. 짐 보관과 공항이동까지 한 번에 해결된다. 막카산역 항공사 카운터에서 수하물을 미리 부칠 수 있는데, 일부 항공사만 가능하다.

길거리음식 종류별로 먹어보기

방콕은 길거리음식의 천국이다. 각종 국수와 밥 요리, 꼬치를 파는 포장마차가 거리마다 자리 잡고 있다. 가격은 10~40바트로 비싸도 1,500원 안팎. 양은 적은 편이라 한 번에 여러 가지를 먹기에 부담 없다. 아침메뉴로는 닭 육수로 지은 밥에 닭 가슴살을 얹는 카오만카이(닭고기덮밥)나 죽이 좋고, 카오팟(볶음밥)이나 팟타이(볶음국수)는 점심으로, 꼬치류는 밤참으로 먹으면 딱이다. 쏨탐은 파파야샐러드인데 젓갈 맛이 나면서 새콤달콤해 반찬으로 먹기 딱이다.

태국 전통마사지로 여행피로 날리기

마사지로 따지자면 태국은 선진국이다. 온몸을 밀고 잡아당기면서 스트레칭으로 뭉친 곳을 풀어준다. 가능하면 매일 스케줄의 마지막에 마사지를 넣어 피로를 풀어보자. 2시간 마사지에 2만원이 넘지 않는 착하디착한 곳부터 오전에 가면 바디스크럽 1시간 서비스와 간단한 식사를 주는 곳(라바나스파)까지 다양하다. 바디튠, 아시안허브, 헬스랜드 등 유명 체인을 찾아가도 좋고, 지나다 보이는 가게에 들어가도 된다.

'방콕커'처럼 유유자적 한나절 보내기

수쿰윗의 쏘이24와 랑수언 로드(쏘이 랑수언)는 한나절을 유유자적 보낼 만한 곳이다. '방콕의 청담동'이라고 불리우는 쏘이24는 고급백화점 엠포리엄을 시작으로 시설 좋은 레지던스와 맛집, 마사지 체인들이 쭉 늘어서 있는 길이다. '방콕의 가로수길'이라 불리는 랑수언 로드도 대사관들 사이로 스타벅스 등 카페와 맛집, 마사지가게들이 자리잡고 있다.

짜오프라야강 위를 떠다니기

짜오프라야강은 방콕 사람들의 삶을 좌지우지하는 젖줄이다. 도심을 벗어나 조금만 상류로 올라가도 수상가옥을 짓고 사는 서민들의 삶을 그대로 엿볼 수 있다. 석양을 보며 식사를 즐기는 디너크루즈, 교통체증을 피하는 버스 역할을 하는 짜오프라야 익스프레스, 하루 종일 타고 내릴 수 있는 짜오프라야 투어리스트 보트, 강변호텔 투숙객용 호텔보트 등 다양한 배들이 강 위를 오간다. 배를 따라 넘실거리는 향토빛 강물을 가까이에서 한번 느껴보자. 운하를 오가는 수상버스도 있다.

백화점과 시장, 극과 극 쇼핑 즐기기

시암파라곤, 엠포리엄백화점은 웬만한 명품들을 다 갖춘 고급백화점이다. 마분콩이나 로빈슨백화점은 서민형이다. 꼭 사올 것은 와코루 속옷. 한국 가격의 절반도 안 된다. 공예품이나 젓가락 같은 기념품은 짜뚜짝 주말시장이 싸지만, 에어컨이 없다. 대신 수언룸 나이트바자에 가면 선선한 밤 쇼핑이 가능하다. 팟퐁에도 야시장이 서는데, 부르는 가격이 5분의 1로 떨어져도 흥정이 끝나지 않는다.

옥상 바에서 아찔한 스릴 느껴보기

전망 좋은 고층 호텔방에 숙박하는 경우가 아니라면, 해질 무렵 일부러라도 옥상에 올라가줄 필요가 있다. 르부아 앳 스테이트 타워가 대표적이다. 63층에 자리잡은 시로코 레스토랑은 황금빛 돔과 투명한 둥근 난간으로 둘러싸인 스카이바가 멋지다. 식사 가격은 후덜덜. 바에서 음료 1잔을 즐기기를 추천한다. 반얀트리 61층의 버티고와 문바도 '뷰' 하나로 승부한다.

왓 포Wat Pho & 왓 아룬Wat Arun

길이가 46m, 높이가 15m에 달하는 와불상을 모신 왓 포는 왕궁과 바로 붙어 있다. 와불상을 한 컷에 담으려면 지문과 삼라만상을 그려 넣은 발바닥 쪽에서 찍는다. 사원 내부에 전통 마사지 교육장이 있어서 시술을 받을 수 있다. 새벽사원이라고도 부르는 왓 아룬은 짜오프라야강 건너편 톤부리 지역에 있다. 다보탑을 닮은 듯한 탑은 10바트 동전의 주인공. 왓 포 근처 티엔 선착장에서 배를 타고 다녀오면 된다.

왕궁과 왓 프라깨우Wat Phra Kaew

입구에서부터 황금빛 탑이 눈에 확 들어오는 왓 프라깨우는 왕궁 안에 있는 왕실사원. 에메랄드 불상을 품고 있는 곳이며, 태국 전통 건축의 화려함과 세밀함의 조화를 느낄 수 있다. 신성한 장소이기 때문에 민소매, 배꼽티, 속이 비치는 티셔츠, 미니스커트, 반바지, 찢어진 청바지를 걸친 사람들은 싸롱을 빌려서 두르고 들어가야 한다. 혹시나 "오늘 왕궁 문 닫았어"라는 사람이 있다면 무조건 사기꾼이다. 왕궁은 연중무휴! 왕실 장례식날도 문을 열었다. 택시 기사에게는 "빠이 왓 프라깨우"라고 하면 된다.

짐 톰슨 하우스Jim Thompson House

짐 톰슨은 '태국실크산업의 아버지'쯤 되는 미국인이다. 정보기관의 장교로 왔다가 2차 대전이 끝난 뒤에도 방콕에 남았다. 태국의 고급스러운 실크를 서방세계에 알린 인물로 현지인들에게 존경을 받고 있다. 1967년 말레이시아 방문 중 실종되어 그의 삶 자체가 전설이 되기도 했다. 건축가로서 스스로 지은 짐 톰슨 하우스는 방콕 중심부의 운하 변에 있다. 티크나무로 지은 건물과 직접 수집한 골동품이 볼거리다. 실크제품을 파는 매장과 레스토랑이 딸려 있다.

카오산 로드Tanon Khao San

동남아 각 지역으로 떠나는 배낭여행자들의 베이스캠프 역할을 하는 거리다. 카오산은 거리 이름이고, 지역 전체는 '방람푸'라 부른다. 저렴한 게스트하우스와 여행사, 식당, 노점상, 그리고 몸뚱이만한 배낭을 짊어진 여행자들이 넘쳐나며, 길거리 음식과 중고가이드북이나 편안한 옷가지, 기념품을 파는 좌판, 레게머리나 헤나문신을 권하는 사람들, 마사지가게 등 즐길거리가 많다. 밤이 오면 노천식당과 바에서 라이브음악을 즐길 수 있다. 왕궁과 가까운 편이다.

담넌 사두억 Damneon Saduak 수상시장 Floating Market

서민들의 생활방식을 엿볼 수 있는 곳이다. 방콕 서쪽 2시간 거리에 있는 담넌 사두억은 주로 여행사 투어 버스로 방문한다. 기본 250바트에 1인당 150바트를 추가해 노 젓는 배를 타고 돌아보는데, 현지인들이 장을 보는 오전 7~8시를 한참 지난 시간이라 물건 값이 싸지 않다. 무조건 최소 절반으로 깎되, 2개를 1개 값에 달라고 하면 쉽다.

시암 파라곤 Siam Paragon

시암에 있는 대형 쇼핑센터 시암 파라곤은 칫롬의 게이손 플라자, 프롬퐁역의 엠포리엄백화점과 함께 고급 쇼핑센터로 명성을 떨치고 있다. 백화점과 명품숍들 외에 아이맥스 영화관, 씨암 오션월드 수족관 등을 기느리고 있다. 고급스립고 쾌직한 인베리어를 슬기고 야외 분수 앞에서 사람 구경을 해도 재미있다. 1층인 G층에 있는 식품마켓과 식당도 깔끔하며, 투어리스트 카드를 만들면 쇼핑가격의 5%를 깎아준다. 시암센터, 시암디스커버리로 연결되며 건너편 시암스퀘어는 명동 같은 느낌이 난다.

시암 니라밋 쇼 Siam Niramit Show

태국의 신화와 역사, 문화를 한데 버무린 대형 전통공연이다. 태국 하면 떠오르는 게이쇼와는 차원이 다르다. 신화 속 인물들이 하늘을 날고, 물벼락이 쏟아지고 무대 위에 배가 지나간다. 공연 인원이 150명이나 되고 의상만 500벌 이상이며 한국어 자막도 서비스된다. 저녁식사와 묶은 티켓도 팔고 민속촌 같은 공간이 딸려 있다. MRT 태국문화센터역 1번 출구에 무료셔틀이 있다.

로즈가든과 삼프란 Samphran 코끼리농장

로즈가든은 일종의 민속촌으로, 계단식 공연장에서 결혼식, 킥복싱, 전쟁, 춤 등 전통문화공연이 펼쳐진다. 삼프란 코끼리 농장에서는 꽤 규모가 큰 코끼리쇼를 한다. 어린이나 어르신들을 동반한 여행이라면 함께 코끼리들의 재롱과 축구, 전쟁 연기를 즐겨볼 만하다. 여행사 투어는 담넌 사두억 수상시장과 묶어서 1일 코스다. 대가족여행 시 쇼핑 없는 단독 투어도 가능하다. 단, 시암 니라밋 쇼를 보게 될 거라면 굳이 로즈가든 쇼를 볼 필요가 없다.

" 태국요리는 한국인 입맛에도 잘 맞는다. 길거리 음식에 도전해도 크게 실패할 일이 없으며, 이름난 해산물식당과 디저트가게들도 빠뜨리면 섭섭하다. 태국요리는 이름에 재료와 요리방식이 들어 있어서 몇 가지만 단어를 알아도 정체를 파악할 수 있다. '카오'는 밥, '까이'는 닭고기, '무'는 돼지고기, '느어'는 쇠고기, '뿌'는 게, '꿍'은 새우, '팟'은 볶음, '똠'은 찌개다. 따라서 '카오팟'은 밥과 볶음이고 뒤에 붙는 재료가 볶음밥의 주인공이다. '카오팟무'는 돼지고기, 카오팟꿍은 새우가 들어간 볶음밥이 된다. "

쏨분 씨푸드 Somboon Seafood

방콕 시내에 지점이 5군데나 되는 유명 해산물식당이다. 대표메뉴인 뿌팟퐁커리는 크기에 따라 200/350바트이며 남은 양념에 밥을 비벼서 싹싹 비울 정도로 맛나다. 톳만쿵(새우케이크 등 웬만한 메뉴가 다 무난하다. 1인당 10바트의 봉사료가 붙으며 현금만 받는다! 쑤라웡 지점이 관광과 연계하기 편하며, 쌈얀 지점만 11:00에 문을 열고, 나머지 4개 지점은 16:00에 영업을 시작한다. 택시기사들이 의도적으로 쏨분'디'씨푸드 등 이상한 식당으로 데려가는 경우가 있으니 BTS를 이용하거나 정확한 주소를 알고 가자.

쏜통 포차나 Sornthong Pochana

수쿰윗 쏘이24를 돌아다니다 저녁 먹으러 갈 만한 해산물식당이다. 매콤한 새우회 '꿍채남빠'와 새우당면찜 '꿍옵운센'(운센이 당면), 태국식 간장게장인 '뿌동' 등이 유명하다. 쏨분 씨푸드와 마찬가지로 현금박치기만 통한다. 돔형 지붕이 어여쁜 데이비스방콕을 지나 쏘이24의 끝까지 내려와서 주유소를 끼고 좌회전하면 라마4세 로드인데, 이 길을 따라 조금만 더 가면 왼편에 한글도 적힌 간판이 보인다. 오후 4시대에 문을 열고, 저녁시간에 맞춰 가면 줄 설 각오를 해야 한다.

나인스 카페 Ninth Cafe

랑수언 로드(쏘이 랑수언)에 위치한 레스토랑 겸 카페다. 칫롬역에서 걸어내려가다가 스타벅스를 지나 조금 더 가면 왼편으로 옷집과 나란히 자리잡은 카페가 보인다. 파스타 등 이탈리안 음식과 태국음식, 디저트류 등 메뉴가 다양하며 적당한 가격의 와인리스트도 갖추고 있다. 넓지는 않지만 깔끔한 레스토랑 분위기가 난다. 랑수언 로드 산책길에 스타벅스와 묶어서 들러볼 만하다. 씨암 파라곤에도 분점이 있다.

똠양꿍

카오산 로드는 길거리 음식으로 유명하지만 앉아서 여유 있게 식사를 하는 것도 좋다. 똠얌꿍은 카오산 로드에서 노점상이 있는 작은 골목 안쪽에 천막이 있는 넓은 공간에 자리 잡고 있으며 간판이 눈에 띄기 때문에 어렵지 않게 찾을 수 있다. 인터넷카페인 트루카페True Cafe와 바로 붙어 있다. 가게 이름대로 똠양꿍과 태국 전통음식 대부분을 팔고 있는데, 음식 맛과 가격 모두 무난하기 때문에 관광객들이 많이 찾는다.

MK골드수끼&르 시암 Le Siam

태국의 수끼는 샤브샤브와 비슷하게 육수에 야채와 해산물, 고기를 넣고 익혀서 먹는 음식이다. MK수끼는 코카수끼 등과 함께 유명한 프랜차이즈인데, '골드'가 들어간 체인은 신선한 해산물과 고급스러운 인테리어로 가격이 조금 더 높다. MK골드수끼는 시암 파라곤과 센트럴 월드에서 쇼핑 후에 들르면 된다. 살라댕 로드에 있는 르시암 파인타이퀴진 실롬Le Siam Fine Thai Cuisine Silom은 같은 MK골드에서 운영하는 태국 전통식당인데, 인테리어가 깔끔하고 분위기에 비해 가격도 비싸지 않다.

몸논솟 Mont Nom Sod

도톰한 식빵과 토스트, 샌드위치와 신선한 우유, 아이스크림을 파는 곳이다. 태국사람들이 단 것을 좋아해선지 토스트 위에 엄청나게 단 시럽을 뿌린 토스트가 인기다. 보기엔 무서울 수 있으나 먹어보면 폭신한 빵과 시럽의 조화가 느껴진다. 단 것이 싫다면 식빵만 사서 출출할 때 간식으로 먹어보자. 촉촉하고 부드럽게 입 안에서 녹는 우유식빵의 맛이 사랑스럽기 그지없다. 시청 근처 본점보다 마분콩 2층이 가기 편하다.

여기서 잠깐 Tip!

혹시 태국음식 먹을 때 강한 향 때문에 머뭇거리는 경우가 있다면 "마이 싸이 팍치"가 마법의 주문이다. 팍치를 빼달라는 뜻인데, '팍치'는 우리말로 고수, 향이 강한 채소다. 세계 3대 스프로 소문난 '똠양꿍'에 좌절하는 사람들도 다 팍치만 빼면 숟가락 들 힘이 생긴다. 물론 꼭 빼고 먹으란 이야기는 아니다. 고수까지 먹어야 진정한 고수다.

노보텔 방콕 온 시암 스퀘어 호텔
Novotel Bangkok On Siam Square Hotel *시암역*

시암 파라곤의 맞은편에 있는 4성급 호텔이다. '방콕의 명동' 시암 스퀘어에 위치한 덕분에 교통으로는 부러울 곳이 없다. 지은 지가 꽤 됐지만 리모델링을 해서 방은 깔끔하다. 쇼핑, 맛집 탐험 등 웬만한 것은 주변에서 해결할 수 있고 BTS역도 가깝다. 아코르Accor 계열이어서 수퍼세일 기간에 미리 예약해두면 더 저렴하다. 시암 파라곤을 사이에 두고 거의 반대편에 있는 시암 켐핀스키 호텔 방콕과 비슷한 주변 환경을 가졌지만, 가격이 절반 이하다.

어바나 랑수언 방콕
Urbana Langsuan Bangkok *칫롬역*

랑수언 로드(쏘이랑수언)에 위치한 36층 규모의 레지던스다. 호텔보다 넓고 주방과 웬만한 가구가 다 갖춰져 있어서 방콕에서 사는 듯한 기분을 느낄 수 있다. 프레이저 플레이스 체인이었다가 바뀐 이후로 인기가 다소 주춤하나, 나인스 카페 등 맛집과 가까운 장점은 여전하다. 33층의 수영장은 좁긴 하지만 전망이 좋다. BTS 칫롬역에서 10분쯤 걸리며 메이페어 메리어트 이그제큐티브 아파트먼트도 근처다. 남쪽으로 더 내려가면 룸피니공원이 나온다.

스위쏘텔 나일럿 파크 방콕
Swissotel Nai Lert Park Bangkok *칫롬/펀찟역*

스위쏘텔 나일럿 파크는 초록 나무들이 우거진 정원과 아름다운 수영장이 있어, 이곳이 도심 한가운데라는 사실을 잊게 해준다. 흡사 공원에 온 것 같은 분위기에 피트니스센터와 사우나도 잘 갖춰진 편이다. 겨울에는 울창한 나무 덕분에 수영장 물이 다소 차가울 때가 있다. 강가에 위치한 다른 리조트형 호텔들보다 저렴하고 중심지에 가까이 있다는 점이 좋으나, BTS 칫롬과 펀찟역까지는 걸어서 10분 정도 걸린다. 택시를 이용할 일이 많다.

VIE 호텔 방콕—엠갤러리 콜렉션
VIE Hotel Bangkok - MGallery Collection *라차테위역*

BTS 랏차테위역 앞에 위치한 아코르Accor계열의 부띠끄호텔. 작은 수영장이 별관 4층 옥상에 있는데, 통유리벽이 포인트이나 BTS가 지나다니는 높이보다 낮다. 시암까지 무료 뚝뚝을 운행하며, 생긴 지 오래되지 않아 택시기사가 잘 모르는 경우도 있다. 호텔 예약증을 보여주거나, 랏차테위역 혹은 아시아 호텔Asia Hotel 근처라고 하면 된다. 길 건너에 에버그린 플레이스Evergreen Place라는 레지던스도 있다. 가구나 온갖 집기들이 노후하기 이를 데 없지만, 편리한 교통과 저렴한 가격, 넓은 실내가 모든 것을 커버한다. 장기체류나 대가족 여행 시 가격적 메리트를 느낄 수 있다.

그랑데센터 포인트 스쿰윗-터미널21

Grande Centre Point Hotel & Residence-Terminal21 *아속역*

태국의 레지던스 체인인 센터포인트 계열의 숙소이며 터미널21 쇼핑몰과 붙어 있어 오며가며 쇼핑하기에 좋다. 시설은 깔끔하고, 전망도 괜찮은데다 길 건너편으로 조금만 걸으면 한인타운인 스쿰윗 플라자가 나온다. BTS 아속역에서 바로 연결되기 때문에 주변 이동이 쉽고, 스쿰윗에서 유유자적 시간을 보내는 여행에도 적합하다.

매리어트 이그제큐티브 아파트먼트 스쿰윗 파크-방콕

Marriott executive apartments sukhumvit park-bangkok *프롬퐁역*

엠포리움백화점이 있는 스쿰윗 쏘이24 중간에 위치한 레지던스. 객실이 넓고 주방과 세탁기가 갖춰져 있어 가족여행에 적합하다. BTS역과 꽤 거리가 있어서 무료셔틀 서비스가 있다. 다른 곳에 이동하기에 편한 것은 아니지만, 마사지 체인, 맛집들을 즐길 수 있는 쏘이24중간에 자리잡고 있다는 것이 장점이다. 쏘이24의 상징적인 건물 데이비스 방콕은 더 남쪽에 있고, 타지역 이동이 잦다면 에모리움 건너편의 오크우드 레지던스 수쿰윗24가 편하다.

차트리움 리버사이드 호텔 Chatrium Riverside Hotel *사판탁신역*

짜오프라야 강변에 위치하며, 5성급을 표방하는 호텔. TV 예능프로그램 '런닝맨'에 등장했던 길이 35m 수영장이 바로 이곳에 있다. 기본적인 룸 컨디션이나 서비스가 크게 차별적인 것은 아니나 괜찮은 강변 전망에 비해 상당히 저렴한 가격을 자랑한다. 페닌슐라, 만다린 오리엔탈 호텔 등 고급 호텔들과 비교하면 저렴한 가격에 이국적 풍경의 강변에서 호젓한 휴양을 즐길 수 있다.

지역 정보

국명 태국(타이)
수도 방콕
언어 태국어
전기 220V 원형 콘센트와 110V처럼 생긴 일자형 콘센트 둘 다 있음
시차 한국보다 2시간 느림
비자 90일 이내 단기체류 시 불필요

언제 가는 게 좋아요?

방콕은 11월에서 2월까지가 가장 쾌적한 시기. 돌아다니기엔 다소 덥지만, 해가 잘 들지 않는 수영장 물은 많이 덥혀지지 않아 살짝 추울 수도 있다. 이 시기가 한국의 방학과 겹치기 때문에 항공권은 성수기 가격이며, 숙소도 가장 비싸진다. 휴양지에 비해 성수기와 비수기와의 가격 차이가 큰 편은 아니다. 가장 더운 시기는 4~5월. 여름부터 9~10월은 비가 잦은 편이다.

어떤 비행기 타면 좋아요?

인천 국제공항에서 방콕까지 비행시간은 약 5시간. 태국 국적기인 타이항공과 우리나라 국적기인 대한항공, 아시아나항공은 세금과 유류할증료를 더해 비수기 왕복 50만원대, 최성수기 70만원대 이상으로 가격대가 형성된다. 국내 저가항공은 그리 저가가 아니긴 하지만, 세금과 유류할증료 포함 30만원대부터 방콕 왕복이 가능하다. 땡처리 항공권의 향방을 주시해보는 것도 알뜰여행을 가능케 한다.

공항에서 시내로는 어떻게 가요?

방콕공항철도Bangkok Airport Train (06:00~24:00, 15분 간격) 급행Express Line은 마카산역까지 15분 소요. 편도 90바트, 왕복 150바트. 완행City Line은 파야타이역까지 30분 소요. 거리별로 15~45바트.

택시(밤늦은 시간이거나 2인 이상인 경우) 입국층 건물 밖으로 나오면 좌측 끝에 택시 부스가 있고 호텔이나 지역을 말하면 택시넘버를 적은 종이를 주면서 택시로 안내해준다. 낮에는 출국층으로 올라가 막 손님을 내려준 택시를 잡아타면 부스이용료를 절약할 수 있다. 기사가 미터기를 켜지 않으면 "미터 플리즈Meter Please"라 말하고, 러시아워가 아닐 땐 "마이 빠이 탕투언 캅(여자는 '카')"라고 하면 되는데, "노 하이웨이No Highway"라고 해도 알아듣는다. 러시아워인 경우는 조금 더 내더라도 하이웨이를 타는 게 낫지만, 저녁 8시 이후에는 일반도로로 달려도 큰 차이가 나지 않는다. 씨암 지역 기준으로 미터요금 200~250바트에 고속도로 톨비 70바트(2회 각 25, 45바트), 부스이용료 50바트까지 400바트를 넘지 않는다. 택시기사가 호텔을 모를 때를 대비해 호텔 주소나 전화번호도 지참하자.

대중교통은 뭐가 있어요?

고가 위를 달리는 BTSBangkok Mass Transit System와 지하로 달리는 MRTMass Rapid Transit가 있다. 스카이트레인 BTS는 2가지 노선이 있고 시암역에서 교차된다. MRT는 1개 노선이며 스쿰윗역에서 BTS 아속역으로 갈아탈 수 있다. 운행시간은 06:00~24:00. 요금은 거리에 따라 달라지며 자동판매기에서 동전으로 티켓을 사는데, MRT 표는 단추모양이고 BTS 표는 카드형태다. 다른 기차로 갈아탈 때는 표를 다시 구입해야 한다.

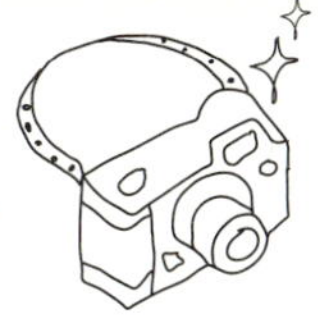

기념품 뭐가 좋아요?

와코루 속옷과 리바이스, 나이키 등의 브랜드가
국내보다 저렴한 편이다. 태국이 원조인 나라야
가방은 유행이 지나긴 했지만 저렴한 맛에 사볼
만하고, 태국음식 재료도 괜찮은 기념품 겸 선물
이 된다. 쇼핑할 때 꼭 여권을 갖고 다니자. 쇼핑
센터에서는 투어리스트 카드를 발급받을 수 있는
데 5% 정도 할인이 가능하다. 또 한 상점에서 하
루에 2,000바트 넘게 구매하면 VAT 환급 서류
를 받자. 총 쇼핑 가격이 5,000바트를 넘을 경
우 공항에서 세금 환급을 받을 수 있다. 공항에서
출국층에 VAT Refund 사무실이 있는데, 출국
수속을 하러 들어가기 전에 도장을 받아야 한다.

환전은 어떻게 하면 되나요?

국내에서 바트화로 환전 가능하지만, 달러나 엔
화처럼 수수료 할인을 많이 받을 수는 없다. 달러
화로 가져가서 현지 환전하는 게 귀찮기는 해도
환율상 살짝 유리하다. 한국 원화도 방콕 현지에
서 환전 가능한데, 환율이 좋을 때는 국내에서 환
전하는 것보다 5만원권을 방콕에서 직접 환전하
는 게 더 좋을 때도 있다. 하지만 여행예산이 엄
청나게 크지 않은 마당에는 3가지 방법 모두 큰
차이가 나지 않는다. 신용카드는 대부분의 ATM
에서 현금인출이 가능하나 현금인출 때마다 150
바트의 수수료가 붙는 경우가 대부분이다.

여행 경비(3박5일 기준)

	비수기	성수기
항공권 (저가항공 포함)	30만원대~	60만원대~
숙소 (2인실의 1인 기준)	1박 5만원	1박 6만원
식대	15만원	
투어&쇼	10만원	
교통비	5만원	
쇼핑	15만원	
총예산	90만원대~	120만원~

유용한 인터넷 사이트

• 관광정보와 여행카페
태국관광청 www.visitthailand.or.kr
태사랑 www.thailove.net
태초의 태국정보카페 cafe.naver.com/thaiinfo

• 숙박 예약
해피타이 www.happythai.co.kr
레터박스 www.letterbox.co.kr
태초클럽 www.taechoclub.com
타이호텔뱅크 www.thaihotelbank.com
사와디닷컴 www.sawadee.com

태국 푸켓

태국 푸켓은 태국 최대의 섬으로, 신혼여행지로 이름을 떨쳐 왔다. 말레이반도의 서쪽으로 수도 방콕에서 남서쪽으로 862㎞ 떨어져 있으며, 비행기로 1시간20분 정도, 육로로는 12시간 정도 걸린다. 2004년 말 쓰나미를 겪으면서 인기가 주춤했었지만, 이젠 완전히 회복했다. 섬 북서쪽에 있는 푸켓국제공항으로 대한항공, 아시아나, 타이항공 등과 저가항공이 직항편을 띄우고 있어 다녀오기 편한 휴양지 중 하나로 손꼽힌다. 세계적 휴양지답게 기본적인 영어가 통하고, 여행 인프라를 충분히 갖추고 있어 자유여행에도 불편이 없다. 낮에는 파도의 손길과 짜릿한 태양을 느끼고, 밤에는 활기찬 엔터테인먼트를 즐길 수 있다는 게 강점이다. 안다만해를 바라보는 서쪽 해안을 따라 크고 작은 해변들이 부드러운 백사장을 거느리고 있고, 배를 타고 1시간 정도만 가면 피피섬, 팡아만 등의 절경이 눈앞에 펼쳐진다. 떠들썩하고 활기찬 빠통의 방라 로드를 걸으면 식사, 쇼핑, 유흥을 모두 해결할 수도 있고, 섬의 동남쪽에 위치한 푸켓타운으로 가면 저렴한 현지물가와 함께 생생한 현지인의 삶을 엿볼 수도 있다.

ⓒ 태국관광청

3박5일 추천 일정표

1일째 (수)

08:15 인천공항 출발 (타이항공)

13:05 푸켓공항 도착, 택시 타고 숙소로 이동 후 휴식

16:30 빠통비치 정실론 G층 까르푸나 반잔시장에서 과일 쇼핑

18:00 빠통비치 넘버식스나 수언미 수끼에서 저녁 먹기

체크아웃 후 왓찰롱 사원으로

보트하우스에서 저녁식사

프롬텝에서 석양 보기

까따 뷰포인트에서 경치 감상

4일째 (토)

10:30 바미국수 점심 후 로빈슨이나 센트럴페스티벌(센탄) 쇼핑

19:00

17:30

16:30

12:00

15:00 킴스마사지 1시간 30분 ~2시간 코스

17:00 란짠뻰 저녁

18:30 방타오비치 라구나 단지 짐톰슨 아웃렛으로 이동해 쇼핑

20:00 푸켓공항으로 이동

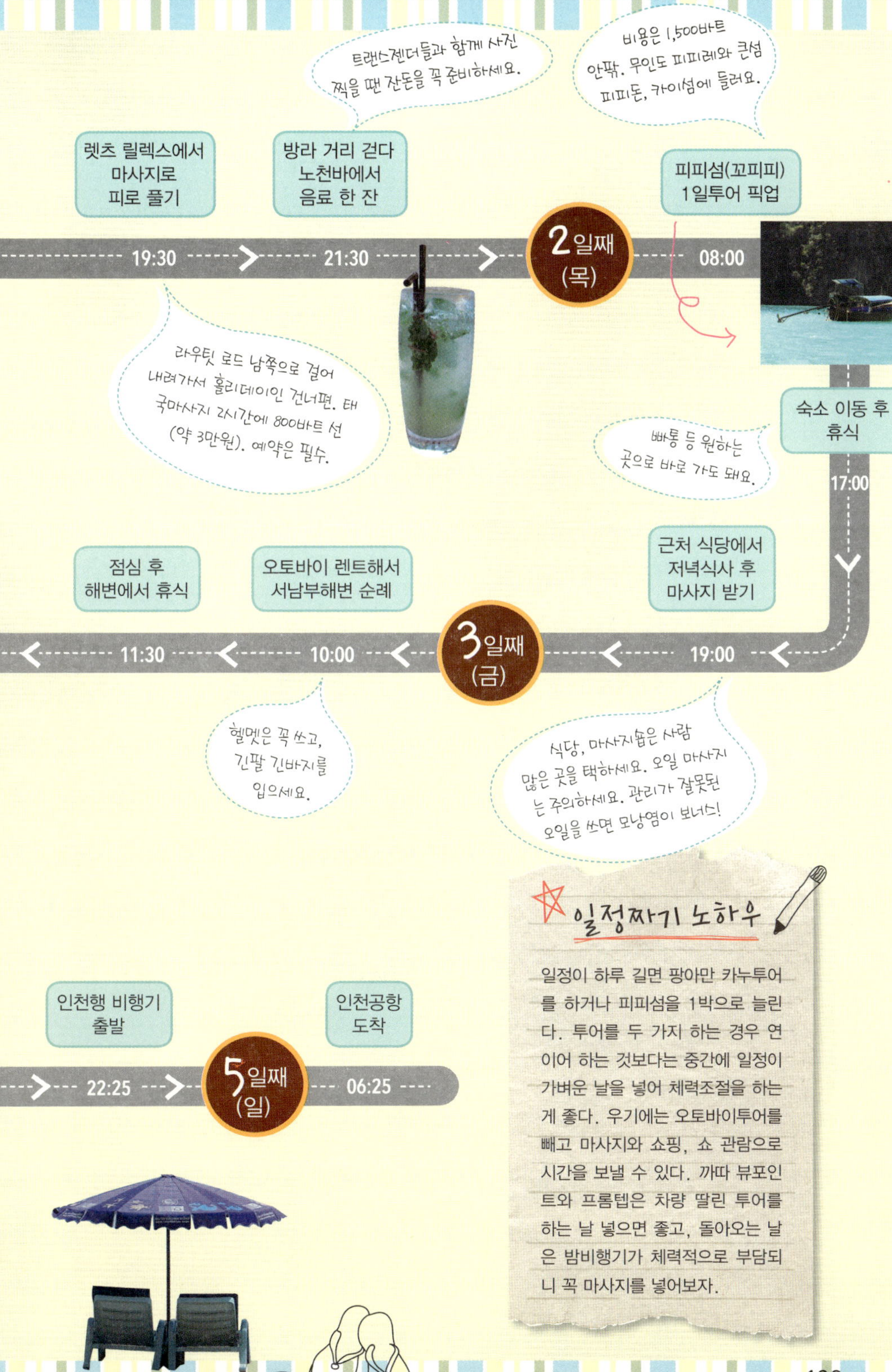

트랜스젠더들과 함께 사진 찍을 땐 잔돈을 꼭 준비하세요.

비용은 1,500바트 안팎. 무인도 피피레와 큰섬 피피돈, 카이섬에 들러요.

렛츠 릴렉스에서 마사지로 피로 풀기

방라 거리 걷다 노천바에서 음료 한 잔

피피섬(꼬피피) 1일투어 픽업

2일째 (목)

19:30

21:30

08:00

라우팃 로드 남쪽으로 걸어 내려가서 홀리데이인 건너편. 태국마사지 2시간에 800바트 선 (약 3만원). 예약은 필수.

숙소 이동 후 휴식

17:00

빠통 등 원하는 곳으로 바로 가도 돼요.

점심 후 해변에서 휴식

오토바이 렌트해서 서남부해변 순례

근처 식당에서 저녁식사 후 마사지 받기

3일째 (금)

11:30

10:00

19:00

헬멧은 꼭 쓰고, 긴팔 긴바지를 입으세요.

식당, 마사지숍은 사람 많은 곳을 택하세요. 오일 마사지는 주의하세요. 관리가 잘못된 오일을 쓰면 모낭염이 보너스!

★ 일정짜기 노하우

일정이 하루 길면 팡아만 카누투어를 하거나 피피섬을 1박으로 늘린다. 투어를 두 가지 하는 경우 연이어 하는 것보다는 중간에 일정이 가벼운 날을 넣어 체력조절을 하는 게 좋다. 우기에는 오토바이투어를 빼고 마사지와 쇼핑, 쇼 관람으로 시간을 보낼 수 있다. 까따 뷰포인트와 프롬텝은 차량 딸린 투어를 하는 날 넣으면 좋고, 돌아오는 날은 밤비행기가 체력적으로 부담되니 꼭 마사지를 넣어보자.

인천행 비행기 출발

인천공항 도착

5일째 (일)

22:25

06:25

1. 빠통 어슬렁거리기

빠통비치는 푸켓에서 가장 긴 해변이다. 바다에 몸을 던지기 위해서만 아니라, 흥에 몸을 맡기러도 갈 수 있는 곳. 쇼핑몰, 레스토랑, 마사지숍, 나이트클럽 등 유흥시설이 몰려 있다. 낮에는 정실론에서 시원한 쇼핑을 하고, 밤에는 방라 로드 Thanon Bang Ra 주변을 걸어보자. 노천바와 아고고 클럽(섹시댄스를 구경하는 클럽), 나이트클럽들이 반짝반짝 불을 밝힌다. 숙소를 빠통에 잡지 않더라도 한번쯤 들러볼 만하다. 어린이와 함께라면 동심 파괴 가능성을 피해 낮 시간을 택하자.

2. 선베드에 느긋하게 퍼지기

서양인 여행자들을 보면 가장 부러운 게, 긴 일정으로 여행 와서 느긋하게 먹고 쉬고 즐기는 거다. 특히 종일 수영장이나 해변의 선베드에서 책을 읽는 모습이 여간 부러운 게 아니다. 그러나 부러우면 지는 것, 직접 하면 된다. 한나절 정도는 다른 일정을 빼고 선베드에 무거운 몸뚱이를 던져보자. 선블록과 선글라스는 필수이며, 자리는 꼭 파라솔 아래가 좋다. 책을 읽다 30분도 안 돼 졸음이 쏟아지는데, 따땃~한 햇살을 온몸에 받아 통구이가 되면 여행 이후 한동안 화상치료를 해야 한다.

3. 마사지로 온몸 녹여보기

태국전통마사지는 스트레칭과 지압이 섞여 있는 게 특징이다. 빠통비치는 렛츠릴렉스 Let's Relax 나 오리엔탈타이 Oriental Thai 가 유명한데, 둘 다 시설이 깔끔하나 서비스에 대한 만족도는 렛츠릴렉스 쪽이 더 높다. 푸켓타운에 있는 마사지숍들은 상대적으로 저렴하다. 메트로폴호텔 Metropole Hotel 과 머린호텔 Merlin Hotel 의 마사지숍이 전통의 강호라면 로빈슨 근처 킴스 Kim's 마사지는 신흥 강호다. 까따 비치 쪽은 텀럽 Tum Rub 마사지가 괜찮다. 2시간이 지루할 것 같아도 생각보다 금방 흐른다.

4. 쇼 보면서 눈 휘둥그레져보기

태국에서는 트랜스젠더를 '카토이' 혹은 '레이디보이'라고 부르는데, '싸이먼 쇼'와 '아프로디테 쇼'는 여자보다 예쁜 카토이들이 각 나라의 춤과 노래에 맞춰 멋진 몸매를 자랑한다. 각각 빠통비치 남쪽과 푸켓타운의 카바레에서 펼쳐지는데, 따로 쇼를 볼 시간이 없다면 방라 로드에서 살짝 눈요기를 할 수도 있다. 까말라 비치의 푸켓 판타씨 Phuket Fanta Sea 쇼는 태국의 탄생과 문화에 대한 공연이다. 공중묘기와 마술 등 볼거리가 있다. 방콕의 '시암 니라밋 Siam Niramit 쇼도 푸켓에서 만날 수 있다.

5. 주변 섬 가보기

푸켓은 섬이지만 육지와 연결돼 있고, 주변에 더 작은 섬들이 여럿 있다. 투어 프로그램을 이용해서 가면 되는데, 맑은 물빛을 자랑하는 카이섬Ko Kai은 반일투어로 가거나 피피섬투어의 오후 행선지로 들른다. 라차섬Ko Racha Yai은 당일투어도 있고 리조트에 머물기 위해 가는 경우도 많다. 영화 〈비치〉로 유명해진 피피섬Ko Phi Phi은 스피드보트로 1시간 거리. 다이빙으로 유명한 시밀란군도Mu Koh Similan는 좀 더 걸린다. 우기에는 파도 높이 때문에 출입이 제한되거나 멀미를 할 수 있다.

7. 푸켓타운 나들이

빠통비치로부터 약 15㎞ 떨어진 행정 중심지다. 포르투갈 양식, 중국 양식이 혼재된 건물들이 특색 있고 해변 쪽보다 물가도 저렴하다. 현지인들이 즐겨 찾는 맛집에서 저녁을 먹고, 손맛 좋은 마사지사에게 시원하게 눌리고 꺾인 뒤에 라이브밴드가 공연하는 바에 들러 자유로운 분위기를 만끽해보자. 낮 시간에는 해변과 푸켓타운을 오가는 썽태우를 타면 되고, 저녁에는 택시를 대절해 몇 시간 뒤에 만나는 걸로 하면 된다. 마지막 날 푸켓타운 관광 후 비행기를 타러 가는 것도 괜찮다.

6. 오토바이로 해변 순례

60㎞ 길이의 서해안을 따라 제각각 다른 매력의 해변들이 펼쳐진다. 뚝뚝이나 택시를 빌려도 좋지만, 오토바이 렌트가 자유롭다. 국제면허증 없이 대여할 수는 있지만, 경찰 검문에 걸리면 벌금을 내야 한다. 차량 진행 방향이 한국과 반대이고, 수동기어는 운전에 서툰 사람에게 비추다. 헬멧은 필수이고, 언덕에서는 특히 안전에 유념해야 한다. 저단기어 운전을 잊고 급격하게 기어를 바꾸다 뒷사람이 하늘을 나는 수가 있다. 날아봐서 하는 이야기다.

8. 바다 속 신비 엿보기

바다를 곁에서만 보는 건 아까운 일이다. 스쿠버다이빙이나 스노클링 중 한 가지는 시도해보자. 수영을 못해도 큰 상관이 없다. 스쿠버다이빙 초보는 체험다이빙을 택하면 전문 강사와 함께 교육을 받고 바다 속으로 입수하게 된다. 스노클링은 대롱을 물고 수면 근처에서 바다 속을 구경하는 것인데, 수영을 잘 못하면 구명조끼를 끼고 동동 떠다니면 된다. 근처 해변에서도 가능하지만 배를 타고 산호가 잘 보존된 섬 근처로 가야 멋진 신세계를 만날 수 있다.

© 태국관광청

© 최병준

방라 거리 Thanon Bang Ra

빠통에서 방라 거리를 그냥 지나칠 수는 없다. 저녁 6시가 되면 차량 출입이 통제되고 번쩍이는 광고판과 네온사인 아래로 노천바와 아고고클럽, 무에타이바가 당신을 유혹한다. 길거리 무대에서 트랜스젠더 언니들이 춤을 추거나 포즈를 취하는데, 기억하라. 세상에 공짜는 없다. 사진 찍고 나면 같이 찍은 언니들이 돈을 요구한다. 달라는 대로 줄 생각이 아니면 미리 잔돈을 챙겨가서 쥐어주고 튀자.

정실론 Jung Ceylon과 센트럴페스티벌

정실론은 빠통에 있는 대규모 쇼핑센터. 백화점과 까르푸, 호텔 등을 거느리고 있고, 분수와 광장으로 눈길을 끈다. 마땅한 식당이 떠오르지 않을 땐 정실론의 푸드코트 '푸드헤븐'도 괜찮은 선택이 된다. MK수키 등 프랜차이즈 식당들도 딸려 있다. 푸켓타운에 있는 센트럴페스티벌은 현지 발음으로 '센탄'. 정실론보다 큐모가 크고, 백화점과 대형수퍼가 딸려 있다. 마사지, 맛집 순례 등을 덧붙여서 가볼 만하다.

까따 Kata 뷰포인트&프롬텝 Phrompthep

까따 뷰포인트는 까따노이비치에서 남쪽에 위치한 전망대. 까따노이, 까따, 까론까지 세 해변이 한눈에 들어온다. '해지는 언덕'이란 이름의 프롬텝은 푸켓 최남단. 선셋 뷰포인트로도 불린다. 해질 무렵에는 석양을 보려는 관광객들이 엄청나게 몰려들므로 미리 도착하는 게 좋고, 언덕에 오르는 대신 오른편에 있는 카페로 가서 편하게 석양을 감상하는 것도 좋다. 빠통 등지에서 뚝뚝을 타면 금전적 부담이 되니 오토바이를 렌트하거나 차량투어 때 들러보는 게 좋다.

팀버헛Timber Hut

푸켓타운에 위치한 라이브바. 실력 있는 밴드가 팝송과 태국 노래를 번갈아 부른다. 1층 무대 바로 앞 테이블과 2층에서 무대를 내려다보는 자리는 늘 북적인다. 공연은 밤 10시부터 시작하며 새벽 1시 정도에 끝난다. 태국 현지인들이 절반 이상인데, 잘 꾸미고 온 젊은이들도 있어 눈요기도 된다. 해변 쪽에 숙소를 잡은 경우는 왕복으로 택시를 대절해 정해진 시간에 만나기로 하는 게 편하다.

팡아만Panga Bay

팡아만 하면 주로 영화〈007시리즈〉에 나온 '제임스본드섬'만을 떠올린다. 하지만 이곳은 기암괴석과 맹그로브 숲을 거느린 120여개의 섬을 포함한 넓은 지역이다. 국립공원으로 지정돼 있다. 카누와 롱테일보트로 베트남 하롱베이의 느낌도 나는 바위섬과 동굴을 누비는 씨카누투어가 인기다. 카누는 가이드가 저어주기 때문에 힘들지 않다. 동굴대탐험의 짜릿함을 느껴보자.

피피섬Koh Phi Phi과 팡아만Panga Bay

6개의 군도로 이루어진 피피섬은 푸켓에서 배로 약 1시간30분 거리. 가장 큰 피피돈에는 숙소와 식당들이 자리 잡고 있고, 무인도인 피피레는 디카프리오가 주연한 영화〈비치〉를 통해 유명해졌다. 푸켓에서 코피피 스노클링 일일투어를 신청하면 피피레의 마야베이, 피피돈, 카이섬 등지에서 스노클링을 즐길 수 있지만, 짧은 시간 안에 너무 여러 곳을 들르며 단체 관광객 때문에 정신이 없다. 일정이 여유롭다면 피피돈에서 1박을 하는 것도 좋다.

넘버식스No.6 *빠통비치*

푸켓 최고의 물가를 자랑하는 빠통에서 저렴한 맛집으로 인기를 끌고 있는 식당이다. 다양한 볶음면(팟타이)과 볶음밥(카오팟), 수박주스(땡모반), 망고주스 등이 인기 메뉴. 식사시간에는 늘 줄을 설 각오를 해야 하며, 위생적으로는 다소 불만족스러울 수 있다. No.6라는 이름의 식당이 다른 곳에도 있으나, 방라 로드에서 라우팃 로드로 좌회전하면 곧 보이는 곳으로 가자. 영업시간은 7시반부터 자정까지.

란짠펜Ran Janpen *푸켓타운*

태국식 돼지갈비 '시콩무양'으로 유명한 집. 갈비에 살이 많지 않아서 돼지가 다이어트를 했나 의심이 되나, 양념이 입에 척척 붙는다. 돼지고기구이 '무양'과 닭고기바비큐 '까이양' 중 하나를 더 시키고 코코넛샐러드 '쏨탐'과 찹쌀밥 '카오니아우'를 곁들이면 된다. 한국어 메뉴판도 있다. 물수건은 유료(10밧). 디북Dibuk 로드와 몬트리Montri 로드 교차로에서 루앙 포 왓찰롱Luang Pho Wat Chalong길로 진입해 걷다 보면 한글로 '짠펜'이라는 간판이 보인다.

수언미 수끼Suan Mee Suki *빠통비치*

방라 로드의 오션플라자백화점 1층 안쪽에 위치한 수끼집이다. 수끼는 태국식 샤브샤브로 고기와 해물, 야채, 어묵 등을 육수에 넣어 익힌 뒤 소스에 찍어먹는 음식. 다 먹고 죽도 만들어 먹을 수 있다. 수언미 수끼는 매콤한 소스가 특징이며 가격도 저렴해 현지인들이 많이 찾는다. 조금 더 고급스러운 인테리어와 분위기를 원한다면 정실론에 있는 유명 프랜차이즈 MK골드수끼로 가면 된다.

브라일리Briley *빠통비치*

닭고기덮밥 '까오만 까이'를 파는 서민식당. 닭 육수로 밥을 지어 고소하고 쫄깃하며 얹어주는 닭가슴살도 담백하다. 돼지바베큐 덮밥도 추천메뉴다. 아침 6시30분에 문을 열어 오후 4시까지 영업하는데, 닭고기가 떨어지면 오후 2~3시라도 문을 닫으니 일찍 가는 게 좋다. 라우팃 로드 북쪽에 있으며 빠통 프리미어리조트 옆. 현지발음은 '바일리'에 가깝다.

바미국수 Bamee Jirayuwat 푸켓타운

'바미'는 밀가루에 계란을 섞어 뽑은 중국식 면을 말한다. 짬뽕 국물 같은 육수에 말아주는 '바미 남'과 짜장 같은 소스에 비벼주는 '바미 행'이 있다. 라면처럼 쌀국수로 만든 태국국수도 판다. 양은 적은 편이니 곱빼기를 시키는 것도 좋다. 찌라유왓은 한국 관광객들 사이에서도 유명한 집이라 한국어 메뉴판도 있으며, 저녁에는 장사를 하지 않으니 점심나절에 가야 한다. 팡가 Phang Nga 거리와 몬트리 Montri 거리의 교차로에서 가깝다.

레몬그라스 lemongrass 푸켓타운

야자수가 있는 야외 테이블에서 살랑살랑 저녁바람 맞으며 밥을 먹을 수 있는 레스토랑. 태국요리를 파는 현지인 식당인데, 맛이 깔끔하고 가격노 석낭하나. 야외사리가 많기 때문에 분위기도 괜찮은 편이다. 찻길 쪽보다는 안쪽으로 앉는 게 좋다. 후식으로 아이스크림 튀김을 꼭 먹어보자. 현지인들뿐 아니라 외국인도 꽤 찾는 편. 디북로드에 있는데 택시 기사들은 이름만 말해도 잘 안다.

보트하우스 와인&그릴 Boathouse Wine&Grill 까따비치

석양을 보며 식사할 수 있는 곳으로 유명한 고급 레스토랑. 까따 비치 리조트 옆에 위치해 있고, 해변과 맞닿아 있어 분위기가 좋다. 음식 맛도 좋다. 그러나 비싸다. 때문에 특별히 분위기를 내도 좋은 날이 아니라면 식사 대신 맥주나 음료 정도 즐기는 걸 추천한다. 오후 5시부터 2시간 동안 해피아워로 와인을 제외한 음료는 50% 할인되며, 오전 11시부터 밤 11시까지 영업한다.

까따 마마 Kata Mama 까따비치

바다를 보며 푸팟퐁커리 등 해물 요리를 먹을 수 있는 레스토랑. 좋은 위치와 저렴한 가격 때문에 한국인들에게 인기를 끌고 있다. 재료와 음식이 부실하다는 평가가 날로 늘고 있기는 하지만, 좋은 위치와 가격 때문에 용서가 되는 측면도 있다. 까따비치 남쪽 끝 즈음, 트로피칼가든 리조트 입구 건너편 쪽에 있다.

> 푸켓의 숙소들은 외국인이 즐겨 찾는 휴양지 중에서는 가격이 저렴한 편이다. 우기와 건기의 가격 차이가 2배 가까이 나며, 우기에는 빠통비치 근처로 숙소를 잡으면 덜 지루하다. 숙소에 오래 머물 건지, 주로 밖으로 돌아다닐 건지, 전망을 중시하는지 그렇지 않은지에 따라 선택의 폭이 매우 넓다. 유흥도 즐기고 싶지만 조용한 휴양이 중요하다면 빠통비치에서 그리 멀지 않은 까론비치와 까따비치 정도의 거리가 좋다. 공항에서 빠통비치로 가는 중간에 있는 방타오비치에는 고급리조트들이 모여 있다. 오롯이 개인적인 시간을 즐기고 싶다면 공항에서 10분도 걸리지 않는 나이양비치도 괜찮은 선택이다. ”

까따타니 리조트 Kata Tani Resort 까따

까따 해변의 아래쪽에 더 작은 해변 까따노이에 자리잡은 리조트. 수영장 너머로 바로 해변이 보이는 전망이 멋지다. 룸이 습기가 많다는 단점이 있으나 전망이 모든 것을 용서한다. 비치를 거의 독점하는 한적함이 좋으나, 식당이나 마사지샵 이용 시 이동이 불편하다. 까따 해변에 있는 까따비치 리조트가 주변 식당 이용에는 더 적합한 편.

트리사라 푸켓 Trisara Phuket 방타오

혹시 신혼여행을 준비 중이라면 풀빌라에 하루이틀이라도 묵고 싶을 수 있다. 오션뷰 풀빌라 리조트인 트리사라는 절벽 위 수영장에서 바다를 내려다보는 뷰가 일품이다. 모든 객실 침대에서 풀장과 바다가 일직선으로 보이고, 빌라에 딸린 개인 수영장 길이가 10m여서 풀빌라 치고 큰 편이다. 성수기 가격은 타의 추종을 불허하니 비수기를 노려보자. 방타오비치 북쪽에 있어서 공항에서는 15분 정도.

부라사리 리조트 Burasari Resort *빠통*

빠통의 남쪽에 위치한 자그마한 부띠끄 리조트
다. 건물 곳곳과 수영장, 방 내부 인테리어까지
디자인과 색상에 신경을 많이 쓴 곳이다. 넓지는
않지만 아기자기하면서 현대적인 느낌이라 특히
여성들이 좋아한다. 호텔 전 구역에서 와이파이
가 가능하다.

인디고 펄 리조트 Indigo Pearl Resort *나이양*

공항에서 5~10분 거리에 위치한 나이양비치에
자리 잡고 있는 5성급 리조트다. 리조트 규모가
꽤 크고 전체적으로 디자인에 신경을 많이 쓴 곳
이다. 빠통이나 푸켓타운과 꽤 떨어져 있기 때문
에 전적인 휴양을 목표로 하거나, 공항 가기 전에
하루 이틀 묵기를 권한다.

홀리데이인 리조트 푸켓

Holiday Inn Resort Phuket

빠통의 남쪽에 위치하며 해변 쪽 메인 윙과 라우
팃 로드 쪽 부사콘 윙으로 나뉘어져 있다. 부사
콘 윙이 더 늦게 지어져서 인기가 많았는데, 메인
윙이 리모델링 중이다. 부사콘 윙의 풀뷰와 풀엑
세스빌라는 미니바가 무료. 메인 윙에 키즈클럽
이 있어 가족단위 여행자들에게 반응이 좋다.

밀레니엄 빠통 리조트

Millennium Patong Resort *빠통*

정실론 쇼핑센터와 붙어 있어서 이동과 쇼핑과
식당가 접근성이 좋다. 빠통비치의 하이라이트인
방라 로드와 해변 모두 가까운 편이다. 가격 대비
룸 컨디션과 서비스도 좋은 편이고, 빠통비치 쪽
비치사이드 윙과 정실론 내 호수 쪽 레이크사이
드 윙으로 나뉘어져 있다. 정실론과 붙어 있다는
게 단점도 되는데, 리조트단지 자체가 따로 있는
게 아니라서 산책공간이 없다.

BYD 로프트 부티크 호텔&서비스 아파트

BYD Lofts Boutique Hotel & Serviced Apartments *빠통*

푸켓에는 서비스 아파트 형태의 숙소가 많지 않은데, 빠통에 자리
잡은 BYD 로프트는 깔끔한 시설을 갖춘 아파트형 숙소다. 주방을
갖춘 거실과 침실로 분리된 형태가 기본이라 공간이 넓다는 게 장
점. 풀엑세스 같은 리조트의 느낌을 즐기기는 어렵다.

지역 정보

국명 태국(타이)
수도 방콕
언어 태국어
전기 220V 원형 콘센트와 110V처럼 생긴 일자형 콘센트 둘 다 있음
시차 한국보다 2시간 느림
비자 90일 이내 단기체류 시 불필요

언제 가는 게 좋아요?

푸켓은 11~3월이 건기이고 4~10월이 우기다. 건기 중에서도 쾌적한 11월에서 2월까지는 숙소 가격이 2배까지 올라간다. 우기에는 꽤 많은 양의 비가 올 때도 있지만, 하루 한두 차례 열대성 스콜만 쏟아지기도 한다. 우기는 비수기로 치기 때문에 숙소 비용이 저렴하므로 휴양에만 목적을 둔다면 그리 나쁘지 않다. 파도가 높아서 주변 섬 관광에는 적합하지 않다. 우기와 건기의 경계인 10월 말과 4월 초를 노려보는 것도 좋다. 날씨도 나쁘지 않고 숙소와 항공권이 저렴하다.

어떤 비행기 타면 좋아요?

푸켓만 가려고 한다면 당연히 직항이 편하다. 갈 때는 6시간 40분, 올 때는 5시간 45분 남짓 걸린다. 타이항공은 대한항공, 아시아나보다는 저렴하면서 아침 출발편이라서 점심나절에 푸켓에 도착한다. 스타얼라이언스 소속이므로 아시아나 항공 마일리지를 쌓을 수 있다. 마일리지 적립 가능 여부는 항공권 '요금 규정'을 보면 된다. 단, 2013년 6월부터 주5회로 운항횟수가 줄어 요일을 잘 맞춰야 한다. 대한항공과 아시아나는 저녁 출발이라 결혼식 당일 출발에 유용하다. 밤늦게 푸켓에 도착하므로 다음날 일정은 천천히 시작하는 게 좋다. 태국 저가항공인 비즈니스에어도 주 5~6회 푸켓행 직항을 띄우고 있다. 가격은 보통 직항보다 경유편이 저렴하다. 방콕 항공권은 땡 처리로 싸게 나오는 경우가 많아, 국내선 구간만 저가항공을 통해 연계하면 비용을 줄일 수도 있다. 대신 비행기를 여러 번 타느라 소모시간도 많다. 날짜에 여유가 있다면 방콕 경유 푸켓 in, 크라비 out으로 항공권을 사고 푸켓~피피/피피~크라비는 배로 이동하는 일정을 만들어도 된다. 어린이 동반 여행이라면 타이항공의 에어텔인 ROH를 활용하면 좋다. 비수기인 우기에는 프로모션으로 성인 2인당 어린이 1명이 무료. 1박 추가비용이 비싸면 기본 숙박인 2박만 에어텔로 하고 추가 숙박은 따로 예약하면 된다.

공항에서 숙소까지는 어떻게 가요?

2인 이상이면 미터택시가 편하다. 공항에서 나와 우측으로 가면 미터택시를 잡아탈 수 있다. 빠통까지 500바트 정도에 공항이용료 100바트가 추가된다. 리무진택시는 더 비싸고, 숙소의 픽업 서비스도 빠통 기준 600~800바트 정도 한다. 푸켓타운, 빠통, 카론, 까따까지는 미니버스라는 이름의 밴을 탈 수도 있다. 빠통까지는 1인당 150바트, 카론이나 까따비치는 180바트로 사람이 차면 출발한다. 공항버스는 푸켓타운으로 가는 것만 있다.

스탑오버할 땐 뭐하면 좋아요?

방콕 경유편을 이용하면 항공권도 저렴하면서 돌아오는 날 방콕도 살짝 맛볼 수 있다. 오전에 푸켓에서 출발해 점심나절에 방콕에 도착하면 관광할 시간이 반나절 정도 생긴다. 밤비행기를 타게 되므로 여러 곳에 욕심내지 말고 한 지역을 정해 쇼핑과 식사를 즐기고, 마지막은 마사지로 마무리하는 것이 좋다. 방콕편 일정에서 반나절 정도

를 골라 활용하면 되는데, 실롬, 카오산, 시암, 수쿰윗, 랑수안 중 한 곳을 골라 맛집 순방과 마사지, 쇼핑을 엮으면 된다.

기념품 뭐가 좋아요?

방타오비치와 푸켓타운에 있는 짐톰슨 아웃렛에서 고급스러운 태국실크 제품을 정가보다 저렴하게 살 수 있으며, 빠통비치의 정실론 지하에 가면 전통공예품과 주변에 선물할 만한 꺼리들이 많다. 여성들이라면 빠통 정실론 안에 있는 로빈슨 백화점이나 푸켓타운의 센트럴페스티벌에서 와코루 속옷을 구입하는 것은 필수다. 한국의 절반도 안 되는 가격에 질 좋은 속옷을 득템할 수 있다. 자라와 리바이스, 나이키 등 스포츠용품도 한국보다 저렴한 편이다.

환전은 어떻게 하면 되나요?

국내에서 바트화로 환전하는 경우, 기타 통화의 환율우대가 크지 않아 달러나 엔화처럼 수수료 할인을 많이 받을 수는 없다. 달러화로 우대를 많이 받고 환전한 뒤 현지에서 다시 바트화로 환전하는 게 귀찮기는 해도 환율 상으로는 살짝 유리하다. 현지에서 원화를 바로 바트화로 환전하는 경우가 환율이 괜찮을 때도 있으니 5만원권을 지참해서 가보는 것도 괜찮다.

뭘 챙겨 가면 좋아요?

수영을 잘 못해도 스노클링은 가능한데, 발을 다치는 경우가 생각보다 많다. 아쿠아슈즈를 신어 발을 보호하는 것도 좋고, 오리발을 사용하면 바다 속 움직임이 수월하다. 물론 수영복과 선크림, 선글라스, 챙 넓은 모자도 푸켓에 갈 땐 빼놓지 말아야 할 품목.

유용한 인터넷 사이트

• **관광청과 여행카페**

태국관광청 www.visitthailand.or.kr
태사랑 www.thailove.net
태초의 태국정보 카페 cafe.naver.com/thaiinfo

• **숙박 예약**

시골집 www.phuket-bannork.com
원더풀푸켓 www.wonderfulphuket.com
렛츠고푸켓 www.letsgophuket.kr
태초클럽 www.taechoclub.com
레터박스 www.letterbox.co.krv
타이호텔뱅크 www.thaihotelbank.com
푸켓닷컴 www.phuket.com (영어)
사왓디닷컴 www.sawadee.com (영어)
피피닷컴 phi-phi.com (영어)

여행 경비(3박5일 기준)

	비수기	성수기
항공권 (직항기준)	60만원대~	80만원대~
숙소 (2인실의 1인 기준)	1박 5만원	1박 8만원
식대	20만원	
투어&쇼	8만원	
교통비	15만원	
쇼핑	15만원	
총예산	130만원대~	150만원~

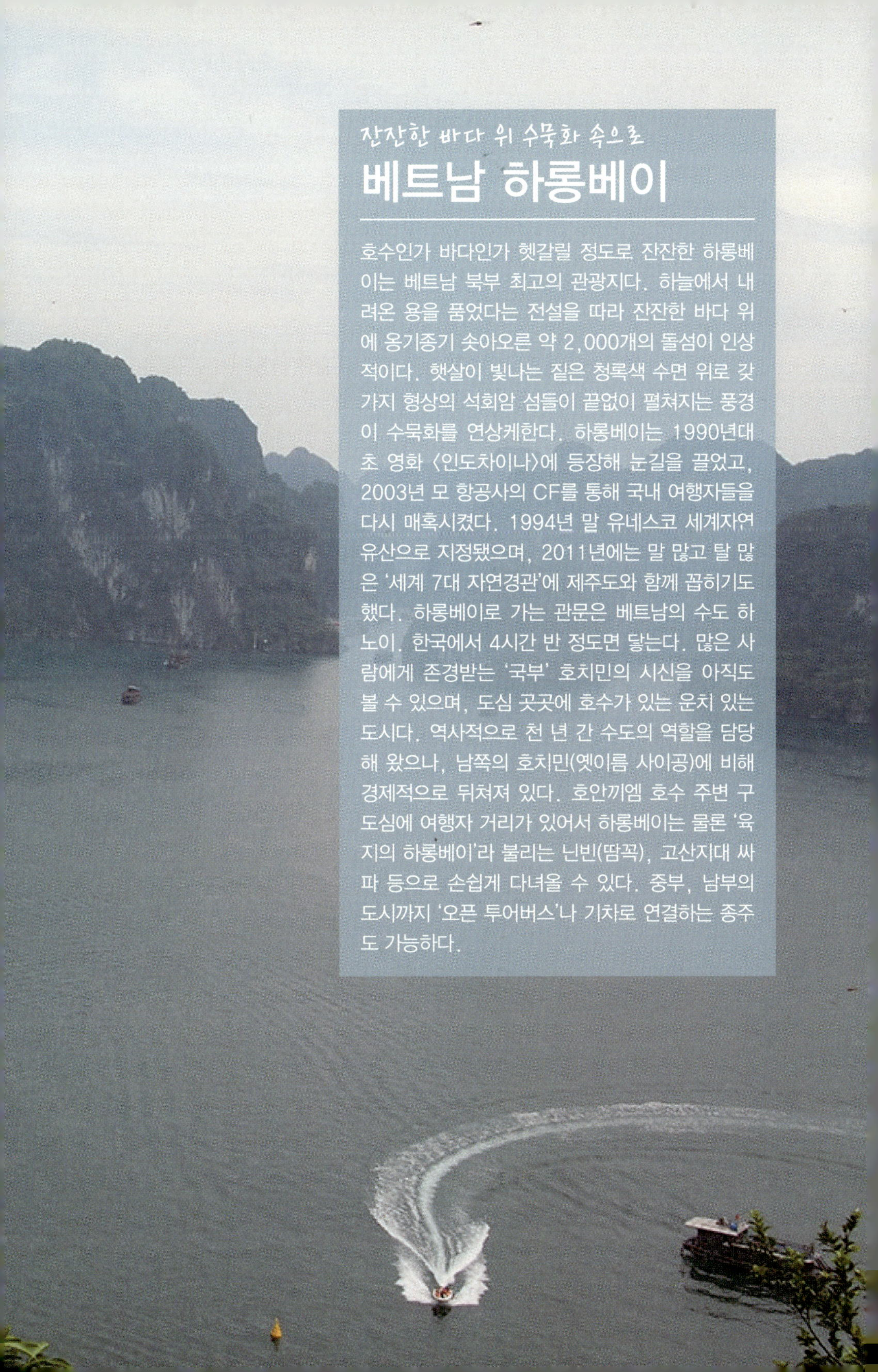

베트남 하롱베이

호수인가 바다인가 헷갈릴 정도로 잔잔한 하롱베이는 베트남 북부 최고의 관광지다. 하늘에서 내려온 용을 품었다는 전설을 따라 잔잔한 바다 위에 옹기종기 솟아오른 약 2,000개의 돌섬이 인상적이다. 햇살이 빛나는 짙은 청록색 수면 위로 갖가지 형상의 석회암 섬들이 끝없이 펼쳐지는 풍경이 수묵화를 연상케 한다. 하롱베이는 1990년대 초 영화 〈인도차이나〉에 등장해 눈길을 끌었고, 2003년 모 항공사의 CF를 통해 국내 여행자들을 다시 매혹시켰다. 1994년 말 유네스코 세계자연유산으로 지정됐으며, 2011년에는 말 많고 탈 많은 '세계 7대 자연경관'에 제주도와 함께 꼽히기도 했다. 하롱베이로 가는 관문은 베트남의 수도 하노이. 한국에서 4시간 반 정도면 닿는다. 많은 사람에게 존경받는 '국부' 호치민의 시신을 아직도 볼 수 있으며, 도심 곳곳에 호수가 있는 운치 있는 도시다. 역사적으로 천 년 간 수도의 역할을 담당해 왔으나, 남쪽의 호치민(옛이름 사이공)에 비해 경제적으로 뒤처져 있다. 호안끼엠 호수 주변 구도심에 여행자 거리가 있어서 하롱베이는 물론 '육지의 하롱베이'라 불리는 닌빈(땀꼭), 고산지대 싸파 등으로 손쉽게 다녀올 수 있다. 중부, 남부의 도시까지 '오픈 투어버스'나 기차로 연결하는 종주도 가능하다.

3박5일 추천 일정표

1일째 (목)

인천국제공항 출발 (베트남항공) — 10:35
하노이 노이바이 공항 도착 — 13:30
미니버스로 시내 이동 — 14:30
호텔 체크인 — 15:30
호안끼엠 호수와 구시가 산책 — 16:00

체크아웃 후 짐 맡기기
로컬 식당에서 저녁식사 후 휴식
수상인형극 관람
하노이 도착

4일째 (일)

07:00 — 20:00 — 18:30 — 17:00

호치민 영묘, 호치민 고가, 못꼿 사원 (한기둥 사원), 호치민 박물관 — 08:00

문묘로 이동 후 관람 — 11:00
꽌안응온에서 점심
장띠엔 거리와 오페라하우스 등 프렌치쿼터 산책
소피텔 메트로폴 호텔 르 클럽에서 초콜릿 뷔페 즐기기
장띠엔 플라자에서 커피 등 막판 쇼핑

12:30 — 14:00 — 15:30 — 18:00

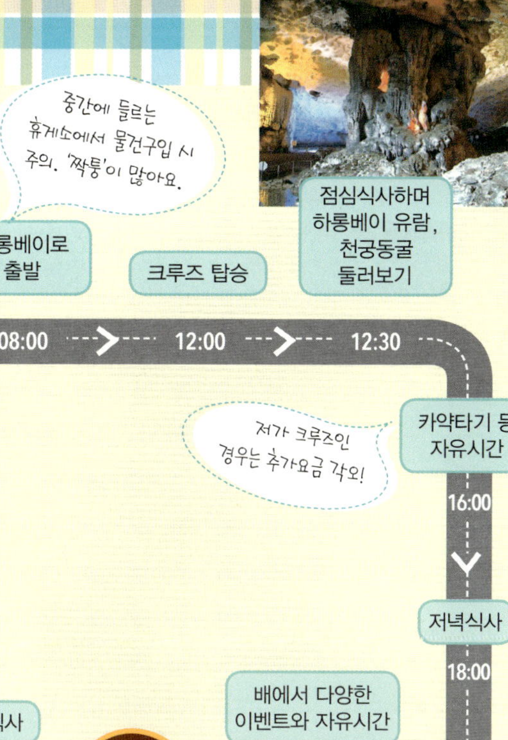

로컬 식당에서
저녁식사 후
휴식

하롱베이로
출발

크루즈 탑승

점심식사하며
하롱베이 유람,
천궁동굴
둘러보기

2일째
(금)

19:00 · 08:00 · 12:00 · 12:30

카약타기 등
자유시간

16:00

저녁식사

18:00

하롱항 도착,
점심식사 후
하노이로 출발

티톱섬 하이킹과
수영 등
하롱베이 유람

아침식사

배에서 다양한
이벤트와 자유시간

3일째
(토)

12:00 · 08:00 · 07:00 · 19:00

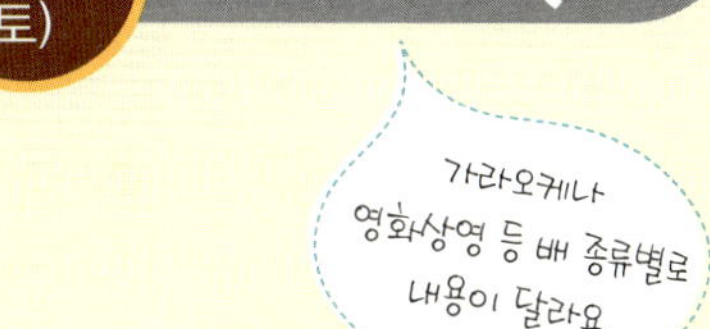

하노이
공항으로
이동

하노이
국제공항 출발
(베트남항공)

인천공항
도착

5일째
(월)

19:30 · 23:35 · 05:30

☆ 일정짜기 노하우

하노이는 관광할 곳이 많다기보다는 호수와 구시가, 프렌치 쿼터 등을 산책하며 여유로운 시간을 보내는 게 재미다. 시내 구경보다 절경을 보는 게 좋다면 4일째 일정을 땀꼭 일일투어로 대체하는 것도 좋다. 하롱베이만 목표로 한다면 하노이 하루, 하롱베이 1박2일 후 바로 밤비행기를 타는 2박4일 일정도 가능하다.

하롱베이에서 뱃놀이를 즐겨보자

하노이 시내에서 출발하는 투어는 당일치기부터 2박3일까지 다양하다. 배의 사양에 따라 가격 차이가 크다. 일일투어는 25~30달러 선에 왕복 버스비와 점심, 입장료, 가이드 비용이 포함된다. 수상 양식장에서 해산물을 추가로 구입할 수도 있으나 다금바리라고 파는 생선이 양식 능성어라는 건 알고 먹자. 스피드보트나 대나무보트, 카누로 주변을 돌아보는 옵션도 추가비용이 들지만 해볼 만하다.

하롱베이 크루즈 타고 하룻밤을 보내자

당일치기로 하롱베이를 둘러볼 땐 배 위에서 보내는 시간이 서너 시간밖에 되지 않는다. 하노이에서 하롱베이까지 4시간 가까이 걸리기 때문. 하롱베이를 좀 더 길게 즐기고 싶다면 1박2일 크루즈가 좋다. 점심을 먹으며 크루즈를 시작해, 다음날 점심 즈음 크루즈를 끝내고 하노이로 돌아간다. 4끼의 식사와 카누 등이 포함되며, 럭셔리 크루즈는 600달러가 넘기도 한다. 간혹 50달러 미만의 저렴한 상품도 있으나 배가 작고 지저분할 수 있다. 최소 70~100달러 선을 택하자.

가짜 신카페를 조심하세요

투어상품은 현지 여행사나 호텔에서 예약하는 경우가 많은데, 베트남에서 가장 유명한 여행사인 신카페The Sinh Tourist의 짝퉁 여행사나 일부 숙소의 바가지상품으로 일정을 망치는 경우가 종종 있다. 신카페는 파란색과 흰색이 섞인 간판이며, 호안끼엠 지역에는 항박 거리 바로 윗길에 위치한다.

하노이 구시가와 프렌치 쿼터를 걷자

하노이 구시가는 36개의 작은 거리로 이뤄져 있어 '36 Streets'라고도 불린다. 항베, 항박, 항보 등 항Hang으로 시작하는 거리가 많은데, 거리 이름에 그곳에서 팔던 물건의 이름이 담겨 있다. 호안끼엠 호수의 북쪽 위로 동쑤언 시장, 호수의 서쪽으로 성요셉성당St. Joseph Cathedral이 나온다. 호수 동쪽 아래 프렌치 쿼터 지역은 서점이 늘어선 장띠엔Trang Tien 거리와 오페라하우스, 1901년에 세워진 소피텔 메트로폴 호텔까지 산책해보자. 씨클로를 타고 돌아볼 수도 있다.

티톱섬에서 하롱베이를 내려다보자

티톱섬은 하롱베이의 전망을 즐길 수 있는 섬이다. 427개의 계단을 오르기는 힘이 들지만, 정상에 닿으면 시원한 바람과 함께 하롱베이 섬들의 수묵화가 눈앞에 펼쳐진다. 인공 모래해변이 있어 해수욕도 즐길 수 있다. 티톱섬의 이름은 슈퍼맨 대신 지구를 17바퀴 돌고 온 남자, 러시아 우주인 게르만 티토프Gherman Titov에게서 왔다. 그가 호치민에게 이 섬을 달라 했다가 "땅은 인민의 것"이라고 거절당했다. 대신 섬의 이름만은 영원히 티토프가 소유하게 됐다.

'호아저씨'를 만나보자

하노이에 가면 베트남의 국부國父 호치민胡志明을 만날 수 있다. 베트남의 독립을 위해 싸웠고 북베트남의 대통령이 됐던 그는 미국과 전쟁 중이던 1969년 사망했다. 화장하라던 유언과 달리 그의 시신은 방부 처리돼 거대한 영묘Ho Chi Minh Mausoleum에 안치되어 있다. 살아서는 늘 검소했던 그가 죽어서는 화려한 집에 누워 있는 역설적 상황이다. 영묘는 월, 금요일을 제외한 매일 오전 8~11시에만 개방한다.

수상 인형극을 즐겨보자

하노이의 대표적 문화예술이자 볼거리 중 하나인 수상인형극은 물 위의 인형들이 베트남 사람들의 역사와 삶에 관한 설화와 전설 등을 연기한다. 스케일이 크지는 않지만, 더운 날씨에 물 위의 공연을 보는 것도 나름의 재미다. 호안끼엠 호수 북쪽에 있는 탕롱수상 인형극장Thang Long Water Puppet Theatre에서 매일 5차례 공연한다. 단체관광객들의 필수 코스이기 때문에, 다소 소란스러울 수 있다.

호안끼엠 호수 주변을 산책해 보자

하노이는 호수의 도시다. 도심 곳곳에 18개의 호수가 있는데, 그중에서도 호안끼엠Hoan Kiem 호수, 쭉 바익Truc Bach 호수 등은 숲으로 둘러싸여 산책하기에 좋다. 특히 호안끼엠 호수는 관광객도 많지만 현지인들도 많이 찾는다. 붉은 나무다리로 연결된 호수 안의 섬에는 응옥썬 사당Ngoc Son Temple이 있다. 산책이 덥다면 호수 북쪽에 있는 5층짜리 호괌빌딩에서 시원한 커피를 마시면서 호수와 시내를 바라보는 것도 좋다.

한기둥사원One Pillar Pagoda과 호치민 고가Ho Chi Minh's House

11세기 중반에 지어진 한기둥 사원은 호치민박물관 근처에 있다. 연못 위로 둥그런 기둥이 솟아 연꽃을 형상화한 작은 사원을 받치고 있는 모양새로, 일주사나 못꼿사원이라고도 부른다. 황제가 꿈에서 연꽃에 앉아있는 관세음보살을 보고 득남을 했다는 전설이 있어서 아이를 기다리는 사람들이 자주 찾는다. 호치민 고가는 '베트남의 국부' 호치민이 세상을 떠날 때(1969)까지 11년간 살았던 집이다. 검소한 '호아저씨'의 성품 덕에 집도 소박하기 그지없다. 당시 사용 하던 침실과 서재 등이 그대로 남아 있다.

바딘광장Ba Dinh Square

호치민의 영묘 바로 앞에 있는 바딘광장은 1945년 9월 2일 호치 민이 베트남의 독립선언문을 읽었던 장소다. 호치민 영묘 외부에는 경비대가 서 있으며, 매 시간 정시가 되면 근무교대가 이뤄진다. 길 쭉한 직사각형 형태의 바딘광장 주변으로 국회의사당과 공산당 본 부, 외교부 등 정부 행정 건물이 모여 있고 호치민이 죽기 전에 살 던 고가와 호치민박물관도 멀지 않다.

오페라하우스Opera House

하노이에 남아 있는 대표적 프랑스 건물이다. 프랑스 식민 관리 들의 문화생활을 위한 용도였으며, 건축가 찰스 가니어의 설계로 1911년 완공했다. 네오 바로크양식의 건물로, 장대함과 화려함이 느껴진다. 현재는 시민극장이라 불리며, 내부를 따로 개방하지는 않으나 공연이 있을 때는 내부를 둘러볼 수 있다. 주변에 소피텔 메 트로폴 호텔과 영빈관 등이 있어 마치 유럽에 와 있는 듯한 느낌을 받을 수 있다.

땀꼭 Tam Coc

하노이 남쪽으로 2시간 정도의 거리에 위치한 닌빈 Ninh Binh에 '육지의 하롱베이'라 부르는 또 하나의 절경이 있다. '땀꼭'은 세 개의 동굴이라는 뜻이다. '삼판'이라는 나룻배를 타고 강을 따라 올라가는 동안 평화로운 논들과 겹겹이 솟아오른 석회암 지형의 봉우리들이 눈길을 사로잡으며, 머리를 숙여 지나야 하는 동굴이 배 타는 재미를 더해준다. 현지에서 직접 배를 빌릴 수도 있지만, 여행사의 일일 투어를 이용하는 게 편하다.

자연이 빚은 신비로운 섬과 동굴

하롱베이에 2,000개에 가까운 섬이 있지만, 이름이 있는 섬은 절반 정도에 불과하다. 이름은 주로 자연이 빚어놓은 놀라운 형태를 보고 붙였는데, 사람의 머리를 닮은 혼 더우 응어이 Hon Dau Nguoi, 용을 닮은 혼 롱 Hon Rong, 수탉과 암탉을 닮은 혼 쫑 마이 Hon Trong Mai 등이다. 해적이나 게릴라의 은신처가 됐던 석회동굴들도 신비로운 모습을 자랑하는데, 천장이 달 표면을 닮아 러시아 우주인 게르만 티토프가 "내가 생각하는 달과 비슷하다" 했다는 티엔꿍 Thien Cung, 천국의 궁전 동굴과 숭솟 Sung Sot, 신비 등이 유명하다.

문묘 Temple of Literature, 文廟

1070년에 공자의 위폐를 모시기 위해 세운 사원이다. 베트남 최초의 대학으로 유학자를 양성하던 곳이기도 했다. 가장 눈길을 끄는 볼거리는 거북이 등 위에 세운 비석 82개로, 1442년~1787년 간 과거급제자들의 이름이 한자로 새겨져 있다. 몇 세기에 걸쳐 만들어진 비석들이라 비석의 모양과 무늬도 조금씩 다르다.

바게트 샌드위치 반미팃Bahn Mi Thit

프랑스 식민지 시절부터 즐겨 먹게 된 바게트빵을 반미Bahn Mi라고 부르는데, 길에서 흔히 살 수 있다. 겉은 바삭하고 속은 부드럽다. 햄과 야채 혹은 다양한 재료를 넣고 느억맘이나 칠리소스를 뿌려먹는 바게트 샌드위치는 반미팃이라 부른다. 가격은 2만동 안팎.

껌Com과 쏘이Xoi

밥을 껌이라 하고, 찰밥은 쏘이Xoi라 부른다. 닭을 얹은 밥은 껌가Com Ga, 닭을 얹은 찰밥은 쏘이가Xoi Ga라고 부른다. 밥집을 껌빈잔이라 하는데, 미리 만들어져 있는 고기와 야채 등 여러 반찬 중 몇 가지를 골라서 밥과 함께 먹는 곳이다. 이름은 모르더라도 손가락으로 고르면 되고, 고르는 개수 만큼 돈을 받는다.

퍼보Pho Bo와 퍼가Pho Ga

퍼Pho는 쌀로 만든 살짝 납작한 면을 부르는 이름이며 하노이가 본고장이다. 퍼보Pho Bo는 쇠고기 쌀국수. 고명으로 살짝 익힌 고기 따이Tai, 완전 익힌 양지 친Chin, 혹은 둘을 섞은 따이 친Tai Chin 중에 골라 얹는다. 닭고기로 만드는 퍼가Pho Ga는 담백한 맛이다. 구시가에서는 퍼 자쭈엔Pho Gia Truyen이 인기가 많고, 클린턴 전 미국 대통령이 방문해서 더 유명해진 Pho24 체인은 비싸고 맛도 별다를 게 없다. 무난한 곳은 4만동, 비싼 곳은 6만동 이상.

쌀국수 국물의 비밀

개운한 베트남 쌀국수 국물에 반한 사람이 많다. 며느리도 모를 그 맛의 비법을 공개하자면, 쇠고기와 쇠뼈로 우려낸 국물에 들어가는 아주 특별한 가루되시겠다. 이것은 바로바로 '미원'이다! 90년대 초부터 베트남 사람들 사이에 '좋은 조미료'로 선풍적 인기를 끌었고, 이젠 대부분의 쌀국수 집들이 미원 없이 국물맛을 낼 수 없을 정도라니 미원종주국으로서 은근 미안해진다.

가볼 만한 식당

No.1 *길거리 식당과 카페*

퍼보, 퍼가, 분짜 등 음식을 꼭 식당에서 먹을 필요가 없다. 길에서 플라스틱 의자를 놓고 파는 곳도 얼마든지 있기 때문. 물론 위생에 신경을 쓰는 사람이라면 쉽지 않겠지만, 한번쯤 현지인들과 함께 쪼그려 앉아 음식을 먹어보는 경험도 재미있다. 더울 땐 길거리카페에서 시원한 아이스커피 '카페쓰어다'를 즐겨봄직도 하다. 쓰어는 연유, 다는 얼음을 뜻한다.

No.2 *마담 히엔*

구시가지에서 분위기 있는 곳을 찾는다면 마담 히엔Madame Hien에 가볼 만하다. 프랑스인 건축가가 지은 주택을 개조한 식당으로, 주로 서양인들이 많이 찾는다. 점심 스페셜은 7달러에 세금 10%가 추가되며, 저녁에는 1인당 20달러가 훌쩍 넘어가서 물가 싼 나라에 왔다는 생각을 잊게 해준다.

No.3 *꽌안응온*

꽌안응온Quan An Ngon은 저렴하지만 분위기 좋은 베트남 전통요리 식당이다. 현지인과 관광객 모두가 찾는 곳으로 원래 호치민에서 인기를 끌었다. 하노이로 진출한지 7년 만에 지점을 4곳으로 늘리게 될 정도다. 택시를 타고 이름만 말해도 다 알지만, 짝퉁 식당에 데려다줄 수도 있으니 주소를 보여주자.

> 호안끼엠 호수Ho Hoan Kiem 주변에 숙소를 잡는 게 편하다. 미니버스나 택시 기사가 다른 곳으로 데려다주는 경우가 꽤 있으니 조심해야 한다. 이름이 비슷한 호텔들이 있으니, 미리 주소까지 정확히 알아가는 것이 좋다.

부띠끄호텔

규모는 크지 않지만 현대적 인테리어를 자랑하는 호텔들이 꽤 생기고 있다. 하노이 티란트 호텔Hanoi Tirant Hotel은 호안끼엠 호수와 항박 거리 사이에 있어 관광에 편하다. 거의 전 지점이 트립 어드바이저 글로벌 여행가이드 사이트 평점 상위권을 도배 중인 엘레강스호텔 체인은 에센스호텔과 엘레강스호텔 루비/다이아몬드 등, 엘리트호텔Elite Hotel 등이 대부분 호안끼엠 호수에서 5~10분 거리 안팎에 있다. 50~70달러 선.

레지던스형 호텔

서비스드 아파트먼트라고도 부르는 레지던스형 호텔은 주방이 딸려 있고 공간이 넓어서 좋다. 100달러 선부터 가능하며 인원이 많은 가족여행 시 적당하다. 서머셋 그랜드 하노이Somerset Grand Hanoi Serviced Residences와 팰리스 드 티엔 타이 이그제큐티브 레지던스Palace De Thien Thai Executive Residences-Tho Nhuom 등이 호안끼엠 호수와 가까운 편이다.

게스트하우스급

호안끼엠 호수 북쪽 여행자 거리 항베Hang Be, 항박Hang Bac, 항보Hang Bo 거리 주변에 저렴한 숙소가 모여 있다. 여행사와 식당을 겸하는 곳도 많고, 도미토리급부터 가능하다. 더블베드에 화장실이 딸린 에어컨룸이 1박 10~15달러에도 가능하다. 단, 이름이 아무리 호텔이라도 가격이 시설을 말해준다는 것. 좀 더 깔끔한 곳을 찾는다면 중급호텔로 가면 된다.

중급호텔

여행자 거리는 물론 미니버스 정류장과 가까운 성요셉성당St. Joseph Cathedral 주변에도 많다. 30~50달러면 넓고 깔끔한 방에서 묵을 수 있다. 트렁남하이호텔Trung Nam Hai Hotel처럼 호텔로 직접 예약 시 예약대행 사이트와 같은 가격에 더 좋은 방으로 업그레이드를 해주는 경우도 있다.

고급호텔

소피텔, 인터컨티넨탈, 힐튼 등 국제적 체인을 비롯한 별4~5개짜리 호텔들도 비교적 저렴한 가격에 머물 수 있다. 오페라하우스 주변에 자리 잡은 곳이 많으며 100달러 안팎부터 가능하다. 하노이 최고의 호텔로 꼽히는 소피텔메트로폴호텔Sofitel Legend Metropole Hanoi도 오페라하우스 근처에 있다. 김우중 전 대우 회장이 지었다는 하노이대우호텔Hanoi Daewoo Hotel은 호치민 영묘와 문묘 등과 가깝다.

지역 정보

국명 베트남 사회주의공화국
수도 하노이
언어 베트남어
전기 220V (콘센트 모양이 3가지여서 유니버설
　　　어댑터 필요)
시차 2시간 느림
비자 15일간 무비자로 여행 가능하다.

언제 가는 게 좋아요?

베트남 남부 지역은 연중 기온변화가 거의 없지만 북쪽인 하노이 주변은 4계절의 변화를 느낄 수 있다. 크게 건기와 우기로 나눌 수도 있는데, 우기이자 여름인 5~9월에는 최고 40도 가까이 기온이 오르면서 폭우가 잦다. 10~4월은 건기로 분류하는데, 선선하고 건조한 편이다. 한겨울에도 많이 추운 편은 아니지만, 현지 주민들은 파카를 입고 다닌다. 되도록 건기에 여행하는 게 좋다.

어떤 비행기 타면 좋아요?

되도록 직항을 타는 게 낫다. 베트남항공과 대한항공, 아시아나항공이 각각 운항하며, 베트남항공이 가격대가 가장 저렴하고 시간대도 다양하다. 4시간30분이면 도착하며, 남쪽의 호치민보다 1시간 정도 덜 걸린다. 갈 때는 인천공항에서 오전에 출발하고 돌아올 땐 밤늦게 하노이를 떠나는 비행기를 이용하면 체류시간이 가장 길다.

공항에서 시내로는 어떻게 가요?

하노이 노이바이공항은 도심과 45㎞ 정도 떨어져 있다. 호안끼엠 호수 쪽으로 이동하는 방법은 미니버스, 금호버스, 시내버스, 공항택시 등 4가지다.

미니버스 베트남항공 사무실이 있는 꽝쭝 거리 Pho Quang Trung로 운행하며, 소요시간은 1시간 정도 걸린다. 요금은 2달러나 4만동이며 현지인은 3만5천동을 받는다. 사람이 가득 차면 출발하며 호안끼엠 호수 남쪽과 가까워서 호수 서쪽 성요셉성당까지 5분, 호수 북쪽의 항박 거리까지 15분 정도 걸린다. 돌아올 땐 건너편에 서 있는 버스를 타면 된다.

금호고속 호안끼엠 호수 동남쪽에 있는 오페라 하우스 근처로 간다. 주변에 특급 호텔이 많다. 1시간 넘게 걸리며, 요금은 3만5천동 혹은 2달러. 공항에서는 30분에 1대꼴, 시내에서는 1시간에 1대꼴로 출발한다. 저녁 출발은 숫자가 적으니, 미리 체크해 둘 것. 정류장을 지나치지 않도록 주의해야 한다.

시내버스 공항을 오가는 경우 요금이 7천동이며, 1시간 넘게 걸린다. 17번 버스를 타고 종점인 롱비엔Long Bien 정류장에 내리는데, 여행자 거리까지 걷기에는 많이 멀다.

공항택시 30분 남짓 걸리며, 톨게이트 비용을 포함해 315,000동, 약 15달러다. 타기 전에 비용과 톨 비용 포함 여부를 확실히 하는 게 좋다.

대중교통은 어떤게 있나요?

택시와 버스, 쎄옴(오토바이 택시), 씨클로 등이 있다. 오토바이들이 길을 가득 매우기 때문에, 도로의 정체가 심하다.

택시 차 크기별로 기본요금이 다르며 하노이 택시와 마이린 택시 등 대부분 소형은 10,000동, 중형 이상은 14,000동부터 시작한다. 미터기에 써지는 금액은 1,000동 단위. 미터기가 너무 빨리 올라간다면, 바로 내리겠다고 하는 게 좋다.

버스 공항까지 운행하는 경우 7,000동, 일반 시내버스는 5,000동이다. 버스 안에 검표원이 있어서, 요금을 내면 티켓을 주는데 내리기 전까지 보관해야 한다. 공항과 시내 이동을 빼고는 크게 이용할 일이 없다.

쎄옴 오토바이 택시를 부르는 이름이다. 현지인과 외국인 요금이 두세 배 차이가 났으나 최근 미터기를 단 쎄옴이 등장했다.

씨클로 베트남 하면 생각나는 교통수단 씨클로는 바퀴가 3개라는 뜻이다. 자전거 앞에 승객용 의자가 달린 형태로 이제는 거의 관광객용으로만 사용된다. 호안끼엠 호수 근처에서 타볼 수 있는데, 가격은 흥정이 기본이다. 후하게 쳐도 30분에 3~5달러를 넘지 않는 게 적당하다.

기념품 뭐가 좋아요?

기념품으로 가장 좋은 것은 커피다. 베트남의 커피 생산량은 브라질에 이어 세계 2위. 인스턴트 커피를 만드는 로부스타 종을 주로 생산하며, 원두는 쭝웬Trung Nguyen과 하이랜즈Highlands, 인스턴트커피는 쭝웬에서 만드는 G7이 유명하다. 다람쥐 배설물로 만들었다는 커피도 종종 볼 수 있으나, 비싼 가격에 비해 맛이나 진실성을 장담할 수 없다. 노스페이스 옷이나 키플링 가방도 국내에 비해 많이 저렴한데, 가짜인 경우가 많으니 브랜드보다 품질을 보고 고르는 게 좋다. 베트남 하면 생각나는 아오자이는 소재나 디자인의 질에 따라 가격이 다양하며, 고급 매장에서는 실크 제품을 파는데, 베트남 여성들의 짧은 상체와 긴 다리에 맞춰져 있어서 바지는 길고 허리는 맨살이 드러나는 슬픔이 있다.

> **Tip! 베트남식 커피, 한국에서 먹으려면**
> 베트남식 아이스커피 '까페 쓰어(연유) 다(얼음)'는 진하게 내린 커피에 달짝지근한 연유를 넣어 미친 듯이 달지만 한번 먹고 나면 자꾸 생각나는 중독성 있는 맛이다. 인스턴트커피 믹스가 취향이 아니라면 원두커피와 스테인레스 드리퍼도 함께 사오는 게 좋다. 드리퍼 구멍이 너무 크면 커피와 물이 동반탈출을 시도하니 조심.

환전은 어떻게 하면 되나요?

베트남 화폐는 동VND을 쓴다. 한국에서 원화를 동화로 바꾸는 것보다 달러화로 가져가서 베트남 현지에서 환전하는 게 유리하며, 여행자 거리 주변은 은행이 쉬는 주말에도 환전 가능하다. 세계에서 화폐 가치가 가장 낮은 나라로 손꼽히며, 한꺼번에 많은 돈을 환전했다간 지갑이 닫히지 않는다. 숫자가 커서 헷갈리더라도 거스름돈을 받을 때마다 바로 앞에서 다시 한 번 세어보고, 훼손된 돈은 사용할 수 없으니 바로 교환하자.

여행 경비(3박5일 기준)

	비수기	성수기
항공권 (저가항공 포함)	40만원대~	60만원대~
숙소 (2인실의 1인 기준)	1박 2만원	1박 3만원
식대	10만원	
투어비 (하롱베이 1박2일)	10만원	
교통비	1만원	
쇼핑	2만원	
총예산	70만원대~	100만원~

유용한 인터넷 사이트

• *관광청과 여행카페*
베트남 관광청 travelvietnam.co.kr
태사랑 thailove.net (베트남 클릭)
베트남 그리기 cafe.naver.com/vietnamsketch.cafe
렛츠고 베트남 cafe.daum.net/gajavn

필리핀 보라카이

7,000개가 넘는다는 필리핀섬 중에서 세계 최고의 해변 순위에 꼭꼭 들어가는 곳. 새하얀 산호가루 해변에, 에메랄드빛 바다가 넘실대는 곳. 바로 보라카이 화이트비치가 그 주인공이다. 길쭉한 뼈다귀 모양의 보라카이섬 서쪽으로 4㎞ 가까이 이어지는 화이트비치는 보트 스테이션 1, 2, 3을 중심으로 지역을 나눈다. 스테이션2 근처인 디몰 주변이 가장 번화한 편. 스테이션1이나 3 쪽에 머문다면 산책 삼아 걷거나 트라이시클을 이용한다. 화이트비치 외에도 크고 작은 해변들이 있는데, 섬 북쪽의 푸카쉘비치는 한적하고, 섬 동쪽의 불라복비치는 해양스포츠 장소로 활용된다. 아일랜드 호핑 땐 보라카이섬의 다른 해변이나 주변 유료섬의 해변으로 가게 된다. 필리핀은 가깝지만 보라카이에 가려면 시간이 꽤 걸린다. 길이 8km에 폭은 1~4km에 불과한 작은 섬이라 공항이 없다. 남쪽 파나이섬의 두 공항을 이용하며, 짧으면 5분 길게는 2시간까지 차로 이동해서 다시 배를 타는 불편을 감수해야 한다. 그러나 동남아 관광지 중에서 섬의 메인비치 물빛이 가장 환상적인 곳이다. 섬이 크지 않으면서 세계 곳곳의 음식을 맛볼 수도 있다. 별 계획 없이 바다를 즐기며 먹고 쉬기에 딱이다.

ⓒ 필리핀관광청

3박5일 추천 일정표

1일째 (목)

08:00	11:00	14:00	15:00	16:00
인천공항 출발 (필리핀항공)	깔리보공항 도착 후 버스로 항구까지 이동	보라카이 들어가는 배 타기	보라카이 도착, 숙소 체크인	화이트비치 산책하며 세일링과 체험다이빙 예약

4일째 (일)

21:00	19:00	17:00	15:00	13:30
코코망가스에서 사람 구경	시마에서 저녁	디몰 주변 쇼핑하기	화이트비치에서 마사지 받고 낮잠 자기	요나스에서 망고쉐이크와 점심 먹기

09:00	12:00	13:00	15:00	16:00	17:00
아침식사 후 숙소나 해변에서 휴식	체크아웃 후 마냐나에서 망고쉐이크와 타코플래터로 점심 먹기	ATV나 버기카 빌려서 푸카쉘 비치로	루호전망대에서 화이트비치 전경 보기	재머스에서 햄버거 먹기	스파 가서 마사지 받기

먹을거리 들고 타도 돼요.
선셋 세일링
비치로드 산책 후 스테이크 하우스 저녁
찰스바에서 라이브음악 즐기기
손낚시로 열대어를 잡고, 스노클링을 한 뒤 해물바비큐로 점심.
호핑투어 출발
17:00
18:00
20:30
2일째 (금)
09:30
스파 가서 마사지 받고 휴식
15:00
디몰 근처 식당에서 저녁
19:00
7시에 문 열어요. 새콤한 칼라만시 냐핀이 추천메뉴!
체험다이빙
아침 화이트비치 산책과 휴식
리얼커피에서 아침
화이트비치 모래성 구경과 산책
11:00
09:00
08:00
3일째 (토)
20:00
LUNCH
①호마지막 배 시간을 미리 체크하세요. ②까띠끌란 항구에서 밴이나 버스를 타고 이동. 공항은 밤 10시에 열어요. 발마사지 가게가 있으니 낮에 마사지를 못 받았다면 이용해보세요.
깔리보 공항으로 출발
깔리보공항 출발
인천공항 도착 (필리핀항공)
18:40
5일째 (월)
00:50
06:00
일정짜기 노하우
호핑, 다이빙, 워터스포츠 일정은 생각보다 체력소모가 크므로 하루에 한 가지 정도가 좋다. 밤비행기를 타고 오는 날은 마사지로 피로를 좀 풀고 출발하자. 마닐라 경유편을 이용하는 경우는 일정을 하루 늘려서 마닐라에서 1박을 하고 반나절 정도 마닐라를 돌아본 뒤 인천공항에 저녁 도착하는 비행기를 타는 것도 좋다.

화이트비치에 누워보자

세계에서 가장 멋진 해변을 꼽자면 매년 순위권에 들어가는 '보라카이의 얼굴' 화이트비치는 길고 하얀 모래사장이 포인트다. 에메랄드빛 바다에 몸을 담글 수도 있고, 야자수 아래 선베드에 누워 책을 읽거나 낮잠을 잘 수도 있다. 피곤하면 해안가에서 바로 마사지를 받을 수도 있고, 레게머리를 할 수도 있다. 계획 없이 바다만 바라보는 한나절, 힘들게 도착한 곳이니 제대로 한 번 쉬어보자.

ⓒ 필리핀관광청

해변 주변에서 헤나 문신을 해주는 사람들이 있다. 재미로 작은 것 하나 정도는 시도해볼 수 있지만 주의할 게 있다. 첫째, 피부가 민감한 사람은 약품이 몸에 안 맞아 문제가 생길 수도 있다. 둘째, 호텔 시트나 수건에 묻히면 배상해야 하니 2시간 이상은 기다려서 말려야 한다. 셋째, 여행지에서만 잠깐 기분을 낼 생각이면 평소에도 잘 드러나는 부위에 해도 될지 한 번 더 생각할 것. 헤나 문신은 최소한 1주일은 지나야 옅어지고 보통 2주 정도 간다.

팔짝 팔짝 비치호핑 해보기

호핑Hopping이란 여기저기 돌아다닌다는 뜻으로 보트를 타고 2곳 이상의 해변을 옮겨 다니는 것을 비치호핑 혹은 호핑투어라 부른다. 방카날개를 펼친 모양의 모터 달린 배를 타고 바다로 나가 낚시와 스노클링을 하고 해물 바비큐로 점심식사를 하는 것이 기본이다. 패키지여행이라면 옵션, 자유여행이라면 현지여행사나 호텔의 프로그램을 활용하는데, 일행이 여럿이면 직접 배값을 흥정하고 점심거리와 스노클링 장비를 챙겨가는 방식도 가능하다.

ⓒ 필리핀관광청

무동력 돛단배에서 석양을 맞자

보라카이에는 파라우Paraw라고 하는 무동력 보트가 있다. 화이트비치에서 파라우를 빌려 일몰을 보러나가는 것을 선셋세일링이라고 하는데, 1시간에 1만원 안팎이면 가능하다. 돛에 바람을 담아 바다로 미끄러져 나가 형형색색으로 바다와 함께 물드는 석양 앞에서 나만의 시간을 보낼 수 있다. 그물망 위에 앉아 있으면 물이 튀기도 하고, 바람이 꽤 서늘할 때도 있어서 긴팔 옷을 하나쯤 챙겨도 좋다.

해양스포츠를 즐겨보자

비치로드를 따라 걸으면 해양스포츠를 권하는 현지인들을 많이 만나게 된다. 업체들의 가격은 비슷하므로 가까운 곳을 이용해도 되고, 리뷰가 좋은 곳을 찾아도 된다. 제트스키, 수상스키, 바나나보트, 카이트보드 등 다양하다. 화이트비치가 바람 없이 잔잔할 때는 반대편의 볼라복비치에서 조금 더 강한 파도와 함께 해양스포츠를 즐길 수 있다. 섬이 동서로는 좁기 때문에 걸어도 그리 멀지 않고, 뚝뚝을 흥정해서 타고 가도 된다.

© 필리핀관광청

다이빙을 해보자

보라카이의 즐길거리 중 하나는 다이빙이다. 초보들이 체험다이빙으로 볼 수 있는 곳과 어드밴스 자격 이상만 접근할 수 있는 깊은 바다까지 다양한 다이빙 포인트가 있다. 보라카이에서 다양한 다이빙 자격증을 딸 수도 있다. 오픈워터는 최소 3일 이상이 필요하고, 필기시험도 봐아 하므로 일정을 길게 잡는 것이 좋다. 아무래도 한국인이 운영하는 다이빙 업체 씨월드www.seaworld-boracay.co.kr나 한인강사가 있는 곳을 찾는 게 편하다.

밤에는 해변가에서 음악을 즐겨보자

음주가무 좋아하는 걸로는 둘째가라면 서러운 필리핀 사람들! 그 덕분에 화이트비치에서도 음악을 즐길 만한 공간이 많다. 대표적인 곳은 찰스바Charlh's bar. 보트 스테이션 2와 3 사이 해변에서 음악소리가 들린다면 바로 이곳이다. 꽤 실력 있는 뮤지션들이 유명한 팝송을 들려주며 신청곡을 받기도 한다. 밤 9시까지는 해피아워라서 음료가 1+1이며, 라이브 공연은 9시 전후에 시작한다.

마사지로 피로를 풀어보자

호핑투어를 했건, 해양스포츠를 했건, 해변에 누워 놀거나 산책을 했건 몸이 뻐근할 때면 마사지가 제격이다. 제대로 된 마사지숍에 가서 받는 것도 좋지만 해변에서 바로 받는 마사지도 경험해볼 만하다. 가격은 1만원 안팎이고, 오일을 사용해 마사지해준다. 몸에 모래가 좀 묻긴 하지만 피로를 푸는 데에는 제격. 특별히 어깨나 다른 곳이 불편하다고 말하면 정해진 시간 이상 추가로 마사지를 더 해준다. 팁은 챙겨주는 게 좋다.

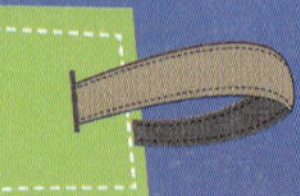

푸카쉘비치|Puka Shell Beach

섬 북쪽 끝에 있는 해변으로 야팍Yapak 비치라고도
부른다. 하얀 조개가 부서진 조각이 산호가루와
섞여 눈이 부시다. 화이트비치보다 발은 따갑고,
파도가 높은 편. 주로 현지인 꼬맹이들만 보이는
조용한 해변이다. 소음이 없는 대신 그늘도 없다
는 것은 아쉬운 점. 그러나 가져간 수건을 나무
아래에 깔고 잠시 쉬어보자. 자외선 차단제와 모
자, 선글라스는 필수. 가수 이효리가 광고 속에
서 "망마라망망~"하며 망고송을 불렀던 해변이
바로 이곳이다.

루호산 전망대|Mount Luho

보라카이섬에서 가장 높은 곳이 루호산이다. 보
트 스테이션1에서 불라복비치 쪽으로 넘어가서
북쪽으로 올라가면 전망대 입구가 나온다. 화이
트비치와 불라복비치를 내려다볼 수 있으며, 보
트 스테이션1 근처에서 트라이시클이나 ATV 혹
은 버기카를 타고 가면 된다. 낡은 트라이시클은
언덕을 오를 때 힘이 달려서 손님은 걸어올라야
하는 경우도 생긴다. ATV는 사륜구동 모토바이
크로 현지인 가이드가 따라붙는데, 운전이 서툴
다면 버기카도 괜찮다.

디몰|D`Mall

비치 스테이션2 근처에 있는 보라카이 최대의 번화가로 비치로드와 메인로드를 잇는 골목을 따라 깔
끔한 옷집, 레스토랑, 바들이 늘어서 있다. 암벽타기를 위한 벽도 있고, 작은 회전관람차도 있어서
밤에는 반짝반짝 야경을 연출한다. 메인로드 쪽 끝에 있는 버짓마트Budget Mart는 모기 쫓는 약 오프OFF
나 일용품을 사러 한번쯤은 들르게 되는 편의점이다. 공중화장실은 5페소를 내고 사용해야 한다.

디탈리파파 D'Talipapa

탈리파파는 시장이라는 뜻. 원래 스테이션 3쪽에 커다란 탈리파파 재래시장이 있었으나, 2005년 초 화재로 많은 부분이 소실된 뒤 스테이션2 쪽에 디몰과 디탈리파파가 생겼다. 디탈리파파에서도 기념품과 말린 망고, 과일, 신선한 해산물 등을 살 수 있다. 웻마켓Wet Market은 한국의 수산물 시장처럼 신선한 해산물을 사서 식당에 가면 요리해주는 스타일로 운영된다. 아침이나 저녁에 방문하는 것이 좋다.

크로커다일섬 Crocodile Island

악어가 사는 섬이 아니라 악어를 닮은 모양의 섬이다. 보라카이 남동쪽에 있는 작은 섬으로, 주변에 다이빙 포인트가 있고 스노클링을 즐기기에도 적당하다. 다이빙이나 호핑투어 중에 들러도 좋고, 보라카이섬 일주를 하는 길에 멀리서 바라봐도 좋다.

© 필리핀관광청

화이트비치의 모래성

화이트비치 중간을 걷다보면 정말 잘 만들어놓은 모래성을 볼 수 있다. 매일 날짜를 새기며 살짝씩 다른 모양을 만든다. 낮에는 낮대로 예쁘지만 밤에는 촛불로 장식해서 낭만적인 분위기도 만들어준다. 기념사진을 찍으면서 팁박스가 보이면 살짝 돈을 넣으면 된다. 화이트비치 산책길에도 한 번쯤 들러볼 만하다.

망고쉐이크 Mango Shake

보라카이에서 가장 흔하게 볼 수 있는 과일이 망고다. 4~6월이 제철이라지만 일 년 내내 망고를 맛볼 수 있는 곳이기도 하다. 덕분에 망고쉐이크가 정말 유명하다. 과일을 그대로 갈아 진하고 달콤 향긋한 맛이 일품이며, 우유를 넣을지 말지 정할 수 있다. 망고 하나를 다 넣기 때문에 사람 얼굴만큼 큰 잔에다 주는 곳도 많다. 요나스Jonah's나 마냐나Mañana 등이 유명하고, 웬만한 식당이나 바에서도 판다. 가격은 100페소 안팎부터.

해산물 요리

섬에 가면 아무래도 해산물 요리 한번쯤은 먹어 줘야 한다. 호핑투어를 간다면 해산물 바비큐로 점심을 먹는 게 기본. 배를 전세내기로 했다면 직접 시장에서 해물을 사서 가져가게 된다. 디몰 근처에 있는 디탈리파파D'Talipapa의 웻마켓Wet market은 해산물 재래시장으로 게, 새우, 오징어 등을 킬로그램 단위로 흥정해서 살 수 있다.

산미구엘 San Miguel

산미구엘은 필리핀 대표 맥주로 슈퍼에서 한 캔에 1,000원 남짓, 바에선 2,000원대에 맛볼 수 있다. 찰스바에서 음악을 들으며, 혹은 바다를 바라보며 시원하게 한 모금 즐겨보자.

꼬치요리

저녁 무렵 화이트비치 주변에 늘어선 노점에서 가장 흔하게 만날 수 있는 것이 바로 꼬치구이다. 쇠고기, 돼지고기, 닭고기, 해물 등 종류가 다양하다.

깔라만시 Calamansi

금귤보다 조금 큰 동그란 과일로, 레몬이나 라임처럼 신맛이 나며 초록색이었다가 점점 오렌지색으로 변한다. 레몬보다 비타민C가 많아서 필리핀 사람들은 거의 만병통치약처럼 활용한다. 깔라만시 머핀이나 케이크로도 먹는다.

고급리조트

보라카이는 리조트가 많이 발달한 편
은 아니었다. 그러나 리모델링으로 판
도가 바뀌고 있는 중이다. 신혼여행객
들이 갈 만한 곳은 보트 스테이션1 위
쪽 프라이데이즈Fridays Boracay Resort와 절
벽 위에 있는 빌라형태의 나미리조트
Nami Resort 정도였다가, 2009년 서북쪽
끝에 샹그릴라 리조트Shangri-La's Boracay
Resort & Spa가 생겨 각광을 받고 있다. 개
인풀이 있는 아샤 프리미어 스위트Asya
Premier Suites도 최고급을 지향한다.

중급리조트

화이트비치 주변에 있는 많은 숙소들
이 중급 리조트다. 정원을 갖춘 방갈로
스타일들도 있어서 자연속의 밤을 경
험할 수 있다. 절벽 위에 지어진 발링
하이 리조트Baling Hai Beach Resort는 한적한
비치까지 계단으로 연결되어 있다. 시
설이 세련되지는 않았지만 친환경적인
경험을 원하는 사람들에게 인기가 있
다. 해변에 갈 때 비치타올을 빌려주지
만 타올이나 침대 시트에 헤나문신 얼
룩이 묻어 있으면 가차 없이 배상을 요
구하니 주의하자.

게스트하우스급 숙소

미리 숙소를 예약하지 않고 도착해서 현지의 저렴한 숙소를 찾는 경우라면, 큰길가보다는 골목골목을
뒤져보는 게 좋다. 게스트하우스급 숙소들은 에어컨룸이냐 펜룸이냐에 따라 가격 차이가 나며, 방에
직접 들어가서 소음이나 습기, 냄새, 청결도 등을 직접 보고 결정해야 후회가 없다. 스테이션3 남쪽으
로는 번화가에서 멀어 더 저렴한 편. 성수기 피크시즌에 방문할 예정이라면 이메일로 연락해서 방이 있
는지 미리 묻고 가격 조율을 하는 게 좋다.

지역 정보

국명 필리핀Republic of the Philippines
수도 마닐라
언어 타갈로그어와 영어, 스페인어
전기 220V가 공통 표준이나 110V도 있음.
시차 한국보다 1시간 느림
비자 21일 이내 단기체류 시 불필요

언제 가는 게 좋아요?

11~5월까지가 건기이며, 6~10월까지는 우기다. 일반적으로 건기가 쾌적하고 북동풍이 불어 화이트비치 쪽 파도가 잔잔하다. 11~2월은 초여름처럼 선선하고, 소나기가 올 때도 종종 있지만 쨍한 날씨다. 성수기 중에서도 크리스마스 직전부터 연초까지는 숙박업소들이 상당히 비싸진다. 3~5월은 가장 무덥고, 수온이 올라가 녹조류가 파도에 밀려올 수 있어서 화이트비치의 제모습을 보기 어려울 수도 있다. 한국의 여름휴가철인 7~8월은 우기 중에서도 강수량이 많고 종종 태풍도 오는 시기. 화이트비치 쪽의 파도가 높다는 점을 염두에 두자.

어떤 비행기 타면 좋아요?

보라카이는 섬이 작아 비행장이 없다. 인근 섬에 있는 깔리보공항과 까띠끌란공항을 이용한다.

깔리보공항 깔리보공항 직항은 2013년 11월 현재 필리핀항공이 유일하다. 비록 보라카이로 가는 배를 타려면 다시 1시간30분을 차로 이동해야 하지만, 마닐라 경유편의 경우 국내선 연착이 많아 직항이 나은 점은 있다. 진에어 등이 한시적으로 깔리보 직항을 운항할 때가 종종 있다. 마닐라를 경유해 깔리보공항으로 가는 경우도 있지만, 이래저래 시간이 많이 걸리므로 정말 싼 항공권이 아니라면 피한다. 국제선 공항이용료는 500페소.

까띠끌란공항 인천에서 마닐라공항까지는 대한항공, 아시아나, 필리핀항공, 제주항공, 에어아시아 제스트(에어아시아가 제스트에어를 합병) 등이 운항 중이다. 마닐라에서 까띠끌란까지는 필리핀항공과 에어필익스프레스 등이 있다. 까띠끌란공항은 쌍발기만 내릴 수 있는 곳이라서 자리가 한정적이고 가격도 비싼 편이다. 항공사별로 마닐라국제공항터미널이나 올드도메스틱공항 이용 여부가 다르니 티켓을 잘 체크해야 한다. 터미널 이동시간과 국내선 연착이나 결항을 감안해 국제선과 연결에 무리가 없는 시간대를 골라야 한다. 까띠끌란 국내선 공항세 200페소. 마닐라공항 국내선 이용료는 200페소, 국제선은 550페소.

공항에서 보라카이섬까지는 어떻게 가요?

깔리보공항에서 밴을 타고 1시간30분 정도 달리면 까띠끌란 제티항구에 도착한다. 이 밴은 여행자들을 다 채워 출발한다. 가격은 250페소. 까띠끌란공항에서 항구까지는 트라이시클로 5분. 가격은 50페소. 보라카이로 들어가는 배는 25페소부터. 터미널 이용료 100페소와 환경세 75페소를 내야 한다. 포터가 짐을 들어주면 가방 당 20페소 정도 팁을 줘야 한다.

보라카이 안에서는 뭘 타고 다녀요?

트라이시클을 택시처럼 잡아타게 된다. 오토바이를 개조한 삼륜차로 오토바이가 앞이 아니라 옆에 달려 있다는 점이 인도차이나반도의 뚝뚝과 조금 다르다. 칵반선착장에서 보트 스테이션 1~3까지는 트라이시클 1대에 100페소이고, 보트 스테이션 1~3 내에서 이동할 때는 60페소 정도다. 타기 전에 미리 가격을 정하고, 만약 흥정에 응하지 않으면 지나가는 트라이시클을 세워서 흥정을 하는 게 낫다. 밤에는 어디를 가건 100페소를 달라고 하기도 한다.

기념품 뭐가 좋아요?

밤에 해변을 산책하다보면 모기의 파상공격에 무방비 상태로 노출되기 싶다. 약국이나 마트에서 모기 쫓는 '오프OFF' 로션을 파는데, 피부가 민감

한 사람은 어린이용을 사면 된다. 한국에도 들어
오긴 하지만, 현지 가격이 더 싸고 캠핑이나 야외
활동할 때도 사용할 수 있어 괜찮은 기념품이 된
다. 말린 망고 과육은 7D 상표가 유명하고, 열대
과일향 비누도 가까운 주변 사람들에게 나눠주기
괜찮은 선물이다. 디몰에는 과일 등 특이한 모양
의 쪼리(플립플랍)를 파는 곳도 있다.

환전은 어떻게 하면 되나요?

필리핀의 화폐단위는 페소peso다. 한국에서 인터
넷환전이나 환율우대를 받아서 달러로 환전한 뒤,
현지 공항에서 다시 페소로 환전하는 것이 유리하
다. 1,000페소짜리는 너무 큰 돈이다. 되도록 작
은 돈을 사용하고, 맞게 거슬러 주는지 바로 앞에
서 세어보는 게 좋다. 공항에 밤늦게 도착하는 경
우는 인천공항이나 시내은행 본점에 가서 페소를
소량이라도 미리 환전해 가는 게 좋다. 택시나 트
라이시클 이용 때 잔돈이 없다고 남겨주지 않는
일이 부지기수이므로 기왕이면 잔돈을 갖고 있어
야 한다. 가게에서 신용카드 사용 시 수수료가 붙
는 경우가 많으니 되도록 현금 사용을 권한다.

Tip! 팁은 얼마나?

작게는 20페소, 많게는 50, 100페소다. 항구에서
포터가 짐을 들어주면 가방 1개당 20페소를 준다.
식당에서는 1인당 20페소, 3인에 50페소 정도. 마
사지를 1시간 정도 받았다면 50~100페소 정도를
주면 된다. 고급리조트에서 짐을 옮겨주거나 청소를
해주면 다른 나라에서처럼 1달러 정도 혹은 50페소
를 준다. 고급식당의 경우 계산서에 10% 서비스 차
지가 붙어 나오며, 이 경우는 따로 팁을 줄 필요가
없다.

여행 경비(3박5일 기준)

	비수기	성수기
항공권 (저가항공 포함)	50만원대~	70만원대~
숙소 (2인실의 1인 기준)	1박 6만원	1박 10만원
식대	15만원	
다이빙& 호핑 등 워터스포츠	15만원	
교통비 (공항세 포함)	5만원	
쇼핑	5만원	
마사지	10만원	
총예산	120만원대~	150만원~

유용한 인터넷 사이트

• **여행카페&투어 예약**

온필(필리핀항공) www.onfill.com
드보라 보라카이 http://cafe.daum.net
/BoracayDay
아이러브보라카이 cafe.daum.net
/iloveBoracay
보라카이다이어리 blog.naver.com
/boracaydiary
광명보라카이 cafe.naver.com
/boracaytkt.cafe
엔조이필리핀 cafe.naver.com
/njoypp.cafe
비나투어 www.vinatour.co.kr

캄보디아 시엠립

앙코르와트Angkor Wat는 한때 인도차이나를 주름잡았던 고대 크메르왕국이 남긴 신비로운 유산이다. 사원 벽 주변의 해자(적의 침입을 막기 위해 성 밖을 둘러 파서 못으로 만든 곳)는 바다를, 중앙의 가장 높은 탑은 우주의 중심인 메루산(불교의 수미산)을 상징한다. 완벽한 대칭을 이루는 건축물, 신화 속 인물과 그들의 이야기를 부조로 새긴 벽면은 탄성을 자아내게 한다. 12세기 초 힌두사원으로 건축됐으나 불교사원으로도 활용됐다. 앙코르 유적 하면 앙코르와트만 있는 게 아니다. 크메르제국의 마지막 수도 앙코르 톰은 가장 넓고, 거대한 관음상의 온화한 미소가 눈길을 끈다. 영화 〈툼레이더〉의 배경으로 유명한 타 프롬은 사원 벽을 파고든 거대한 나무뿌리가 신비롭다. 1992년에 유네스코 세계문화유산으로 지정된 앙코르 유적 곳곳에는 아직도 복원을 기다리는 돌무더기들이 쌓여 있다. 자세히 보려면 1주일도 모자라다지만, 유적과 힌두신화로 논문이라도 쓸 생각이 아니라면 주요 유적을 중심으로 3일 정도 돌아보면 된다. 씨엠립공항까지는 직항으로 약 5시간20분. 수년 전부터 한국 관광객이 기하급수적으로 늘면서, 저가모객과 바가지 쇼핑으로 불만도 높아졌다. 패키지라면 너무 저가를 고르지 말고, 자유여행이라면 미리 유적해설서 한 권 정도는 읽고 가자. 아는 만큼 보인다는 말이 꼭 맞는 곳이다.

3박5일 추천 일정표

인천공항 출발
(아시아나항공)

씨엠립공항 도착, 비자 발급받고 입국 수속

숙소로 이동

1일째 (수) ---- 19:10 ----> 22:50 ----> 23:30 ----> **2일째 (목)**

타케오, 프레아칸, 니악 포안, 타솜, 동메본, 프레룹까지 반시계방향 관람

시내로 돌아와 점심 식사와 휴식

반티아이 스레이 둘러보기

앙코르와트 입구 앞 노점에서 아침식사

14:00 <---- 12:00 <---- 09:00 <---- 07:30

뷔페에서 저녁 먹고 압사라 댄스 공연 관람

18:30

4일째 (토)

벙밀리어 유적으로

점심식사(미리 사들고 가기)

톤레삽호수에서 배를 타고 수상촌 구경 후 일몰 보기

올드마켓 저녁식사 후 마사지

공항으로 이동

09:00 ----> 13:00 ----> 15:00 ----> 19:00 ----> 21:30

★ 일정짜기 노하우

아침에 보면 좋은 유적과 오후에 보면 좋은 유적이 따로 있다. 앙코르와트는 아침에 일출을 보러 가지만, 본격적인 관람은 오후가 더 좋다. 앙코르 톰은 패키지 관광객들이 오전 8시대 첫 코스로 오는 곳이니 살짝 피하자. 타 프롬에 먼저 들렀다가 가는 것이 방법. 앙코르 유적보다 앞선 시대인 롤루스 유적에 가려면 되도록 투어 앞쪽으로 배치하는 게 좋다. 앙코르 유적을 본 후에 가면 자칫 시시하게 느껴질 수 있기 때문. 더위 때문에 아침 일찍 나갔다가 11~14시 사이는 숙소로 돌아오는 게 좋다.

이건 꼭 해보자!

앙코르와트에서 일출을 보자

서쪽을 향해 문을 낸 앙코르와트는 등 뒤에서 떠오르는 아침 해와 함께 붉게 물든다. 그때야말로 말할 수 없이 아름다운 순간. 참배로 왼쪽 연못 앞에서 사진을 찍으면 앙코르와트의 탑들 사이로 솟아오르는 해와 연못에 비친 또 하나의 앙코르와트를 함께 찍을 수 있다. 새벽 5시 정도에는 출발해야 하며, 전날 미리 뚝뚝이나 택시를 예약해서 시간 약속을 해두면 꼭두새벽부터 와서 기다려준다. 1일 금액에 추가금액이 필요하다.

영화 속 장면들을 되새기며 걸어보자

앙코르 유적이 인상적으로 담긴 영화는 〈툼레이더〉와 〈화양연화〉다. 〈툼레이더〉에는 프놈바켕, 앙코르와트, 타 프롬 등이 나왔는데 특히 인상적인 곳이 타 프롬이다. 밀림 속 신전을 뒤덮은 거대한 나무뿌리는 영화 속 그대로다. 다만, 안젤리나 졸리가 들어갔던 지하 공간은 눈 씻고 찾아도 없다. 〈화양연화〉에서 돌구멍에 아픈 사랑의 추억을 봉인하고 쓸쓸히 돌아서던 양조위를 떠올리며 앙코르와트 곳곳을 산책해보는 것도 좋다.

앙코르 톰의 거대한 미소에 빠져보자

앙코르와트 이상으로 강한 인상을 주는 곳이 앙코르 톰이다. 남쪽 고푸라 탑문부터 등장하는 거대한 '큰 바위 얼굴' 4면상은 바이욘 사원에서 절정을 맞는다. 수십 개 탑의 4면에 조각된 이 관음보살의 미소는 자야바르만 7세의 미소이기도 하다. 그는 스스로를 중생을 구원하는 관음보살로 신격화했으며 빈민을 구제하는 시설들을 많이 지었던 왕으로 전해진다. 수백 년 세월에도 변하지 않은 자애로운 표정이 신비롭다.

프놈바켕에서 석양을 보자

앙코르 유적에서 가장 높은 곳이다. 앙코르와트 서문에서 앙코르 톰 방향으로 올라가다가 왼편으로 올라가면 된다. 사원 자체보다는 일몰을 보기 위해 방문하는 곳이다. 예전에 쓰던 계단 대신 멀리 둘러가는 길이 생겼다. 사원 곳곳의 훼손 탓에 안전에 대한 염려가 있어 정상 입장객의 숫자를 제한하니 조금 일찍 도착하고, 해가 완전히 지기 전에 서둘러 내려오는 것이 좋다.

톤레삽호수 수상마을을 돌아보자

톤레삽은 탁한 황토색을 띠는 거대한 호수다. 배를 빌려 한참을 나가도 나가도 끝이 보이지 않는다. 우기에는 건기 넓이의 3배가 넘게 물이 불어나며 주변에 이 호수를 기반으로 살아가는 수상가옥 마을들이 있다. 총크니어Chong Khneas 수상촌이 가장 가까우며, 깜퐁 플럭Kampong Phluk 수상촌은 건기에는 수심이 얕아 쪽배를 탈 수 없다. 개인적으로 가면 바가지 요금을 받는 경우가 많아서, 한인 운영 식당이나 여행사에서 바우처를 사거나 투어를 신청하는 게 마음 편하다.

뚝뚝을 타고 바람을 가르며 달려보자

유적을 돌아다닐 때 적어도 하루 정도는 뚝뚝으로 돌아다니기를 권한다. 에어컨 빵빵한 승용차가 시원하고 안전하긴 하지만, 뚝뚝도 머리칼을 휘날리며 달리는 나름의 재미가 있다. 하루 10~12시간을 기준으로 뚝뚝은 10~15달러, 자가용은 20~25달러를 받고, 점심나절에는 숙소로 돌아와서 쉬었다 나간다. 일출을 보거나 외곽으로 나갈 땐 추가비용이 드는데, 방멜리아 등 먼 거리를 갈 때는 자가용 택시가 낫다. 모또(오토바이 택시)역시 짧은 거리에만 활용하는 게 낫다.

아는 만큼 보이니, 알아가며 보자

앙코르와트 회랑의 벽면에는 힌두교 신화의 유명 장면들이 그려져 있다. 그러나 사전지식 없이 보면 그저 돌무더기에 불과할 수도 있다. 여행 전에 미리 앙코르 유적 관련 책이나 힌두교 신화 관련 책을 한 권쯤 읽어두는 것이 좋고, 현지에서 유적 가이드와 함께 하루 정도 관람을 해보는 것도 좋다. 현지인 중 영어 가이드는 20달러, 한국어 가이드는 50달러 정도 한다. 태사랑 등 정보사이트에서 평이 좋은 사람을 골라 연락해보면 된다.

올드마켓 주변에서 하루의 피로를 씻어보자

펍스트리트라고도 부르는 유러피언 스트리트는 식당과 펍들이 모여 있는 곳이다. 여행자들이 늦은 밤에도 가장 안전하게 돌아다닐 수 있는 거리 중 하나다. 영화 〈툼레이더〉를 찍을 때 안젤리나 졸리가 종종 들렀다는 '레드 피아노' 펍이나 인테리어가 재미있는 '데드피쉬 타워' 등 눈에 띄는 곳에서 크메르 요리와 시원한 앙코르 맥주를 즐겨보자. 식사 후에는 마사지로 피로를 푸는 것도 좋다.

앙코르와트 Angkor Wat 1층 회랑 '우유바다 휘젓기'

1층 회랑은 총 800m가 넘는 길이로, 섬세한 부조로 여러 힌두 신화의 주요 장면을 담고 있다. 혹시라도 더위와 일정에 지쳐 지름길이 간절하다 해도 명예의 테라스에서 들어와 바로 우회전해서 2층으로 올라가기 직전까지 '쿠룩세트라 전투', '수리야바르만 2세의 군대', '염라대왕의 심판/천국과 지옥', '유해교반(우유 바다 휘젓기)' 정도는 보고 올라가는 것이 좋다. 특히 유해교반은 앙코르 톰 입구의 다리 등 여러 곳에 활용된 중요 설화다.

앙코르와트 3층 성소

앙코르와트 3층으로 올라가는 계단은 거의 기어가다시피 올라야 할 정도로 가파르며, 신 앞에서 겸손할 수 있게 만드는 의미로 전해진다. 한번에 200명 정도만 올라가며, 난간에 앉아 땀을 씻으며 잠시 사색에 잠기거나 외벽에 조각된 육감적 압사라를 감상할 수 있다. 복장 제한이 있어서, 민소매와 반바지, 모자와 선글라스, 슬리퍼를 허용하지 않는다. 한 달에 4일간은 청소 등을 이유로 3층 입장을 제한하며, 캄보디아 달력에 부처님 그림으로 표시한다.

앙코르 톰 Angkor Thom 바이욘사원

크메르왕국의 마지막 수도였던 앙코르 톰은 거대한 규모를 자랑한다. 앙코르 톰의 얼굴이자 앙코르의 미소로 불리는 것이 거대한 관음 4면상의 미소다. 앙코르와트 쪽에서 올라가다 보이는 남문부터 이 얼굴을 시작으로 바이욘사원에서 무수한 관음상의 얼굴을 보는 것은 신선한 충격이다. 남문 앞 다리 양쪽에는 54명의 선한 신과 악한 신이 뱀을 껴안고 우유 바다를 젓는 '유해교반'이 형상화되어 있다. 나머지 방향 문들도 같은 구조지만 남문의 상태가 가장 좋은 편이다.

타 프롬 Ta Prohm의 나무들

타 프롬은 자야바르만 7세가 세운 사원. 사원의 돌벽을 부수면서 지탱하고 있는 거대한 나무뿌리들은 자연의 힘이 인간이 만든 문명보다 더 위대하다는 걸 보여주는 듯하다. 사원을 훼손시킨 것도 나무뿌리지만, 사원이 완전히 무너지는 것을 잡아주고 있는 것도 나무뿌리라는 아이러니도 재미있다. 사원 곳곳에 돌덩어리와 수풀이 우거져 있어서 밀림 속을 탐험하는 느낌을 주기 때문에 많은 사람들이 가장 기억에 남는 곳 중 하나로 꼽는다.

프레아 칸 Preah Khan

'신성한 칼'이라는 뜻의 사원이다. 크메르제국이 참족베트남과 전쟁을 치르던 시기에 지어져 전쟁 중 파괴된 앙코르 톰을 재건하는 동안 왕궁으로 사용했다. 덕분에 앙코르 톰처럼 유해교반 다리가 있다. 성소 쪽으로 갈수록 신에게 고개를 숙이도록 문의 크기가 작아지는 형태가 흥미롭다.

니악 포안 Neak Pean

저수지 중앙에 섬처럼 사원이 떠 있는 독특한 형태의 불교 사원이다. 힌두교 물의 정령인 나가뱀상으로 신전의 계단을 만들었다. 머리가 7개인 나가상은 석가를 폭우로부터 보호했던 머리 일곱 달린 뱀의 전설과도 연결되어 있어, 불교 건축에 많이 사용됐다. 연꽃 모양의 신전이 물에 떠 있는 형태는 연못에 물이 가득 차는 우기에만 확인할 수 있다.

프레 룹 Pre Rup

장례의식 장소로 추정되는 프레 룹은 역시 붉은 빛이 도는 사원으로, 가파른 계단을 올라야 한다. 하지만 프놈바켕 다음으로 석양을 보기에 괜찮은 곳이다. 동쪽에 있기 때문에 일출을 보기도 좋다. 그러나 경로상 주로 일몰 때 들르게 된다. 동메본과 구조가 비슷하며, 사자상과 링가남근상 등을 볼 수 있다. 꼬맹이들이 와서 기념품을 파는데, 쓰지 않는 볼펜을 주고 돌아서는 게 좋다. 돈을 주면 아이들이 학교로 돌아가지 않고 계속 돈을 벌게 된다.

반티아이 스레이 Banteay Srei

붉은 사암으로 만든 사원으로 해가 뜰 때나 질 때 붉은 하늘빛에 물들면 더욱 인상적이다. 힌두 신화를 담은 부조와 '천상의 무희' 압사라 여신상의 아름다움 덕분에 꼭 가볼 만한 곳으로 꼽힌다. 시내에서 조금 떨어져 있어서 택시나 뚝뚝기사에게 1일 요금에 추가요금을 더해줘야만 다녀올 수 있다. '여인의 성채'라는 뜻이며 힌두교의 신인 시바와 비슈누를 기리는 사원이다.

> *캄보디아의 전통음식은 크메르 요리라 부른다. 대부분의 요리에서 정향, 계피, 육두구, 생강, 강황, 마늘, 레몬그라스 등 향신료의 맛이 강하게 난다. 대부분의 요리에 밥이 따라나오며, 밥은 리필해주는 식당도 많다. 태국, 베트남, 중국 등 주변 국가들의 영향을 받은 비슷한 요리가 꽤 있다.*

코코넛즙과 사탕수수

음식에도 들어가지만 유적 탐방 중 더위를 시키는 음료로도 좋다. 통째로 들고 빨대를 꽂아 먹는데, 음료를 다 마신 뒤 속에 남은 과육까지 먹어도 된다. 사탕수수를 짠 달콤한 사탕수수 음료도 먹어볼 수 있다.

놈빵 Nom Pang

프랑스 식민지 시절 덕분에 바게트빵을 일상적으로 먹는데, 이 빵을 놈빵이라 부른다. 반으로 자른 바게트에 파파야와 피클, 햄 등을 넣은 샌드위치도 손쉽게 사먹을 수 있다. 유적관광 중 점심을 먹을 생각이면 바게트 샌드위치와 음료를 챙겨가면 편하다.

압사라 댄스를 곁들인 뷔페

무대를 갖추고 압사라 댄스 공연을 하는 뷔페식당은 꿀렌 삐Kuolen 2, 톤레삽 등 다양하다. 가격대는 현지 한인 여행사에서 바우처 구입 시 식사 포함 10달러 정도부터 있다. 공연의 전문성은 조금 떨어지지만 펍 스트리트에 있는 템플 클럽 Temple Club 2층에서도 저녁마다 무료 공연을 볼 수 있다.

록락 Lok Lak

캄보디아식 불고기다. 쇠고기나 돼지고기를 간장맛이 나는 양념에 갖은 향신료를 넣어서 볶는다. 쇠고기는 질긴 편이라서 고기요리를 주문할 땐 돼지고기나 닭고기를 주문하는 게 좋다. 특히 캄보디아는 돼지고기가 맛 좋기로 유명하다.

아목 Amok

커리에 코코넛 밀크와 향신료를 넣은 요리다. 바나나 잎으로 만든 그릇이나 코코넛에 담겨 나온다. 진하고 쫀득하다. 크메르식 커리는 아목보다 묽다. 펍 스트리트(유러피언 스트리트)에서 올드마켓 사이에 있는 크메르 하우스Khmer House restaurant 등 현지식당에서 3~4달러에 맛볼 수 있다.

여기서 묵어보자!

> 씨엠립의 숙소는 공항에서 시내로 오는 길인 6번 도로 주변과 입구에 스타마트가 있는 타풀Thaphul 거리, 6번 도로에서 올드마켓까지 이어지는 시와타Sivatha 거리, 다리 주변 등에 몰려 있다. 게스트하우스부터 고급호텔까지 다양하며 가격은 저렴한 편이다. 첫날 도착시간이 늦다면 최소 1박은 예약하고 가는 게 좋다.

고급호텔

6번도로 주변에 있는 소카 앙코르 리조트Sokha Angkor Resort의 위치가 좋다. 씨엠립에서 가장 오래된 호텔인 래플즈 그랜드 호텔 당코르Raffles Grand Hotel D'angkor는 왕궁 정원 앞이다. 앙코르 유적으로 올라가는 길에 소피텔, 르 메르디앙 등 브랜드 호텔들이 자리 잡고 있다. 현지 한인여행사나 호텔예약 사이트, 호텔 자체 사이트를 비교해보고 미리 예약하자.

중급호텔

깔끔한 숙소와 수영장을 원한다면 4성급 호텔이 적당하다. 1박에 비수기 30~40달러, 성수기 50~60달러 정도면 괜찮은 4성급에 머물 수 있다. 시와타 거리에 있는 소마데비 앙코르 호텔Somadevi Angkor Hotel 과 프린스 당코르 호텔Prince D'Angkor Hotel 등의 위치가 좋다.

게스트하우스

배낭여행자용 숙소는 타풀 거리와 올드마켓 주변에 많다. 숙소에서는 짧게 잠만 잔다고 생각하는 경우라면 둘이서 10~20달러에 1박을 해결할 수 있다. 첫 날 공항에 도착하는 시간이 낮이라면 추천받은 숙소로 가보거나 6번국도 스타마트 앞에 내려 타풀 거리를 걸으면서 직접 방을 구경하고 숙소를 잡아도 된다. 팬룸이냐 에어컨룸이냐, 온수가 나오느냐, 아침을 주느냐에 따라 가격 차이가 난다.

한국인 운영 숙소들

한국인이 운영하는 게스트하우스급과 호텔급 숙소 등이 운영 중이다. 가격은 10~15달러 정도로 저렴한 곳이 많으며, 3박 이상 예약 시 공항 픽업을 무료로 해주는 경우도 있다. 교통편이나 투어 알선을 해주고 기본적인 여행정보도 많이 알려주기 때문에 별 준비가 없이 가는 사람이라면 한국인 운영 숙소가 유리할 수 있다. 태사랑 한인업소에 개별 링크가 안내돼 있다.

지역 정보

국명 캄보디아왕국Kingdom of Cambodia
수도 프놈펜
언어 크메르(공식어), 프랑스, 영어
전기 220V (모양이 두 가지여서 110V 콘센트
와 같은 경우 '돼지코' 필요)
시차 한국보다 2시간 느림
비자 관광용 비자(T비자)는 단수비자이며 체류
기간 1개월 유효. 공항이나 국경에서 도
착비자 발급 시 20달러와 사진 1매 필요.
12세 이하 무료. 국내에서 인터넷 발급
시 처리수수료 5달러와 은행수수료 3달러
추가.

Tip! 출입국카드 주의

비행기에서 출입국카드를 쓸 때는 영어는 대문
자로 적고, 생년월일 순서를 잘 보고 적어야 한
다. 공항에서 비자를 빨리 발급해주겠다거나 출
입국서류가 틀렸을 경우 1~3달러의 웃돈을 요
구하는 경우가 잦다. 무시하거나 돈이 없다고 하
면 그냥 넘어가기도 하지만, 되도록 관련 정보를
잘 읽고 가자. 수속 때 출국카드에도 도장이 박
혀 있는지 확인하는 게 좋다.

언제 가는 게 좋아요?

흔히 11~4월을 건기, 5~10월을 우기로 구
분하지만 연중 덥고 습도가 높은 편이다. 우리
나라의 겨울인 12~1월이 아침, 저녁으로 선선
하고 가장 쾌적한 날씨다. 흙먼지가 날리는 것
빼고는 도로 사정이 나쁘지 않아 이동도 수월하
다. 우리나라의 여름휴가철인 7~8월은 오후에
열대성 소나기 '스콜'이 시원하게 쏟아지고 톤레
삽호수가 커지는 시기. 건기와는 다른 매력이
있어 덥고 습한 것만 감수하면 여행하기에 나쁘
지 않다. 3~5월은 가장 더운 시기이므로 피하
는 게 좋다.

어떤 비행기 타면 좋아요?

아시아나, 대한항공이 매일 직항을 띄우고 있으
나 성수기에 가격이 꽤 오른다. 이스타항공 등
국내 저가항공들이 겨울철 한정 직항편을 띄우
기도 하며, 캄보디아 국적의 저가항공인 스카이
윙스 아시아항공과 톤레삽항공은 하노이 2박/
씨엠립 2박의 씨엠립 경유 하노이편을 운항한
다. 베트남항공 추가요금(애드온Add·on)으로 하
노이나 호치민 여행과 캄보디아 여행을 엮는 경
우도 가능하나, 씨엠립 직항보다 가격이 비싸졌
다. 방콕 왕복 항공권을 끊은 뒤 태국 방콕에서
육로로 국경을 거쳐 씨엠립에 다녀오는 코스는
직항이 없던 시절부터 가장 많이 애용됐으나 시
간 소요가 크다. 국경에서 차에서 내려 비자를
받고 줄을 서서 입국 수속을 하기 때문에 버스의
경우 편도 9시간 정도 걸린다.

공항에서 시내로는 어떻게 가요?

씨엠립공항은 시내의 서북쪽, 앙코르와트의 서쪽에 자리 잡고 있다. 시내까지 10km 남짓이며, 택시는 7달러로 정해져 있다. 낮 시간에 도착한다면 공항 밖으로 나와 뚝뚝을 이용하면 5달러 정도. 미리 대당 가격을 흥정했더라도 나중에 1인당 가격이라고 우기는 경우가 있으니 확실히 체크하고 타야 한다. 숙소를 소개해주겠다고 하면 대부분 바가지이니 거절하자. 이용했던 택시나 뚝뚝 기사가 괜찮았다면 다음날 일정을 예약해도 된다. 출국할 때는 국제선 공항세 25달러(3~12세 13달러)가 있으니 현금을 여유 있게 남겨두자.

기념품 뭐가 좋아요?

캄보디아는 팜설탕과 후추가 유명하다. 선물용으로도 안성맞춤. 프랑스산 제품들이 면세로 들어오므로 로레알 등 프랑스 브랜드 화장품도 저렴하게 살 수도 있다. 패키지여행에서 '100년 묵은' 상황버섯이라고 선전하는 버섯은 효능이 검증된 바 없고, 터무니없는 가격을 받으니 주의하는 것이 좋다. 시클로나 뚝뚝 모양의 기념품은 대체로 베트남에 비해 몇 배는 비싼 가격을 부르니 과하게 흥정해보자.

환전은 어떻게 하면 되나요?

캄보디아 통화는 리엘Cambodian riel이다. 100, 200, 500, 1000리엘이 있다. 국내에서 리엘로 환전이 가능하긴 하지만 환율이 좋지 않으니, 달러화로 환전해가서 현지에서 재환전하거나 바로 달러화를 사용한다. 신용카드를 쓸 수 있는 곳은 많지 않다.

여행 경비(3박5일 기준)

	비수기	성수기
항공권 (국적기 직항 이용 시)	60만원대~	80만원대~
숙소 (2인실의 1인 기준)	1박 2만원	1박 3만원
식대	10만원	
입장료	5만원	
교통비 (반일투어 포함)	10만원	
쇼핑	5만원	
총예산	100만원대~	120만원~

유용한 인터넷 사이트

• 관광청과 여행정보

캄보디아 관광청 www.tourismcambodia.org (한국어 선택 가능)

티티어스 www.ttearth.com/world/asia/cambodia/angkor/_angkor.htm

태사랑 thailove.net

고 앙코르 goangkor.com.ne.kr

고 캄보디아 gocambodia.co.kr

언제나 앙코르왓처럼 www.angkorwat.co.kr/

싱가포르&인도네시아 빈탄

싱가포르는 말레이반도 남쪽 끝에 위치한 섬나라이자 도시국가다. 적도 가까이에 있어 연중 태양이 작열하고, 고층 빌딩과 가로수가 하늘로 쭉쭉 뻗어 있다. 조용한 어촌이었던 이 지역은 19세기 초 영국 동인도회사가 항구로 개발하면서 발전하기 시작했다. 1960년대에 영국과 말레이시아로부터 차례로 독립했고 '아시아의 4마리 용' 중 하나로 불리며 성장해왔다. 국가 전체 넓이가 서울과 비슷한 정도지만 작다고 우습게 볼 수 없다. 1인당 국민소득이 우리나라의 2배가 넘는다. 싱가포르는 다양한 얼굴을 갖고 있다. 마리나베이의 고층 빌딩들과 오차드 로드의 쇼핑가는 으리으리하다. 차이나타운과 리틀 인디아, 아랍 스트리트에서는 소박하고 다양한 삶과 문화를 엿볼 수 있다. 보타닉 가든과 주롱새공원은 열대의 생명력을 보여주며, 센토사섬은 즐길거리의 종합선물세트다. 북쪽으로 다리만 건너면 말레이시아, 남쪽으로는 바다 건너에 인도네시아의 섬들이 있어 조금만 움직여도 동남아 3개국 순방을 끝내고 돌아올 수 있다. 그 중에서도 싱가포르에서 페리로 1시간도 안 걸리는 빈탄은 인도네시아의 땅이지만 싱가포르의 자본으로 개발중인 휴양지다. 싱가포르와 묶으면 '관광+휴양 콤보 세트' 완성이다.

1일째 (수)

인천공항 출발
(싱가포르항공)
09:00

싱가포르
창이공항 도착
14:45

타나 메라
페리 터미널 도착
15:30

아침식사

저녁식사 후
리조트 휴식

망그로브 투어

3일째 (금)

아침식사
08:00

저녁식사 후 리조트 휴식
18:00

망그로브 투어
15:00

체크아웃 후
페리 터미널로
이동
09:30

싱가포르행
페리 탑승
11:35

싱가포르 도착
(1시간 빨라짐)
13:30

숙소에 짐 맡기
고 체크인
15:00

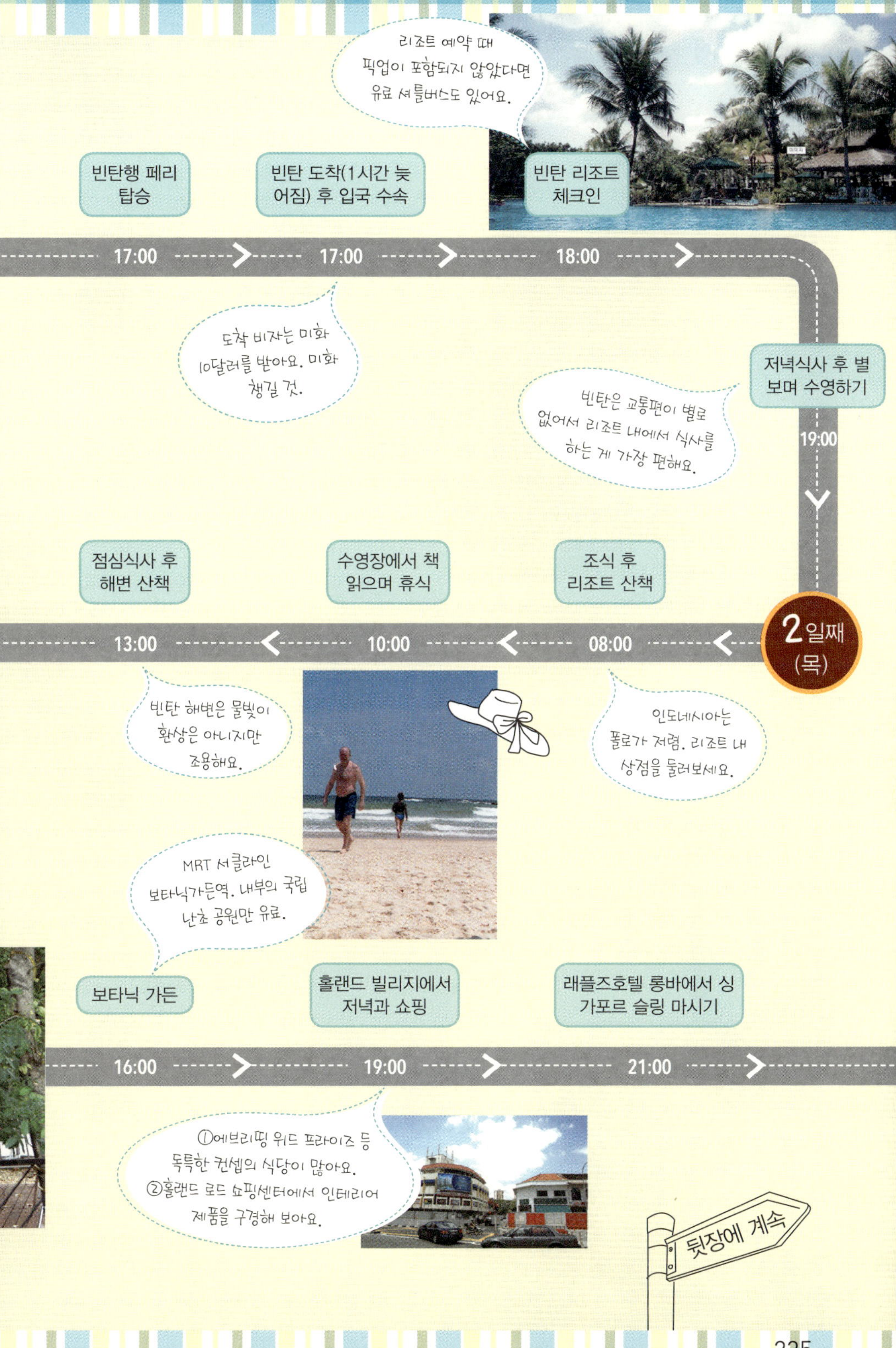

리조트 예약 때 픽업이 포함되지 않았다면 유료 셔틀버스도 있어요.

빈탄행 페리 탑승

빈탄 도착(1시간 늦어짐) 후 입국 수속

빈탄 리조트 체크인

17:00

17:00

18:00

도착 비자는 미화 10달러를 받아요. 미화 챙길 것.

빈탄은 교통편이 별로 없어서 리조트 내에서 식사를 하는 게 가장 편해요.

저녁식사 후 별 보며 수영하기

19:00

점심식사 후 해변 산책

수영장에서 책 읽으며 휴식

조식 후 리조트 산책

13:00

10:00

08:00

2일째 (목)

빈탄 해변은 물빛이 환상은 아니지만 조용해요.

인도네시아는 물가가 저렴. 리조트 내 상점을 둘러보세요.

MRT 서클라인 보타닉가든역. 내부의 국립 난초 공원만 유료.

보타닉 가든

홀랜드 빌리지에서 저녁과 쇼핑

래플즈호텔 롱바에서 싱가포르 슬링 마시기

16:00

19:00

21:00

①에브리띵 위드 프라이즈 등 독특한 컨셉의 식당이 많아요. ②홀랜드 로드 쇼핑센터에서 인테리어 제품을 구경해 보아요.

뒷장에 계속

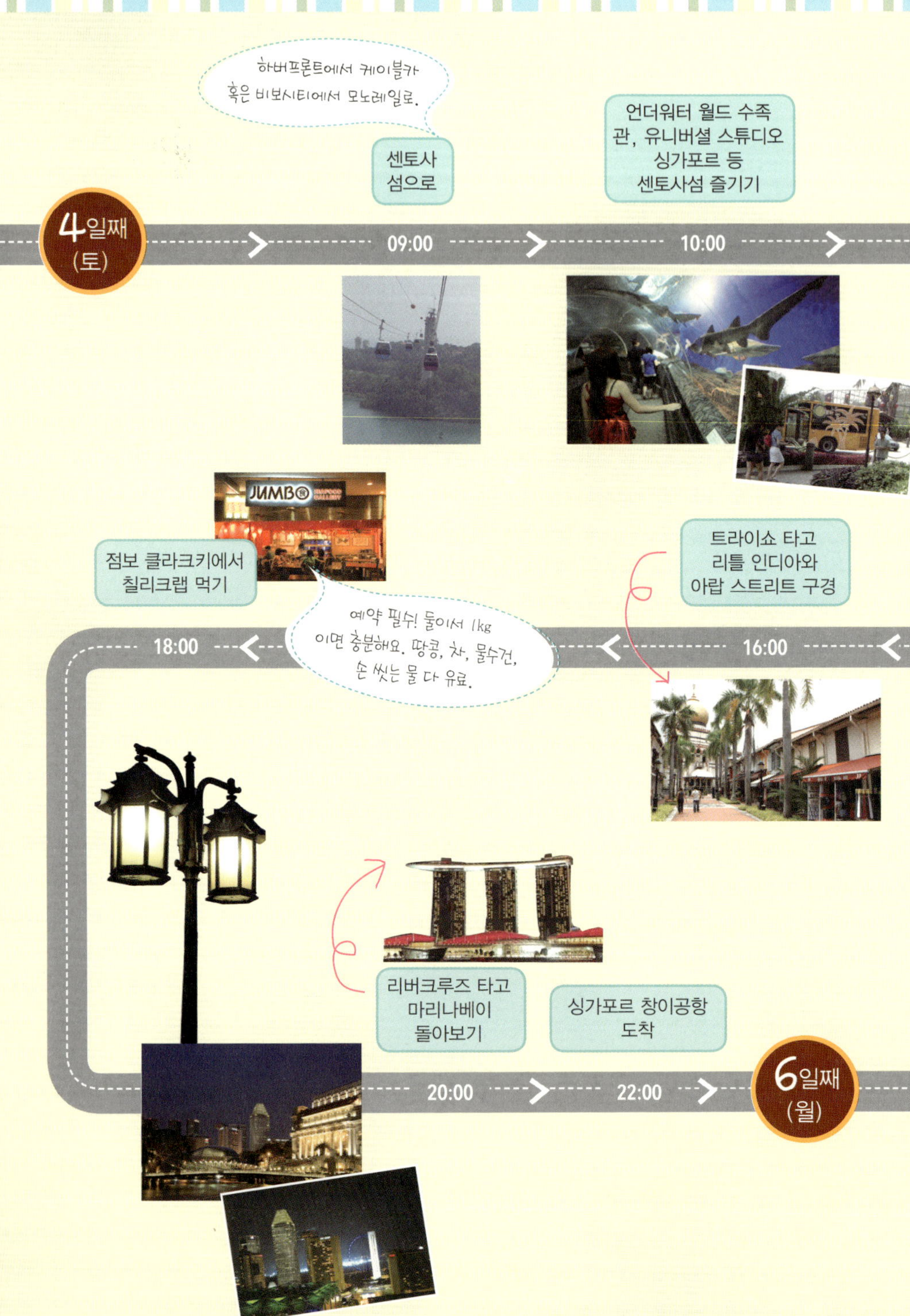

하버프론트에서 케이블카 혹은 비보시티에서 모노레일로.

센토사 섬으로

언더워터 월드 수족관, 유니버셜 스튜디오 싱가포르 등 센토사섬 즐기기

4일째 (토)

09:00

10:00

점보 클라크키에서 칠리크랩 먹기

JUMBO SEAFOOD GALLERY

트라이쇼 타고 리틀 인디아와 아랍 스트리트 구경

예약 필수! 둘이서 1kg 이면 충분해요. 땅콩, 차, 물수건, 손 씻는 물 다 유료.

18:00

16:00

리버크루즈 타고 마리나베이 돌아보기

싱가포르 창이공항 도착

20:00

22:00

6일째 (월)

할리우드
퍼레이드 관람

송즈 오브 더 시
(Songs of the
sea) 관람

숙소에서
휴식

17:00　　　　　19:00　　　　　21:00

5일째
(일)

오차드 로드
점심과 쇼핑

주롱 새공원 관람

12:30　　　　　　　　　08:30

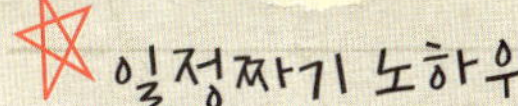

✸ 일정짜기 노하우

공항과 페리 터미널이 가깝기 때문에 초반이나 후반에 빈탄을 놓으면 경로 상 편하다. 싱가포르 현지인들도 주말 나들이로 많이 가기 때문에, 평일에 가는 게 한갓지다. 마리나베이 샌즈 호텔에서 1~2박 머문다면, 호텔에서 휴양하는 시간을 늘리고 빈탄 일정을 줄이거나 빼는 것도 괜찮다. 초등학교 저학년 자녀를 동반한다면 센토사섬의 유니버설 스튜디오보다 말레이시아 조호바루의 레고랜드가 나을 수도 있다. 조호바루와는 다리로 연결돼 있다.

싱가포르 창이공항 출발
(싱가포르항공 0608편)

인천공항
도착

00:10　　　　　07:35

싱가포르 슬링을 마셔보자

싱가포르 슬링은 싱가포르를 대표하는 칵테일이다. 20세기 초반, '싱가포르의 아버지'라 불리는 래플즈 경의 이름을 딴 래플즈 호텔에서 처음 만들어졌다. 다른 바에서도 싱가포르 슬링을 팔지만 래플즈 호텔에서 진짜를 마셔보는 게 좋겠다. 칵테일을 마신 뒤 잔을 기념품으로 가져갈 수도 있고, 껍질째 수북이 나오는 땅콩은 무료다. 껍질은 바닥에 버리는 게 예의. 싱가포르에서 드물게 마음껏 쓰레기를 버릴 수 있는 곳이다. 호텔 구경은 덤이다.

마리나베이의 건물을 감상해 보자

마리나베이는 싱가포르의 대표 상징물들이 모여 있는 곳이다. 머리는 사자, 몸은 물고기인 상상의 동물 멀라이언Merlion 상과 두리안을 닮은 에스플러네이드Esplanade 해변예술관, 또 지상에서 165m까지 올라가는 세계 최대 크기의 관람차 싱가포르 플라이어Singapore Flyer와 3개의 건물이 57층 스카이파크에서 이어지는 마리나베이 샌즈Marina Bay Sands, 그리고 그 앞의 연꽃 모양 아트 사이언스 박물관까지! 싱가포르에서 단 한 곳을 간다면 바로 이곳이다.

푸른 자연을 느껴보자

싱가포르는 도시와 자연을 잘 접목한 곳이다. 싱가포르 보타닉 가든Singapore Botanic Garden에는 6만 가지 이상의 식물이 모여 있고, 주민들의 산책 공간으로도 사랑받는다. 국립난초정원만 입장료를 받는다. 주롱새공원Jurong Bird Park에는 독수리에서 펭귄까지 380종 5천 마리의 새들이 모여 있다.

트라이 쇼를 타고 리틀 인디아의 뒷골목을 느껴보자

싱가포르답지 않게 시끄러운 거리 리틀 인디아는 인도 이주민들이 정착했던 곳이다. 트라이 쇼를 타고 리틀 인디아와 부기스 근처를 달리면 밤에는 여장 '형님'들도 눈에 띈다. 부기스역 부근 알버트 홀 트라이쇼 파크에서 트라이쇼 엉클 부스를 찾으면 된다. 바퀴가 세 개라는 뜻의 트라이쇼는 자전거를 개조한 삼륜차로 조폭들이 손을 씻고 양지로 나오는 수단으로 활용됐다는 이야기도 있다. "사랑은 얄미운 나비인가봐~"를 들으며 밤거리를 달리는 기분, 생각보다 상쾌하다.

리버크루즈를 즐겨보자

옛날 무역선이었던 오래된 범보트 Bumboat로 싱가포르 강을 유람하는 크루즈다. 보트키, 클락키, 로버트슨키, 마리나베이에서 탈 수 있다. 오전 9시부터 밤 11시까지 운행하는데, 30분 크루즈는 성인 15싱달러, 12세 이하 8싱달러. 45분짜리는 성인 18싱달러, 어린이 10싱달러다. 밤에 야경을 보며 타는 게 운치 있다. 수륙양용차를 타고 육지와 물 위에서 싱가포르를 돌아보는 덕투어 Duck Tour도 있다. 성인 33싱달러, 12세 이하 23싱달러, 2세 미만 2싱달러.

인도네시아 비자의 비밀

인도네시아 빈탄에 도착할 때 페리 터미널에서 비자를 발급받는데, 1주일 미만이라면 미화로 10달러다. 그러나 싱가포르 달러로 지불할 경우 터무니없이 비싼 16싱달러를 내야 하므로 미화를 조금이라도 준비하는 게 좋다. 어린이 동반 가족은 입국수속 줄을 빨리 빠져나갈 수 있으나 비자 받는 시간이 어차피 걸리며, 직원이 대신 받아다주는 경우는 팁을 요구한다.

센토사섬을 누벼보자

센토사섬은 거대한 멀라이언상과 유니버셜 스튜디오와 언더워터 월드 수족관 등을 갖춘 테마파크다. 섬으로 가는 케이블카는 왕복을 끊는 게 낫다. 성인 26싱달러, 어린이는 15싱달러. 모노레일은 4달러에 1일 무제한 이용. 공해변이며, 팔라완 비치는 아이들이 놀기에 좋다. 하이라이트는 송즈 오브 더 시 Songs of the sea 공연이다. 매일 밤 레이저 분수쇼가 펼쳐진다.

멀라이언 파크 Merlion Park

싱가포르의 상징인 멀라이언 상이 입에서 물을 뿜고 있는 멀라이언 파크는 늘 관광객이 몰리는 곳이다. 멀라이언은 머리는 사자, 다리는 물고기 인 상상의 동물. 사실 센토사섬에 있는 멀라이언 상이 너댓배는 크지만, 이곳은 건너편의 에스플 러네이드와 마리나베이 샌즈 호텔이 한눈에 들어 오는 곳이라서 더 인기다. 야경도 멋져서 낮과 밤 에 한 번씩 가볼 만하다. MRT 래플스 플레이스 역이 가장 가깝다.

클락 키 Clarke Quay와 보트 키 Boat Quay

싱가포르 강을 따라 세련된 노천카페와 레스토 랑, 바들이 늘어서 있는 곳이다. 저녁이 되면 사 람들이 바글바글 모여들고, 살랑살랑 강바람을 맞으며 칠리 크랩을 즐길 수 있다. 보트 키는 조 금 더 서민적인 모습이다. 다양한 요리를 즐길 수 있고, 조금만 걸으면 마리나베이나 래플즈 호텔 까지 닿을 수 있다. 한적한 저녁식사와 리버크루 즈를 묶어서 가볼 만하다.

리틀 인디아 Little India

향신료 냄새와 노점상들의 모습이 마치 인도에 간 듯 한 기분을 느끼게 하는 거리다. 카레를 사먹고 헤나를 즐긴 뒤 무스타파센터에서 쇼핑을 하는 것 도 좋다. 싱가포르에서 가장 오래된 힌두사원 스 리 비라마칼리암만 사원도 들러볼 만하다. '파괴 의 여신'이자 시바 신의 아내인 칼리를 모시는 곳 으로, 내부를 구경하려면 신발을 벗고 들어가야 한다. 입구에 가득 널려 있는 신발들 중에서 가끔 도난당하는 경우도 생기니 장소를 기억하는 게 좋 다. 리틀인디아역에서 내리면 된다.

주롱새공원 Jurong Bird Park

독수리에서 펭귄까지 380종 5,000마리의 새들 이 주렁주렁 매달린 곳이다. 에어컨이 나오는 파 노레일Panorail을 타고 3곳의 정류장에 내렸다 타면 서 가까운 곳들을 보는 식으로 이동하면 편하다. 오전 11시와 오후 3시에 열리는 올스타 버드 쇼 All Star Bird Show가 하이라이트다. 잘 훈련된 새들이 스포츠 경기를 하고 재주를 부리며 관객들을 웃 긴다. 새들의 묘기에 도우미가 될 수 있는 절호의 찬스도 있으니 관객들의 호응을 요구할 때 손을 번쩍 들자.

> 부동산 가격이 하늘 모르고 뛰는 싱가포르. 호텔 가격도 주변 동남아시아 지역보다 높은 편이다. 특가로 나오는 호텔을 예약하는 경우가 아니라면 개별 예약보다 여행사나 항공사 에어텔이 저렴할 수 있다. MRT역 근처 숙소를 택하면 교통이 편하고, 싱가포르강 근처나 마리나베이 근처가 전망이 좋다. 센토사섬에 머물면 휴양지의 기분을 낼 수 있다.

고급호텔

하루쯤 우아하게 호강해보고 싶다면 고급호텔들을 둘러보자. 싱가포르의 랜드마크가 된 마리나베이 샌즈Marina Bay Sands는 57층 풀이 압권이다. 미리 예약하지 않으면 방이 없는 때도 많으니, 마리나베이 샌즈 1박이 포함된 에어텔을 예약하는 것도 좋다. 래플즈 호텔Raffles Hotel은 1887년 문을 연 유서 깊은 곳. 마이클 잭슨 등 유명 인사들이 머문 곳으로 널리 알려져 있으며 모든 방이 스위트룸이다보니 가격대가 높다.

중저가호텔&호스텔

MRT역과 5~10분 내 거리에 있는 저가체인 호텔이나 호스텔은 적당한 가격대에 기본적인 시설을 누릴 수 있다. 부기스역에서 10분 이내에 닿는 이비스 싱가포르 온 벤쿨렌ibis Singapore On Bencoolen은 수영장이 없지만 깔끔한 방과 저렴한 가격이 매력이다. 한인민박 프렌즈하우스cafe.daum.net/pen2house 메트로시티점은 초고층 빌딩의 전망 좋은 콘도 형태로, 한식 아침과 수영장, 스파 등 부대시설을 이용할 수 있다. 방마다 4인까지 이용 가능해 가족단위로 머물기에도 좋다.

빈탄&센토사 리조트들

빈탄섬 북쪽에 모여 있는 리조트 단지에는 1박에 10만원을 넘지 않는 방갈로부터 하룻밤에 50만원을 넘어서는 풀빌라까지 다양한 숙소가 있다. 니르와나 가든Nirwana Garden은 니르와나 리조트, 마양사리, 인드라 마야, 반유비루빌라 등이 모여 있다. 빈탄라군 리조트Bintan Lagoon Resort는 고급스럽지는 않지만 넓직한 부지시설과 가격대가 무난하며 해변이 괜찮은 편. 어린이 딸린 가족이라면 클럽메드Club Med Bintan Island Hotel도 편리한 선택이다. 시내 관광보다 휴양을 즐기고 싶다면, 그러나 굳이 빈탄까지 배를 타고 가고 싶지는 않다면, 센토사섬에 있는 리조트 형태의 숙소도 좋다. 샹그리라 라사 센토사 리조트Shangri-La's Rasa Sentosa Resort & Spa와 카펠라 싱가포르Capella Singapore, 센토사 리조트The Sentosa Resort And Spa, 실로소비치 리조트Siloso Beach Resort 등은 바다와 야외 수영장, 열대 정원에서의 산책 등을 누릴 수 있는 곳이다.

칠리 크랩Chilli Crab

머드크랩을 토마토와 칠리 소스로 매콤 달콤하게 볶은 요리다. 클락키와 보트키 근처 등 곳곳에 지점이 있는 점보 시푸드Jumbo Seafood가 유명하고, 현지인들은 노사인보드 시푸드No Signboard Seafood를 많이 찾는다. 밥Steamed Rice 또는 프라이드 번Fried Bun과 함께 양념까지 싹싹 비우는 게 제맛인데 둘이서 1kg을 시키면 푸짐하다. 4명이라면 후추소스로 만든 블랙 페퍼 크랩까지 시켜보자. 참고로 땅콩과 차, 물수건, 손 씻는 물이 기본처럼 깔리지만 유료다. 점보 레스토랑은 예약이 필수. www.jumboseafood.com.sg

사테Satay

15세기 아랍 상인들이 동남아에 전파한 케밥에서 변형된 꼬치요리다. 한입 크기로 썬 고기를 대나무 막대에 끼워 기름을 발라 굽고 땅콩소스에 찍어먹으며, 예전에는 대나무 막대 대신 코코넛잎 줄기를 사용했다 한다. 이스트 코스트에 있는 푸드 라군East Coast Food Lagoon이나 호커센터 등 다양한 곳에서 맛볼 수 있다. 래플즈 플레이스 근처의 라우 파 삿 페스티벌 마켓Lau Pa Sat Festival Market은 오밤중에 사테를 맛보기 좋은 곳이다. 24시간 문을 연다.

락사 르막Laksa Lemak

코코넛 밀크와 열대 향채가 특징인 페라나칸 요리 중 하나로, 뽀얗고 걸쭉한 국물에 새우, 유부, 숙주와 국수가 들어간다. 호커센터에서 먹어도 좋고, 페라나칸 요리로 유명한 블루 진저Blue Ginger에서 두리안을 넣은 페라나칸식 빙수 첸돌과 함께 맛봐도 된다. 싱가포르 동부의 카통Katong이라는 지역에 가면 국수를 잘라 넣어 숟가락으로만 먹을 수 있는 카통 락사도 판다.

여기서 잠깐 Tip!

페라나칸 요리란

페라나칸Peranakan이란 '현지에서 태어난'이라는 뜻의 말레이어. 외국인 아버지와 현지인 어머니 사이에서 태어난 혼혈을 부르는 말로, 영국의 지배를 받았던 싱가포르를 포함한 말레이반도 주변은 중국계 페라나칸이 주축을 이룬다. 남자는 바바Baba, 여자는 논야Nonya라 부르는데, 페라나칸 요리 혹은 논야 요리라고 부르는 음식들이 발달했다.

카야토스트

카야는 계란, 설탕, 코코넛 밀크, 판단 잎 등으로 만든 싱가포르식 잼으로, 카야토스트는 테타릭밀크티나 블랙 커피kopi-o와 반숙계란 등을 곁들여 아침식사로 즐겨 먹는 메뉴다. 한국에도 진출한 야쿤 카야 토스트Ya Kun Kaya Toast가 유명하고 오차드 로드 근처의 킬리니 코피티암Killinery Kopitiam도 공항 등 여러 곳에 지점이 있다. 일반 커피숍이나 푸드 코트에서도 카야토스트를 맛볼 수 있다.

피시헤드 커리

커다란 붉은 생선의 머리를 커리에 넣고 신맛이 나는 타마린드를 더한 요리다. 인도 이주민들에게서 유래됐지만 중국, 말레이시아의 영향도 받아서 커리지만 생선 매운탕 같기도 한 독특한 음식이다. 매운맛 때문에 밥이나 빵을 주로 곁들여 먹는다. 리틀 인디아의 무뚜스 커리Muthu's Curry나 바나나 리프 아폴로The Banana Leaf Apolo가 유명하다.

싱가포르 슬링Singapore Sling

래플즈 호텔 롱바Long Bar에서 탄생한 싱가포르 슬링은 붉은 빛의 여성용 칵테일이다. 원래는 스트레이트 슬링Straits Sling이라 불리던 것으로, 진에 체리 리큐어, 베네딕틴, 석류즙, 파인애플 과즙을 넣고 위쪽에 거품을 만든다. 좀 비싸긴 하지만 '원산지'인 롱바에 가서 땅콩 껍질을 바닥에 버려가며 라이브 음악과 함께 한잔쯤 즐겨보는 것도 괜찮다. 슈퍼마켓이나 클락키에 있는 싱가포르 슬링 부티크, 면세점에서도 병에 담긴 싱가포르 슬링을 판다.

지역 정보

__국명__ 싱가포르 공화국

__언어__ 말레이어, 영어(싱글리시도 흔함), 표준 중국어(푸통화), 타밀어

__전기__ 230V (멀티 어댑터 필요, 호텔 중에는 설치돼 있는 곳도 많음)

__시차__ 한국보다 1시간 느림(인도네시아 빈탄은 한국보다 2시간 느림)

__비자__ 관광 목적인 경우 90일까지 무비자로 입국 가능.

언제 가는 게 좋아요?

적도와 가까운 섬나라 싱가포르의 날씨는 열대 우림기후로 연중 낮기온 30도가 넘는 날이 많다. 살이 타들어가는 듯 뜨거운 햇살에 높은 습도는 덤이다. 5~6월이 가장 덥고, 우리나라의 겨울 즈음인 11~1월은 우기로 열대성 스콜이 집중된다. 태양은 피할 수 없는 싱가포르이니 습한 날씨라도 피하고 싶다면 우리나라의 한여름을 택하자.

어떤 비행기 타면 좋아요?

싱가포르 창이공항까지 싱가포르항공과 대한항공, 아시아나가 직항을 띄운다. 편도 6시간 남짓 걸리며, 서비스와 시설이 좋기로 유명한 싱가포르 항공. 시간대가 다양하다. 인천공항에서 오전에 출발하고 현지에서 밤 늦게 출발해서 돌아오는 꽉 찬 일정이 가장 좋다.

공항에서 시내로는 어떻게 가요?

싱가포르섬 동쪽 끝에 있어 도심에서 약 20㎞ 떨어져 있는 창이공항은 시내까지 MRT(지하철), 공항셔틀버스, 택시로 이동하면 된다. MRT는 녹색(East-West Line)라인의 지선이 공항과 연결되며 타나메라Tanah Merah역에서 본선으로 갈아타야 한다. 요금은 2싱달러 남짓, 도심까지 약 25분 정도 걸린다. 공항셔틀버스는 호텔로 직접 데려다 준다. 새벽 2시까지 운영되며 'Ground Transport Desk'로 찾아가면 된다. 택시는 주요 호텔까지 25~30싱달러 정도 나오며 심야나 주말 등은 추가금액이 있다.

대중교통은 어떤 게 있나요?

__MRT__Mass Rapid Transit 4가지 노선이 있다. 적색(North-South Line)의 주요 역은 마리나베이, 시티홀, 오차드 로드이고 녹색(East-West Line)은 부기스, 시티홀, 보라색(North-East Line)은 하버프론트, 차이나타운, 리틀인디아, 노란색(Circle Line)은 도비고트, 마리나베이, 홀랜드 빌리지, 하버프론트 등이다. 거리별로 요금제가 적용되며 스탠더드티켓은 구입한 날짜로부터 30일 내에 최대 6회까지 사용할 수 있다. 살 때 추가된 보증금 1싱달러는 세 번째 이용 때 자동 상쇄되며, 1~2번만 이용하는 경우 자동발매기계에서 반환받으면 된다. 키가 90㎝ 미만이면 무료다.

__버스__ MRT로 갈 수 없는 구석구석까지 이동하려면 버스가 편하다. 싱가포르 버스는 안내방송이나오지 않으므로 미리 노선을 정확히 알고 있다가 주변에 물어보고 내려야 한다. 지하철과 함께 이지카드를 이용하는 게 편하며, 거리에 따라 요금이 부과되기 때문에 내릴 때도 카드를 찍어야 한다.

__택시__ 싱가포르는 아무 곳에서나 택시를 잡을 수 없다. 호텔이나 정해진 탑승장소에서만 택시를 잡아야 하고, 아니면 콜택시를 불러 추가요금을 내야 한다. 택시요금은 차량 브랜드가 고급이면 기본료가 더 높고, 시간과 장소에 따라 할증요금이 더해진다.

이지링크 카드 ez-Link Card MRT와 버스, 센토사 익스프레스 등에서 사용할 수 있는 충전식 교통카드다. 티켓을 매번 사지 않아도 되니 편리하며 요금도 할인된다. 그러나 여행기간이 짧다면 크게 이득은 없다. 일정 기간 교통수단을 무제한 사용할 수 있는 투어리스트 카드 Tourist Card도 있으나 본전을 뽑기 어렵다.

싱가포르 시티패스 Singapore City Pass 1~3일짜리 패스가 있다. 1일권은 24시간 동안 덕투어, 펀비 나이트 어드밴처 버스, 마리나베이 홉온홉오프버스 등 3가지와 1-앨티튜드 갤러리, 싱가포르 플라이어, 싱가포르동물원, 주롱새공원, 센토사 세그웨이, 센토사 타이거 스카이타워 및 스낵과 음료, 민트장난감박물관, 싱가포르 디스커버리센터 및 전쟁박물관 중에서 1곳을 골라 입장할 수 있다. 2일권은 마린라이프파크, 4D 센토사 어드벤처랜드 1일 무제한, 나이트 사파리, O'Leary's 세트 런치 등이 추가된 구성에서 2가지를 고른다. 3일권은 72시간 동안 2일권 혜택에 유니버셜 1일패스가 추가된다.

싱가포르패스 Singapore Pass 덕투어, 싱가포르 플라이어, 시티관광버스, 히포 리버크루즈, 범블비 수상택시 등에 각종 박물관과 워킹투어가 포함된다. 1일권에 48시간 이용.

씨 싱가포르 어트랙션패스 Sea Singapore Attraction Pass 지정날짜 동안 무제한 무료입장 하는 언리미티드와 3~5곳을 고르는 플렉시 팩, 플레시 팩에 유니버셜 스튜디오를 더한 유니버셜 콤보 등이 있다. 무료입장 가능한 곳은 오리지날 싱가포르 워크워킹투어, 싱가포르 플라이어, 나이트 사파리, 리버 사파리, 민트장난감박물관, 싱가포르동물원, 국립난초공원, 언더워터 월드, 주롱새공원, 스노우 시티, 창이박물관, 포레스트 어드벤처 등.

싱가포르의 상징인 멀라이언 모양을 활용한 기념품이 많다. 냉장고자석부터 장식품이나 포크꽂이 등 다양하다. 야쿤카야 토스트의 카야잼이나 칠리크랩 소스도 살 수 있다. TWG 차나 커피도 종류가 많고 질이 좋은 편. 벌레 물린 데나 근육통에 바르고 두통에도 바르는 '만병통치약' 호랑이 연고도 작고 쓸만한 기념품이 된다. 리틀 인디아에 자리한 무스타파 센터 Mustafa Centre가 저렴한 쇼핑으로 인기가 높다. MRT 파러파크역에서 내리면 되고, 24시간 문을 연다.

싱가포르 달러(SGD)를 사용한다. 1싱달러(싱가포르에서는 그냥 달러라고 부르지만 미국달러와의 구별을 위해 싱달러로 통일)는 100싱센트다. 인도네시아 빈탄, 바탐 등 주변 섬에서도 환전 없이 사용 가능하다. 한국에서 싱가포르 달러로 바로 환전 가능하다. 주요통화가 아니기 때문에 환율우대가 크지는 않지만, 인터넷 환전으로 할인율을 조금 높일 수 있다. 신용카드는 노점이나 시장을 제외하면 광범위하게 사용된다. 현지화폐와 원화 중 결제통화를 결정하라는 창이 뜨는 경우 무조건 현지통화를 선택한다.

	비수기	성수기
항공권 (저가항공 포함)	50만원대~	70만원대~
숙소 (2인실의 1인 기준)	1박 7만원	1박 10만원
식대	30만원	
입장료	15만원	
교통비	12만원	
쇼핑	10만원	
총예산	140만원대~	170만원~

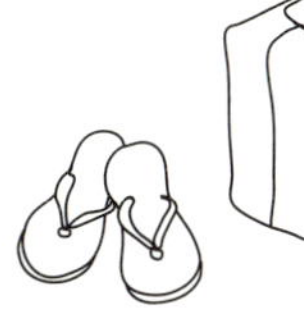

인도네시아 발리

'신들의 섬'이라 불리는 발리는 인도네시아의 수천 개 섬 중 하나다. 적도 아래 남반구에 있기 때문에 직항으로도 7시간이 걸린다. 인도네시아 국민의 88%가 이슬람교도이지만, 발리섬 사람들은 90% 이상이 힌두교다. 발리섬의 크기는 제주도의 3배 가까이 된다. 바다뿐 아니라 3,000m가 넘는 산과 깊은 계곡도 있다. 대신 에메랄드빛 물색을 자랑하는 곳은 아니다. 바다를 보는 '씨뷰'보다 오히려 계단식 논을 보는 '논뷰'가 각광을 받기도 한다. 쌀농사가 주요산업이며 산지가 많아 계단식 논이 발달했다. 바다가 별로인 대신 리조트가 발달했다는 점에도 주목하자. 계단식 논이 굽어보이는 방, 숲으로 튀어나간 수영장 등 독특한 리조트들이 관광객을 끌어 모은다. 여행자들이 주로 찾는 곳은 꾸따, 스미냑, 짐바란, 울루와뚜, 우붓, 낀따마니 정도. 꾸따는 큰 쇼핑몰들이 모여 있는 번화가로, 서핑을 즐기는 사람들이 장기체류하는 곳이다. 스미냑은 고급스러운 리조트와 레스토랑이 모여 있다. 짐바란은 해산물 요리, 울루와뚜는 절벽 위의 사원 덕에 찾는다. 산간지대에 있는 우붓은 예술가들의 마을, 낀따마니 화산지대는 1,460m 분화구 옆으로 생긴 바뚜르호수가 시원하게 펼쳐진다.

4박 6일 추천 일정표

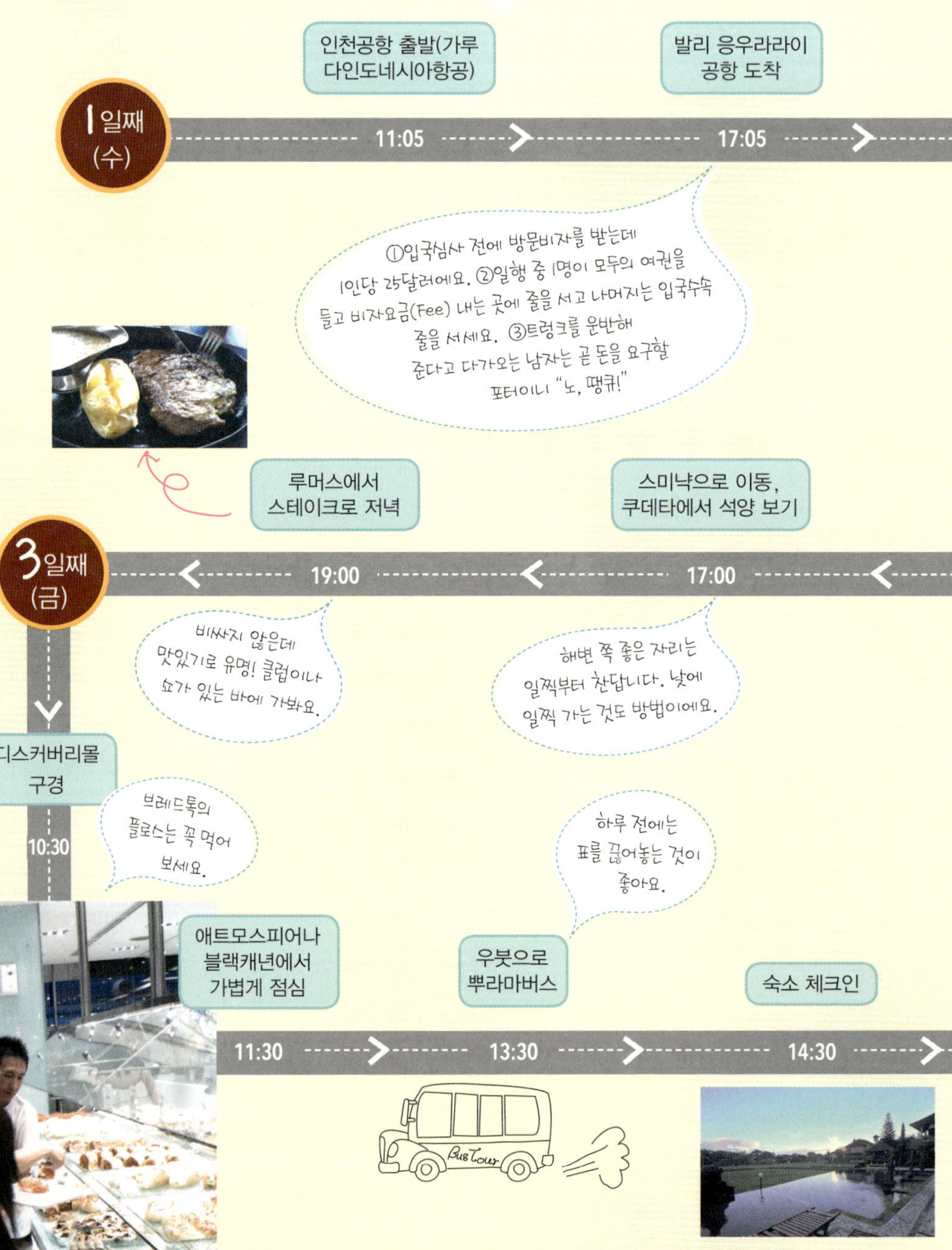

인천공항 출발(가루다인도네시아항공)
발리 응우라라이 공항 도착
1일째 (수)
11:05
17:05
①입국심사 전에 방문비자를 받는데 1인당 25달러에요. ②일행 중 1명이 모두의 여권을 들고 비자요금(Fee) 내는 곳에 줄을 서고 나머지는 입국수속 줄을 서세요. ③트렁크를 운반해 준다고 다가오는 남자는 곧 돈을 요구할 포터이니 "노, 땡큐!"
루머스에서 스테이크로 저녁
스미냑으로 이동, 쿠데타에서 석양 보기
3일째 (금)
19:00
17:00
비싸지 않은데 맛있기로 유명! 클럽이나 쇼가 있는 바에 가봐요.
해변 쪽 좋은 자리는 일찍부터 찬답니다. 낮에 일찍 가는 것도 방법이에요.
디스커버리몰 구경
10:30
브레드톡의 플로스는 꼭 먹어 보세요.
하루 전에는 표를 끊어놓는 것이 좋아요.
애트모스피어나 블랙캐년에서 가볍게 점심
우붓으로 뿌라마버스
숙소 체크인
11:30
13:30
14:30
Bus Tour

꾸따 숙소
체크인

뱀부코너에서 저녁
먹고 꾸따해변 산책

19:00 > 20:00 >

꾸따스퀘어, 비치워크,
뽀삐스 골목 잘란잘란

꾸따해변 산책 후
마데스 와룽 점심

수영장에서
휴식

14:00 < 13:00 < 09:00 <

**2일째
(목)**

네카미술관

누리스 와룽에서
저녁

블리스 스파

15:30 > 17:00 > 18:30 >

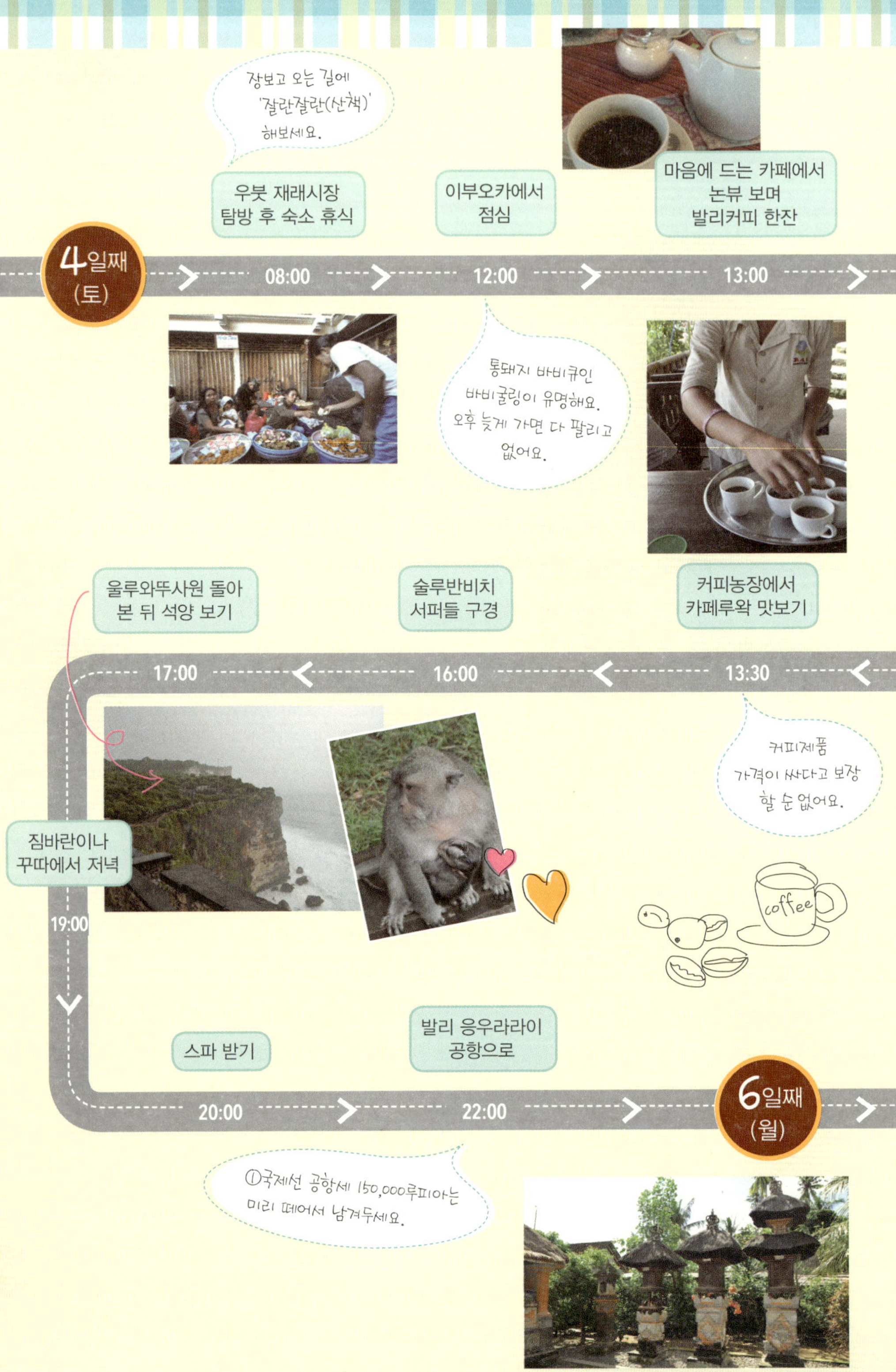

장보고 오는 길에 '짤란짤란(산책)' 해보세요.

우붓 재래시장 탐방 후 숙소 휴식

이부오카에서 점심

마음에 드는 카페에서 논뷰 보며 발리커피 한잔

4일째 (토)

08:00

12:00

13:00

통돼지 바비큐인 바비굴링이 유명해요. 오후 늦게 가면 다 팔리고 없어요.

울루와뚜사원 돌아 본 뒤 석양 보기

술루반비치 서퍼들 구경

커피농장에서 카페루왁 맛보기

17:00

16:00

13:30

커피제품 가격이 싸다고 보장 할 순 없어요.

짐바란이나 꾸따에서 저녁

19:00

coffee

스파 받기

발리 응우라라이 공항으로

6일째 (월)

20:00

22:00

①국제선 공항세 150,000루피아는 미리 떼어서 남겨두세요.

15:00 → **18:00** → **19:30** →

5일째
(일)

12:00 ← **10:30** ← **10:00**

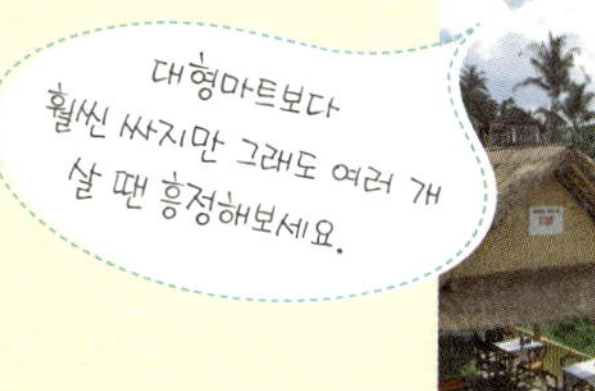

00:30 → **08:25**

⭐ 일정짜기 노하우

발리에서 마지막 날 일정의 경우, 꾸따에서 머물렀다면 짐을 맡기고 하루를 보낼 수 있지만, 우붓에서 돌아오는 길이라면 짐을 맡기는 것이 불편하다. 이때는 일일투어를 마지막 날로 미뤄 짐을 보관하면서 북쪽 산간지대와 남쪽 울루와뚜를 하루에 다녀오는 것도 방법이다. 또, 시간적 여유가 있다면 마지막 날 저녁에 마사지를 받아놓는 것이 비행기에서의 숙면을 도와준다.

1. 웹서핑 말고 진짜 서핑을 해보자

파도가 치는 꾸따비치는 서핑을 처음 배우는 사람들에게는 최상의 장소다. 해변과 뽀삐스1, 2 골목을 따라 저렴한 숙소와 서핑 관련 가게들이 몰려 있다. 서핑스쿨에서 기본을 배우는 것이 안전하며 수영을 할 줄 알면 더 좋다. 중급자 이상이라면 울루와뚜언덕 근처의 술루반비치로 가도 된다. 블루포인트 리조트 아래로 꼬불꼬불 골목으로 내려가는데 군데군데 서핑가게가 있다. 서핑묘기를 구경해도 좋다.

2. '논뷰'를 즐겨보자.

발리는 '논뷰'로도 유명한데, 이걸 뵈는 게 없다는 뜻인가(non-view?) 오해하는 사람들이 꼭 있다. 영어로는 라이스 필드 뷰Rice Field View라 한다. 우붓의 식당이나 카페들은 뒤편으로 논을 전망으로 가진 경우가 많다. 이보다 독특한 풍경은 계단식 논, 라이스 테라스Rice Terrace다. 관광객들이 많이 가는 곳은 뜨갈랄랑 지역으로 우붓에서 차로 15~20분이면 도착하는 곳. 계곡에 깊게 만들어놓은 계단식 논이 펼쳐진다.

3. 해변에서 석양을 맞아보자

서해안에 있는 꾸따, 스미냑, 짐바란, 울루와뚜는 석양을 보기에 좋다. 꾸따 디스커버리몰의 애트모스피어Atmosphere는 푹신한 좌식 스타일 소파가 편안하다. 스미냑에는 멋있는 인테리어의 식당들이 많은데 쿠데타Ku De Ta, 라루치올라La Lucciola, 브리즈Breeze at the samaya, 코쿤Cocoon Restaurant Bar Beach Club이 유명하다. 짐바란의 해산물 식당에서 밥을 먹으면서 석양을 볼 수도 있다.

4. 예술의 바다를 헤엄쳐보자

우붓은 예술인들의 마을로 유명하다. 네카Neca Art Museum, 아궁라이Agung Rai Museum of Art, ARMA, 블랑코미술관Blanco Renaissance Museum이 3대 미술관으로 꼽힌다. 한곳만 꼽는다면 발리의 미술을 시대순으로 잘 분류해 놓은 네카미술관이다. 전통양식건물의 세밀한 조각도 돋보인다. 길가 작은 가게들에서도 예술작품을 파는데, 이름 있는 작가 작품이 아니라도 꽤 멋지다.

> 발리는 배낭여행자나 서퍼들이 장기체류하는 저렴한 게스트하우스부터 신혼여
> 행객들이 즐겨찾는 고급스러운 풀빌라까지 다양한 리조트가 공존하는 곳이다.
> 여행동반자가 누구인지에 따라, 그리고 관광과 휴양 중 어느 쪽에 중점을 둘
> 건지에 따라 숙소를 결정하는 곳이 좋다. 최소 4박 이상의 일정이라면 다운타
> 운에 이틀, 우붓에 이틀 정도로 숙박을 분산시키는 것도 괜찮다. "

럭셔리 풀빌라 리조트

바다로 뛰쳐나간 풀장을 나 혼자만 쓸 수 있다거나, 계단식 논을 굽어보는 계
곡 위의 풀장을 점령하는 자유. 발리의 최고급 풀빌라들은 절경을 품은 아
찔한 수영장들이 압권이다. 짐바란과 울루와뚜 쪽의 알릴라, 포시즌, 불가
리, 반얀트리 등은 고급 브랜드의 이름값에 걸맞는 시설과 가격 수준을 보여
준다. 우붓에도 고급 풀빌라들이 많은데, 중심가에서 떨어져 있기 때문에 늘
숙소에서 제공하는 교통편을 이용해야 한다.

저가리조트 호텔

꾸따는 뽀삐스 골목 주변이나 꾸따 스퀘어 주변으로 30~75달러 선의 가격
에 수영장과 깨끗한 에어컨룸을 갖춘 리조트들이 자리 잡고 있다. 뽀삐스는
마사인Masa Inn과 뉴아레나New Arena Hotel가 깔끔하다. 오아시스 꾸따Oasis Kuta는
호텔 자체는 작지만 올림픽 사이즈라는 길쭉한 수영장이 자랑이다. 1층 방들
은 수영장 연결이 편리하나 방음과 조명이 약한 게 흠이다. 우붓의 몽키포레
스트 로드에도 저렴한 소규모 리조트들이 많다.

대형리조트

누사두아는 우리가 흔히 알고 있는 대형리조트들이 모여 있는 지역. 1박에
500달러를 호가하는 고급 체인도 있고, 100달러 안팎부터 가능한 중급 리
조트들도 있다. 올인클루시브나 어린이들을 위한 키즈 프로그램이 운영되는
곳이 많아 가족여행에 적합하다. 탄중 베노아Tanjung Benoa 쪽의 노보텔 베노아
Novotel Benoa와 라마다 리조트 베노아Ramada Resort Benoa, 그리고 누사두아 쪽의
노보텔 누사두아Novotel Nusa Dua가 저렴한 편. 다만, 꾸따 쪽으로 이동할 때 시
간이 걸리기 때문에 해양스포츠나 리조트 내에서 지내는 시간이 많은 일정을
추천한다.

소규모 풀빌라

발리는 벽으로 분리된 숙소에 개인 수영장이 딸린 풀빌라 중에서도 소규모로
지어진 곳이 많다. 특히 스미냑과 우붓 외곽에 소규모 풀빌라들이 많다. 그
러나 풀이 너무 작거나 잘 관리되지 않는 경우도 있으니 리뷰를 잘 살펴보는
것이 좋다. 사생활이 보장된다는 점은 좋지만, 부대시설이 별로 없기 때문에
심심할 수가 있다. 활동적인 것을 좋아하는 사람이라면 일정 중 일부만 풀빌
라에 머물거나, 주변 지역으로 자주 나다닐 수 있는 위치를 고르는 것이 좋
다. 저렴한 풀빌라를 찾는다면 스미냑의 빌라 아야Villa Aya와 우붓의 네파타리
Nefatari 빌라, 그리고 한국인이 운영하는 A2빌라 정도다.

울루와뚜Uluwatu 절벽사원

절벽 위에 지어진 사원으로 산책로처럼 조성되어 있어 주변 절경을 보기에 좋다. 특별한 종교 행사가 있는 날에는 발리 사람들의 깊은 신앙도 엿볼 수 있다. 사원에서는 맨살을 노출하지 않는 것이 예의 인지라 입구에서 긴 싸롱을 두르고 띠를 착용해야 한다. 손버릇 나쁜 원숭이들도 당신을 기다리니 카메라, 선글라스, 모자 등 소지품은 잘 단속하자. 꾸따에서 40분 정도 걸리며 택시로 갈 땐 관광시간 대기 후 돌아가는 왕복편으로 협상을 하는 게 좋다.

우붓Ubud 네카미술관

예술인들의 마을 우붓에서 꼭 한 곳의 미술관을 방문한다면 역시 네카미술관Neca Art Museum이다. 개인이 소장했던 작품을 전시한 곳이나 그 규모가 만만치 않다. 정해진 동선을 따라 전통양식으로 지어진 전시관들을 이동하면서 관람하며, 발리 회화의 역사를 훑을 수 있다. 발리화가들의 작품과 미국 사진가가 찍은 사진 등이 전시되고 있다.

꾸따Kuta 바닷가

꾸따는 해변과 디스커버리몰, 비치워크 등 대형 쇼핑몰, 마타하리 백화점 등이 있는 다운타운이다. 바닷가로 걸어가면 가장 많이 볼 수 있는 것이 서핑보드다. 시원한 파도를 따라 사람들의 움직임을 보고만 있어도 흥미롭다. 분위기 좋은 카페나 식당에서 바다를 바라보는 것도 좋지만, 해변에 털썩 주저앉아 석양을 즐기는 것도 좋다. 음식을 팔거나 투어를 제안하는 현지인들이 종종 귀찮게 하는 것이 흠이지만 밤이 되면 불꽃놀이도 펼쳐진다.

낀따마니 Kintamani 화산지대

해발 1,460m의 낀따마니 화산지대는 웅장한 몽우리늘과 밝은 칼데라 호수들이 있는 곳이다. 발리에서 가장 높은 산은 주민들이 신성하게 여기는 아궁산이지만, 관광객들이 더 많이 가는 곳은 낀따마니 쪽이다. 바뚜르 Batur 호수는 우기와 건기의 수심이 거의 변화가 없어 주민들은 신의 보살핌 덕이라 믿는다. 바뚜르호수가 보이는 전망 좋은 식당들이 늘어서 있는데, 주로 뷔페를 판다. 맛은 특별하지 않다.

뜨갈랄랑 Tegallalrang

우붓에서 20분 거리에 있는 곳으로, 아름다운 계단식 논이 있다. 입장료가 있는 것에 비해 볼거리가 많은 편은 아니지만, 깊은 계곡 건너 논을 가꿔 놓은 모양새가 멋있다. 풍경을 보면서 음료를 마시거나 식사를 할 수도 있다. 논을 보러 가기 전에 공예품 가게가 쭉 이어지는 거리가 있어 기념품 쇼핑을 하기에도 좋다. 흥정이 가능하나 아주 적극적으로 응하지는 않는다.

우붓 재래시장 Pasar Ubud

우붓왕궁 맞은편에 있는 재래시장이다. 낮 시간에는 관광객을 위한 기념품들을 주로 팔지만, 아침에는 주로 과일과 음식, 옷가지 등 현지 주민들을 대상으로 장이 선다. 발리 길거리 곳곳에서 보이는 짜낭 Canang 이라는 제물도 파는데, 대나무나 야자수 바구니에 꽃과 쌀 등을 넣어 만든다. 몽키포레스트의 원숭이들에게 나눠줄 바나나 같은 과일을 사보자. 외국인에게는 비싸게 부를 수 있으므로 절반 가격 정도로 흥정을 하면 된다.

발리커피

인도네시아는 세계 3대 커피 생산국. 세계에서 가장 비싼 커피인 코피루왁Kopi Luwak으로 유명하며 그 외에도 만델링Mandheling, 자바Java, 토라자Toraja 등이 있다. 코피루왁도 로부스타 종으로 만든다. 발리 전통커피는 1잔을 주문하면 주전자로 갖다 준다. 커피가루에 물을 부은 뒤 거르지 않고 가루가 가라앉기를 기다려서 마신다. 태국 프렌차이즈인 블랙캐년의 아이스커피도 인기지만, 전통 스타일의 커피에도 도전해보자.

나시고랭Nasi Goreng과 미고랭Mi Goreng

인도네시아식 볶음밥과 볶음면이다. 나시Nasi는 밥, 미Mi는 면, 고랭Goreng은 기름을 써서 볶거나 튀기는 것을 말한다. 채소와 고기 혹은 해산물을 곁들여 볶고 달콤한 간장 소스와 매콤한 삼발Sambal소스로 간을 한다. 웬만한 식당에는 다 파는 기본메뉴로, 메뉴가 고민될 때 가장 쉽게 선택할 만하다. 나시고랭은 2011년 CNN에서 세계의 가장 맛있는 음식 50가지 중 2위로 뽑히기도 했다.

나시짬뿌르Nasi Campur

나시Nasi는 앞서 말했듯이 밥이고, 짬뿌르Campur는 섞는다는 뜻이다. 밥 위에 다양한 재료를 얹어 먹는 요리. 미리 섞어서 나오는 게 아니라 큰 접시에 따로따로 놓여서 나온다. 꾸따 지역의 큰길가에 있는 마데스 와룽Mades Warung Kuta은 2층 구조에 창이 오픈된 시원한 식당으로, 시설도 깔끔하고 맛도 무난하다. 참고로 '와룽'은 대중식당이나 소매점이라는 뜻이다.

해산물 요리

짐바란의 해산물식당이 관광객들의 필수코스지만, 발리도 해산물을 수입하기 때문에 값이 싸지 않다. 바닷가재, 게, 새우 등 해산물 바베큐가 여행사에서 1인당 4만~5만원선이고, 무게로 직접 달아도 싸지 않다. 저렴한 해산물요리를 찾는다면 일반 식당의 씨푸드바스켓Seafood Basket도 방법이다. 대나무 바구니에 생선구이와 새우, 게다리, 한치튀김, 감자튀김 등을 곁들여준다. 꾸따 뽀삐스 골목의 뱀부코너Bamboo Corner는 나시고랭과 함께 시켜도 1만원이 안 넘는다. 다만, 테이블보를 자세히 보다보면 입맛이 뚝 떨어질 수 있다.

바비큐 폭립

우붓의 네카미술관 바로 건너편에 있는 누리스 와룽Naughty Nuri's Warung(노티 누리스 와룽)은 지나가기만 해도 바로 코가 반응하는 곳이다. 그릴 위에서 돼지 등갈비와 소세지 등을 굽는데, 에어컨도 없지만 늘 손님이 넘친다. 바비큐 포크립BBQ Pork Rips이 추천메뉴다. 미국남자와 발리여자가 만나 만든 식당이라, 서양인과 동양인 입맛에 모두 맞는다. 저렴한 가격도 매력적이며, 스미냑에도 지점이 있다.

스테이크

발리는 스테이크로 유명한 집들이 많다. 스미냑의 루머스Rumours와 울티모Ultimo, 루머스 바로 근처는 같은 사장이 운영하는 곳으로 이탈리안 음식과 스테이크가 유명하다. 가격이 저렴하고 분위기는 깔끔하다. 단, 점심 때는 영업을 안 한다. 꾸따에서는 뽀삐스1 골목의 스웰Swell에 가보자. 스포츠경기를 보면서 스테이크를 먹을 수 있는 캐주얼한 카페로 높은 천장과 원목 테이블이 시원하다. 뽀삐스1과 2 사이 골목에 있는 꾸따스테이크하우스도 무난하다.

바비굴링Babi Guling

발리의 전통음식인 통돼지구이 요리다. 인도네시아의 대부분 지역은 이슬람권이라 돼지고기를 먹지 않는다. 그러나 발리는 힌두교 지역이라 쇠고기 대신 돼지고기를 즐긴다. 어린 통돼지에 향신료를 채워 숯불 위에서 장시간 돌려 구우면서 기름을 쫙 빼기 때문에 껍질은 바삭하고 속살은 부드럽다. 전통 샐러드와 곁들여 먹는다. 가장 유명한 바비굴링 식당은 우붓왕궁 근처의 이부오카Ibu Oka다. 점심에만 영업한다. 늦게 가면 고기가 떨어지고 없다.

빵과 디저트

발리에서 가장 인기 있는 빵집은 브레드 톡Bread Talk이다. 싱가폴에서 시작된 체인점인데, 꾸따 디스커버리몰 등 곳곳에 지점이 있다. 푹신한 빵에 실처럼 얇은 육포나 어포가 얹어진 플로스가 대표메뉴다. 살짜쿵 매콤한 파이어플로스도 있다. 치즈머핀, 초코머핀, 케이크 등도 인기다. 한국에도 진출해서 서서히 인기몰이를 하는 중이나 매장이 많지 않고 발리보다는 가격이 비싸다. '잘란잘란' 중에 브레드 톡을 발견하면 톡 튀어 들어가서 먹어보자.

지역 정보

<u>행정지역</u> 인도네시아 발리주
<u>주도</u> 덴파사르
<u>언어</u> 발리어와 인도네시아어.
　　　(관광지에서는 영어도 통함)
<u>전기</u> 220V
<u>시차</u> 한국보다 1시간 느림.
<u>비자</u> 도착비자Visa On Arrival 1인 25달러.
　　　30일 초과체류 땐 1일 20달러 추가

언제 가는 게 좋아요?

발리는 적도와 가까워 일 년 내내 덥다. 하지만 고도가 높은 산간지대는 아침저녁으로 선선하다. 우기는 10~3월, 건기는 4~9월 정도. 우기라도 비가 종일 오기보다는 몇 차례 소나기가 오는 경우가 많다. 건기가 우기보다 쾌적하겠지만, 우붓 같은 산간지대는 7~9월에 수영하기 추울 수가 있다. 발리 최대 명절 녀삐Nyepi데이에는 공항이 문을 닫고 전날 저녁부터 차가 다니지 않으므로 여행일정과 겹치는지 미리 확인하는 것이 좋다. 날짜는 매년 며칠씩 달라진다. (2013년에는 3월 12일이었다.)

> **Tip! 녀삐Nyepi데이엔 뭐할까**
>
> 힌두교의 설날에 해당되는 녀삐데이에는 공항과 상점이 문을 닫고, 교통이 통제되며, TV도 나오지 않고, 집 밖으로 불빛이 새어나가는 것을 막으며, 주민들도 집 밖으로 돌아다니는 것을 삼간다. 흔히 '신은 돌아다니고, 사람은 안 돌아다니는 날'이라고 말하는데, '오고오고'라는 험악한 형상의 인형을 만들어놓고 사람들은 살지 않는 듯이 속여 악귀를 쫓고자 함이다. 하루 전날 '오고오고'들을 들고 마을어귀를 도는 퍼레이드를 하기 때문에 일부러 이때 발리를 찾는 사람도 있다.

어떤 비행기 타면 좋아요?

인천공항에서 발리까지는 대한항공과 가루다인도네시아항공의 직항편과 홍콩, 싱가포르, 콸라룸푸르, 방콕, 자카르타 등을 경유하는 항공편이 있다. 직항 비행시간도 7시간 안팎이기 때문에 일정이 짧다면 경유편은 피하는 게 좋다. 발리행 항공권은 동남아시아 항공편 중 가장 비싼 편에 속한다. 땡처리 항공권을 예약할 게 아니라면 되도록 미리 예약한다. 가루다항공은 비수기에 한정 수량으로 세금 포함 40만원 이내의 가격에 프로모션을 할 때가 있으니 가루다인도네시아항공 홈페이지에서 뉴스레터 구독을 해두자.

공항에서 시내로는 어떻게 가요?

공항에서 'Taxi Service' 팻말을 따라 가면 공항택시 티켓부스가 있다. '쿠폰택시'라고도 부르는데, 지역별로 정해진 요금을 받으며 미터요금에 비해 비싸지만 믿고 탈 수 있다. 티켓부스 가격은 미터요금에 비해서는 훨씬 높은 편이며, 초행길이 아니라면 공항 밖으로 나가서 택시를 잡는 방법도 있다(아래 교통편 참고). 밤늦게 도착하는 경우는 숙소에 유료픽업을 요청하는 게 안전하다. 에어텔에는 픽업이 포함돼 있는 경우가 많다.

교통편은 어떤 게 있나요?

<u>택시</u> 꾸따 등 번화가에서는 기본료 5,000루피아에 미터제가 기본이나 외곽지역으로 가는 경우는 가격 흥정이 필수다. 회사별로 택시 색이 다르며, 하늘색 블루버드 택시가 제일 믿을 만하다. 앞유리에 'Blue Bird Group'이라고 써 있다. 택시가 뜸한 곳은 전화(0361-70-1111)로 부를 수 있는데 금액이 덜 나오더라도 최저금액 25,000루피아를 줘야 한다. 블루버드가 보이지 않으면 진한 청색의 발리택시도 괜찮다. 하얀색, 주황색, 초록색 택시는 바가지요금이 심하다. 잔돈을 안 남겨주려 하는 경우가 많으니 소액권도 챙겨다니자.

우붓 지역에는 미터택시가 없어서 흥정이 필수다. 네카미술관 등 외곽으로 가는 경우 50,000루피아까지도 부르지만 절반 이하까지도 깎을 수 있다. 적당한 흥정은 필수이나 우리 돈으로 얼마 차이가 안 난다면 흥정에 너무 많은 에너지를 소모할 필요는 없다.

<u>쁘라마버스</u> 꾸따에서 우붓까지 편도 50,000루피아, 왕복 80,000루피아. 06:00, 10:00, 13:30, 16:30 등 하루 4회 운행하며, 출발 전 호텔 픽업을 요청하거나 도착 후 호텔까지 데려다주면 각각 1인당 10,000루피아씩 추가된다. 현지인보다는 주로 외국인이 이용하는 여행자버스라고 보면 된다. 에어컨이 안 나오는 오래된 버스지만, 창문 열고 달리면 견딜 만은 하다. 왕복이 20% 저렴하긴 하지만, 일정에 불확실한 부분이 있다면 편도 이용이 낫다.

<u>가이드투어</u> 발리에서는 법적으로 외국인이 가이드를 할 수 없기 때문에, 한국어나 영어를 하는 현지인 기사 겸 가이드를 구해야 한다. 차량 1대당 8시간 기준으로 40~45달러 안팎이며 12시간까지 추가금액을 주고 이용할 수도 있다. 영어와 한국어가 가능한 가이드 중 한국어 가이드를 선호하는 경향이 있으나 중복예약 시 가족이나 친구를 대신 보내는 일 때문에 불만족이 쌓이는 경우도 있다. 우붓에서 공항에 가는 날 뜨갈랄랑, 낀따마니, 커피농장을 돌아보고 따나롯 사원을 가거나 울루와뚜와 짐바란을 들르는 식으로 외곽에 가는 모든 일정을 하루로 때려 넣을 수도 있다.

<u>발리 플래티넘카드 셔틀</u> 발리 플래티넘카드는 정식 명칭이 '플러스 프라이오러티PLUS PRIORITY' 플래티넘카드로, 10일간 꾸따, 짐바란, 누사두아, 우붓, 낀따마니, 따나롯 등을 오가는 셔틀버스를 자유롭게 이용할 수 있고, 시내 곳곳의 라운지와 숙소, 쇼핑 할인 등 혜택이 있다. 가격은 25달러로 국내 여행사 몇 곳에서 판매하며 할인해주는 곳도 있다.

기념품 뭐가 좋아요?

나무로 만든 수공예품이나 전통무늬 가방, 액자 등이 사볼 만하다. 수공예품은 뜨갈랄랑 근처에서 사는 게 저렴하고, 거리나 전통시장에서는 흥정이 필수다. 커피도 선물용으로 좋은데, 나비가 그려진 꼬피발리Kopi Bali가 유명하다. 생필품은 까르푸가 저렴하나 왕복 택시비를 생각하면 꼭 갈 필요는 없다. 빈땅수퍼나 마타하리백화점에서 사도 된다.

환전은 어떻게 하면 되나요?

국내에서 환율우대로 달러 환전해 현지에서 다시 환전하는 것이 좋다. 소액권보다 100달러짜리를 잘 쳐주며, 신권만 받는다. 공항환전소보나 시내가 환율이 너 좋으므로 공항에서 100딜러 정도만 환전한 뒤 시내에서 한 번 더 환전을 하는 게 이득이다. 너무 환율이 좋은 곳은 환전 사기를 칠 가능성이 있으니 대형쇼핑몰 내의 환전소를 이용하는 것이 안전하다. 발리의 기본 통화는 루피아Rp이며 화폐 단위가 커서 여행 중에는 거의 지폐만 사용하게 된다.

여행 경비(4박6일 기준)

	비수기	성수기
항공권	60만원대~	80만원대~
숙소 (2인실의 1인 기준)	1박 2.5만원	1박 20만원
비자&공항세	5만원	
식대	14만원	
입장료	1만원	
교통비/투어비 (2인 기준 절반)	5만원	
쇼핑	5만원	
총예산	100만원대~	190만원~

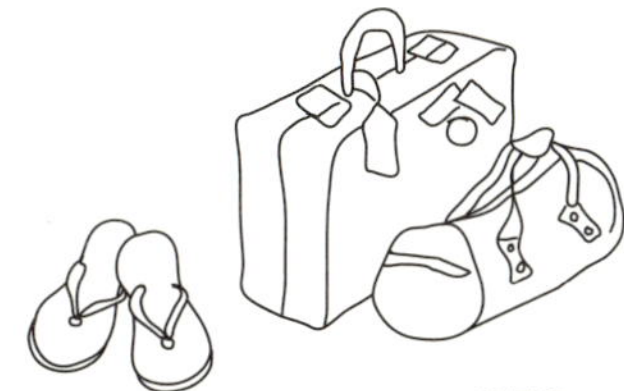

일본 간사이

간사이関西지방은 일본 혼슈 중서부에 있는 오사카부, 교토부, 효고현, 나라현, 시가현, 와카야마현 등을 묶어 부르는 말이다. 수도 근처를 뜻하는 긴키近畿라는 지명으로도 부른다. 에도(지금의 도쿄)로 일본의 중심이 옮겨가기 전까지 일본의 수도권이 이 동네였던 덕분이다. 현재 간사이의 중심도시는 오사카이며, 가까운 주변 도시들에도 볼거리가 많다. 오사카의 동북쪽에는 일본의 전통적 모습을 가장 잘 볼 수 있는 유곽거리 기온과 고즈넉한 사찰들이 있는 교토가 있다. 아라시야마 지역의 대숲까지 둘러보려면 최소 이틀 이상은 걸린다. 교토역에서 기차로 10분이면 닿는 시가현의 비와코(비파호)는 서울보다 넓은 일본 최대 크기의 담수호다. 오사카의 동남쪽에는 나라가 있는데, 세계 최고最古 목조건축물 호류지와 세계 최대 금동불상이 있는 도다이지, 그리고 사슴 떼가 사람을 놀리는 사슴공원이 볼 만하다. 오사카의 서북쪽에 있는 효고현은 야경이 아름다운 항구도시 고베와 400년 전 그대로의 모습을 지키고 있는 히메지성, 세계 최장 현수교 아카시대교明石大橋 등으로 유명하다. 교토, 오사카, 나라 등 옛 도읍지를 중심으로 유네스코 세계유산이 5건 지정돼 있으며, 관문은 간사이공항이다. 인천공항과 김포공항에서 1시간40분 정도 걸린다.

5박6일 추천 일정표

1일째
(토)
오사카

김포공항 출발
(제주항공)
14:30

오사카 간사
이공항 도착
16:10

오사카 시내
호텔에 체크인
18:30

고베고속철도
고소쿠고베역이나 JR
고베역에서 연결돼요.

'몬' 비프까스나
'스테이크랜드' 추천

칸논야에서 치즈케
이크 먹고 우메다로

모자이크와 하버랜
드에서 야경 보기

맛집이 많은 이쿠타
로드에서 고베
쇠고기로 저녁식사

3일째
(월)
나라·교토

21:00
19:00
18:00

나라로 출발

긴테츠 나라
역이 JR 나라역보다
관광지에서 가까워요.

08:00

먹이를 주면
사슴들이 몰려오는데 약간
무서워요. 힝~

세계 최대
목조건물
'도다이지' 관람

나라코엔에서
사슴들과 놀기

모스버거에서
점심식사

교토역으로
출발

09:30
11:30
12:30
13:30

①입장료 500엔.
기둥 아래 구멍 통과하기에 도전
해보세요. ②니가츠도의 차와 전망은
공짜. 찻잔 설거지는 필수

MOS
BURGER

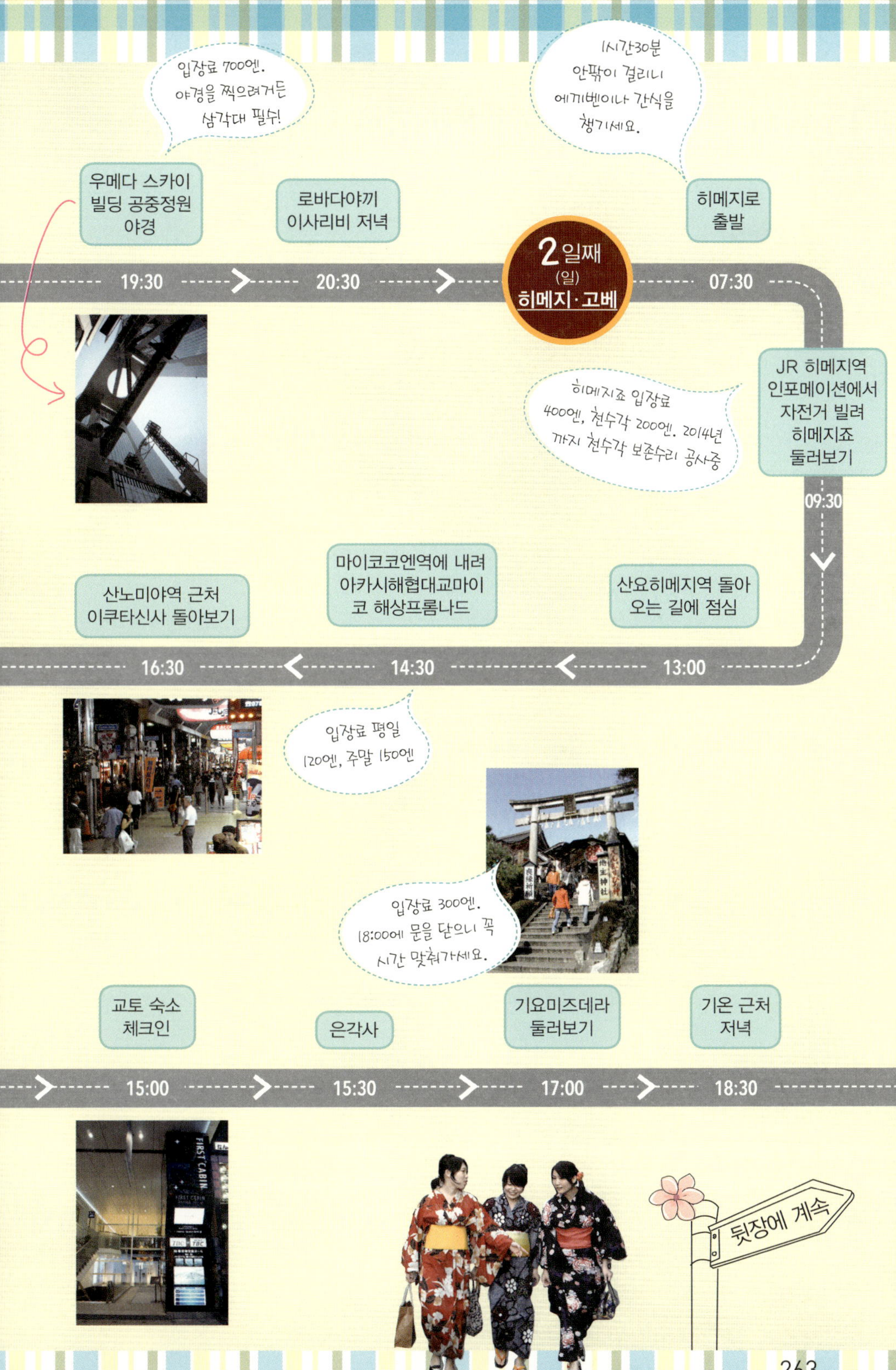

입장료 700엔.
야경을 찍으려거든
삼각대 필수!

1시간30분
안팎이 걸리니
에끼벤이나 간식을
챙기세요.

우메다 스카이
빌딩 공중정원
야경

로바다야끼
이사리비 저녁

히메지로
출발

2일째
(일)
히메지·고베

19:30

20:30

07:30

JR 히메지역
인포메이션에서
자전거 빌려
히메지죠
둘러보기

히메지죠 입장료
400엔, 천수각 200엔. 2014년
까지 천수각 보존수리 공사중

09:30

산노미야역 근처
이쿠타신사 돌아보기

마이코코엔역에 내려
아카시해협대교마이
코 해상프롬나드

산요히메지역 돌아
오는 길에 점심

16:30

14:30

13:00

입장료 평일
120엔, 주말 150엔

입장료 300엔.
18:00에 문을 닫으니 꼭
시간 맞춰가세요.

교토 숙소
체크인

은각사

기요미즈데라
둘러보기

기온 근처
저녁

15:00

15:30

17:00

18:30

FIRST CABIN

뒷장에 계속

텐류지 입장료
500엔

아라시야마로
이동

텐류지와
대나무숲
돌아보기

전통건물보존지구인
사가 도리이모토
산책 후 소바로 점심

도게츠교와
이와타야마
원숭이공원

4일째
(화)
아라시야마
·교토

08:00

09:00

11:00

13:00

버스 1일권은 추가
요금 필요. 도착하면
자전거를 빌리세요!

원숭이공원
입장료 550엔

비와코
분수쇼

하마오츠역 근처
아쿠스 몰에서
저녁식사

오츠역으로

히코네성과
겐큐엔 관람

19:00

18:00

16:30

14:00

입장료 600엔. 성에서
비와코가 보여요.

6일째
(목)
교토

동지사대학

고쇼(황궁) 영어
가이드투어

니죠죠

교토 출발

09:30

10:00

11:30

13:00

시인 윤동주의
시비를 찾아보세요

sankan.kunaicho.
go.jp/english에서 미리 신청하
세요. 매일 10:00, 14:00

교토 시내에서
저녁

5일째
(수)
비와코 인근

JR 비와코센 타고
오미하치만역으로

15:30　18:00　08:00

역 북쪽 출구
6번 승차장에서.
호오넨바시 하차

쵸메이지/미야
가하마 버스

09:00

캐슬 로드에서
점심과 구경

히코네역으로
이동

스이고오메구리
(수향순회)

12:30　12:00　10:00

1인 2,100엔,
10:00와 15:00 하루
2회, 60~70분 소요

★ 일정짜기 노하우

간사이권은 사철이 꽤 발달한 곳이
지만 JR로만 갈 수 있는 곳도 있다.
어떤 철도패스를 사용하느냐에 따라
JR이나 민영철도 이용이 달라지고
동선과 순서도 달라진다. 가고 싶은
곳과 철도패스를 잘 연구해서 순서
를 배치하는 것이 관건이다. 일정이
늘어난다면 고베의 이진칸과 아리
마온천, 혹은 교토의 다른 사찰들과
히에이잔 엔랴쿠지로 오르는 케이블
카 체험을 더해보자.

오사카 간사이공항 출발
(제주항공)

김포공항
도착

17:00　18:45

옛 모습 그대로의 천수각에 올라보자

일본의 성 중에 천수각이 남아 있는 곳은 12곳. 그 중에서도 국보로 지정된 곳은 4곳뿐이다. 히메지성, 마쓰모토성, 이누야마성, 히코네성 등이 바로 그 주인공인데, 히메지성과 히코네성이 간사이 지역에 있다. 특히, 오사카성에서 지하철로 90분 정도 걸리는 히메지성은 원형 그대로 보존되어 있고, 규모도 커서 가장 높이 평가받는 곳이다. 효고현에 있다. 히코네성은 가장 작지만 아기자기한 매력이 있다. 시가현의 비와코 주변에 자리 잡고 있다.

교토의 고즈넉함에 젖어보자

교토는 천년 넘게 일본의 수도였던 고도로 일본의 전통문화가 잘 보존된 곳이다. 수많은 절과 신사가 자리 잡고 있으며 오랜 유곽거리인 기온에서는 기모노를 입은 게이샤나 마이코견습생을 볼 수도 있다. 유네스코문화유산으로 지정된 기요미즈데라, 금각사, 은각사, 료안지 등은 꼭 보는 게 좋다. 닌자를 막기 위해 걸을 때마다 삑삑 소리가 나게 만들어놓은 니죠죠의 복도와 예약을 해야만 투어를 할 수 있는 일본 황실 거주지 고쇼御所도 둘러보자.

옛 골목골목을 자전거로 누벼보자

아라시야마의 사가노 지역에는 바람과 함께 노래하는 대숲이 있다. 기차역 근처에서 자전거를 빌려 타고 텐류지와 대숲, 조잣코지, 니손인을 거쳐 메이지 시대 건물들이 보존돼 있는 사가도리이모토嵯峨鳥居本의 아기자기한 골목을 탐험해보자. 기와 위로 초록 이끼가 낀 초가가 얹어진 집들이 고풍스럽다. 신사의 도리이가 있는 음식점 히라노야平野屋 삼거리에서 다이카쿠지 방향으로 틀거나 도게츠교渡月橋까지 다시 내려오면 된다.

기차여행을 즐겨보자

간사이 지역을 돌아다니기에 가장 편리한 것은 기차다. 운영주체에 따라 국철인 JR과 민영철도사철로 구분한다. 기차 속도는 특급, 직통특급, 쾌속, 보통 등으로 나뉘며, 특급은 유료로 좌석을 지정해야 하는 경우가 많다. 기차여행을 즐기는 방법 중 하나는 역에서 파는 에끼벤駅弁을 먹는 것으로, 지역 특산물인 재료를 활용한 맛있는 도시락이 많으니 기차나 터미널 음식은 맛이 없다는 편견을 버리자. 산악열차나 케이블카, 증기기관차, 관광열차 등 이벤트열차도 많으니 체험해볼 만하다.

마츠리축제를 즐겨보자

일본 3대 마츠리 중 2가지가 간사이에서 벌어진다. 매년 7월 한 달간 열리는 교토의 기온祇園마츠리는 17일 아침에 32개의 야마보코산 모양에 창이나 칼 등 무기를 꽂은 수레가 시죠도리, 가와라마치도리, 오이케도리를 따라 순행하는 행사가 하이라이트다. 하루 전날 열리는 요이야마전야제 때부터 유가타를 입은 인파가 거리에 가득 찬다. 오사카의 텐진마츠리天神祭는 매년 7월 24일에서 25일에 열리는데, 화려하게 등불을 밝힌 100척의 배가 강을 거슬러 오르는 후나토쿄船渡御와 불꽃놀이가 하이라이트다.

겨울엔 온천, 여름엔 바다를 즐겨보자

일본 3대 전통온천 중 하나로 알려진 아리마온센有馬温泉이 효고현에 있어 당일치기로 다녀올 만하다. 철분과 나트륨이 들어 있는 킨센金泉과 탄산과 라듐이 들어 있는 긴센銀泉 등 2가지 온천수가 있다. 전철로 혹은 오사카 우메다역에서 버스를 타면 된다. 여름에는 고베 근처의 스마해변에서 해수욕을 해보자. 젊은이들이 많이 오는데, 튀는 패션의 언니들과 문신을 한 형님들도 보인다. JR 스마역이나 산요전철 산요스마역에서 가깝다.

옛 목조선 타고 시간여행 떠나보자

비와코 주변 오우미하치만에 가면 뱃놀이가 있다. 노를 젓는 전통 목조선을 타고 작은 호수의 갈대섬 사이를 돌며 운치를 즐기는 스이고메구리水郷めぐり, 수향순회다. 1인당 2,100엔 정도에 시간은 한 시간 남짓인데, 풍경도 멋지고 마음이 차분해진다. 뱃사공이 옛 역사를 영어로 설명해주며, 노 젓기 체험을 시키기도 한다. 오사카, 고베, 오츠 등지에서 서양식 유람선도 운항하지만, 전통 배를 타보는 쪽에 몰표 던지겠다.

기요미즈데라清水寺

기요미즈데라는 못을 사용하지 않고 지은 절로 알려져 있다. 본당 앞으로 허공으로 뻗어나간 듯한 나무무대가 있어 전망이 멋지다. "기요미즈데라에서 뛰어내릴 각오로"라는 말이 있는데, 굳은 결심을 했을 때 쓴다 한다. 1994년에 유네스코 세계문화유산이 됐고, 절 안에 사랑의 신을 모신다는 지슈신사地主神社가 있다. 절까지 가는 길에 니넨자카, 산넨자카를 따라 기념품점과 전통료칸 등이 늘어서 있어 지루하지 않다.

나라 도다이지東大寺

752년에 세워진 도다이지는 세계 최대의 목조건물이자 일본 최대 부처상이 있는 곳이다. 본당 내부의 커다란 대들보 아래 뚫려 있는 구멍을 통과하면 다음 생에 복을 받는다고 전해진다. 어린이들은 수월하지만 어른은 남이 끌어줘야 나올 수 있을 정도. 언덕 위에 있는 니가츠도는 도다이지의 부속건물. 나라의 전경을 내려다보며 공짜 차를 마실 수 있고, 찻잔만 씻어놓고 나오면 된다.

아라시야마嵐山의 대숲

아라시야마는 교토 서쪽 교외에 자리잡은 지역으로 텐류지天竜寺 뒤에 있는 대나무숲이 청량한 기분을 느끼게 해준다. 다이카쿠지, 조잣코지 등 사찰과 아기자기한 골목길, 그리고 도게츠교渡月橋 다리에서 강가의 정취가 정겹다. 인력거도 많이 보이지만 자전거를 빌리는 것을 추천한다. 도게츠교 남쪽 이와타야마 원숭이 공원과 사가노 토롯코 열차도 인기 있다.

비와코琵琶湖

시가현에 있는 일본 최대의 담수호다. 면적이 670㎢로 서울을 퐁당 빠뜨려도 남는다. 그러나 히에이잔比叡山에 올라서 내려다보면 왜 비파악기라는 이름을 붙였는지 알 수 있다. 교토에서 기차로 10분 거리인 오츠시가 비와코의 관문으로, 밤에는 조명분수쇼가 펼쳐지며 항구에서 미시간호 유람선을 타며 둘러볼 수도 있다. 히코네성에서도 비와코를 내려다볼 수 있고, '백사청송'이라는 별명의 '오미마이코' 등 비와코 8경도 둘러볼 만하다.

고베 메리켄파크

고베는 에도시대 말기에 최초로 개항한 항구 중 하나. 메리켄 파크는 고베항의 항구공원으로 고베포트타워, 해양박물관 등이 자리 잡고 있고, 야경이 멋진 곳이다. 1995년 한신아와지 대지진으로 파괴된 가로등을 그대로 남겨놓은 지진 메모리얼 파크도 있다. 하버랜드에는 모자이크 쇼핑몰과 대관람차, 카페와 레스토랑 등이 모여 있어서 야경을 보며 분위기를 잡을 수 있다.

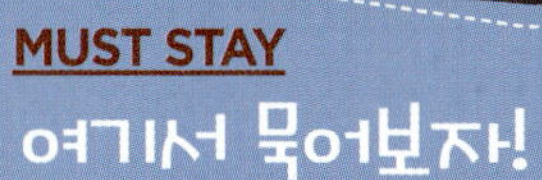

> 비와코까지 가볼 생각이라면 서쪽과 동쪽 숙소를 나눠 잡아보자. 오사카와 서쪽의 효고현(고베, 히메지 등)을 둘러볼 때는 오사카에 머물고, 교토와 비와코 쪽을 돌아볼 땐 교토나 오츠 쪽에서 숙박하면 된다. 되도록 교통이 편한 역 주변 숙소를 고르는 게 좋다. 짐을 들고 이동하는 날 숙소에 짐을 놓고 나오거나 가지러 가는 것이 불편할 수 있으므로 적당히 기차역 코인 락커를 이용하는 것도 좋다.

오사카와 고베 쪽을 돌아볼 땐

우메다역과 JR 오사카역 근처에 숙소를 잡는 게 가장 유리하다. 고베와 히메지 등 서쪽 관광지와 교토, 비와코 등 동쪽 관광지로 갈 때 거쳐야 하는 길목이기 때문이다. 웨스틴 오사카 호텔The Westin Osaka Hotel은 오사카역과 지하보도로 연결되며, 셔틀버스도 다닌다. 필수 관광지인 공중정원 전망대를 끼고 있어 좋다. 호텔 한큐 인터내셔널Hotel 阪急 International도 위치가 좋다. 그리 멀지 않은 하튼 호텔 키타우메다Hearton Hotel 北梅田와 나카츠역에서 연결되는 호텔 콤즈 오사카Hotel Com's Osaka는 가격이 저렴하다. 난바 주변은 나라를 가기엔 편하지만, 나머지 지역에 오고갈 땐 다시 우메다 쪽을 거쳐야 한다.

교토와 비와코 지역을 돌아볼 땐

교토역 부근이 편하지만 시설 대비 가격이 비싼 편이다. 교토 센추리 호텔Kyoto Century Hotel과 뉴 미야코 호텔新都 Hotel, 뉴 한큐 교토 호텔京都新阪急 Hotel 등이 역 바로 근처에 있다. 교토에서 방을 못 구하거나 가격이 부담된다면 교토역에서 기차로 10분이면 도착하는 오츠역 근처를 추천한다. 비야코의 관문도시 오츠는 교토에서 토카이도혼센東海道本線을 타고 동쪽으로 터널을 지나가면 금새 도착하는 가까운 거리다. 호텔 테토라 오츠Hotel Tetora Otsu는 오츠역 바로 남쪽에 있어 편리하다. 수퍼호텔 오츠에끼마에Super Hotel 大津駅前는 역 북쪽으로 5분 이내에 도착하며, 저렴한 가격에도 조식이 포함돼 있다. 베개를 선택할 수 있고 여성들에게는 화장품 등 매일 5가지의 무료 어메니티Amenity를 준다.

돈부리

일본의 덮밥을 총체적으로 부르는 말이다. 세부적으로는 들어가는 재료 이름 뒤에 '동'을 붙여 부른다. 계란을 넣으면 타마고동, 닭고기와 계란을 넣으면 오야꼬동(오야는 부모, 꼬는 자식), 튀김(덴뿌라)을 얹으면 텐동, 쇠고기를 얹으면 규동이다. 텐동을 시키느냐 '덴뿌라와 라이스'로 시키느냐의 차이는 엄청나다. 후자처럼 시키면 덮밥이 아니라 튀김과 밥을 따로 주는데, 정말 막막해진다.

히야시츠케멘

히야시冷やし라는 말은 '차게 식힘'이라는 일본어다. 츠케맨은 소바처럼 면과 국물을 따로 주고 차가운 면을 국물에 찍어먹는 식의 요리다. 일본 곳곳의 라멘집이나 소바집에서 여름 계절메뉴로 히야시츠케멘을 팔곤 하는데, 이름 그대로 '국물에 찍어먹는 차가운 면' 되시겠다. 가게에 따라선 비빔면 같은 형태로 자작한 양념을 부어 주기도 한다. 여름철 한정이니 한번 시도해보자.

소바

메밀을 뜻하는 소바는 메밀국수를 뜻하기도 한다. '모리소바'나 '자루소바'라고도 하는데 모리는 쌓는단 뜻이고 자루는 '소쿠리'라는 뜻이다. 대나무발에 얹어 나온 메밀국수를 간장육수에 찍어먹는 소바로 유명한 곳은 아라시야마 강변 쪽에 위치한 '요시무라よしむら'가격은 비싼 편이다.

마츠리 길거리 음식

7월 중순 교토 중심가에서 열리는 기온마츠리는 도쿄의 간다마츠리神田祭, 오사카의 텐진마츠리天神祭와 함께 일본의 3대 마츠리로 불린다. 전야제인 요이야마 때는 저녁 6시부터 시조거리가 통제되고, 쭉 늘어선 야타이(노점상)에서 야끼소바, 오징어구이, 계란센베, 타코야끼, 옥수수구이 등 다양한 음식을 판다. 유가타를 입은 사람들이 각종 먹거리를 즐기며 다음날 거리를 행진할 수레를 구경한다. 전통문화와 먹거리를 함께 즐기는 기회가 된다.

고베규

고베규는 일본 소和牛.와규 중에서도 최상급으로 친다. 맥주를 먹고 사케로 목욕하고 매일 마사지를 받는 소 중의 '상팔자'로 알려져 있다. 덕분에 육질이 부드럽고, 불포화지방산이 높아 혈중 콜레스테롤을 낮춘다나? 족보까지 갖춘 고베규 스테이크는 1인분에 20만원을 호가하지만, 산노미야역 근처 '스테키랜드 고베'에서는 1인 5만원 이내다.

치즈케이크

고베는 개항의 영향으로 빵과 디저트가 상당히 발달했다. 이쿠타 로드나 모토마치에 유명한 빵집이 많으며 고로케도 인기다. 칸논야의 치즈케이크는 진한 덴마크산 생치즈를 얹어 뉴욕치즈케이크류보다 독특하고 진한 맛이다. 차갑게 냉장 보관하다가 먹기 직전에 덥혀서 쫀득한 치즈를 맛보면 된다. 고베 모토마치점은 모자이크 근처에 있고, JR오사카역에 판매대가 있다.

가라아게

고기나 해물에 밑간을 하고 전분이나 밀가루만 살짝 묻혀서 튀기는 일본식 튀김요리다. 튀김옷을 두껍게 만들지 않지만 바삭하고 주로 치킨 가라아게鶏唐揚げ, 닭튀김로 많이 먹는다. 히에이잔 케이블카를 타기 전이나 후, 버스정류장 근처 치킨 냄새가 모락모락 나는 식당에 들러보자. 가정집을 개조한 듯한 이름 없는 식당이나 갓 튀긴 치킨 가라아게가 눈물나게 맛있다. '가라포테'를 시키면 감자튀김과 같이 나오고 까까머리 학생들이 바글바글하다.

오우미쌀로 만든 지역사케

교토 동쪽에 위치한 시가현은 맑은 물 덕분에 쌀 품종인 오우미마이近江米가 유명하다. 좋은 물과 쌀로 빚은 지역사케地酒는 부드러운 맛이 특징. 사케를 따를 때 잔 밑받침까지 가득 차게 따라주는데, 잔을 비운 뒤 잔 밑받침에 있는 술을 다시 잔에 따라 마시면 된다. 고베규, 마츠자카규와 함께 일본의 3대 쇠고기라 불리는 오우미규(쇠고기)와 함께 오우미마이로 만든 지역사케를 마셔보면 궁합이 딱이다.

지역 정보

국명 일본
수도 도쿄
언어 일본어(한자로 쓰는 단어가 많음)
전기 110V (흔히 '돼지코'라 부르는 어댑터 필요)
시차 한국과 동일
비자 90일 이내 단기체류 시 불필요

언제 가는 게 좋아요?

간사이 지역의 겨울은 한국보다 따뜻한 편이다. 온천에 들르는 날을 제외하면 겨울은 해가 빨리 지는 게 다소 불리하다. 여름은 습기 때문에 상당히 덥게 느껴지나 해변과 호수를 일정에 넣는다면 시도해볼 만하다. 봄과 가을이 가장 여행하기 좋으며, 특히 봄에는 성 주변과 호수 주변 등 곳곳에 벚꽃이 흐드러진 풍경을 볼 수 있다.

어떤 비행기 타면 좋아요?

오사카 간사이공항으로는 대한항공, 아시아나, 일본항공JAL, 전일본공수ANA 외에 제주에어, 이스타항공 등 저가항공도 취항하고 있어 선택의 폭이 넓다. 저가항공은 특가로 예약하면 세금 포함 20만원 안팎부터 가능하나 오전 출발/오후 귀환 같은 좋은 스케줄은 드물다. 김포공항 출발이 인천공항 출발편보다 가격이 조금 비싸지만, 공항 이동 비용과 시간도 절약되고 수속 시간도 짧아 유리하다.

공항에서 시내로는 어떻게 가요?

간사이공항에서 민영전철로 교토나 고베로 이동하는 경우는 무조건 오사카에서 한두 번씩 갈아타야 한다. JR로 이동하는 경우는 교토행 특급 하루카만 갈아타지 않고 갈 수 있다. 고베까지는 산노미야역까지 가는 공항리무진버스가 편할 수도 있다. 오사카까지 가장 저렴한 방법은 난바역까지 난카이혼센 공항급행空港急行을 타고 가는 방법으로 890엔이다. 국철인 JR 간사이공항 쾌속을 타고 우메다에 있는 오사카역으로 가는 경우는 1,160엔이 든다.

간사이 여행용 교통패스가 있나요?

간사이스루패스 오사카, 고베, 교토, 나라, 와카야마 등의 민영철도(사철)와 시내지하철, 일부 시내버스를 무제한 이용할 수 있는 패스로 2일권 3,800엔, 3일권 5,000엔, 어린이는 반액이다. 일부 관광시설 입장료가 할인되며, 국내에서 사면 원하는 날짜를 선택해서 비연속적으로 쓸 수 있다. 유효기간이 구입시점이 아니라 발행일부터 1년이므로 살 때 확인하는 게 좋다. 사철을 이용해 공항이나 히메지성 등 거리가 먼 곳을 다녀오거나 여러 곳으로 이동해야 하거나, 히에이잔 사카모토케이블카 같은 특별한 교통수단을 이용하는 날 사용하는 게 낫다.

JR West Pass Kansai area 간사이 권역 내 JR 서일본 간사이공항 특급 하루카, 신쾌속, 쾌속, 보통열차의 일반실 비지정석에 무제한 탈 수 있는 패스다. 1일권 2,000엔, 2일권 4,000엔, 3일권 5,000엔, 소아용은 반액이다. 신칸센은 이용할 수 없으며, 공항특급 하루카 이외의 특급, 급행열차는 특급권, 급행권 티켓을 추가로 사야 한다.

간사이 와이드에리어패스 오사카, 히메지, 고베, 나라, 교토 외에 와카야마현, 시가현 비와코 주변, 효고현 북쪽 기노사키온천, 오카야마현까지의 지역에서 신오사카~오카야마 구간의 산요 신칸센 자유석과 특급열차 자유석, 그리고 JR 서일본 노선의 신쾌속, 쾌속, 보통열차를 4일간 무제한으로 탈 수 있는 패스다. 4일 연속권 7,000엔.

교토 관광패스 & 시버스 1일권 교토 관광패스는 교토 시영버스와 지하철, 권역 내의 교토버스를 무제한 이용할 수 있다. 1일권 1,200엔, 2일권 2,000엔, 어린이는 반액. 시버스 1일권은 하루 동안 교토 시내의 시영버스를 무제한으로

이용할 수 있는 패스로 500엔이다. 1회 탑승에
220엔이므로 3번 이상 탄다면 쓸모가 있다. 시
버스 1일권은 아라시야마, 사가노, 타카오, 슈
가쿠인 등 지역은 추가요금을 내야 한다.

기념품 뭐가 좋아요?

고베는 오사카보다 드럭스토어에서 파는 제품
들이 대체로 저렴하다. 교토는 아무래도 전통의
향기가 나는 제품을 사는 게 좋다. 시조 거리에
서 전통간식, 츠케모노(절임류), 수공예품 등을
구경해보자. 기요미즈데라로 오르는 길에서는
기모노 인형 등 기념품을 싸게 살 수 있다. 제대
로 된 기모노 인형은 수십 만 원을 호가하나 이
곳에서는 20분의 1 가격. 거울에 비친 여인네
얼굴을 상표로 하며 카페도 운영하고 있는 화장
품브랜드 요지야よーじや는 교토에 지점이 많다.
유자향 립밤과 기름종이를 선물로 살 만하다.

환전은 어떻게 하면 되나요?

엔화 지폐는 1,000엔, 2,000엔, 5,000엔,
10,000엔이 있고, 동전은 1, 5, 10, 50, 100,
500엔이 있다. 일본정부의 적극적 환율정책으
로 엔저 현상이 계속되고 있는데 여행자들에게
는 희소식이다.

여행 경비(5박6일 기준)

	비수기	성수기
항공권 (저가항공 포함)	20만원대~	40만원대~
숙소 (2인실의 1인 기준)	1박 5만원	1박 8만원
식대	40만원	
입장료	5만원	
교통비	10만원	
쇼핑	10만원	
총예산	110만원대~	145만원~

유용한 인터넷 사이트

· 관광청과 여행카페

간사이 종합 안내 www.kansai.gr.jp/kr/travel/
welcome.html
재팬가이드닷컴 간사이 kr.japan-guide.com/
travel/kansai
일본정부관광국 간사이 www.welcometojapan.
or.kr/location/regional/kansai.html
오사카 관광안내 www.osaka-info.kr/
고베 관광안내 www.feel-kobe.jp/_kr/
나라 관광안내 narashikanko.or.jp/kr/
교토 관광안내 www.pref.kyoto.jp/visitkyoto/
kr/index.html

· 교통편 안내

기차역간 이동편, 시간, 가격 검색 www.hyperdia.
com
간사이 쓰루패스 www.surutto.com/tickets/
kansai_thru_korea.html
교토 걷기 루트 www.jnto.go.jp/eng/location/
rtg/pdf/pg-503.pdf
수향순회 www.omi8.com/annai/suigoumeguri.
htm

· 숙박 예약

자란넷 www.jalan.net/kr (일본어 홈페이지가 상
품이 더 다양함)
라쿠텐 트래블 www.travel.rakuten.co.kr
재패니칸 www.japanican.com/korean
호텔재팬닷컴 www.hoteljapan.com

미국 하와이

태평양 한가운데 자리 잡고 있는 하와이 제도는 미국 땅의 막내인 50번째 주다. 18세기 말 원주민이 세운 하와이왕국은 100주년을 코앞에 두고 무너졌다. 마지막 여왕 릴리우오칼라니가 만든 노래 알로하오에Aloha'Oe는 조국과 그녀의 비극적 운명 덕에 더 구슬프게 들린다. 현재 원주민은 인구 10명 중 1명 정도에 불과하다. 20세기 초 노동자로 건너온 중국, 일본, 한국인들의 영향으로 아시아계의 비중이 높다. 하와이 제도는 오이후, 빅 이일랜드, 미우이, 기우이이, 몰로카이, 라나이 등 6개의 큰 섬과 나머지 작은 섬들을 아우른다. 처음 하와이를 찾는다면 주로 오아후섬을 중심으로 돌아보게 된다. 호놀룰루 국제공항에서 20분 거리인 와이키키 해변 주변에 머물면서 렌터카로 다니는 게 좋다. 일본군의 공습으로 미국이 2차 세계대전에 참전하는 계기가 됐던 진주만, 원시의 아름다움을 간직한 스노클링 명소 하나우마 베이, 태평양 여러 민족의 민속문화를 엿볼 수 있는 폴리네시안 문화센터, 서퍼들이 묘기를 펼치는 노스 쇼어를 돌아보다보면 5~6일이 훌쩍 지나간다. 주변 섬 여행을 원한다면 일정을 2~3일은 더 길게 잡는 게 좋다. 직항으로 갈 때 8시간30분, 돌아올 때는 10시간 30분이 걸린다.

5박7일 추천 일정표

1일째 (금)

22:00	10:40	14:00	16:00
인천공항 출발 (하와이안항공)	호놀룰루 공항 도착 후 숙소 이동	체크인 혹은 짐 맡기고 점심 식사	와이키키 해변 산책

아침 도착이니 기내에서는 최선을 다해 자두세요!

등대까지 걸어갔다 오는 것도 좋아요.

3일째 (일)

18:00	16:00	15:00	14:00
할레쿨라니호텔의 하우스위다웃어키	카일루아 비치 산책과 휴식	할로나 블로홀과 마카푸우 포인트	코코마리나 쇼핑센터 버비스에서 모찌아이스크림 간식

17:30부터 3시간 동안 라이브 연주. 식사까지 하면 1인 100달러에 육박해요. 근처에서 가볍게 저녁을 먹고 모히또 칵테일과 코코넛 케이크만 즐기는 게 좋아요.

파인애플 익스프레스 성인 8달러, 어린이 6달러. 여기서 점심을 먹어도 돼요.

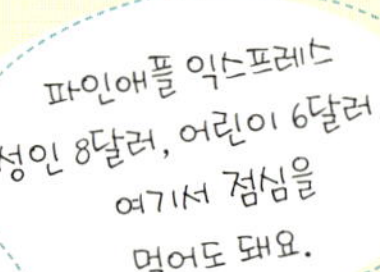

9:00	12:00	13:30	15:00
진주만 히스토릭 사이트	돌 파인애플 농장 관람 후 파인애플 아이스크림	할레이바 쿠아아이나 버거 혹은 지오반니 새우트럭 점심	라니아키아비치 바다 거북이 구경

지갑과 카메라만 들고 들어갈 수 있고 가방 맡기는 건 유료! USS 전함 애리조나기념관은 무료지만. 대기시간이 있고 관람시간도 1시간15분 걸려요.

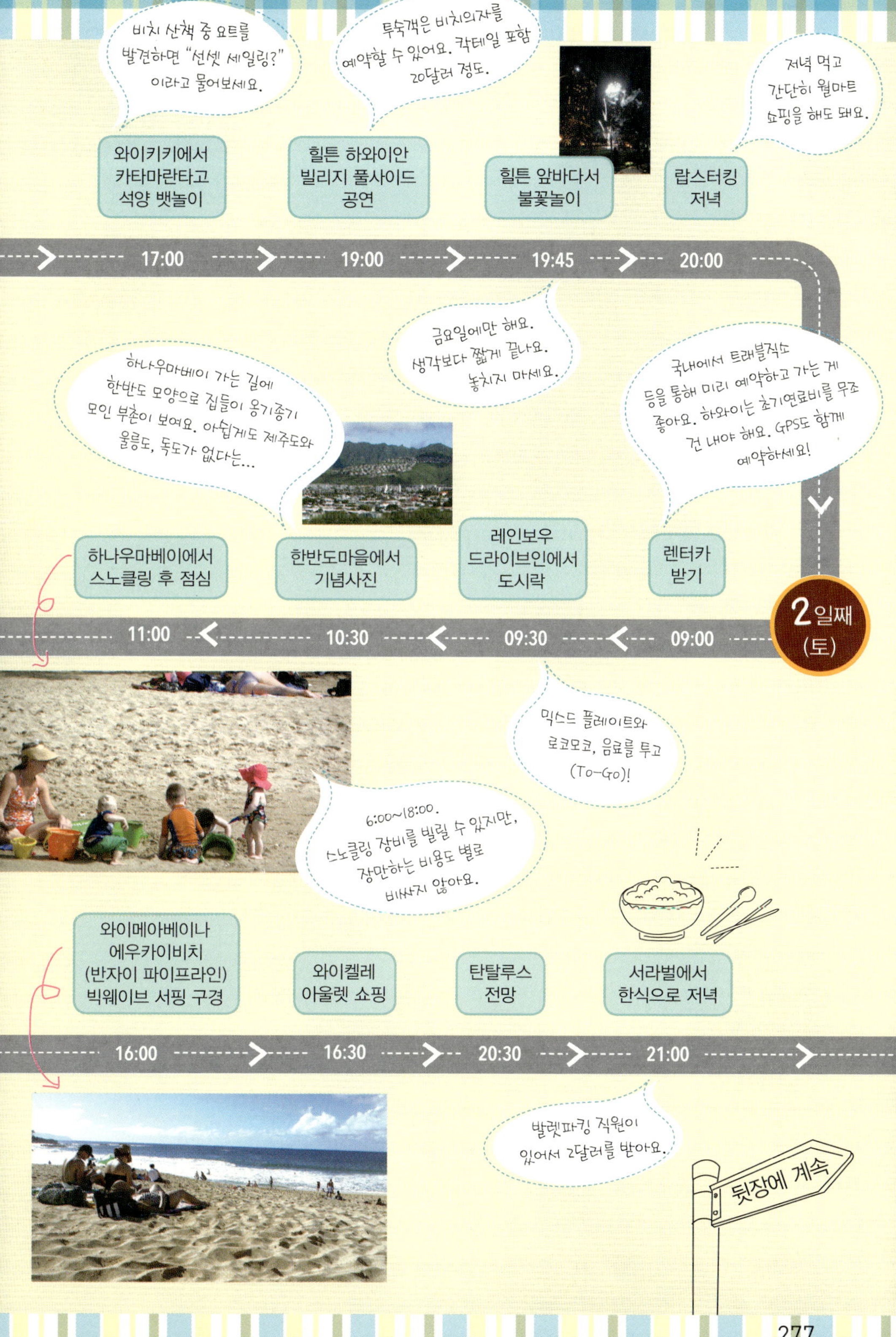

비치 산책 중 요트를 발견하면 "선셋 세일링?" 이라고 물어보세요.
투숙객은 비치의자를 예약할 수 있어요. 칵테일 포함 20달러 정도.
저녁 먹고 간단히 월마트 쇼핑을 해도 돼요.
와이키키에서 카타마란타고 석양 뱃놀이
힐튼 하와이안 빌리지 풀사이드 공연
힐튼 앞바다서 불꽃놀이
랍스터킹 저녁
17:00
19:00
19:45
20:00
하나우마베이 가는 길에 한반도 모양으로 집들이 옹기종기 모인 부촌이 보여요. 아쉽게도 제주도와 울릉도, 독도가 없다는…
금요일에만 해요. 생각보다 짧게 끝나요. 놓치지 마세요.
국내에서 트래블직쇼 등을 통해 미리 예약하고 가는 게 좋아요. 하와이는 초기연료비를 무조건 내야 해요. GPS도 함께 예약하세요!
하나우마베이에서 스노클링 후 점심
한반도마을에서 기념사진
레인보우 드라이브인에서 도시락
렌터카 받기
11:00
10:30
09:30
09:00
2일째 (토)
믹스드 플레이트와 로코모코, 음료를 투고 (To-Go)!
6:00~18:00. 스노클링 장비를 빌릴 수 있지만, 장만하는 비용도 별로 비싸지 않아요.
와이메아베이나 에우카이비치 (반자이 파이프라인) 빅웨이브 서핑 구경
와이켈레 아울렛 쇼핑
탄탈루스 전망
서라벌에서 한식으로 저녁
16:00
16:30
20:30
21:00
발렛파킹 직원이 있어서 2달러를 받아요.
뒷장에 계속

렌터카 반납
수영장이나 해변에서 휴식
폴리네시안문화센터 셔틀버스
4일째 (월)
09:00
10:00
12:00
듀크 카하나모쿠 동상 근처 야외무대에서 훌라댄스 공연 (거의 매일)
핑크라인 트롤리 타고 듀크 카하나모쿠 동상 앞으로
알라모아나 센터 쇼핑
알라모아나 센터 푸드코트 점심
야미 코리안 바비큐에서 갈비를 맛봐도 좋아요.
18:00
17:30
13:00
12:00
로얄 하와이안 쇼핑센터 야외무대는 월수금 18:00에 미니 폴리네시안 공연
치즈케이크 팩토리
호놀룰루 공항으로 이동
호놀룰루 공항 출발 (하와이안항공)
6일째 (수)
19:30
07:00
09:50
식사 시간에는 한 시간 줄 서는 인기식당. 치즈케이크 가격이 식사가격에 육박해요.

☆ 일정짜기 노하우

섬 북부와 동부를 묶어서 하루에 돌아볼 수도 있지만 이틀로 나누는 게 좋다. 폴리네시안 문화센터는 거의 하루 종일 그 안에서 시간을 보내게 되고 생각보다 피곤하니 렌터카보다는 셔틀이 편하다. 일요일에는 문을 열지 않으므로 일정을 잘 맞춰야 한다. 일정에 2~3일 더 여유가 있다면 마우이나 빅아일랜드 중 한 곳을 추가한다.

1. 와이키키를 만끽해보자

해변의 대명사처럼 불리는 와이키키! 모래사장이 넓거나 길지는 않지만 곳곳에서 열정적으로 몸을 흔드는 훌라 댄서들, 시원하게 파도를 가르는 서퍼들이 흥을 돋운다. 열대 분위기를 물씬 풍기는 야자수, 가로등 대신 횃불을 밝히며 지나가는 원주민의 뒷모습에서도 '진정 하와이에 왔구나' 느끼게 된다. 해변에 할 일 없이 누워도 보고, 수영도 하고, 요트와 스탠딩 보드도 타보자. 와이키키 전경을 한눈에 볼 수 있는 다이아몬드헤드 트래킹도 추천한다.

2. 무료공연을 즐겨보자

와이키키비치 듀크 카하나모쿠 동상 근처 야외무대에서 거의 매일 저녁 6시에 훌라춤 공연이 펼쳐진다. 로얄 하와이안호텔에선 평일 오전 10, 11시에 훌라 강습과 꽃목걸이 레이 만들기 체험이 있다. 로얄 하와이안센터 야외무대는 화목토 오전 10시, 월수금 오후 6시에 폴리네시안 공연이 벌어진다. 하얏트호텔 뒤 킹스빌리지 쇼핑센터는 하와이왕국 시절을 재현한 근위대 의장공연과 하기식(국기를 내리는 의식)이 매일 오후 6시 15분에 펼쳐진다.

3. 폴리네시안 문화를 체험해보자

오아후섬 북동쪽에 있는 폴리네시안 문화센터 Polynesian Cultural Center, PCR는 하와이, 사모아, 통가, 타히티, 피지, 마르케사스, 아오테아로마(뉴질랜드) 등 7개 섬나라의 문화를 체험하는 곳이다. 오후 2시 반에 각 나라 팀이 카누를 타고 등장하는 카누쇼와 저녁 7시 반에 열리는 호라이즌쇼가 하이라이트다. 와이키키에서 10시대와 12시대 출발하는 셔틀버스가 있다. 식사와 버스를 포함한 패키지도 예약할 수 있다.

4. 루아우Luau를 즐겨보자

하와이식 전통 연회를 '루아우'라 부른다. 대표적인 전통음식으로는 통돼지구이 '칼루아 포크'가 있다. 땅 속에 웅덩이를 파서 만든 화덕에 구워낸다. 타로(토란 종류)잎으로 싼 고기음식 '라우라우'도 있다. 가수들의 노래와 춤꾼들의 아름다운 춤사위를 보면서 푸짐한 음식을 먹는 루아우는 폴리네시안 문화센터 '알리우 루아우 디너 패키지'로 경험해볼 수 있다.

5. 렌터카로 오아후섬 일주해보기

오아후섬에 머무는 중이라면, 섬 동쪽과 북쪽 투어를 위해 하루이틀 정도는 렌터카를 빌려보자. 초기 연료와 GPS는 꼭 함께 예약하고, 만약 렌터카 사무실에서 예약한 차종보다 비싼 차를 제공하는 경우 추가금액이 없는지 꼭 확인해야 한다. 와이키키의 호텔들은 주차비가 비싸므로 공용주차장을 이용하는 것이 좋다. 시간당 비용보다 10시간, 24시간 단위로 더 싼 가격이 매겨지기도 한다. 영수증을 차 앞 유리 안쪽에 놓고 다니면 주차요원이 확인을 한다.

6. 스노클링으로 살아 있는 바다를 느껴보자

아름다운 바다에선 무조건 하고 보는 것이 스노클링이다. 오아후섬의 대표 스노클링 포인트는 과거 화산분화구였던 하나우마베이다. 개인장비를 월마트 등지에서 미리 사거나 현장에서 빌리면 된다. 산호초가 울퉁불퉁하고 날카로우므로 수영을 할 줄 아는 사람들도 조심해야 한다. 스노클링 경험이 전혀 없다면 아쿠아슈즈를 신고 얕은 곳에서 물고기를 보는 게 낫다.

렌터카 주유하기

해외에서 셀프주유소에 가면 어떻게 해야할지 당황하기 마련이다. 빈 주유기 앞에 차를 세우고 먼저 주유구를 연 뒤, 매점에 가서 점원에게 주유기 번호를 알려주고 현금을 지불한다. 주유기로 돌아와서 결제된 금액을 화면에게 확인할 수 있고, 주유기 노즐을 주유구에 넣은 뒤 레귤러를 선택한다. 기름이 다 들어갈 때까지 노즐을 꽉 쥐어준다.

7. 서퍼들의 용기에 감동해보자

오아후섬 북쪽 해변(노스 쇼어)은 빅웨이브 서핑이 시작된 곳으로 유명하다. 사람 키의 몇 배는 되는 파도를 두려움 없이 가르며 가라앉을 듯 가라앉지 않고 파도 사이로 빠져나가는 서퍼들의 묘기를 보다보면 가슴이 뻥 뚫리는 느낌이 든다. 와이메아베이와 반자이 파이프라인에서는 바다 위의 서퍼들을, 할레이바에서는 육지 위의 서퍼들을 만날 수 있다.

5

6

7

하나우마베이 Hanauma Bay

와이키키 동쪽의 하나우마베이는 과거 화산 분화구였던 해양생물 보호구역이다. 입장료를 내고 들어가면 짧은 동영상을 보면서 교육을 받게 되며, 전경도 멋지지만 스노클링으로 보는 바닷 속도 멋진 곳이다. 주차장이 넓지 않으며, 언덕을 오르고 내릴 때 타는 셔틀버스도 있는데, 스노클링 후에 올라올 때는 타보는 것도 괜찮다. 와이키키에서 버스 22번으로도 갈 수 있지만 1시간에 1대 꼴.

할로나 Halona 블로홀과 마카푸우 Makapuu 포인트

할로나 블로홀은 바닷물이 바위 사이로 솟구치는 진귀한 풍경을 볼 수 있는 곳. 하나우마베이에서 동쪽으로 72번도로를 타고 달리다보면 우측으로 주차장이 나온다. 마카푸우 포인트는 오아후섬 동쪽 끝에 위치한 해안절벽으로 신비로운 색의 바다를 내려다보는 전망이 멋지다. 주차장에서도 바로 전망을 내려다볼 수 있고, 등대까지는 산책로가 만들어져 있다. 고래관광철에는 망원경으로 고래를 볼 수도 있다.

카일루아비치

오아후섬 동쪽에 있는 해변으로 와이키키에서 동남부 해안을 돌다보면 반환점이 되는 곳이다. 부드러운 모래와 매력적인 물빛을 자랑하며 겨울에도 수영과 해양 스포츠를 즐기거나 개를 데리고 산책을 즐기는 사람이 많다. 근처에 주차장과 수영 관련 시설이 잘 갖춰져 있다. 바로 옆에 있는 라니카이비치도 깨끗하고 아름다우며 주택가와 맞붙어서 더 조용하다.

라니아키아 해변 Laniakea Beach

할레이와와 와이메아비치 사이에 바다거북이들이 해변 위로 올라와 노니는 작은 해변이 있다. 라니아케아 비치는 이정표가 따로 없고 GPS에도 안 나오기 때문에 그냥 지나치기가 쉬운데, 할레이바 쪽으로는 와이메아비치에서 두 번째 정도에 있으나 도로 양쪽으로 주변에 차들이 많이 세워져 있다는 것 외에 정확하게 알아보기는 힘들다. 정 어려우면 현지인 붙들고 물어보는 것이 최고.

돌 파인애플 농장 Dole Plantation

파인애플과 바나나로 유명한 회사에서 110여년 전에 처음 만든 농장이다. 25분 동안 열차를 타고 거대한 농장 전체를 둘러보는 파인애플 익스프레스는 살랑살랑 바람을 맞으며 즐겨볼 만하다. 붉은 흙과 키 큰 작물들이 생경하다. 성인 8달러, 어린이4-12세 6달러. 세계 최대의 미로정원도 있는데 성인 6달러, 어린이 4달러다. 파인애플 아이스크림이 유명한데, 양이 많으니 2~3명에 하나만 시켜서 맛보자.

와이키키 Waikiki Beach

칼라카우아 거리 Kalakaua Ave 를 따라 주요 호텔과 리조트, 쇼핑센터, 식당 등이 몰려 있다. 와이키키비치의 중심 쪽에는 하와이 출신의 수영 금메달리스트이자 '서핑의 아버지'라 불리는 듀크 카하나모쿠의 동상이 있고, 그 주변은 관광객과 행위예술을 하는 사람들로 늘 북적인다.

진주만 Pearl Harbor Historic Sites

오아후섬 중앙의 남쪽에 있는 진주만 미 해군기지는 일본군의 공습으로 2,390명이 사망했던 비극적 장소다. 입구 왼쪽의 전시관과 당시 가장 큰 피해를 입었던 USS 전함 애리조나 위에 지어진 기념관은 무료다. 입장할 때 받은 티켓에 적힌 시간에 23분짜리 기념영화를 보고 배로 USS 전함 애리조나기념관에 다녀오는 데까지 딱 1시간15분이 걸린다. 아침 일찍 가야 관람 대기시간이 짧고, 주차도 수월하다.

하와이를 포함한 미국 식당은 1인분의 양이 꽤 많은 편이다. 사람 숫자보다 하나 정도 적게 시켜도 충분하다. 혹시 음식이 많이 남아 싸가고 싶다면, 종업원에게 '투고박스to-go box'를 달라고 하면 1회용 도시락이나 알루미늄 호일을 챙겨준다. 음식 값에 세금을 더해 나온 계산서 총액의 15% 안팎을 팁으로 준다. 카드로 계산할 때는 카드영수증에 팁을 적는 란이 있어서, 나중에 적은 팁만큼 더해서 청구된다. 단체손님에 대해서는 18~20% 정도가 팁과 비슷한 뜻인 'gratuity'라는 명목으로 일괄 부과되기도 한다.

플레이트 런치

동그랗게 퍼놓은 밥 두 덩어리와 샐러드에 고기 종류를 곁들인 플레이트 런치는 현지인들이 간단하고 든든하게 점심식사로 먹는 요리다. 쇠고기 바비큐, 데리야키, 치킨 커틀릿 등 다양한 선택이 가능한데 하와이식 돼지구이인 칼루아 포크와 곁들여도 맛있다. 전통적으로는 땅에 구덩이를 파서 용암석과 함께 8시간 동안 돼지를 통째로 익혀서 만든다. 칼루아 포크는 부드럽고 담백한 맛이 난다.

모찌아이스크림&파인애플 아이스크림

모찌아이스크림은 버비스에서 파는데 하나우마베이에 다녀올 때 코코마리나 쇼핑센터에 있는 지점 버비스Bubbie를 들러보자. 초콜릿, 과일 맛 등 종류가 많은데, 패션프룻이 상큼하다. 돌 플랜테이션 농장의 명물인 파인애플 아이스크림은 과육이 얹어져 있어 양도 많고 상큼하다. 쉐이브 아이스는 얼음을 갈아 총천연색 시럽을 뿌려주며, 할레이바의 마츠모토 그로서리 스토어가 유명하다.

카후쿠Kahuku 트럭 새우요리

트럭에서 파는 새우 바비큐는 오아후 북부 카후쿠 지역의 명물이다. 폴리네이안 문화센터에서 노스쇼어 방향으로 올라가다 보면 낙서가 가득한 트럭들이 보인다. 지오반니스 트럭Giovanni's Shrimp이 원조로, 1번 메뉴 슈림프 스캠피가 가장 무난하다. 1접시에 13달러이며 현금만 받는다. 할레이바 쪽에도 있으며, 월마트 근처 한 인타운에 있는 앤디스 카후쿠 슈림프Andy's Kahuku Shrimp로 가도 된다.

말라사다스Malasadas

하와이 사람들이 간식으로 즐겨 먹는 포르투갈식 도너츠다. 60여년 간 여기저기서 상을 받고 유명세를 떨치고 있는 '레오나드 베이커리Leonards' Bakery'가 유명하다. 카파훌루에 가게가 있으며 와이켈레아웃렛 등에 나가 있는 트럭에서도 맛볼 수 있다.

> 관광객들이 주로 머무는 와이키키 해변 근처에 주요 호텔과 리조트가 몰려 있다. 전 일정 렌터카여행이라면 섬 북쪽과 와이키키를 나눠서 숙소를 잡을 수도 있고, 서핑이 목적이라면 노스 쇼어에 숙소를 잡을 수도 있다. 기본적으로는 위치가 좋으면서 가격대가 적당한 곳을 고르면 되지만, 커플여행인지 가족여행인지에 따라 선택의 기준이 달라진다. 리조트들은 주차비를 따로 받는 곳이 많으니 주변 공용주차장도 미리 체크하는 것이 좋다.

아이들과 함께라면

아이들 동반 여행이라면 부대시설이 잘 갖춰진 대형리조트가 좋다. 와이키키의 입구에 자리잡고 있는 힐튼 하와이안 빌리지Hilton Hawaiian Village는 가장 많은 객실을 자랑하며 여러 개의 수영장과 인공 라군, 쇼핑가, 식당가 등 다양한 부대시설을 갖추고 있다. 인공 라군에서 스탠딩 보드를 타는 것도 즐거운 경험. 금요일 저녁에는 풀장 근처의 훌라춤 공연과 불꽃놀이도 즐거운 볼거리다.

신혼여행이라면

아무래도 와이키키비치 바로 앞이 좋다. 5성급 할레쿨라니Halekulani 호텔은 고급스러운 전통의 강자이며, 바로 옆에 있는 4성급 쉐라톤은 바다와 맞닿은 듯한 작은 풀장이 유명하다. 핑크색이 눈에 확 띄는 로얄 하와이안Royal Hawaiian은 시설에 비해 비싸고, 모아나 서프라이더Moana Surfrider는 비치의 중심이라 위치가 좋다. 번잡한 와이키키에서 떨어져 있는 럭셔리 리조트로는 이영애가 결혼식을 올렸던 카할라Kahala 호텔과 노스 쇼어의 터틀베이 리조트, 섬 서남쪽의 J.W. 메리어트 이힐라니 코올리나 리조트가 있다.

나홀로여행이라면

1인 여행자 혹은 배낭여행자를 위한 호스텔이 있다. 한 방에 2층 침대가 여럿 있고 화장실을 공용으로 쓰는 형태로 1인당 20~30달러 선이다. 호스텔링 인터내셔널 와이키키는 위치가 좋고 스노클 장비 등을 무료로 빌려준다. 한인민박 중 홈페이지가 갖춰진 곳도 있는데 와이키키 해변에서는 차를 타야 하는 거리이며, 1인 1실 60달러에 일행 1명 당 10달러가 추가된다.

여기서 잠깐 Tip!

신혼여행에 비딩?
프라이스라인 비딩Bidding으로 신혼여행 숙소를 잡는 것은 추천하지 않는다. 비딩 자체가 호텔 이름을 모르고 예약하는 것이라 위험성이 높은데다, 특급호텔이 당첨되었더라도 비딩으로 예약한 손님들에게는 좋지 않은 조건의 방을 주는 경우가 많기 때문이다.

지역 정보

지명 하와이 주, 원주민어로는 모쿠아이나 오 하와이이

주도 호놀룰루Honolulu, 오아후섬

언어 영어, 하와이어

전기 110~120V 흔히 '돼지코'라 부르는 어댑터 필요

시차 19시간 느림

비자 90일 이하 관광이나 사업상 방문의 경우 전자여행허가서ESTA를 받으면 된다. 최소 72시간 전에 신청해야 하며 2년간 유효하다. 전자여권과 14달러 필요. esta.cbp.dhs.gov/esta/ 상단에서 한국어 선택

언제 가는 게 좋아요?

하와이는 필리핀 북부와 위도가 비슷하며, 통상적으로 두 개의 계절이 있다. 겨울(11~4월)은 온화한 날씨이며 파도가 높아지기 때문에 북쪽 해변에서 서핑 대회가 열리기도 한다. 바닷물이 따뜻하지는 않지만 한낮에는 수영이 가능하다. 미국 본토와 곳곳에서 하와이로 사람들이 몰려오기 때문에 숙소 가격이 오르는 편이다. 여름(5~10월)은 30도를 넘지만 습도가 높지 않고 바람이 살랑살랑 불기 때문에 불쾌하지 않다. 짐을 쌀 때는 반팔을 기본으로 겨울밤이나 여름의 강한 에어컨에 대비해 얇은 긴팔 옷 정도는 챙기는 게 좋다.

어떤 비행기 타면 좋아요?

인천에서 호놀룰루까지 직항은 대한항공, 아시아나, 하와이안항공, 델타항공 등이 운항한다. 갈 때는 강한 뒷바람을 받아 7시간 40분 안팎에 도착하지만, 돌아올 때는 맞바람 때문에 11시간 40분 안팎이 걸린다. 인천공항에서 주로 저녁에 출발해 현지 시간으로 출발일 오전 시간에 도착하는 비행기가 많아서, 기내에서 잠을 잘 자지 못하면 첫 날부터 엄청난 무게의 '피로군'을 업고 여행하게 된다. 성수기가 아니라면 뒤쪽 가운데열 통로 좌석을 추천한다. 주변 자리가 비어 누워서 이동할 가능성 때문. 도쿄나 상하이, 마닐라 등을 거치는 경우 대기시간을 포함하면 거의 하루가 날아가니, 가격 차이가 아주 크지만 않다면 직항이 낫다.

공항에서 시내로는 어떻게 가요?

2인 이상이고 와이키키에 머문다면 택시가 편하다. 미터기 금액(30~35달러)에 짐 값과 팁 15%를 추가하면 대략 40달러 안팎이며 20~25분 정도 걸린다. 공항에서 와이키키 호텔들까지 운행하는 스피디셔틀www.speedishuttle.com/waikiki은 1인당 편도 14.55달러, 왕복 28.15달러이며 짐이 3개 이상 땐 개당 8달러가 추가된다. 여러 호텔을 거치느라 시간이 많이 걸리고, 2인 이상 시 가격적으로 큰 이득은 없다. 첫 날부터 렌터카를 빌리는 것도 가능하지만, 와이키키 지역의 주차비를 생각하면 섬 일주관광을 하는 날을 중심으로 짧게 차량을 빌리는 것이 낫다. 오전 도착 비행기는 호텔 체크인까지 시간이 남기 때문에 공항 픽업과 짧은 시내관광을 붙인 여행사 투어를 미리 예약하는 경우도 있다.

대중교통은 어떤게 있나요?

더 버스 The Bus 시내버스를 '더 버스'라고 부른다. 탈 때 2.5달러를 내면 운전기사가 2시간 이내에 1번 환승할 수 있는 종이티켓을 준다. 어른 1인당 동반 5세 이하 어린이는 무료다. 운행 노선은 다양하다. 웹페이지 www.thebus.org

트롤리Trolly 유리창이 없는 전차모양의 버스로 주요 관광명소를 지나는 3가지 노선이 있다. 와이키키에서 다이아몬드 헤드로 가는 초록Green라인과 주청사, 차이나타운 등으로 가는 빨강Red라인, 와이키키 호텔가와 알라모아나 쇼핑센터를 오가는 핑크Pink라인 등이다. 노선 중 일부 혹은 전부를 무제한 이용하는 1일권, 4일권, 와이키

키 아쿠아리움 등 입장권을 더한 4일권, 7일권 등이 있다. JCB 신용카드는 한시적으로 카드 1개당 2인까지 핑크트롤리를 무료탑승하게 해 주는 경우가 있으니 이벤트 여부를 미리 확인하고 카드를 만들면 유용하다. 홈페이지 www.waikikitrolley.com

기념품 뭐가 좋아요?

먹거리로는 마카다미아넛 초콜릿이 인기다. 월마트 같은 대형마트에서 여러 박스 세트로 사는 경우가 많다. 하와이의 코나커피는 아주 고급으로 유명하며 함량이 높을수록 가격이 비싸다. 센트룸 실버, 글루코사민 등 약은 아웃렛이나 시내 쇼핑센터, 월마트 등에서 함량과 가격을 비교해보면 된다. 코치 등 미국브랜드의 가방이나 옷은 한국에 비해 확실히 저렴하다. 브랜드 이월상품을 파는 ROSS에서 괜찮은 옷을 사려면 심미안이 있어야 하지만, 여행용 트렁크는 확실히 싸고 무난하다.

환전은 어떻게 하면 되나요?

하와이는 미국 달러를 사용한다. 한국에서 주거래은행이나 환전할인 행사, 인터넷환전을 통해 수수료 우대를 최대한 받는 것이 유리하다. 공항에서는 절대 환전 금물! 하와이는 트럭새우를 먹는 경우를 제외하면 대부분 카드사용에 불편이 없다. 팁은 기본적으로 호텔 메이드나 볼보이에게는 1~2달러, 식당이나 택시에서는 15% 정도다. 매우 좋은 서비스에는 20% 정도로 화답하면 된다.

여행 경비(5박7일 기준)

	비수기	성수기
항공권 (저가항공 포함)	80만원대~	120만원대~
숙소 (2인실의 1인 기준)	1박 7만원	1박 10만원
식대	35만원	
입장료	15만원	
교통비 (렌터카 포함)	10만원	
쇼핑	15만원	
총예산	190만원대~	245만원~

유용한 인터넷 사이트

• 관광청 & 여행카페
하와이관광청 www.gohawaii.com/kr/oahu
하와이사랑 cafe.daum.net/hawaiilove

• 여행정보
진주만 www.pearlharborhistoricsites.org
돌 플랜테이션 www.dole-plantation.com
와이켈레 아웃렛 www.premiumoutlets.com/outlets/outlet.asp?id=29
알라모아나센터 www.alamoanacenter.kr

• 교통 안내
더 버스 www.thebus.org
트롤리 www.waikikitrolley.com
스피디셔틀 www.speedishuttle.com/waikiki
와이켈레 아웃렛 셔틀 pgplover.com/pick-up-locations.html

일본 홋카이도

홋카이도北海道는 일본 최북단에 있는 섬이다. 일기예보에나 나오는 오호츠크해와 러시아 사할린 아래에 있는 덕분에 겨울이 길고 여름은 서늘한 편이다. 남한 넓이의 84%에 달하는, 일본에서 두 번째로 큰 섬이며, 대부분의 지역이 시골이어서 겨울에는 눈벌판, 여름에는 꽃밭이 장관이다. 홋카이도는 크게 도북道北, 도호쿠, 도동道東, 도토, 도남道南, 도난, 도앙道央, 도오지방으로 나누며 전체를 돌아보려면 2주 이상 걸린다. 홋카이도의 관문 삿포로 시는 도앙지방에 있다. 털게요리와 눈축제로 유명하다. 영화 〈러브레터〉의 배경이 된 오타루와 노보리베츠 온천도 도앙지방에 속한다. 도동지방에는 맑은 호수가 있는 아칸국립공원, 세계자연유산인 시레토코 등이 있다. 야경으로 유명한 하코다테는 도남지방이며, 보라색 라벤더밭의 후라노, 꽃이 흐드러지게 피는 비에이 등은 도북으로 분류한다. 삿포로와 오타루, 하코다테만 여행한다면 기차가 좋다. 하지만 도동지방까지 돌아본다면 렌터카가 편하다. 한국과 차선이 반대지만 교통량이 적어 운전이 어렵지 않다. 한국에서 삿포로까지 직항은 2시간40분~3시간. 나머지 지역으로는 도쿄나 오사카를 경유하는 일본 항공편을 이용해야 한다.

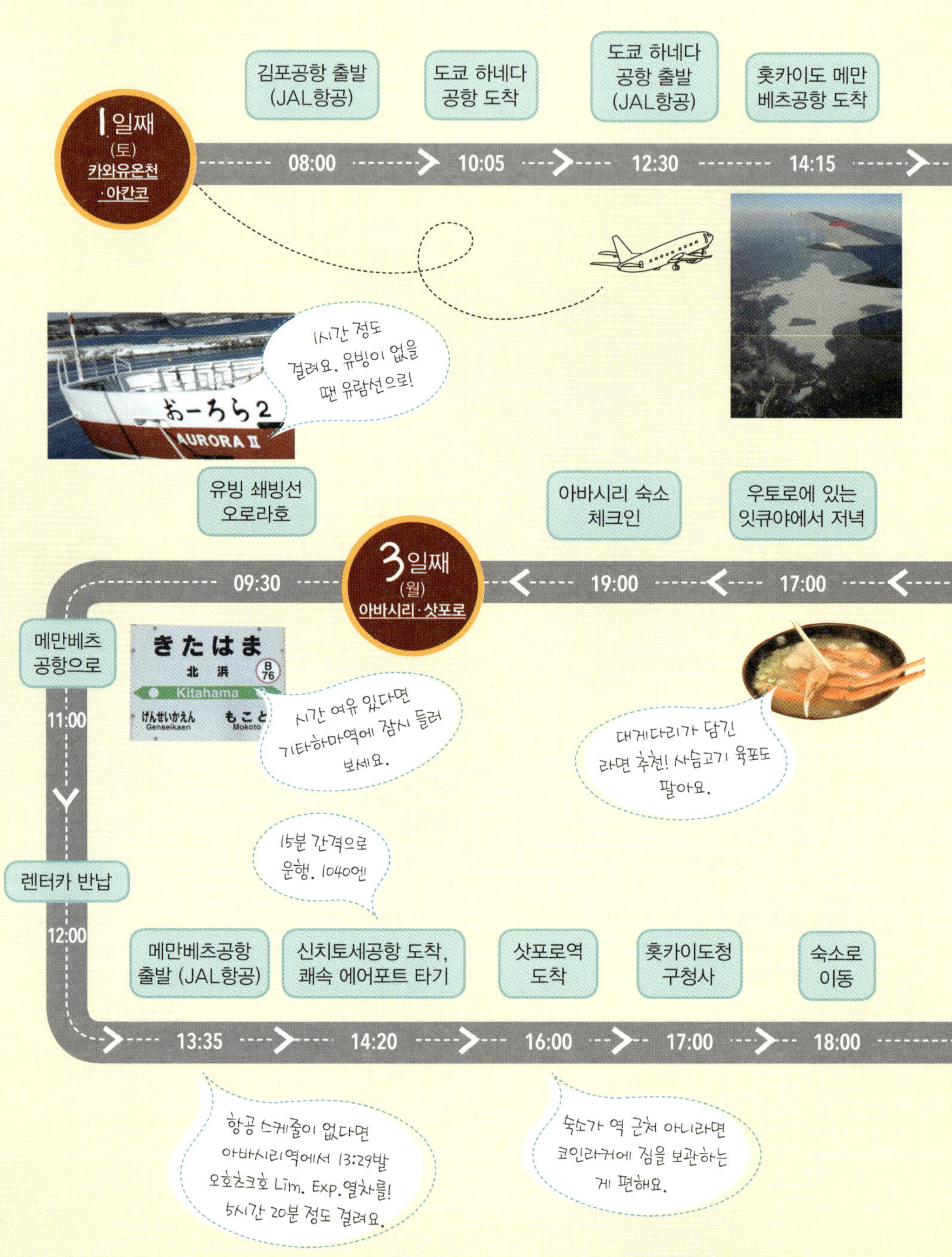
1일째
(토)
카와유온천·아칸코
김포공항 출발 (JAL항공)
08:00
도쿄 하네다 공항 도착
10:05
도쿄 하네다 공항 출발 (JAL항공)
12:30
홋카이도 메만베츠공항 도착
14:15
1시간 정도 걸려요. 유빙이 없을 땐 유람선으로!
유빙 쇄빙선 오로라호
아바시리 숙소 체크인
우토로에 있는 잇큐야에서 저녁
3일째
(월)
아바시리·삿포로
메만베츠 공항으로
09:30
19:00
17:00
11:00
시간 여유 있다면 기타하마역에 잠시 들러 보세요.
대게다리가 담긴 라면 추천! 사슴고기 육포도 팔아요.
15분 간격으로 운행. 1040엔
렌터카 반납
12:00
메만베츠공항 출발 (JAL항공)
신치토세공항 도착, 쾌속 에어포트 타기
삿포로역 도착
홋카이도청 구청사
숙소로 이동
13:35
14:20
16:00
17:00
18:00
항공 스케줄이 없다면 아바시리역에서 13:29발 오호츠크호 Lim. Exp. 열차를! 5시간 20분 정도 걸려요.
숙소가 역 근처 아니라면 코인라커에 짐을 보관하는 게 편해요.

| 렌터카 인수받아 아칸코(아칸호수) 아이누 민속촌 | 카와유온천 숙소 체크인 후 온천욕 | 겐페이에서 저녁 | 카와유온센 '다이아몬드 더스트' 구경 |

2일째 (일) 시레토코 국립공원 · 아칸 국립공원

16:00 → 18:00 → 20:00 → 21:00 →

쿳샤로호의 백조들 구경

08:00

| 시레토코국립공원 | 미치노에끼 시리에토코 식당에서 점심 | 마슈호 | 유황연기가 피어오르는 이오잔 |

13:00 ← 12:30 ← 10:00 ← 08:30

| 스스키노 근처 소린에서 스프카레 | 삿포로맥주 박물관 | 삿포로 팩토리 | 삿포로역 카니 혼케 본점 점심 |

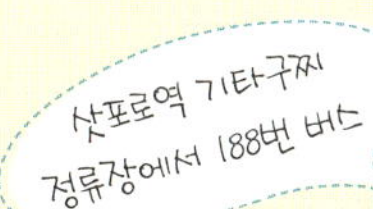

4일째 (화) 삿포로 · 노보리베츠

20:00 → 09:00 → 10:30 → 12:00

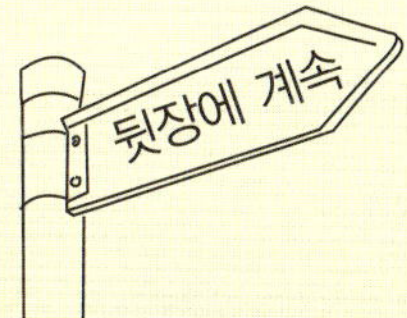

노보리베츠행
버스

노보리베츠
온천 도착,
체크인

지고쿠다니와
온천시장
돌아보기

저녁식사 후
온천

14:00 · 16:30 · 17:00 · 19:00

5일째
(수)
삿포로

일부 료칸은 삿포로, 신치토
세공항에서 노보리베츠로 무료버스를 운
행해요. 다이이치 타키모토칸과 타키모토인은
JR삿포로 동쪽 출구 ESTA 1층 4번 정류장에
세키스이테이는 북쪽 출구에 무료버스
있어요.

날씨가 꾸물거린다면
온천만 하고 오타루 시내관광
을 하는 게 좋아요.

렌터카
반납

닛카위스키공장
견학

점심

미사키노유
샤코탄 온천

카무이
미사키

16:00 · 14:00 · 13:00 · 11:00 · 10:30

사카이마치
거리 산책

16:30

롯카테이, 기타카로
등 디저트가게에 들러보고,
메르헨 교차로 앞 오르골당까지
걸어보아요.

대한항공 코드쉐어편
(08:55~12:15, 14:15~17:30)
을 타면 직항도 가능해요.

운하 야경
보기

17:30

데누키코지 양고기
징기스칸

삿포로로

JR삿포로역에서
쾌속에어포트 타고
공항으로

신치토세
공항 출발
(JAL항공)

시기가 맞으면
오타루 눈빛거리 축제도
밤에 좋아요.

19:00 · 21:00

7일째
(금)

09:00 · 12:00

오유누마전망대 까지 산책	무료버스 출발	삿포로역 에 스타 10층 톳피 스시	다이마루백화점 지하1층 식품관 쇼핑	오오도리공원 산책
08:30	10:00	12:30	13:30	14:30

홋카이도 시계탑
16:00

도쿄핸즈와 다누키코지 쇼핑
17:00

렌터카 인수, 샤코탄반도로	삿포로역에서 기차 타고 오타루로		TV탑 야경	스스키노거리 케야키 라면
09:00	08:00		20:00	18:00

6일째
(목)
샤코탄반도
·오타루

도쿄 하네다 공항 도착	하네다공항 출발 (JAL항공)	김포공항 도착
13:40	15:30	18:05

★ 일정짜기 노하우

겨울에는 도동지방의 유빙과 호수, 온천을 보는 여행을 추천하지만, 여름이라면 후라노와 비에이의 다채로운 색을 보는 것도 좋다. 2월에 홋카이도를 여행한다면 미리 축제일정을 체크해서 노보리베츠-삿포로-오타루 순서로 각 축제의 맛을 다 볼 수 있게 일정을 짜보자. 삿포로 눈축제 기간은 비용이 많이 오르기 때문에 최소 석 달 전에 숙소까지 예약을 마치는 게 좋다.

고요한 호수 위의 백조를 보자

홋카이도 하면 자연. 그 중에서도 도동지방의 호수를 빼놓기 어렵다. 전세계에서 두 번째 투명도를 자랑하는 마슈코摩周湖는 늘 안개가 자욱하며, 운 좋은 사람에게만 맑게 갠 모습을 허락한다. 문제는 '맑은 마슈코를 보면 6년간 결혼을 못한다'는 전설이지만, 일단 진격하고 보자. 일본 최대의 칼데라호수 굿샤로코屈斜路湖는 모래 밑에 온천수가 흘러 한겨울에도 백조들이 몰려들며, 아칸코阿寒湖에는 동글동글 귀여운 녹조류 마리모가 산다.

© Hokkaido Tourism Organization

여행 일정은 마츠리축제에 맞추리

사철 축제가 열리는 홋카이도지만 역시 진국은 겨울이다. 세계 3대 축제로 불리는 삿포로의 눈축제 유키마츠리는 1.5km에 달하는 오오도리 공원에 세워지는 눈조각이 예술이다. 삿포로 눈축제 직전에 노보리베츠에서 열리는 오유마츠리는 헐벗은 동네청년들의 온천수 싸움이 볼 만하고, 오타루에서는 눈조각 안에 등불을 넣는 눈빛거리 축제가 눈축제보다 조금 늦게 열린다. 일정을 잡을 때 적어도 하나의 축제와는 일정을 맞춰보자.

오호츠크해의 유빙을 만나보자

시베리아 아무르강에서 만들어진 유빙이 바람과 조류에 떠밀려 매년 1월말에서 3월 사이에 홋카이도까지 온다. 유빙을 만나는 방법은 아바시리와 몬베츠에서 출발하는 유빙쇄빙선을 타는 방법과 드라이수트를 입고 시레토코 지역주민의 가이드에 따라 직접 유빙 위를 걷는 유빙워크가 있다. 직접 유빙을 만날 수 없다면 유빙이 들어간 파란 맥주라도 마셔보자. 강물이 얼어 만들어진 것이라 짜지 않다.

바다가 보이는 간이역에 흔적을 남기자

홋카이도 동북단에 있는 기타하마역北兵驛은 상주 직원이 없는 작은 간이역이다. 아바시리역에서 시레토코의 샤리역 사이에 있어서 유빙 노롯코호 열차가 잠시 정차하고 지나간다. 오호츠크해를 바라보고 서 있는 역사 안에는 벽마다 빼곡하게 적은 쪽지들이 붙어 있다. 역사 위로 나무 계단을 올라가면 철길 바로 너머 바다를 바라보는 전망대가 있고, 라멘을 파는 식당 겸 카페 데샤바停車場도 딸려 있다.

신선한 해산물로 배 채워 보자

홋카이도는 바다로 둘러싸여 있어 해산물 요리가 발달했다. 스시와 대게요리뿐 아니라 라멘이나 덮밥에도 해산물을 많이 사용한다. 동네 식당을 찾아들어가도 대부분 해물을 기본으로 한 요리들을 많이 파는데, 대게다리를 왕창 얹은 라멘을 먹으면 고급요리가 부럽지 않을 정도다. 기차역에서 파는 도시락 에끼벤도 각 지역의 대표 해산물로 만든 토속요리다. 고속도로 휴게소인 미치노에끼에서도 각 지역의 유명요리들을 판다.

온천욕에서 흰 눈 맞으며 온천욕을 즐기자

노보리베츠登別는 홋카이도 온천의 대표주자다. 다이이치 타키모토칸第一滝本館을 필두로 온천호텔들이 줄지어 있는데, 대형 온천장과 다양한 노천탕을 갖추고 있어 뜨거운 물에 몸을 담그고 머리엔 눈을 맞으며 운치를 즐기기 좋다. 삿포로에서 당일치기 관광도 가능하긴 하지만 1박을 하며 느긋하게 온천욕을 즐기는 것이 좋다. 일부 호텔들은 삿포로까지 셔틀버스를 운행한다. 도동지역의 카와유 온천은 유황냄새가 확 나며 피부도 확 부드러워진다. 쿳샤로코 주변의 스나유에서 모래를 파서 온천을 즐겨보는 것도 재미있다.

아칸국립공원 도동지방

온천과 호수, 산봉우리가 늘어서 있는 국립공원이다. 홋카이도에서
유일한 강산성 유황명반천/녹반천함알루미늄천이어서 치료효과가
탁월하다는 카와유온센川湯温泉에 하루 머물면서 주변 호수들아칸,
굿샤로, 마슈을 돌아다니면 좋다. 마슈호는 러시아 바이칼호 다음
으로 투명하며, 안개 끼는 날이 많고 겨울에는 주변 도로 중 일부가
통제된다. 렌터카가 편하지만 지역버스와 기차를 마음껏 이용하는
'데시카가 2일 에코 패스포트'도 활용 가능하다.

아바시리 유빙쇄빙선 오로라호

매년 1월 말에서 3월 정도에 시베리아 아무르강에서 결빙한 얼음조
각이 바람과 조류를 타고 서서히 오호츠크해로 내려온다. 유빙관광
선은 하루 4~6회 운영되며 선셋크루즈(16:30) 시간은 색다른 멋이
있다. 유빙 위치에 따라 승선시간이 1시간보다 더 길어지기도 하고,
너무 멀리 있어 육안으로 보기 어려울 때는 관광크루즈로 대체하고
가격을 내린다. 몬베츠에서도 유빙쇄빙선 가링코호를 운영한다.

삿포로 오오도리공원 도앙지방

삿포로의 중심에 있는 1.5㎞ 길이의 공원. 동쪽 맨 끝에 147.5m
높이의 삿포로 TV탑이 있어 공원 전체를 내려다볼 수 있다. 라일
락 축제, 비어가든 등 계절마다 다른 이벤트가 열려 늘 사람들로 붐
빈다. 2월초 열리는 유키마츠리의 중심무대이기도 하다. 봄부터 가
을까지 맛볼 수 있는 옥수수도 나름 명물이다. 삿포로 시계탑과 도
청 구청사도 한꺼번에 둘러볼 수 있는 거리에 있다. 지하철 오오도
리역과 니시11쵸메역에서 가깝다.

삿포로 맥주박물관

120여년 전에 지어져 삿포로 맥주 공장으로 사용됐던 건물을 활용
한 일본 유일의 맥주박물관. 실제 사용하던 동솥 등 다양한 전시물
과 맥주병, 오래된 맥주 포스터 속 여인들을 구경하는 재미가 있다.
관람은 무료지만 맥주 시음은 1잔에 200엔. 함께 주는 치즈가 입
맛에 맞으면 바로 옆 기념품점에서 살 수 있다. 삿포로 한정 맥주와
양고기 징기스칸을 먹을 수 있는 맥주원도 붙어 있다. 삿포로역 북
쪽 출구 2번 승강장에서 188번 버스를 타면 된다.

샤코탄반도 도앙지방

오타루 서북쪽 해안의 명소로 샤코탄 블루라 부르는 신비로운 물빛과 바다에 솟아 있는 카무이 이와바위를 만날 수 있는 카무이미사키神威岬가 유명하다. 겨울에는 개방시간이 짧고 눈보라가 쳐서 접근하기 어려운 날도 많다. 주변에 미사키노유 샤코탄岬の湯しゃこたん온천과 위스키 제조공정을 견학할 수 있는 닛카위스키요이치증류소ニッカウヰスキー余市蒸溜所 등 다른 즐길거리도 있다. 렌터카가 편하지만 주오버스를 활용한 투어도 가능하다.

시레토코 도동지방

유네스코 세계자연유산인 시레토코반도는 때묻지 않은 자연과 야생동물을, 볼 수 있는 곳이다. 오신코신 타키폭포, 푸유니 미사키곶, 프레페노 타키, 시레토코 고코5개 호수 등 절경을 품고 있는데, 겨을에는 통제구간이 많다. 유빙 위를 걷는 유빙워그, 설원을 걸이 시슴들을 만나는 스노슈잉 등 다양한 프로그램이 있으며, 겨울밤에는 레이저 쇼로 오로라를 재현하는 '시레토코 판타지아'가 열린다.

© Hokkaido Tourism Organization

노보리베츠 지고쿠다니

노보리베츠 온천의 원천으로 유황 냄새와 솟아오르는 수증기 때문에 '지옥계곡'이라고 부른다. 입구 산책로는 10분이면 돌아볼 수 있고, 온천 늪 '오유누마大湯沼나 주변 간헐천들을 둘러보는 긴 산책도 가능하다. 8월 말에 열리는 지고쿠마츠리는 염라대왕과 도깨비 퍼레이드와 가장행렬로 유명하다. 2월 3,4일에 열리는 오유마츠리는 헐벗은 동네 청년들이 온천수 끼얹기 대결을 하는데 정말 볼 만하다. 노보리베츠 온천호텔의 무료셔틀을 타고 가면 된다.

오타루 도앙지방

영화 〈러브레터〉로 유명세를 탄 오타루는 크지 않은 도시다. 오타루 운하에서 메르헨 교차점 앞 오르골당까지 사카이마치 거리를 걸으며 유리공방을 구경하고 디저트 가게에서 시식도 하고 오르골 구경도 해보자. 겨울에는 상점들이 일찍 문을 닫으니 주의! 운하는 어스름이 깔리고 가스등이 켜지는 순간 봐야 진면목을 느낄 수 있다.

© Hokkaido Tourism Organization

삿포로 라멘

삿포로 스스키노 뒷골목에 있는 라멘요코초ラーメン横丁가 전통 있는 라면 골목으로 알려져 있다. 특히, 만류滿龍라멘이 유명하나 가격도 비싸고 관광객만 가는 곳이라고 '만류'하는 사람도 많다. 그러나 밤마다 사람들이 줄을 서는 게야키欅는 파를 얹은 미소라멘의 만족도가 높은 편이다. JR 삿포로역 ESTA건물 10층 라면공화국ラーメン共和国은 여러 라면집이 모여 있어 선택의 폭이 넓다.

게요리 코스

홋카이도 털게는 회로 먹거나 삶아 먹는다. 게요리 전문점 카니혼케かに本家는 삿포로역 앞 본점과 스스키노점이 있는데, 점심시간에 가면 저렴하게 코스요리를 맛볼 수 있다. 스스키노에 있는 효세츠노몬氷雪の門은 게회 등 창작요리로 인기가 많은데 역시 점심시간을 노려야 한다. 에비카니갓센えびかに合戦은 새우와 게를 90분간 무제한으로 먹을 수 있는 타베호다이(뷔페) 스타일이다.

스시회전초밥

현지인들이 추천하는 스시집은 토리톤トリトン으로 관광지에서 다소 멀지만 대신 참치를 바로 뼈에서 분리하는 모습을 볼 수 있을 만큼 신선한 스시를 저렴하게 맛볼 수 있다. 난보쿠南北선 미나미히라기시南平岸역 점이 그나마 지하철로 가기 괜찮다. (toriton-kita1.jp/shop/ 참조) JR역 ESTA 10층에 있는 톳삐とっぴ와 스텔라 플레이스 6층의 하나마루花まる도 저렴한 가격 덕분에 늘 줄을 서는 곳이다.

신선한 유제품 디저트

홋카이도는 깨끗한 자연 덕분에 우유, 아이스크림, 빵, 푸딩 등 유제품이 맛있다. 오타루의 르타오ルタオ는 케이크, 아이스크림, 초콜릿으로 유명하다. 오르골당으로 향하는 사카이마치도오리 거리에 본점과 지점들을 갖고 있다. 마루세이버터샌드, 유키야콘코 등이 유명한 롯카테이六花亭와 슈크림과 나무테 무늬 바움쿠헨으로 유명한 기타카로北菓樓 지점도 나란히 붙어 있다. JR삿포로역 다이마루백화점 지하1층 식품코너에서 살 수 있는데, 기타카로는 다이마루 한정으로 신체 사이즈를 연상케하는 'C컵푸딩'을 판다.

홋카이도는 홋카이도만의 독특한 요리들을 갖고 있다. 깨끗한 바다와 목장에서 나온 신선한 재료가 특징이며, 특히 털게 등 해산물이 유명하다. 일본 3대 라면 중 하나로, 진하고 걸쭉한 된장국물에 해산물이나 차슈(일본식 수육)를 얹어 먹는 미소라멘의 고향도 홋카이도 삿포로로 알려져 있다. 참고로 3대 라면은 규슈 하카타의 돈코츠(돼지뼈 육수)라멘, 후쿠시마현 기타카타의 쇼유(간장)라멘, 홋카이도 삿포로의 미소(된장)라멘이다. 일본 식당에는 공짜가 없다는 것도 기억하자. 마치 기본메뉴처럼 시키지 않아도 사람 수만큼 딸려나오는 완두콩 접시는 유료다. 맛있어서 더 달라 하면 "오카와리(한 그릇 더)"라 외치면서 갖다 주는데 계산서에도 추가되니 알고 먹자.

지역 한정 맥주

홋카이도는 맥주의 고장이기도 하다. 세계적으로 유명한 삿포로 맥주는 삿포로 지역에서만 한정판매하는 '삿포로 클래식'이 유명하다. 삿포로 맥주는 공장을 개조한 맥주박물관에서 유료로 시음해야 하지만, 아사히 공장은 미리 예약만 하면 무료시음을 할 수 있다. 오타루, 아사히카와, 하코다테, 아바시리 등 곳곳에서 지역맥주를 생산하며, 특히 아바시리 쪽 '유빙 드래프트'는 실제 유빙 녹은 물이 소량 들어가고, 파아란 색을 띈다.

양고기 징기스칸

징기스칸이란 양고기를 숙주 등 야채와 숯불에 구워먹는 요리다. 스스키노에 있는 징기스칸 다루마成吉思汗だるま는 달마 그림이 트레이드마크인 유명 체인점. 맥주회사에서 운영하는 삿포로 맥주원サッポロビール園과 기린 맥주원キリンビール園도 양고기 징기스칸을 맛볼 수 있는 곳이다. 오타루의 데누키코지에도 양고기 징기스칸 집이 있다.

스프카레

스프카레는 보통 카레보다 국물이 넉넉하다. 큼지막한 재료 위에 육수 국물을 부어 일종의 스튜처럼 만든 삿포로의 겨울음식으로 추운 날 먹으면 몸이 훈훈해진다. 국물을 오래 끓여 진한 맛을 내는데, 잇토안一灯庵이라는 가게는 밤새 육수를 끓이다 화재로 본점을 태워먹었다는 전설이 있다. 스스키노에 있는 소린Sho Rin이 매운 정도에 따라 주문할 수 있다. 라멘요코초 입구 바로 우측에 있는 그랜드타이요빌딩グランド太陽ビル 1층에 있다. 간혹 못 찾는 사람도 있다.

> *일본은 숙소 예약 시 사람 숫자에 따라 가격이 달라지는 것이 기본이며, 객실도 화장실도 작은 곳이 많다. 삿포로 같은 대도시는 특급호텔, 비즈니스호텔, 위클리 맨션, 호스텔급 등 숙소의 종류가 다양하지만, 도동지방 등 외곽으로 갈수록 온천여관과 비즈니스급 외에는 선택할 곳이 드물다. 게다가 역 근처를 제외하면 숙소들이 뜸한 곳도 많으므로, 렌터카여행이 아니라면 기차역 근처의 숙소를 잡는 게 좋다. 온천 근교의 숙소들은 고급 료칸이 아니라도 다다미방인 경우가 많고, 조식과 석식을 포함된 숙박 플랜도 경험해볼 만하다. 식사를 하고 돌아오면 빳빳하게 풀 먹인 호청이 덮인 도톰한 이부자리가 미리 깔려 있다.*

노보리베츠

기차나 버스로 가는 수고를 할 생각이 없다면 무료송영버스가 있는 다이이치타키모토칸第一滝本館과 세키스이테이石水亭를 고르는 것이 좋다. 타키모토인滝本イン은 다이이치타키모토칸의 자매숙소. 식사는 상대적으로 허술하지만, 같은 버스와 같은 온천을 저렴하게 이용한다는 장점이 있다. 삿포로에 머물다 노보리베츠에 다녀오는 경우는 1박2일용으로 가볍게 짐을 싸고 나머지 짐은 체크아웃한 숙소에 맡겨두면 된다.

아칸국립공원

굿샤로호 입구인 카와유온센 근처에 온천여관과 온천호텔이 몰려 있다. 미소노호텔御園ホテル이 규모가 있는 편인데, 객실은 다다미방인 화실과 다다미방에 침대방까지 있는 화양실 등 두 가지가 있다. 온천은 대형 온천탕과 노천탕이 있고 새벽 1시까지 출입 가능하다. 미소노호텔에서 조금 떨어져 있는 별관 라르고는 다다미방뿐이지만, 조용하다. 별관의 경우 식사가 포함되지 않은 대신 저렴하고, 본관 온천과 별관의 작은 온천 둘 다 이용할 수 있다.

아바시리/시레토코

역 근처와 강과 바다 전망을 바라볼 수 있는 쪽에 숙소들이 있다. 아바시리역 근처에는 2인 1박에 10만원이 넘지 않는 비즈니스급 체인 호텔이 많은데, 토요코인 아바시리에끼마에는 조식 외에 간단한 석식까지 제공한다. 아바시리강 쪽은 전망이 좋은 대신 가격대가 조금 올라간다. 시레토코 쪽은 숙소가 많진 않지만, 시레토코샤리역 부근에 비즈니스 호텔들이, 우토로 쪽에는 오호츠크해를 바라보며 노천탕을 즐길 수 있는 고급 숙소들이 있다.

삿포로

JR 삿포로역 근처가 교통이 가장 좋지만, 스스키노 주변
도 밤이 심심하지 않다는 장점이 있다. JR역 근처에서 묵
는다면 아무래도 수퍼호텔Super Hotel이나 토요코인東橫イン
같은 비즈니스급 체인 호텔이 저렴한 편이다. 눈축제 기
간에는 숙박비가 2배까지 오르며, 날짜가 가까워올수록
예약 자체가 힘들어진다. 위클리 삿포로 2000&아넥스
Weekly Sapporo 2000 & Annex 같은 소형 레지던스 아파트는 가격
변화가 크게 없어서 유리하다.

지역 정보

__국명__ 일본

__수도__ 도쿄

__언어__ 일본어(한자로 쓰는 단어가 많음)

__전기__ 110V (흔히 '돼지코'라 부르는 어댑터 필요)

__시차__ 한국과 동일

__비자__ 90일 이내 단기체류 시 불필요

언제 가는 게 좋아요?

사계절이 뚜렷하기 때문에 언제라도 좋은 지역이다. 눈은 일찍 시작되어 늦게까지 오는 편이며, 노보리베츠의 오유마츠리와 삿포로 눈축제 시작 기간에 맞추면 다양한 볼거리가 보장된다. 눈길에서 미끄러지지 않도록 등산화를 챙기는게 좋다. 한국에 비해 서늘한 날씨 덕분에 한여름 피서지로도 적당하다. 특히 후라노의 라벤더를 보고 싶다면 7월20일 전후가 좋다. 여름 여행 시즌에 산과 호수를 들른다면 가벼운 긴팔을 챙기는 게 좋다. 봄가을에도 일교차가 큰 편이므로 따뜻한 옷을 챙겨야 한다.

어떤 비행기 타면 좋아요?

대한항공이 인천-삿포로 구간을 매일 1~2회 운항하고, 진에어도 인천-삿포로행 비행기를 주4회 띄운다. 아시아나에서 겨울 시즌 한정으로 인천-아사히카와 구간을 운영하기도 한다. 김포공항 출발로 일본 도쿄나 오사카를 경유해 홋카이도의 동쪽이나 남쪽 공항을 이용하는 방법도 있다. JAL항공이 한시적으로 재팬세이버 프로그램을 운영할 때가 있는데, 김포-하네다-메만베츠-삿포로-하네다-김포 구간 혹은 김포-하네다-하코다테-(육로 이동)-삿뽀로-오사카-김포 등 루트를 저렴하게 여행하는 항공권을 판다.

공항에서 시내로는 어떻게 가요?

삿포로공항에서 삿포로나 오타루까지는 같은 쾌속 에어포트를 이용한다. 삿포로까지는 최저 36분, 오타루는 최저 1시간 12분 걸린다. 아사히카와로는 2시간 남짓 걸린다.

여행자 전용 교통패스가 있나요?

__홋카이도 레일패스__ 3일권, 5일권, 7일권과 임의로 4일을 선택해 사용하는 플렉시블flexible 4일권이 있다. 해당 기간 동안 JR홋카이도 내의 열차와 일부구간을 제외한 버스를 이용할 수 있다. 보통차용과 1등(그린)차용이 있는데, 보통차용은 특급·급행의 보통차 지정석을 추가요금 없이 이용할 수 있고 1등차용은 특급의 그린차를 이용할 수 있다. 침대열차 이용 땐 추가요금이 든다.

__홋카이도 프리패스__ JR홋카이도 특급과 급행의 자유석, 해협선(기코나이~나카오구니), JR홋카이도 버스(일부 노선 불가)를 7일간 자유롭게 이용할 수 있다. 보통차용은 지정석을, 1등(그린)차용은 1등석을 6번까지 이용할 수 있다. SL과 노롯코Norokko 등 보통·쾌속열차의 지정석도 이용할 수 있다.

__삿포로-오타루 웰컴패스__ 삿포로~오타루 구간의 JR 이용권과 삿포로 시내 지하철 1일권을 묶은 패스다. 가격은 1,500엔. JR 티켓과 지하철 1일권이 따로 들어 있고 살 때 여권이 필요하다. 신치토세공항에서 바로 오타루로 가는 경우에는 공항에서 카미놋포로에 해당하는 760엔을 추가한다.

기념품 뭐가 좋아요?

롯카테이의 마루세이버터샌드나 유키야콘코, 기타카로의 바움쿠헨 등 유명한 과자들은 선물용으로 손색이 없다. 다이마루백화점 지하1층 식품관에서 시식과 함께 다양한 제품을 구매할 수 있다. 공항에서도 웬만큼 유명한 과자는 다 살 수 있다. 시로이고이비토白い恋人는 한국의 쿠크다스와 비슷한 과자이다. 삿포로에 공장 겸 테마파크가 있어 견학 후에 사오는 것도 좋다. 홋카이도는 옥수수가 맛있기로도 유명하다. 진

공 포장된 옥수수도 살 수 있다. 노보리베츠 온천의 다이이치타키모토칸에서 사용하는 화장품들을 내부 상점에서 파는데, 온천수로 만든 화장품들이 인기가 좋다.

환전은 어떻게 하면 되나요?

주거래은행이나 인터넷환전으로 환율우대를 받고, 되도록 잔돈과 큰돈을 섞어서 들고 가는 게 편하다. 일본 정부의 적극적 환율정책으로 엔저 현상이 계속되고 있는데 여행자들에게는 희소식이다.

여행 경비(6박7일 기준)

	비수기	성수기
항공권 (저가항공 포함)	60만원대~	80만원대~
숙소 (2인실의 1인 기준)	1박 4만원	1박 8만원
식대	40만원	
렌터카 (도동 2일, 오타루 1일) 주유비	32만원	
승선료, 투어비	10만원	
쇼핑	10만원	
총예산	180만원대~	220만원~

유용한 인터넷 사이트

• 관광청과 여행카페

홋카이도 관광추진기구 kr.visit-hokkaido.jp
도호쿠3현/홋카이도 서울사무소
www.beautifuljapan.or.kr/hokkaido
재팬가이드닷컴 홋카이도
kr.japan-guide.com/travel/hokkaido
일본정부관광국 홋카이도
www.welcometojapan.or.kr/location/regional/hokkaido

라오스

라오스는 인도차이나반도에 있는 나라다. 미얀마, 태국, 캄보디아, 베트남, 중국에 꽁꽁 둘러싸인 덕분에 영토의 어느 쪽으로 달리건 바다를 만날 수 없다. 프랑스의 식민지배와 내전을 겪은 뒤 사회주의 국가가 됐고, 더뎌진 세계화 덕분에 '시간이 더디 흐르는 곳'이라는 수식어가 붙곤 한다. 수도 비엔티안보다 1995년 도시 전체가 유네스코 세계유산으로 지정된 옛 수도 루앙프라방이 더 친숙하다. 새벽을 깨우는 스님들의 탁발 행렬, 순박한 눈빛의 사람들, 프랑스 식민지 시절의 건축물이 남아 있는 고즈넉한 거리가 여행자들을 매료시킨다. 진에어가 비엔티안으로 직항을 띄워 길은 더 가까워졌다. 비엔티안과 루앙프라방 사이에 방비엥을 끼우면 일주일이 꽉 찬다. 거친 도로상태 탓에 이동시간이 길고 엉덩이가 얼얼하다. 2007년 말 뉴욕타임스가 가볼 만한 여행지 53곳 중 1위로 라오스를 꼽았던 사실이 선전문구로 활용되곤 한다. "빨리빨리"만 외치며 살던 한국인들이 느리고 순박한 정서를 느끼기에 충분하다. 라오스가 변하기 전에 '빨리' 가자.

6박8일 추천 일정표

I Love Travel ♥

1일째 (토)

인천공항 출발 (진에어) — 19:35

비엔티안공항 도착, 숙소로 이동 — 22:50

바나나 레스토랑에서 저녁식사 — 19:00

방비엥 도착, 숙소 잡기 — 18:00

카약킹투어

3일째 (월)

09:20

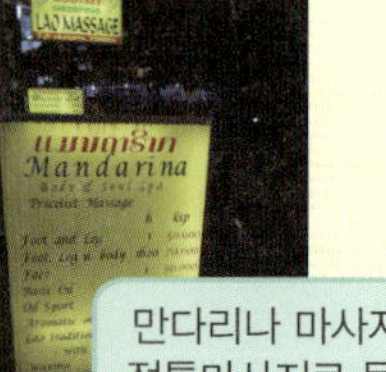

카약킹 끝난 강 하류서 동네 산책 — 16:30

느아양까오리에서 한국식 불고기 저녁 — 17:30

만다리나 마사지에서 전통마사지로 몸 풀기 — 19:00

대통령궁 근처
왓 씨사켓과
왓 호파께우

딸랏사오(모닝마켓) 거쳐
빠뚜사이(라오스의
개선문)로 걷기

2일째
(일)
09:00
10:30

남푸 분수에서
가까워요.

이름은 커피집이나
카오삐약
(닭칼국수) 추천.

빠뚜사이
입장료 5천깁

걸으면 꽤 걸리니
뚝뚝으로 이동.

방비엥으로
버스

남푸분수 근처로
돌아와
남푸커피에서 점심

라오스 지폐에
나오는 탓루앙 관람

14:00
13:30
12:00

여행자 버스는
보통 10시, 14시 하루 두
차례 있어요. 티켓은 비엔티안
시내 여행사나 숙소에서
미리 사세요.

①한 접시에 8천~1만깁.
스프링롤이나 바비큐는 추가요금.
②푸시언덕 앞길은 오후 5시부터
찻길을 막고 야시장을 세워요.

루앙프라방행
VIP버스 출발

터미널에서 뚝뚝으로
조마베이커리 이동,
근처 숙소 잡기

채식뷔페
저녁식사 후
몽족 야시장
구경

4일째
(화)
10:00
18:00
19:00

바게트 샌드위치 등
간식 미리 준비하세요.

여럿이 뚝뚝을
타고 시내로 가는데,
흥정이 잘 안 먹혀요.
1인 1만~2만깁

뒷장에 계속

루앙프라방 초등학교 앞에서 탁발 행렬 만나기

왓마이 뒤편 아침시장에서 장본 후 숙소에서 휴식

찹쌀밥과 구운 고기나 생선, 과일 종류를 사보세요.

왕궁박물관 관람

5일째 (토)

06:00

07:00

10:00

찰밥 등 공양할 음식을 사서 체험하려면 더 일찍 나오세요.

입장료 3만깁. 관람시간 8:00~11:30, 13:30~16:00, 점심시간이 길어요.

대나무다리 건너 칸 강이 내려다보이는 레스토랑에서 저녁

숙소에서 휴식

옥폽똑 직물센터와 재래시장 포시마켓 구경

빅트리 식당 점심

20:00

16:00

13:30

12:00

걷기에만 다리가 놓여요. 저녁 6시 넘으면 무료!

7일째 (일)

숯불에 구워주니 맛나요. 낮 시간이라 덥다는 게 흠!

뚝뚝 흥정 시 3만~5만깁.

메콩강 뱃놀이

칸강변 킹킷살랏 로드의 신닷 식당에서 점심

다랏마켓(공예품) 구경 후 조마 베이커리에서 커피와 케이크

공항으로

루앙프라방 공항 출발 (라오에어)

10:00

12:00

14:00

16:00

18:15

시간 단위로 흥정 가능하고, 원하면 빡우동굴투어도 가능.

Lao Coffee

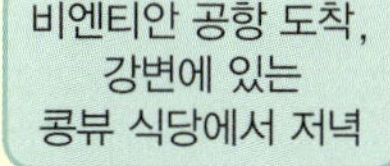

☆ 일정짜기 노하우

비엔티안 1박, 방비엥 2박, 루앙프라방 3박 일정의 박수가 각 여행지에 대한 비중을 말해준다. 비엔티안은 볼 것이 없지 않지만 큰 특색이 없고, 방비엥의 떠들썩함은 호불호가 갈린다. 비엔티안 직항은 주4회 운항하고 있기 때문에 날짜에 다소 제약이 있다. 원하는 날짜에 출발하려면 베트남항공 하노이 경유편을 이용해 들어갈 때는 비엔티안, 나올 때는 루앙프라방으로 연결하면 된다.

새벽에 일어나 딱밧(탁발) 행렬 만나기

어스름이 채 걷히기도 전에 주황색 가사를 두른 스님들의 행렬이 시작된다. 무릎을 꿇은 주민들과 관광객이 스님의 발우(그릇)에 부지런히 음식을 떼어 넣는다. 딱밧 즉 탁발托鉢이란 승려들이 식량을 구하는 수행이자, 시주하는 자들이 공덕을 쌓는 행위. 루앙프라방의 경우 수백 명의 스님들이 매일 탁발을 나서는데, 루앙프라방 초등학교 앞이 단골코스다. 가난한 아이들의 바구니를 살며시 채워주고, 돌아서는 어린 스님의 뒷모습을 보면 절로 고개가 숙여진다.

맥주, 커피, 마사지 체험하기

술맛을 좀 안다는 사람들은 라오스 하면 떠올리는 게 비어라오Beer Lao의 맛이란다. 라오스 사람이 체코에서 배워온 기술로 만든 술인데, 원조인 체코 사람들도 인정했다는 전설(?)이 있다. 한국에도 수입이 되긴 하나 많은 곳에서 팔지는 않으니, 여행 중에 먹어보는 게 남는 장사. 라오커피는 딱밧 행렬을 기다릴 때 먹으면 좋다. 내장을 훑는 진한 맛이 일품. 연유를 섞으면 베트남커피와 유사하다. 라오마사지는 타이마사지와 살짝 유사하고 하루의 피로를 풀기에 적당하다.

쏭강에서 카약킹해보기

방비엥은 석회암 바위산이 만들어낸 절경으로 유명한 시골마을. 쏭강을 따라 카약과 튜브를 타고 내려오는 놀이가 인기다. 우기에는 물살이 빨라지는 만큼 안전에 유념하고 인솔자의 지침을 잘 따라야 한다. 강 중간 중간에 있는 점프대와 바에서 잠시 쉬어 가는 것이 하나의 코스였으나, 서양 여행자들이 대낮부터 술과 약에 취해 비틀거리다 목숨을 잃는 사고가 매년 끊이지 않아 거의 문을 닫은 상태. '배낭여행자의 천국'이라는 별명이 마을을 망쳤다는 부정적 시각도 많지만, 천국인지 지옥인지는 각자가 판단할 일이다.

불교 사원 거닐어보기

불교 인구가 대부분인 라오스에는 남자라면 일생에 한 번 짧게라도 수도승 생활을 거치는 전통이 있다. 불교가 생활 속에 깊이 스며든 만큼 사원들도 많다. 수도 비엔티안에서는 '왓 씨사켓'과 '호파께우', '탓루앙' 등이 가볼 만하며, 시외에는 특이한 불상이 모인 '왓씨엥쿠앙'(부다파크)도 있다. 루앙프라방은 골목골목 더 많은 사원이 있는데, 본전 뒷벽의 보리수 모자이크가 유명한 '왓 씨엥통'은 꼭 둘러보자. 경건함과 정성이 깃든 아름다움이 느껴진다.

자전거 위에서 루앙프라방 느끼기

루앙프라방은 도시 전체가 세계유산으로 지정된 덕분인지 조용하고 자동차도 많지 않다. 칸강과 메콩강변 도로를 따라 자전거 페달을 밟으면 나란히 늘어선 라오스식 건물과 식민지풍 건물이 아름답고, 노천카페에서 책을 읽는 서양인 여행자들이 반갑고, 노란 우산을 햇볕가리개 삼아 걸어가는 어린 스님들이 정겹다. 자전거 하루 대여료는 2만낍 안팎. 더우면 강가에서 잠시 쉬어가도 좋고, 조용한 야외카페에서 차를 한잔 마셔도 좋다. 인생 뭐 있나!

빵으로 빵빵하게 배 채우기

라오스는 빵이 맛있다. 프랑스 식민시대의 유산이다. 덕분에 조마베이커리 등 빵집들이 맛집 순위에 꼭 등장한다. 노점에서 파는 바게트 샌드위치는 정말 푸짐하다. 재료에 따라 1만~2만낍(1,300~2,600원)이라는 착한 가격. 한 입에 베어 물기 힘들 정도로 두툼하다. 즉석에서 마늘과 양파를 썰어 볶고 미리 튀겨둔 치킨이나 베이컨을 구워 올리는데, 혼자서 먹기 부담스러울 정도. 도너츠나 크레페를 파는 노점도 많다.

한국식 불고기 '신닷' 맛보기

신닷은 우리나라 불고기와 샤브샤브를 섞은 듯한 음식이다. 한국을 뜻하는 '까오리'를 뒤에 붙여 '신닷 까오리' 즉 한국식 불고기라 부르기도 한다. 가운데 볼록한 불판에는 불고기 양념을 한 쇠고기나 돼지고기를 굽고, 불판 아래 오목한 부분에는 육수를 부어 야채와 당면을 담가 익혀 먹는 방식인데, 한국인 입맛에 딱 맞는다. 다만 화로를 끼고 먹는 방식이라 낮에 먹다간 '열' 좀 받는다. 하지만 맛에 중독성이 있어 구슬땀을 흘리면서도 자꾸 찾게 된다.

지속가능한 여행 고민해보기

'착한 여행' '책임 여행' 등 지속가능한 여행이 화두다. 관광객이 늘어도 현지인들은 늘 가난하기 때문이다. 지역 여성들의 지속가능한 노동을 표방하는 직물센터에서 물건을 산다든가, 수익의 일부분을 지역사회사업에 투자하는 숙소를 이용해보자. 물건과 서비스의 질이 은근 더 좋다. 투어 중에 소수민족 마을에 들를 땐 꼬마들에게 돈을 주는 대신 안 쓰는 볼펜을 챙겨가서 나눠주는 것도 좋다. 쉽게 돈을 벌면 학교로 돌아가지 않기 때문이다.

왓 씨사켓Wat Si Saket *비엔티안*

비엔티안에서 가장 오래된 사원이다. 남푸분수에서 가깝고 대통령궁 건너편에 있다. 사원 내부에 있는 불상의 숫자가 수천 개에 달한다. 19세기 초 샴족이 침략했을 당시 살아남은 유일한 사원으로 목이 부러지거나 훼손된 불상들도 꽤 있다. 왕실사원이었다가 박물관으로 운영 중인 왓 호파께우 Wat Ho Phra Keo와 묶어서 돌아보면 된다.

푸씨Phousi산 *루앙프라방*

국립박물관 건너편에 금빛 탑That Chomsi과 함께 시내 전경을 볼 수 있는 언덕이 있다. 산이라고 하기엔 낮지만, 계단이 이어지니 생각보다 힘이 든다. 석양이 지는 시간대에 붐비는데, 석양 자체보다도 붉게 물든 루앙프라방의 풍경이 고생에 보답을 한다. 메콩강과 칸강 줄기와 숲, 셀 수 없는 사원들, 그리고 쭉 뻗은 도로 주변으로 열대식물과 식민지풍 건물이 어우러진 풍경은 사진엽서처럼 예쁘다. 더위를 피해 아침 일찍 오르는 것도 괜찮다.

옥폽똑 직물센터Ock Pop Tok Weaving Center *루앙프라방*

직물짜기 견학센터 겸 고급 실크 쇼핑센터다. 조마베이커리에서 더 서쪽으로 내려오면 재래시장인 포시마켓이 있고, 그 건너편에 강쪽으로 난 골목을 따라 올라가면 '옥폽똑' 직물센터가 나온다. 이곳은 지역 여성들에게 지속가능한 일자리를 주고 그들이 노동으로 만들어낸 제품에 제값을 쳐주고자 세워진 곳. 실크 제작 견학과 염색 체험도 하고 질 좋은 실크제품을 살 수도 있는 곳이다. 특히 서양인들이 흥미로워하며, 메콩강 전망의 카페도 함께 있다.

빠뚜사이Patuxay와 탓루앙Pha That Luang *비엔티안*

빠뚜사이는 프랑스로부터 독립한 걸 기념해 만든 '승리의 문'이다. 모양도 개선문을 쏙 빼닮았다. 미국이 활주로 지으라고 원조해준 씨멘트로 지어서 '서 있는 활주로'라는 별명도 갖고 있다. 꼭대기까지 올라가면 비엔티안 전망이 한눈에 들어온다. 탓루앙은 라오스 지폐에 등장하는 황금빛 사원. 가까이서 보면 금빛 옆구리마다 거뭇거뭇 때가 끼어서 '100미터 미녀' 같기도 하다. 내부에 볼거리가 많은 것은 아니어서 겉에서만 보는 것도 무방하다.

꽝시폭포 Kuangsi Water Fall Park *루앙프라방*

루앙프라방에서 서남쪽으로 1시간 정도 차로 달려야 만날 수 있는 꽝시폭포는 석회암 지형이 만들어낸 비취색 물빛이 아름다운 곳이다. 중국 주자이거우(구채구)를 떠올리게 하는 물빛과 계단식 폭포가 일품이다. 폭포 위쪽으로 올라갈 수 있는 길이 있는데, 폭포 물줄기 위로 아찔한 다리를 건너면 또 다른 작은 폭포가 나온다.

땀남 Tham Nam, 물동굴 *방비엥*

주로 카약킹 투어로 가게 되는 물 위의 동굴. 이마에 랜턴을 달고, 엉덩이를 튜브에 끼운 채로 물에 동동 떠서 들어가야 한다. 입구에 달린 줄을 잡고 동굴 안으로 들어서면 어둠 속에서 의지할 것은 랜턴과 일행뿐. 나가고 들어오는 사람들이 마주칠 때 잘못 밀리면 혼자 무리에서 이탈될 수 있다. 깊이를 알 수 없어서 어느 정도 가다가 돌아 나오게 된다. 카약킹과 튜빙을 둘 다 하는 경우가 아니라면, 튜브를 타고 동동 떠다니는 재미가 쏠쏠하다.

왓 씨엥통 Wat Xieng Tong *루앙프라방*

메콩강과 칸강이 마주치는 지점 근처에 위치한 왓 씨엥통은 건물 자체보다는 곳곳의 화려한 장식이 눈길을 끈다. 특히 본전 뒤편의 붉은 색 바탕에 번쩍거리는 보리수 모자이크가 여행자들을 감동시킨다. 16세기 중반에 지어졌고 원형 그대로 잘 보존된 덕에 루앙프라방에서 가장 아름다운 사원으로 꼽힌다. 루앙프라방 사원들 중 흔치 않게 입장료를 받는데, 땀밧이 끝나자마자 도착하면 입장료 담당자가 헐레벌떡 달려오는 모습을 보며 떠날 수도 있다.

팍우동굴 Pak Ou Caves *루앙프라방*

배를 타고 메콩강 줄기를 거슬러 오르면 화강암 절벽 위에 생긴 특이한 동굴을 만나게 된다. 2개의 동굴에 수천 개에 달하는 불상이 놓여 있다. 오고 가는 시간에 비해 관광시간이 짧은 편이라서, 차라리 뱃놀이 정취와 함께 그물을 던져 고기를 잡는 어부들과 배를 타고 조류를 거둬들이는 서민들의 삶을 엿보는 게 더 흥미로울 수도 있다. 여행사 투어는 술 빚는 마을 등을 들르기도 하며, 차로 가서 짧게 배를 타고 동굴로 건너가는 투어도 가능하다.

라오스의 국민요리라면 닭육수 칼국수인 '카오삐약'과 돼지고기 된장볶음을 얹은 국수 '카오쏘이', 고기나 생선을 향채와 볶은 '랍', 손으로 집어먹는 찹쌀밥 '카오니어우' 등이다. 불고기와 샤브샤브를 섞은 '신닷'도 한국인 입맛에 잘 맞는다. 라오커피는 대충 막 내리는 것 같지만 진한 맛이 일품이다.

콩뷰Kong View 비엔티안

메콩강 너머 태국땅이 건너다보이는 강가의 '나름 고급' 레스토랑이다. 전망과 분위기가 좋아서 늘 사람이 많은 편이고, 외국인도 많이 찾는다. 메뉴의 종류가 많은 편이고 음식은 무난하다. 주변 식당에 비해서는 가격대가 있지만 부담스럽지는 않다. 강가 자리를 원한다면 조금 일찍 가는 게 좋다.

남푸커피Namphu Coffee 비엔티안

비엔티안 남푸분수 근처에 있다. 가게 이름은 커피숍인데 생긴 건 커피랑 안 어울리는 식당 같고, 실제로 국수와 덮밥류를 팔면서 커피도 판다. 닭육수로 끓인 칼국수 카오삐약은 1만낍. 살짝 짜고 조미료 향기가 느껴지나, 동남아 전역을 강타한 미원의 그늘에서 벗어나기는 어려우므로 그냥 먹자. 디저트로 라오 커피도 추천.

바나나 레스토랑 방비엥

방비엥 튜빙숍 근처에 있는 비슷한 스타일의 레스토랑 중 하나. 여행자들이 거의 눕다시피 기대서 시트콤의 원조격인 〈프렌즈Friends〉를 보며 빈둥대는 곳이기도 하다. 쿠션을 자세히 보면 기댈 마음이 생기지 않을 수 있는데, 이럴 땐 강가 쪽 자리에서 허리를 꼿꼿이 세우고 스테이크나 볶음밥류를 시켜 먹으면 된다.

조마 베이커리JoMa Bakery 루앙프라방

루앙프라방에서 인기를 끈 뒤 비엔티안, 하노이로도 진출한 베이커리 카페다. 서양인 여행자들은 물론 한국인들도 즐겨 찾는다. 가격대는 현지 물가보다 한국 물가에 가깝다. 가정집을 개조한 구조와 푹신한 소파, 시원한 에어컨과 와이파이 덕분에 적어도 한번쯤은 들러볼 만하다. 메뉴는 베이커리, 샌드위치, 피자, 파스타, 케이크, 커피와 음료 등.

빅 트리 카페 Big Tree Cafe 루앙프라방

메콩강가를 따라 걷다가 큰 나무 아래 야외좌석들이 보이면 잘 찾아온 것. 전망도 좋지만 김밥, 라면, 김치찌개, 된장찌개 등 한식을 먹을 수 있는 곳이기도 하다. 여사장님이 한국인이고 여행자를 돕는 일과 지역사회 일에도 열심이어서 대사관에서 영사협력원으로 위촉하기도 했다. 남편분은 사진작가. 사진 워크숍도 열린다.

채식뷔페 루앙프라방

야시장 입구 근처에 밤마다 먹자골목이 선다. 그중 채식뷔페를 파는 곳이 몇 군데 있는데 구성은 대체로 비슷하고 볶음국수와 갖가지 야채볶음 등이다. 이름은 뷔페이나 여러 번 왕복은 못한다. 한 접시에 1만낍. 스프링롤이나 고기 꼬치구이, 음료는 추가금액을 낸다. 위생이나 맛보다 가격에 초점을 맞추면 행복해진다.

느아양 까오리 방비엥

느아양 까오리는 한국식 쇠고기 구이란 뜻의 신닷집. 폰트래블 있는 큰길에서 북쪽으로 왓깡Wat Kang을 지나 올라가다 왼편에 보이는 식당이다. 벽에 한글과 외국어가 함께 보이면 맞게 찾아온 것. 건너편에 '통닭'이라고 써진 한국식당을 뿌리칠 정도로 냄새가 매력적이고, 맛도 괜찮다. 신닷은 불고기와 샤브샤브를 섞은 듯한 음식. 화로를 끼고 먹으려니 좀 덥지만, 가격 대비 만족도가 높다.

디엔 사바이 Dyen Sabai

칸강 건너편에서 루앙프라방을 바라보는 고급 식당. 인테리어도 고급스럽고 전망도 뛰어나다. 건기에는 루앙프라방 중심가와 운치 있는 대나무다리로 연결된다. 낮에는 통행료를 내야 하지만 저녁 6시 이후로는 무료. 우기에는 무료 보트를 운행한다. 칵테일 등 음료와 라오스 전통음식, 신닷 등을 판다. 트립어드바이저에서 루앙프라방 식당 순위 1위를 달리는 피자 루앙프라방과 나란히 있다.

> 숙소 가격은 비엔티안과 방비엥이 저렴하고, 루앙프라방이 가장 비싸다. 비엔티안은 남푸분수 근처의 여행자 거리와 강가를 중심으로 숙소가 많은 편. 방비엥은 강가쪽 방에서 바로 석회암지형의 절경을 볼 수 있기 때문에 골목 안쪽보다 조금 비싸다. 루앙프라방 숙소는 2층을 잡는 게 좋다. 1층은 하수구 냄새가 나는 경우가 많다.

도몬 게스트하우스
Domon GH *방비엥*

베란다로 바로 쏭강의 전경이 보인다. 가격대에 비해 방도 넓고 침대 매트리스와 시트의 질도 괜찮다. 1층은 방에서도 와이파이가 잡히고, 투숙객이 공용으로 사용할 수 있는 컴퓨터가 있다. 강 건너 섬에서 새벽 3시까지 시끄럽게 떠드는 바들이 마이너스 요소. 근처 오키드나 그랜드뷰도 깔끔하고 전망이 좋은 점에서 비슷하다. 강 남쪽으로 가면 시설과 환경과 가격이 동시에 업그레이드.

마이 드림 부띠끄 리조트
My Dream Boutique Resort

칸강 건너편에 있는 조용한 부띠끄 리조트. 규모가 아주 크지는 않지만 아기자기한 건물과 목조로 꾸민 내부 인테리어가 편안하다. 공항이나 루앙프라방 시내에서 픽업 가능하고 공항 샌딩도 무료다. 매니저가 주변 관광지와 코스를 안내해주고, 자전거를 무료로 대여해준다. 와이파이와 조식 무료. 수익금으로 시골마을에 학교를 짓고 있다. 하루 정도는 호젓한 칸강 건너에서 지내봄직하다.

패밀리 게스트하우스
Family GH *방비엥*

한국인이 운영하는 게스트하우스. 방비엥 중심에서 한참 내려온 곳에 위치해 있다. 시설이 고급스럽진 않지만, 매일 침구를 갈아주니 깔끔하다. 무선 인터넷 사용이 가능하고, 자전거를 무료로 빌려 쓸 수 있다는 장점이 있다. 식당이 딸려 있어서 한국음식을 쉽게 먹을 수 있고, 여행사에 가지 않고 투어도 신청할 수 있다. 혼자 여행하는 경우 여행정보나 동행자를 얻기에 좋다.

분짤른 게스트하우스 BC GH *루앙프라방*

한국인이 운영하는 깨끗한 게스트하우스. 조마 베이커리 건너편 호시앙 사원 뒷길에 위치하고 있다. 사원을 넘어가면 골목길을 통과한 뒤 방향을 잃을 수 있으므로 큰길로 푸시호텔을 끼고 학교 뒷길로 들어가서 찾는 게 좋다. 비슷한 수준의 다른 숙소들보다 저렴하고 와이파이가 무료다. 매일 물을 챙겨주는 등 서비스가 좋고, 교통이나 투어 예약도 가능하다. 예약은 필수. 방이 없으면 주변 숙소를 바로 소개해준다.

라오스 국가정보

국명 라오 인민민주주의공화국
수도 비엔티안Vientiane
언어 라오스어(태국어와 공통점 많음)
전기 220V
시차 한국보다 2시간 느림
비자 15일 이내 관광 시 무비자

언제 가는 게 좋아요?

습하고 더운 라오스를 여행하기 좋은 시기는 건기인 11월에서 4월이다. 그 중에서도 1~2월은 1년 중 기온이 가장 낮고 아침저녁으로는 선선해서 쾌적하다. 5~10월은 우기로 열대성 스콜이 내린다. 최근에는 이상기후로 건기에 비가 오는 일도 잦다. 우산은 늘 챙기는 게 좋다.

어떤 비행기 타면 좋아요?

수도 비엔티안까지 직항이 있다. 라오에어는 매일, 진에어는 주4회 운항하며 갈 때는 5시간 30분, 올 때는 4시간 30분 정도 걸린다. 직항편 이용 시 비엔티안-방비엥-루앙프라방 구간을 육로로 이동한 뒤, 루앙프라방에서 비엔티안으로 돌아올 때는 라오에어를 타는 것도 가능하다. 라오에어는 루앙프라방에서 비엔티안까지 하루 3편 정도 운항한다.

공항에서 시내로는 어떻게 가요?

공항에서 시내 구간은 비엔티안이나 루앙프라방모두 6달러 정도로 정해져 있다. 뚝뚝을 흥정해서 타면 좋지만, 막 도착한 관광객인 걸 아는 이상 많이 깎아주지는 않는다. 시내에서는 뚝뚝흥정이 먹히는 편이다. 손가락을 써도 되고, 라오스말로 숫자만 외워서 대화해도 된다. 문제는 이미 합의한 금액이 1인용이라고 우길 때가 있다는 것. 미리 다 확인하고 타면 확실하겠지만, 바가지를 써도 사실 그렇게 큰돈은 아니니 상심하지 말자.

도시간 이동은 어떻게 해요?

여행사나 게스트하우스에서 미니버스와 대형버스(VIP버스) 표를 살 수 있다. 대형버스도 침대형과 고급형 등 다양한 종류가 있다. 버스터미널에 가서 로컬버스를 타면 시간은 조금 더 걸리지만 여행자버스보다 훨씬 다양한 시간대에 운행한다.

환전은 어떻게 하면 되나요?

라오스 화폐 단위는 낍kip이다. 100달러짜리로 환전해가서 현지 환전소 환율을 두어군데 비교해보고 바꾸면 된다. 화폐가치가 낮아서 100달러 한 장을 주면 80만낍 정도를 돌려주게 되는데, 두툼한 지폐 뭉치를 받으니 굉장히 거한 돈처럼 느끼게 된다. 특히 1만낍과 2천낍의 지폐색상이 헷갈려서 잘못 받아도 모르는 경우가 있으니 받자마자 바로 세어보자.

여행 경비(6박8일 기준)

	비수기	성수기
항공권 (저가항공 포함)	40만원대~	70만원대~
숙소 (2인실의 1인 기준)	1박 3만원	1박 4만원
식대	20만원	
투어	3만원	
교통비	3만원	
쇼핑	5만원	
총예산	90만원대~	125만원~

미국 뉴욕시티

세계 금융과 패션, 예술, 문화의 중심지로 불리는 뉴욕시는 미국 북동부에 있다. 17세기 초 네덜란드인이 '뉴암스테르담'이라고 불렀으나, 영국에 점령당해 요크 공의 소유가 되면서 '뉴욕'이라는 새 이름을 얻었다. 관광객에게는 맨해튼이 뉴욕과 동의어나 마찬가지. 하지만, 브룩클린, 퀸즈, 브롱크스, 스태튼 아일랜드까지 뉴욕시의 범주에 들어간다. 맨해튼은 남북으로 길쭉한 형태이고, 센트럴 파크를 중심으로 북쪽엔 할렘이, 오른쪽과 왼쪽엔 어퍼 이스트사이드, 어퍼 웨스트사이드가 있다. 공원 아래쪽 미드타운 주변으로 뉴욕의 상징인 타임스퀘어와 뮤지컬의 성지 브로드웨이, 킹콩처럼 매달리고 싶은 엠파이어스테이트 빌딩 등이 있다. 첼시, 그리니치 빌리지, 소호는 앞서가는 패션과 세련된 뉴요커들을 만날 수 있는 곳. 가장 남쪽인 로어 맨해튼에는 월스트리트와 9·11 테러의 아픔 위에 다시 세우는 원월드트레이드센터가 있다. 자유의 여신상은 이곳에서 페리를 타고 가는 리버티 아일랜드에 있는데, 스태튼 아일랜드로 가는 무료페리에서도 볼 수 있다. 금융지구 오른쪽으로 브루클린 다리를 만날 수 있다. 한국에서 직항으로 14시간이 걸리며, 나이아가라 폭포나 보스턴, 워싱턴D.C. 등과 함께 다녀와도 좋다.

1일째 (토)

김포공항 출발 (중국국제항공)
베이징공항 도착
베이징공항 출발
뉴욕 JFK공항 도착

09:30
10:40
13:00
13:30

경유편이지만 김포 공항 출발이고 경유시간도 짧은 편이에요.

뉴욕에 4일 이상 머문다면 메트 로카드 무제한 7일권 (30달러)을 사는 것도 좋아요.

월스트리트 둘러보기
카페 아바나 점심
스트랜드 중고서점
유니온 스퀘어 앞 반즈앤노블 서점

15:00
13:00
11:00
09:00

퀘사딜라가 괜찮고 옥수수구이 는 정말 꼬오오오옥 맛봐요!

책이 1달러짜리 부터 있어요. 구경하다 보면 도끼자루 썩어요!

스태튼 아일랜드 페리 타고 자유의 여신상 보기

16:00

브루클린 다리 앞 산책로에서 석양 보며 아이스크림 먹기
그리말디에서 피자 먹기
공항으로 이동

18:00
20:00

4일째 (화)

06:00

새 건물로 옮기면서 더 넓어졌어요.

86가역에서 가까워요. 쉐이크쉑 버거가 대표메뉴!
숙소 체크인
구겐하임 미술관
쉐이크쉑 버거 어퍼이스트점
센트럴 파크 산책
16:30
17:30
20:00
2일째 (일)
10:00
메트로폴리탄 뮤지엄
13:00
17:45분부터 원하는 만큼만 내고 입장할 수 있어요! 나선형 전시관은 건축가 프랭크 로이드 라이트의 작품.
권장 입장료는 있지만, 원하는 만큼 내도 된답니다.
숙소로
뮤지컬 관람
테즈 그릴드 스테이크에서 저녁
타임스퀘어 TKTS에서 뮤지컬티켓 사기
3일째 (월)
22:00
20:00
18:00
17:00
특별한 맛은 아니지만 가격 대비 양이 많고 금방 나와요.
①차 유리창을 내려서 여권을 내밀면 간단히 입국! ②입구보다 안쪽으로 들어가면 주차 가격이 저렴해져요. ③메이든 오브 더 미스트(Maiden of the Mist) 입장권 사고 점심식사를 하세요.
뉴욕 JFK공항 출발(델타항공)
버팔로공항 도착
렌터카 수령, 나이아가라 폭포로 출발
캐나다 쪽 나이아가라 도착
08:15
09:48
10:30
12:00
거리가 짧으니 저가항공 포함 가장 저렴한 편을 택하면 돼요.
뒷장에 계속

나이아가라 근처를 돌아보고 1박한 후에 다음날 아침 돌아와도 돼요.

메이든 오브 더 미스트탑승

버팔로공항으로 돌아가기

버팔로공항 출발 (델타항공)

뉴욕 JFK공항 도착

숙소 도착

13:30 → 15:30 → 17:33 → 19:10 → 20:30

갑자기 한글이 보여서 깜짝 놀랄 거예요.

입장료 성인 25달러. 전시 관람 후 기념품숍에 꼭 들러주세요!

32번가 한인 타운에서 저녁

34번가 메이시백화점과 주변 브랜드숍 쇼핑

MoMA 안에 있는 Terrace 5 Cafe에서 점심

MoMA

18:00 ← 15:00 ← 13:00 ← 10:30 ←

백화점 메이시는 추수감사절 퍼레이드로 유명해요. 내부가 동대문스럽지만 원데이 세일을 할 땐 쏠쏠한 가격!

다른 레스토랑에서 3코스 런치스페셜을 먹는 날로 잡아도 돼요.

재즈클럽

19:00

할렘쪽 재즈투어를 하거나 그리니치빌리지의 유명 클럽으로 가세요.

공항으로

뉴욕 JFK공항 출발 (중국국제항공)

베이징공항 도착

7일째 (금) 08:00 → 11:50 → **8일째 (토)** 14:40

미소는 된장, 쇼유는 간장,
시오는 소금 양념이에요.

뮤지컬
복권티켓
도전

일본라멘
점심

뮤지컬
관람

5일째
(수)

11:00

12:00

14:00

맨 앞자리에서
감상하는 춤과 노래의
진수!

평일 낮 시간
공연은 사람이 많지
않아 당첨확률이
더 높아요.

5번가 애비뉴
아이쇼핑

16:30

록펠러센터
전망

센트리21
쇼핑

저녁식사

6일째
(목)

09:00

19:00

18:00

다운타운점은 밤 9시,
링컨스퀘어점은 밤 10시까지
열어요.

입장료 성인
27달러. 뉴욕현대미술관
MoMA와 묶음할인 판매하
는 표도 있어요.

베이징공항
출발

김포공항
도착

18:50

21:45

Airport

일정짜기 노하우

출발하는 날은 낮 비행기이더라도
비행기에서 잠을 충분히 자야 도착
하자마자 관광을 시작할 수 있다.
첫 날 일정은 체력을 고려해 한두
가지로만 잡는 게 좋다. 나이아가
라는 1박2일로 다녀와도 좋은데,
아이스와인으로 유명한 주변 와이
너리 탐방이 괜찮다. 미국 여행사
들의 투어상품에는 왓킨스글렌 주
립공원이 포함되는 경우가 많다.

브로드웨이에서 뮤지컬을 즐겨보자

브로드웨이는 슬리피 할로우부터 맨해튼 남쪽 끝까지 이어지는 길의 이름이자, 뮤지컬 극장들이 몰려 있는 맨해튼 타임스퀘어 부근 극장가를 부르는 말이다. 예산이 넉넉하다면 보고 싶은 공연을 현지 티켓대행사 텔레차지닷컴www.telecharge.com, 브로드웨이박스www.broadwaybox.com나, 한국사이트 오쇼ohshow.net에서 예매하면 된다. 뮤지컬을 고를 땐 내용과 음악을 미리 알고 있는 것으로 선택하자. 아니면, 춤이 강조되는 넌버벌 퍼포먼스가 좋다. 잘 모르는 공연은 자칫 영어의 홍수에 떠밀려 남들 기립박수 칠 때 나만 눈 감고 헤드뱅잉을 할 수도 있다.

여기서 잠깐 Tip!

저렴하게 뮤지컬 보기

더 저렴하게 티켓을 구하려면 세 가지 방법이 있다. 첫 번째는 타임스퀘어의 TKTS 티켓 판매소. 환불되거나 남은 티켓이라 원하는 공연이 있다는 보장은 없다. 두 번째는 복권티켓Lottery Ticket. 공연 2~3시간 전에 극장 앞에서 추첨한다. 25달러 안팎에 좌석을 살 수 있다. 세 번째는 러쉬티켓Rush Ticket. 매표소 문을 열기 전에 가서 줄을 서는 방법이다. 복권티켓은 1인당 2매까지 응모 가능하므로, 일행이더라도 각각 자신의 이름으로 2장씩 응모하자. 조금이라도 당첨확률이 높아지도록.

재즈의 선율에 젖어보자

재즈의 뿌리는 뉴올리언스지만 뉴욕은 빅밴드와 비밥 등을 발전시킨 재즈의 도시다. 그리니치 빌리지의 블루 노트Blue Note나 빌리지 뱅가드Village Vanguard 같은 유명 클럽은 테이블에 앉으려면 미리 예약을 해야 한다. 할렘에도 전통 있는 재즈클럽들이 여럿 있다. 가이드와 함께 공연장 서너 곳을 들르는 '빅 애플 재즈 투어www.bigapplejazz.com'가 유용하다. 가이드가 운영하던 재즈카페는 낮 시간에 저렴하게 할렘에서 재즈를 들을 수 있는 훌륭한 장소였으나 아쉽게도 몇 해 전에 문을 닫았다.

여기서 잠깐 Tip!

할렘 투어

할렘의 재즈클럽을 밤 시간에 혼자 찾아가는 것은 다소 부담스럽다. 센트럴파크 북쪽으로 올라가다 갑자기 버스나 지하철 안에 '흑형'들만 있다는 걸 느끼는 순간 저절로 움츠러들게 된다. 연약한 심장의 소유자라면 매주 수/일요일 오전에 하는 할렘 가스펠 투어를 이용하는 것으로 만족하자. 가스펠로 유명한 교회들과 마이클 잭슨 등 유명 흑인가수들의 데뷔무대가 됐던 아폴로 극장Apollo Theater을 둘러볼 수 있다.

미술의 바다에서 허우적대 보자

뉴욕은 예술의 도시로도 유명하다. 딱 3곳의 미술관을 꼽자면, 모마와 메트로폴리탄, 구겐하임이다. 개별 입장료가 20~25달러지만, 원하는 만큼만 비용을 내는 기부입장 시간도 있다. 모마MoMA, The Museum of Modern Art는 금요일 오후 4시부터 8시까지 무료로 개방한다. 메트로폴리탄 미술관은 권장 입장료가 있지만 원하는 만큼 내고 입장할 수 있다. 건물부터 특이한 구겐하임 미술관Guggenheim Museum은 토요일 오후 5시 45분부터 2시간 동안 원하는 만큼만 입장료를 낸다. 6월 둘째 주 화요일에 열리는 뮤지엄 마일축제Museum Mile Festival 때는 5번가 애비뉴 82가부터 110가까지의 10곳 미술관이 무료입장이다.

영화와 드라마 속 장소를 가보자

영하 〈시애틀이 잠 못 이루는 밤〉의 주인공들이 폐장시간에 극적으로 만나는 곳, 〈러브 어페어〉의 여자 주인공이 사고로 다리를 다쳐 가지 못했던 곳, 〈킹콩〉이 사랑하는 여인을 붙들고 올랐던 곳. 모두 엠파이어 스테이트빌딩이다. 엠파이어 스테이트빌딩 전망대에 오르는 것도 좋지만, 빌딩 자체를 배경으로 사진을 찍고 싶다면 록펠러센터 Rockerfeller Center에 오르는 것을 추천한다. 〈섹스 앤 더 시티〉나 〈가십 걸〉에 열광했었다면 주인공들이 쇼핑했던 장소와 카페 등 다양한 장소를 아우르는 투어도 살펴보자.

뉴요커처럼 센트럴 파크를 산책하자

짧은 여행 중이지만 뉴요커 흉내를 내고 싶다면 필수적인 코스가 바로 센트럴 파크다. 맨해튼과 닮은 길쭉한 형태의 공원이니 시간이 없다면 가로 방향으로 가로지르거나 입구 주변으로 짧게라도 산책을 해보자. 뉴요커는 몰라도 뉴 워커(New Walker?) 쯤 되는 기분이 든다. 마차와 동물원도 있고, 늘 많은 사람이 드나드는 곳이다. 가이드가 안내해주는 무료 워킹투어도 가능하다. 여름에는 그레이트 론The Great Lawn과 럼지 운동장Rumsey Playfield 등에서 무료공연도 열린다. 비키니 바람으로 일광욕을 하는 언니들도 많으니 덩달아 좀 누워서 쉬면서 눈요기도 해보자.

배 위에서 자유의 여신상을 만나보자

미국 독립 100주년을 기념해 프랑스가 선물한 자유의 여신상은 맨해튼이 아닌 리버티섬에 있다. 원래 등대 역할을 했으나 지금은 상징물로만 쓰인다. 시간당 입장인원을 제한하기 때문에 미리 예약해야 한다. 무료로 자유의 여신상을 볼 수 있는 방법도 있다. 로어 맨해튼에서 스태튼 아일랜드로 가는 공짜 통근페리를 타면 되는데, 오가는 길에 자유의 여신상과 뉴욕항을 배경으로 사진을 찍을 수가 있다. 스태튼 아일랜드를 간단히 돌아보고 와도 된다.

1. 록펠러센터 Rockefeller Center

록펠러센터는 19개 건물이 모여 있는 복합단지. 전망대인 탑오브더락 Top of the Rock은 에디슨이 세운 GE빌딩에 있다. 67층과 69층에는 투명유리 야외전망대가 있고, 70층은 유리 없이 전망을 볼 수 있다. 록펠러센터에 오르면 뉴욕 전망 사진 속에 아름다운 엠파이어 스테이트빌딩이 쏘옥 눈에 들어온다. 센트럴 파크의 전경도 렌즈 안에 담을 수 있다. 1층에 NBC 스튜디오가 있다.

2. 타임스퀘어 Times Square

거대한 뮤지컬 광고들과 24시간 번쩍이는 거대한 전광판이 인상적인 타임스퀘어는 늘 관광객들이 많은 곳이다. 화려한 카운트다운과 함께 수만 명이 함께 새해를 맞이하는 곳으로도 유명하다. 뮤지컬 극장들이 즐비한 브로드웨이와 붙어 있고, 행위예술을 하는 사람도 많고, 카우보이 모자와 부츠를 신은 채 상의를 벗은 네이키드 카우보이 Naked Cowboy, 카우걸이 나오는 경우도 있다.

3. 메트로폴리탄 미술관
The Metropolitan Museum of Art, The Met

미국 뉴욕 맨해튼 업퍼 이스트사이드에 있는 미술관으로 선사시대부터 현재까지 세계 곳곳의 예술작품을 200만점 가까이 소장하고 있다. 할렘 북부에 있는 분관 클로이스터스 The Cloisters는 중세 유럽의 미술품만 전시하고 있다. 개관 이래 월요일 휴관을 지켜오다 2013년 7월부터 매일 문을 열며 입장료는 권장사항일 뿐 적게 내도 입장 가능하다.

4. 엠파이어 스테이트빌딩
Empire State Building

맨해튼 5번가 애비뉴와 33, 34번가가 만나는 곳에 있는 엠파이어 스테이트빌딩은 86층 건물에 16층 철탑을 얹은 건물이다. 1931년에 지어졌으며 높이는 381m. 나중에 덧세운 안테나 철탑을 포함하면 443.2m에 달한다. 9·11 이후 뉴욕 최고높이가 되었다가 세계무역센터 자리에 지어진 원월드트레이드센터에 다시 자리를 넘겨줬다. 늘 줄이 길고, 고속입장권도 팔지만 비싸다.

여기서 잠깐 Tip!

뉴욕 시티패스는?

뉴욕 시티패스 NY CityPASS는 엠파이어 스테이트빌딩 86층 전망대와 메트로폴리탄, 자연사박물관, 모마, 자유의 여신상/엘리스아일랜드 혹은 서클라인 크루즈, 록펠러센터 전망대나 구겐하임 뮤지엄 중 하나씩 해서 총 6곳에 입장할 수 있는 티켓으로 가격은 성인 106달러, 6~17세 79달러, 6세 이하 무료다. 처음 사용한 날부터 9일간 유효하다.

5. 월가 Wall Street

맨해튼 남부의 거리 이름이자, 뉴욕 증권거래소를 중심으로 한 금융지구를 지칭하는 이름이다. 흔히 주식시장에서 상승장을 상징하는 황소의 거대한 동상Charging Bull이 꿋꿋이 서 있으며, 뉴욕 증권거래소와 연방 홀, 트리니티 교회 등이 명소다. 스태튼 아일랜드 페리를 타는 배터리 파크, 9·11 추모공원 등과 함께 로어 맨해튼에 있다.

6. 나이아가라 폭포 Niagara Falls

북미 최대 크기의 폭포다. 미국 쪽보다 캐나다 쪽이 더 크고 전망이 좋다고 알려져 있다. 캐나다로 입국할 때는 여권만 보여주면 간단히 통과한다. 회전관람차, 카지노와 호텔들이 늘어서 있으며, 파란 우비를 입고 안개의 처녀Maid of the Mist호를 타고 폭포 근처까지 가는 것이 필수코스다. 바람의 동굴Cave of Winds과 스카이론 타워Skylon Tower의 야경, 헬리콥터 투어 등도 가능하다.

7. 브루클린 다리

브루클린과 맨해튼을 연결하는 3개의 다리 중 가장 오래된 다리다. 길이는 약 1.8km이며 다리가 완공되던 1883년에는 세계 최장 현수교였다. 철 케이블과 고딕양식의 아치가 고풍스럽다. 차도와 자전거 전용도로, 보행자용 인도가 함께 있어서 걸어서 건너는 것이 가능하며, 브루클린 다리 너머 산책로에서 바라보는 맨해튼의 야경이 아주 멋지다. 근처에 유명한 피자집들이 있어 맛기행도 가능하다.

8. 모마 MoMA The Museum of Modern Art

근현대 미술만 모여 있는 모마MoMA는 사실 뮤지엄 숍을 가기 위해서라도 들러야 하는 곳이다. 정말 독특하고 귀엽고 아기자기한 상상력을 만날 수 있다. 금요일 오후 4시부터 8시까지는 무료입장이 가능하니 일정을 잘 맞춰보자. 다소 난해한 현대미술작품들도 있으니 모던의 '모'자도 모른다면 오디오가이드를 빌리자. 한국어 설명이 있는 작품은 많지 않지만, 영어 설명 중에 어린이용을 택하면 연극처럼 재미있다.

5

6

7

8

> 뉴욕의 별명 중 하나가 '팔팔 끓는 솥Melting Pot'이다. 그 만큼 다양한 국적과 인종의 사람들을 위한 식당들이 즐비하다는 뜻. 매년 새로운 식당들이 생겼다가 뉴요커들의 입맛을 충족시키지 못하고 수두룩하게 망해나간다. 금융의 도시이건만 맛집들은 현금만 받는 경우가 많다. 가게 안에 카드결제기는 없어도 현금인출기는 설치해둔 경우가 있을 정도. 하지만, 원래 진짜 맛집은 안 깨끗하고 불친절해도 손님이 줄을 서는 곳이 아니던가. 맛있으면 다 용서가 된다.

베이글

원래 유럽에서 만들기 시작했다는 쫀득한 베이글은 뉴요커들의 아침식사로 유명하다. 토스트를 하지 않고 크림치즈를 바르거나 샌드위치로 만들어 먹는다. 동네에서 아침에 문을 여는 커피집이나 베이커리 카페 등에서도 다들 판다. 그래도 유명한 곳을 찾아가겠다면 에싸베이글Ess-A-Bagle 미드타운점831 3rd Ave이 관광지에서 가까운 편이다. 록펠러센터에서 동쪽으로 4블록 쯤 가면 나온다. 최고의 베이글집으로 이름이 높았던 H&H 베이글H&H Bagels은 어퍼 이스트사이드 80번가의 본점이 세금 관련 문제로 문을 닫아버렸다.

옥수수구이

미국 사는 한인들이 한국보다 맛있는 채소로 꼽는 것이 옥수수다. 덕분에 옥수수구이는 늘 기본 이상을 한다. 소호의 동쪽인 노리타NoLita지역에 있는 카페 아바나Cafe Havana에서 파는 옥수수구이를 한 입 깨물어보면 정말 말도 안 나온다. 거뭇거뭇 태워서 치즈와 고춧가루만 뿌려놓았건만, 촉촉하고 고소하기 이를 데 없다. 쉐프에게 "옥수수에게 무슨 짓을 했느냐"고 물어보고 싶은 사람이 어찌나 많았던지 인터넷에 레시피가 검색될 정도. 늘 줄이 길다.

햄버거

미국하면 햄버거가 생각나는 사람도 많을 거다. 패스트푸드라도 주문 이후 바로 만들어주는 수제버거 스타일로 우월한 맛을 자랑하는 체인점들이 많다. 그 중 유명한 것이 인앤아웃In-N-Out과 파이브가이즈Five Guys 등이다. 뉴욕을 중심으로 동부에만 지점이 있는 쉐이크쉑Shake Shack도 늘 줄이 길게 늘어서는 체인이다. 빨리 발음해서 '쉑쉑버거'라고도 한다.

고정가격에 즐기는 3코스 요리

물가 비싸기로 유명한 뉴욕에서 저렴하게 3코스 요리를 즐겨보고 싶다면 '런치 스페셜'을 활용하거나 여름과 겨울에 각각 한 차례식 열리는 레스토랑 위크Restaurant Week를 노려보자. 레스토랑 위크에는 이름난 셰프가 있는 최고의 레스토랑까지 참여한다. 최소 3코스의 요리를 런치 25달러, 디너 38달러라는 고정가격Prix Fixe에 제공한다. 세금과 팁은 추가해야 하지만, 어쨌건 이런 가격은 날이면 날마다 오지 않는 기회. 홈페이지www.opentable.com에서 참가 레스토랑을 확인하고 예약하면 된다.

스테이크

미국 땅에 가면 자고로 칼질 한번은 해줘야 한다는 분들이라면 스테이크집이 답이다. 그러나 고급 레스토랑은 메인요리는커녕 애피타이저도 가볍게 50달러를 넘어서는 뉴욕이니, 혀가 대장금 수준이 아니라면 가격 대비 만족도가 높은 곳으로 찾아가보자. 태드네 스테이크 타임스퀘어점Tad's Broiled Steaks Times Sqr은 이름처럼 타임스퀘어와 가깝고, 음식이 금방 나오면서 저렴하다. 뮤지컬 보는 날 저녁식사로 안성맞춤.

치즈케이크&아이스크림 등 디저트

쫀쫀하고 진한 크림치즈가 담뿍 들어 있는 뉴욕치즈케이크는 진정 뉴욕에서 먹어야 제맛이다. 브로드웨이 극장가와 가까운 카네기 델리카트슨Carnegie Delicatesson과 노리타에 있는 에일린Eileen''s Special Cheesecake이 유명하다. 브루클린 아이스크림 팩토리는 부드러운 우유맛이 나는 아이스크림으로 유명하다. 브루클린 다리 바로 앞 지점이 찾기 쉽다. 60번가에 있는 세렌디피티 3Serendipity 3는 영화 〈세렌디피티〉에 나온 프로즌 핫 초콜릿이 유명하다.

일본라멘

뉴욕 3대 레스토랑 중 하나로 일식집 노부Nobu가 꼽힐 정도로 뉴요커들은 일본음식을 곧잘 먹는 편이다. 일본라멘집도 여럿 있다. 미드타운에 있는 멘창코테이Menchanko Tei는 다양한 일본라멘을 맛볼 수 있는 곳이다. 면을 넣은 창코나베는 스모선수들이 살을 찌우기 위해 각종 고기, 해물, 야채를 넣고 끓여먹던 전골. 멘창코도 판다. LOVE 동상 쪽으로 가는 길에 들러볼 수 있었던 5번가 애비뉴와 6번가 애비뉴 사이의 55번가 지점은 문을 닫았다.

피자

화덕에서 구운 뉴욕 치즈 피자는 우리가 흔히 생각하는 미국식 피자와 다르다. 반죽은 얇고 토핑도 많지 않고 단순하게 토마토 소스와 치즈로 고소한 맛을 낸다. 롬바르디즈 피쩨리아Lombardi's Pizzeria가 원조로 알려져 있고, 브루클린 다리 근처의 명소 그리말디Grimaldi's Pizzeria는 근처 새 건물로 옮겼다. 그리말디 자리에도 다시 피자집이 생겼는데, 현재의 그리말디 주인에게 가게를 팔았던 '원주인' 그리말디 씨란다.

팁 계산하기

미국에서는 보통 음식값에 8.875%의 세금Tax이 추가되며, 패스트푸드가 아니라면 15~20%의 팁도 따로 주는 것이 관례다. 팁을 계산하기 어려우면 세금의 2배를 기준으로 적당히 줄여서 주면 된다. 계산서에 음식값과 택스Tax 외에 그래튜어티Gratuity라는 명목으로 이미 요금이 부과되어 있다면 팁을 따로 주지 않아도 된다.

> *최고의 부동산값을 자랑하는 맨해튼은 숙박비에 비해 숙소의 질이 현저히 떨어진다는 단점이 있다. 좁고 시설이 좋지 않아도 150달러 이하의 숙소를 찾기 어렵다. 일반적으로 주중보다 주말이 싸기도 하니 프로모션을 잘 체크해보면 좋다.*

고급 숙소에서 머물고 싶다면

프라이스라인 비딩에 도전하는 것이 좋다. 별 4개 이상은 비딩으로도 200달러 이상을 지불해야 방을 잡을 수 있다. 베터비딩즈와 비딩포트래블 사이트를 참고해서 비슷한 가격으로 비딩을 시작하고, 원하는 수준의 숙소가 없는 지역을 추가하는 방식으로 비딩 기회를 늘릴 수 있다. 150달러 이하에 운 좋게 괜찮은 숙소가 될 수도 있지만, 축제가 많은 시기에는 별 3개짜리 숙소도 150달러를 넘는 경우가 많다. 별을 낮췄다가 터무니없는 숙소가 당첨되어도 취소가 어려우니 시간적 여유를 갖고 다시 비딩하는 게 낫다. 자칫하면 여행 직전까지 숙소 비딩에 실패할 수 있으므로 취소수수료가 없는 다른 숙소를 먼저 예약해놓고 도전하는 것은 기본이다.

가격이 중요하다면

미드타운을 포기하자. 업타운이나 다운타운으로 가면 상대적으로 저렴해진다. 센트럴 파크 좌우의 어퍼 지역이나 할렘으로 가는 경우도 있는데, 지하철역이 가깝고 리뷰가 좋다면 큰 상관은 없다. 맨해튼 밖으로도 나갈 수 있다. 다리만 건너면 맨해튼인 뉴저지나 브루클린의 윌리엄스버그 지역 중에서 교통도 나쁘지 않은 숙소를 찾는다면 비용을 절약할 수 있다. B&B도 깔끔한 시설과 식사를 제공한다.

시설보다 위치가 중요하다면

맨해튼 내에서 자고 싶다면 5번가~7번가 애비뉴의 34번가에서 42번가 정도의 미드타운이 주요 관광지를 걸어서 이동할 수 있는 최고의 위치다. 별 3개 이하의 미드타운 인근 숙소를 잡으면 걸어갈 수 있는 거리에 타임스퀘어가 있으면 밤늦게 뮤지컬을 보고 돌아오기에도 안심이며, 큰 길가에 있는 숙소의 경우 치안도 안심이다. 38번가에 있는 아메리카나인Americana Inn은 화장실이 공용이며 방이 좁고 창밖 소음이 거슬리지만 브라이언 파크에서 2~3분 거리라는 지리적 이점을 자랑한다. 가격은 110~150달러.

혼자 여행한다면

맨해튼의 호스텔들은 화장실을 공용으로 사용하며 4~8인실을 공유하지만 1인당 35~50달러 선으로 혼자 여행하는 사람들에게 적당하다. 최소 체류기간이 5일, 1주일 등으로 정해져 있는 곳도 있으니 일정과 맞는지 체크해보는 게 좋다. 한인민박을 선호한다면 맨해튼 안에 있는 곳, 교통이 나쁘지 않은 외곽지역 중에 택하는 게 좋다. 한인들이 많이 사는 플러싱 지역은 생각보다 이동 시간이 많이 걸린다.

지역 정보

__지명__ 미국 뉴욕주 뉴욕시

__언어__ 영어 (뉴욕식 영어는 상당히 빠르고 발음도 독특한 편)

__전기__ 110~120V (흔히 '돼지코'라 부르는 어댑터 필요)

__시차__ 일광절약시간제(서머타임)를 실시하는 3~11월은 13시간, 겨울에는 14시간 느림

__비자__ 90일 이하 관광이나 사업상 방문의 경우 전자여행허가ESTA를 받으면 된다. 최소 72시간 전에 신청해야 하며 2년간 유효하다. 전자여권과 14달러 필요. esta.cbp.dhs.gov/esta (상단에서 한국어 선택)

언제 가는 게 좋아요?

뉴욕은 한국과 거의 비슷한 사계절을 갖고 있다. 봄과 가을은 대체로 습도가 낮고 쾌적한 편이며 5월과 10월이 여행하기에 가장 적당한 날씨다. 여름에는 기온이 30℃를 넘어서며 습도도 높다. 초여름인 6월은 5번가 박물관들을 무료 개방하는 '뮤지엄 마일Museum Mile' 축제가 있고, 여름 내내 열리는 각종 무료 공연도 살짝 맛볼 수 있는 때다. 날씨가 좋고 볼거리가 많을 땐 비행기표가 싸지 않다는 게 흠이다. 겨울은 추운 편이며, 위도가 북한 신의주보다 살짝 높아 오후 4시 30분 정도에 해가 진다. 12월 31일 밤에 타임스퀘어에서 새해를 맞으려면 거리 통제로 인해 몇 시간 동안 화장실에 못 갈 각오를 해야 한다.

어떤 비행기 타면 좋아요?

대한항공과 아시아나항공이 인천에서 뉴욕JFK공항까지 1일 1~2회 직항을 띄우고 있다. 국적기라 편하지만 경유편보다 비수기에 50만원 이상, 성수기에 100만원 이상 비싸다. 델타항공은 대한항공 비행기를 이용하는 코드쉐어편이라서 대한항공 직항을 상대적으로 저렴하게 탈 수 있다. 경유편은 항공사별로 도쿄, 베이징, 타이페이, 홍콩, 호놀룰루, 샌프란시스코, 로스앤젤레스, 디트로이트 등 다양한 지역을 거쳐 간다. 타이페이나 홍콩처럼 돌아가는 경우보다는 진행방향 안에서 경유하는 편이 유리하며, 김포 출발 북경 경유 중국국제항공(에어차이나)가 경유시간 포함 20시간 이내의 괜찮은 시간표와 저렴한 가격대를 보여준다. 직항편의 경우 대략 14시간이 걸린다.

공항에서 시내로는 어떻게 가요?

뉴욕 주변의 공항은 퀸즈의 케네디공항JFK, 라구아디아공항LGA, 뉴저지의 뉴왁 리버티공항EWR 등 3곳이 대표적이다. 직항과 아시아권을 경유하는 대부분의 국제선 항공기는 JFK공항을 이용한다. 맨해튼으로 가려면 에어트레인AirTrain을 타고 자메이카역Jamaica Station에 내려서 지하철이나 기차로 갈아타면 된다. 에어트레인 비용 5달러는 자메이카역에 내려서 지불하며, 지하철 비용까지 총 7.5달러면 맨해튼 미드타운에 약 50분 만에 도착한다. 자메이카역에서 롱아일랜드철도Long Island Rail Road, LIRR를 이용하면 15.5달러, 35분 정도 걸린다. 버스는 1인 19달러에 맨해튼 내 원하는 곳에 내려주는 수퍼셔틀www.supershuttle.com과 1인 편도 16달러, 왕복 29달러에 미드타운 호텔들, 포트오쏘러티터미널, 펜스테이션으로 가는 NYC 에어포터www.nycairporter.com 등이 있다. 일행이 많다면 택시를 이용하기도 하는데, 한인택시를 전화로 부르면 맨해튼 기준 50달러 선. 거리별로 가격을 책정하기 때문에 길이 막혀도 걱정이 없다.

뉴욕의 대중교통은 어떤 게 있나요?

__지하철__ 복잡하고 지저분하기로 이름난 뉴욕지하철이지만 24시간 운행한다는 장점도 있다. 일반열차와 급행열차가 있으므로 구분해서 타야 한다. 메트로카드로 이용 시 2시간 이내에 버스와 지하철 사이에 1회 환승이 가능하다.

__버스__ 메트로카드나 동전으로 탑승 가능하다. 내릴 곳에서는 벨을 누르는 게 아니라 창 위에 달린 줄을 당기면 된다. 24시간 운행하며 22:00-05:00에는 요청-정차서비스 Request-stop service가 있어서 정류장이 아닌 곳에서도 버스를 세워준다.

택시 모두 노란색이라 옐로우캡Yellow Cab이라고 부른다. 현금과 신용카드를 받으며 기본요금이 2.50달러에서 거리와 시간에 따라 할증된다. 팁은 15~20%이며 다리와 터널 이용요금은 별도로 내야 한다.

페리 맨해튼 내부와 스태튼 아일랜드, 브루클린, 퀸즈, 브롱크스, 뉴저지를 잇는 여러 페리가 있다. 특히 스태튼 아일랜드 페리는 로어 맨해튼을 오가며 멀리서 자유의 여신상과 맨해튼 남쪽 전경을 볼 수 있는데, 무료라서 특히 인기다.

여행자 전용 교통패스가 있나요?

MTA 메트로카드는 탈 때마다 금액이 차감되는 페이퍼라이드Pay-per-ride와 무제한Unlimited 두 가지가 있다. 지하철이나 버스 1회권을 사면 2.75달러이며, 메트로카드 이용 시 2.5달러가 빠진다. 무제한 메트로카드는 7일권 30달러, 30일권 112달러(65세 이상은 반값)이며 처음 카드를 살 때 1달러가 추가된다. 뉴욕에 머무는 기간이 3일 이내라면 무제한카드가 낭비일 수도 있다.

유용한 스마트폰 앱이 있나요?

NYCmate 맨하튼 지하철, 버스, 뉴저지와 롱아일랜드 버스, 철도 교통정보 어플. 해당기차 도착시간 등을 표시해준다.

Oruxmaps 구글지도를 미리 다운로드해둘 수 있는 앱

나이아가라 등 주변 지역에 가려면 뭘 타야 하나요?

렌터카 나이아가라 폭포의 미국편과 캐나다편을 구경하려면 렌터카가 가장 편하다. 뉴욕에서 차를 빌려 나이아가라 폭포를 오가는 길에 우드버리 프리미엄 아웃렛과 '작은 그랜드캐년' 왓킨스 글렌 주립공원을 묶어 다녀올 수도 있다. 이 경우 최소 2박 3일이 필요하고, 이동 시간이 긴만큼 피곤할 수 있다. 일행이 3명 이상이고, 비용과 체력 부담을 줄이려면 렌터카 이용이 답이다. 비행기와 묶어서 일정을 짜는 것도 괜찮다.

비행기 뉴욕 공항에서 나이아가라 폭포와 가까운 버팔로 공항까지는 1시간 30분 정도 걸린다. 젯블루 같은 저가항공을 이용하거나 일반 항공사의 특가를 잡으면 버스나 기차와 큰 차이가 나지 않는 가격에 다녀올 수 있다. 짐을 부치면 추가비용이 들므로 큰 짐은 뉴욕 숙소에 맡겨놓고 가자. 버팔로 공항에서 버스로 이동해도 되지만, 렌터카를 빌려 주변 관광을 해도 좋다. 스카이스캐너www.skyscanner.co.kr에서 저가항공까지 검색이 가능하다.

기차Amtrak 암트랙은 가장 정확한 시간에 목적지에 도착할 수 있는 수단이다. 나이아가라 폭포까지는 9시간이 넘게 걸린다. 밤기차가 없어서 하루를 다 소모하는 게 단점. 기차여행 자체에 의미를 둔다면 해볼 만하다. 62달러부터. 워싱턴D.C.나 보스턴까지는 4시간 정도 걸린다. 기차표 예매는 홈페이지www.amtrak.com에서 한다.

버스 나이아가라 폭포와 가까운 버팔로까지 7~8시간 걸린다. 밤버스를 이용하면 숙박비를 절약할 수 있는 장점이 있으나 급격한 체력고갈로 고생할 수 있다. 하루는 밤 이동을 했다면 1박을 하고 돌아오는 것이 좋다. 워싱턴D.C.나 보스턴까지는 4시간이 조금 넘는 거리. 와이파이가 되는 경우도 많다. 그레이하운드www.greyhound.com가 가장 노선이 많지만, 여행자들에게 인기인 버스는 따로 있다. 2달 전쯤 미리 예약해서 첫 번째 승객이 되면 1달러에 탈 수 있는 메가버스us.megabus.com가 그 주인공. 흔히 '차이나 버스'라고 부르는 저렴한 버스도 있다.

> **Tip! 2층버스 명당은?**
>
> 화장실이 갖춰져 있는 2층 버스가 대부분이다. 되도록 출발시간보다 일찍 가서 2층으로 자리를 잡자. 특히 1층 화장실 근처는 진정 피하는 게 좋다. 몇 시간 동안 암모니아 냄새에 노출되면 잠도 안 오고, 이런 게 화생방 공격인가 싶어진다.

<u>투어버스</u> 뉴욕이나 뉴저지 출발로 나이아가라 캐나다 쪽에 다녀오는 1박2일 프로그램에는 왕복 이동편과 숙소 1박, 나이아가라 기본관광이 포함되어 있다. 이동시간이 길기 때문에 중간에 왓킨스 글렌 주립공원 등을 끼우는 경우도 있고, 한인 여행사의 경우 나이아가라 폭포에서 필수옵션이 있는 경우도 있다.

기념품 뭐가 좋아요?

뉴욕 하면 떠오르는 'I♥NY'가 새겨진 열쇠고리, 냉장고자석, 티셔츠, 머그컵 등 다양한 제품을 살 수 있다. 물론 중국산이고 한국에서도 사기 어렵지 않다는 게 문제지만. 모마 등 미술관의 기념품숍은 아기자기한 기념품을 사기 좋은 곳이다. 남보디 앞서기는 패션이이템을 시고 싶다면 맨해튼 5번가 애비뉴나 소호거리를, 이월상품이라도 저렴하게 사는 게 목표라면 맨해튼의 센트리21과 시내에서 1시간 거리의 우드베리 아웃렛으로 간다. 스트랜드Strand 같은 중고서점도 들러볼 만하다.

> ### Tip! 뉴욕시의 세금은?
> 뉴욕에서 옷과 신발을 사는 사람은 쏠쏠한 면세 혜택을 볼 수도 있다. 뉴욕시의 세금은 제품 가격의 8.875%이나, 음식물마트Grocery에서 파는 음식물과 약은 세금이 붙지 않고 옷과 신발은 110달러 미만이면 세금이 붙지 않는다. 폭탄세일물품을 집으면 세금도 안 붙는 1석2조 효과!

환전은 어떻게 하면 되나요?

뉴욕은 물가가 높기로 유명한 대도시인지라 숙박비가 높고, 만만치 않은 식비에 팁까지 더하면 하루 예산을 꽤 높게 잡아야 한다. 세계 금융의 중심인 뉴욕이라도 유명 식당 중 일부는 현금만 받으니 늘 일정금액의 현금을 챙겨가는 게 좋다. 팁은 기본적으로 호텔 메이드에게 1~2달러, 식당이나 택시에서는 15% 정도가 기본. 기분 좋은 서비스에는 20% 정도로 화답하면 된

다. 국내 주거래은행이나 인터넷환전을 통해 최대한 수수료 우대를 받되, 환율이 떨어지는 시기라면 미국 현지에서 신용카드를 사용하고 나중에 납부하는 것도 괜찮다.

> ### Tip! 신용카드 결제액과 실제 청구액의 차이
> 신용카드 매출액은 달러를 사는 환율이 아니라 기준율에 따라 원화로 전환된다. 대신 카드 브랜드 수수료(VISA/MASTER 1%, AMEX 1.4% 등)와 환가료(결제일과 매출일 사이 기간만큼의 이자)가 추가된다. 브랜드수수료가 없는 JCB카드나 BC글로벌카드도 있으니 해외 사용을 계획한다면 적당한 카드를 발급해 가는 게 좋겠다.

여행 경비(6박8일 기준)

	비수기	성수기
항공권 (저가항공 포함)	120만원대~	150만원대~
숙소 (2인실의 1인 기준)	1박 8만원	1박 10만원
식대	40만원	
입장료 (뮤지컬 포함)	20만원	
교통비 (렌터카 포함)	12만원	
쇼핑	10만원	
총예산	250만원대~	290만원~

카리브해 크루즈

쨍한 하늘과 하얀 모래사장에 넘실대는 비취색 바다. '카리브해Caribbean Sea'는 서인도제도와 중앙아메리카의 동쪽 해안, 남아메리카 대륙의 북쪽 해안으로 둘러싸인 아름다운 바다를 부르는 말이다. 커다란 배에서 이동과 숙박, 식사를 한 번에 해결하면서 다양한 지역을 여행하는 크루즈는 카리브해를 돌아보는 가장 편한 방법이다. 일단 자고 일어나면 새로운 여행지로 데려다주기 때문에, 휠체어로도 무리가 없다. 배에서 머무는 게 지루하고 답답할 거라 걱정할 필요도 없다. '떠다니는 리조트'라고 불릴 정도로 배 자체에 즐길거리도 많다. 수영과 스파는 물론, 워터슬라이드, 골프, 짚라인Zipline이나 암벽등반 등 다양한 이벤트가 있다. 어린이나 청소년용 프로그램도 잘 갖춰져 있고, 화려한 공연과 카지노도 있다. 호텔 수준의 코스요리부터 뷔페까지 원하는 음식을 양껏 먹는 호사도 누린다. 단, 살이 찌는 부작용은 스스로 감당할 것. 다 좋지만, 로또라도 맞아야 타볼 수 있는 거 아니냐고? 천만의 말씀! 수천만 원짜리 크루즈도 있지만, 1인당 하루 100~150달러면 이동과 숙식이 다 해결되는 대중적인 크루즈도 많다. 미국 동부와 남부 다양한 지역에서 출발하며, 일정도 3~4일에서 2주까지 다양하다.

7박8일 추천 일정표

귀중품은 휴대하는 것이 기본
짐이 방 앞으로 배달되어 오려면 시간이 좀 걸릴 수 있기 때문에, 여권과 현금, 귀중품, 첫 날 바로 써야 할 물건은 직접 들고 타는 것이 좋다. 드물지만 짐이 배달되지 않아 입을 옷이 없는 황당한 경우도 생긴다. 수하물 태그를 부실하게 붙여서 항구에 남겨졌을 가능성이 높은데, 혹시 불안하다면 귀찮더라도 짐을 직접 들고 타도 된다.

첫 날 점심부터 준다
출발 1시간 전까지 수속을 하지만, 일찍 도착하는 것도 좋다. 갑판층에 있는 뷔페가 정오부터 문을 여니 점심값이 굳는다. 미리 배 곳곳을 구경해두면 다음날부터 어떻게 놀아야 할지 계획 세우기도 좋다. 아참, 배에 타자마자 빛깔 고운 환영음료를 들고 있는 직원들이 보일 텐데, 알고 먹자. 알콜음료는 무조건 유료라는 것을!!

무대 위로 불려 올라가면 선물을 주기도 해요.

가라오케쇼나 댄스 수업, 코미디쇼 등 즐기기	저녁 만찬	환영의 쇼

2일째
(월)
종일 항해

22:00 ← 20:00 ← 19:30

저녁식사는 6시 안팎/ 8시 안팎 두 번. 시간대를 미리 정하거나 원하는 시간대에 줄을 서서 자리를 안내받는 걸 택할 수 있어요.

아침 식사

08:00

투어 설명회 참석	뷔페식당 점심 먹기	수영장 앞에서 칵테일 컨테스트 구경하기	썬베드에 누워 책 읽다 낮잠

10:30 > 12:30 > 13:00 > 13:00

미술품 경매와 쇼핑 설명회 등 다양한 행사가 있고, 기념품도 줘요.

꼭지점댄스나 가슴털맨 선발대회 등 희한한 이벤트들이 있어요.

공항에서
항구로

항구 입구에서
포터에게 무거운
짐 맡기기

1일째
(일)

~12:00 — ~14:00

갑판층에서 손을
흔들며 카리브해로
출발~

안전교육

승선 수속 후
승선카드를 받아
배에 오르기

16:00 — 15:30 — 14:30

워터슬라이드 타고
자쿠지에서 몸 풀기

쇼 구경하기

저녁 만찬

가라오케쇼나 댄스
수업, 코미디쇼 등
즐기기

17:00 — 19:00 — 20:00 — 22:00

아침 식사

도서관에서 게임
빌려서 놀기

이탈리안 식당
점심 먹기

수영장 앞에서
이벤트 구경하기

3일째
(화)
종일 항해

08:00 → 09:30 → 12:30 → 13:30 →

저녁식사 후
휴식

쇼 관광

다음 기항지
로 출발

배로 돌아가서
피자 등 간식

항구 근처
해변에서 휴식

5일째
(목)
두 번째
기항지

20:00 ‹--- 19:00 ‹--- 18:00 ‹--- 16:30 ‹--- 15:00

아침 식사

07:00

항구 밖으로
나가서 투어회사
직원 만나기

정글투어 출발

짚라인 체험

간식이나
점심 식사

08:00 → 09:30 → 11:00 → 12:30

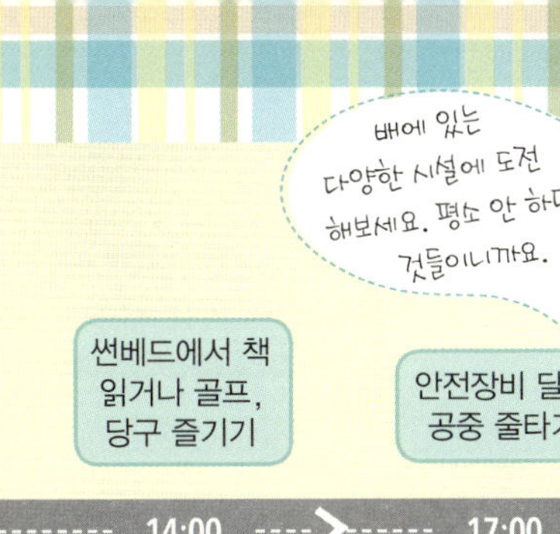

| 썬베드에서 책 읽거나 골프, 당구 즐기기 | 안전장비 달고 공중 줄타기 | 승무원들에게 춤 배우기 | 저녁 만찬 |

14:00 → 17:00 → 19:30 → 20:00

4일째
(수)
첫 번째 기항지

아침 식사
07:00

| 다운타운 관광 | 현지식 점심 식사 | 스노클링과 해변 휴식 | 힝구 밖으로 나가서 택시 잡고 가장 유명한 해변으로 이동 |

14:00 ← 12:30 ← 10:00 ← 08:00

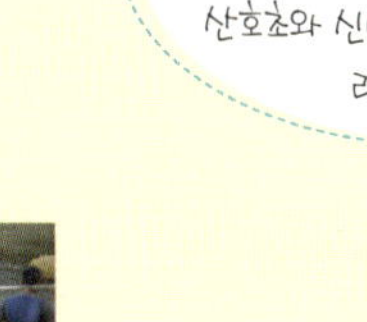

| 동굴 튜빙 | 배로 복귀 | 다음 기항지로 출발 | 정장 입고 만찬 | 쇼 관람 |

13:30 → 16:00 → 17:00 → 20:00 → 22:00

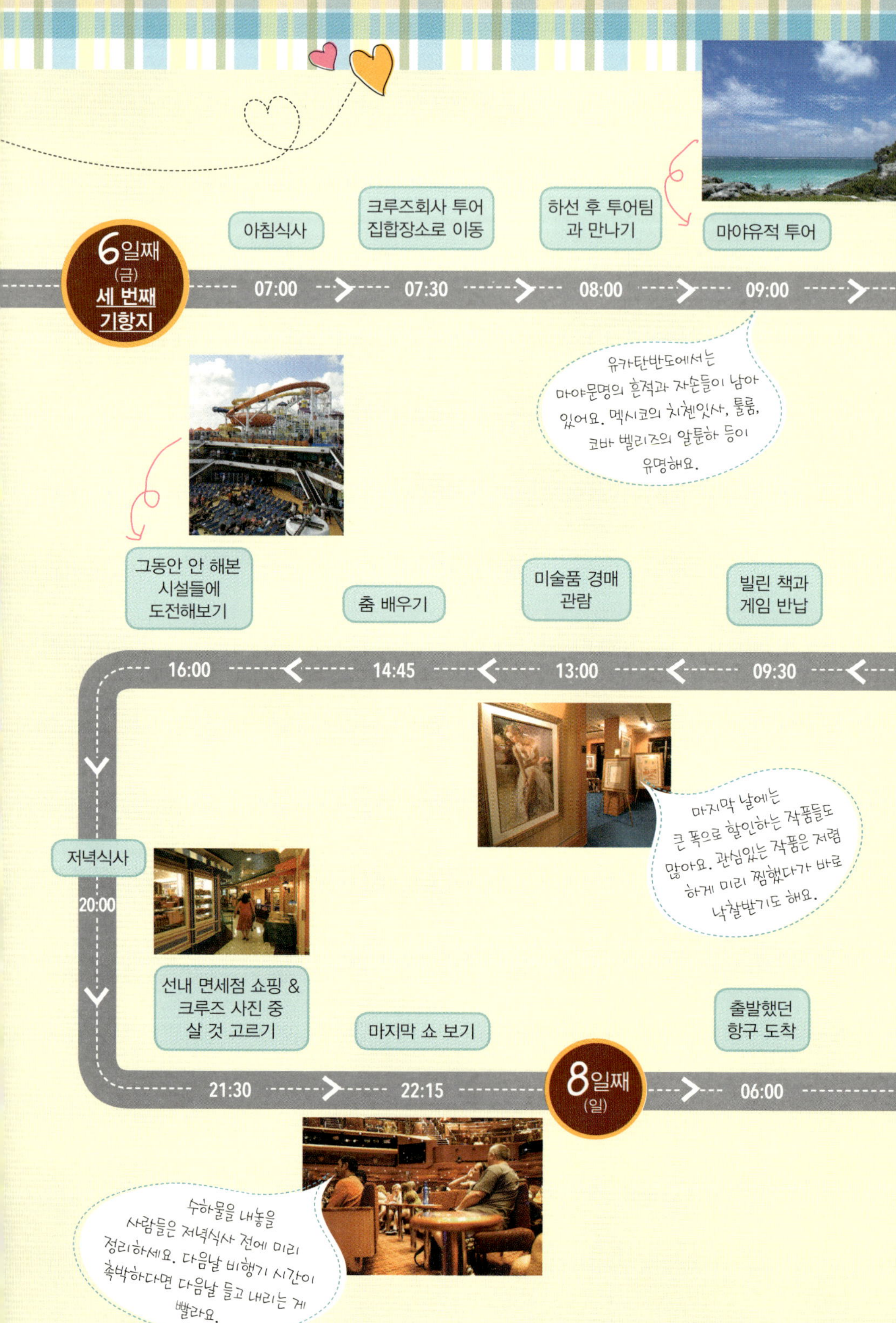

6일째 (금) 세 번째 기항지

아침식사
크루즈회사 투어 집합장소로 이동
하선 후 투어팀과 만나기
마야유적 투어

07:00 07:30 08:00 09:00

유카탄반도에서는 마야문명의 흔적과 자손들이 남아 있어요. 멕시코의 치첸잇사, 툴룸, 코바 벨리즈의 알툰하 등이 유명해요.

그동안 안 해본 시설들에 도전해보기
춤 배우기
미술품 경매 관람
빌린 책과 게임 반납

16:00 14:45 13:00 09:30

마지막 날에는 큰 폭으로 할인하는 작품들도 많아요. 관심있는 작품은 저렴하게 미리 찜했다가 바로 낙찰받기도 해요.

저녁식사 20:00
선내 면세점 쇼핑 & 크루즈 사진 중 살 것 고르기
마지막 쇼 보기
출발했던 항구 도착

21:30 22:15 8일째 (일) 06:00

수하물을 내놓을 사람들은 저녁식사 전에 미리 정리하세요. 다음날 비행기 시간이 촉박하다면 다음날 들고 내리는 게 빨라요.

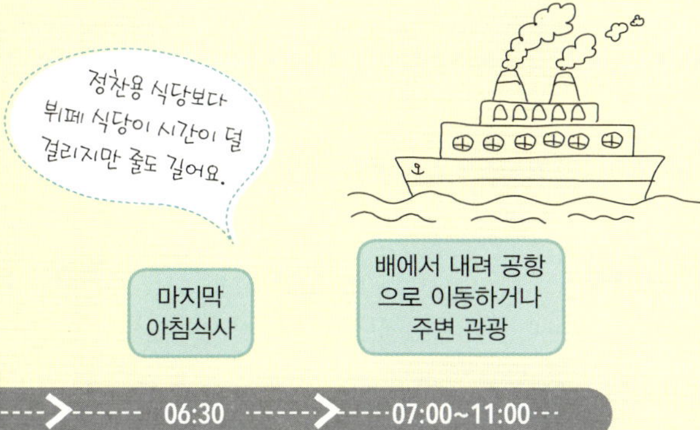

Tip **입국수속 시간 단축하기**

입국수속을 하는 줄이 길고 시간이 충분치 않다면 포터를 이용하는 것도 방법이에요. 수레에 짐을 가득 얹고 포터와 함께 저 앞쪽으로 가면 포터를 이용하는 사람들만의 줄이 따로 있어요. 짐 1개당 1달러 정도의 팁을 주면 된답니다.

⭐ 일정짜기 노하우

매일의 쇼와 이벤트, 식당별 운영시간, 기항지에서 주의할 점 등은 방으로 배달되는 프린트물을 참고하면 된다. 크고 작은 공연이 하루 수차례 펼쳐지지만, 메인 극장에서 열리는 쇼는 놓치지 않는 게 좋다. 크루즈 디렉터가 직접 진행하는 쇼와 브로드웨이식 뮤지컬, 라스베가스 풍의 쇼, 현란한 무대장치를 활용한 마술쇼, 관중들을 울고 웃기는 코미디쇼 등 매일 다른 내용이 펼쳐진다. 춤을 배우는 시간도 있고, 빙고게임, 성인용 코미디와 가라오케 쇼 등이 있어서 취향에 따라 즐길 수 있다. 갑판층의 메인 풀 근처에서도 다채로운 이벤트가 열린다.

매일매일 코스요리를 먹어보자

크루즈는 숙박과 식사, 이동이 다 포함된 여행이다. 특히 식사는 웬만한 호텔 수준으로, 가격 대비 만족도가 가장 높은 부분이다. 정찬식당에서는 전채요리, 주요리, 디저트를 숫자의 제약 없이 먹을 수 있다. 전채 2개, 메인 2개, 디저트 2개를 주문하더라도 추가비용은 0원. 복장 규정과 정해진 시간이 귀찮아서 뷔페를 이용하는 경우도 있지만, 되도록 정찬식당 이용을 권한다. 웨이터들은 승객의 이름을 외워서 불러주며, 춤과 노래로 웃음도 준다.

카리브해의 일출과 일몰을 만나보자

망망대해에서 만나는 빨간 해는 여행자의 가슴을 부풀어 오르게 만든다. 일출은 종일 항해하는 날 보는 게 좋다. 기항지에 다가가는 날은 해 뜨는 시간에 이미 항구에 도착하기 때문에 바다에서 빨갛게 떠오르는 해를 보기는 어려울 수 있다. 마지막 항해일 아침에는 밤을 꼬박 지새운 젊은이들의 꼬부랑 말투가 들리기도 한다. 일몰은 일정에 따라 수평선에서 볼 수도 있고, 항구를 떠나면서 볼 수도 있다.

인상적인 포즈로 사진에 찍혀보자

크루즈를 타는 순간부터 곳곳에 카메라를 든 승무원들이 포즈를 잡으라 한다. 밥 먹을 때도, 기항지에서 내릴 때도 예외가 없다. 찍는 건 무료라도 찾는 건 비싸다. 하지만 기왕이면 즐겁게 찍혀보자. 그날그날 최고의 사진으로 전시되면 무료로 사진을 받을 수도 있으니까. 특히 정장을 입고 식사하는 날은 웨딩사진을 방불케 하는 포즈로 마음껏 자신을 뽐내보자. 나온 사진이 마음에 들지 않으면 빛의 속도로 휴지통에 버리면 된다. 어차피 남들은 내 사진 신경도 안 쓴다.

앞자리에서 제대로 쇼를 즐겨보자

크루즈 배에는 가수와 춤꾼들이 소속돼 있다. 매일 1회 이상의 메인쇼가 있는데, 다양한 무대장치를 활용해 볼만한 쇼를 만들어낸다. 1일 2회 쇼는 자리다툼이 덜하지만, 1회만 하는 쇼는 2, 3층 구석이나 기둥 뒤에 앉아야 하는 경우가 많다. 쇼 직전에 빙고 같은 게임 시간이 배치되어 있어서, 꽤 많은 사람들이 미리 자리를 차지하고 있기 때문이다. 자체 쇼도 있지만, 브로드웨이 라이센스 뮤지컬을 선보이는 크루즈도 있다.

성인 전용 공간을 즐겨보자

크루즈는 노년 여행자들의 전유물이다? 천만에! 이제는 젊은 층도 꽤 많이 이용한다. 대신 어린이나 청소년이 많아지면서, 다소 소란스럽고 북적대는 느낌을 받을 수도 있다. 고급사양의 크루즈일수록 아이들이 적지만, 가격대가 낮은 크루즈라도 성인 전용 공간이 있는지 잘 살펴보자. 대부분 가장 높은 층이며, 전용 풀은 아니라도 전용 자쿠지와 큼직한 썬베드들이 있다. 갑판 풀의 소란스러움으로부터도 적당한 거리가 보장된다.

카리브해의 해저세계를 탐험해보자

하얀 모래와 비취색 바다를 보지 않고는 카리브해를 보고 왔다고 말할 수 없다. 호주의 그레이트 배리어 리프보다는 작지만 세계 최대 산호초 순위에서 빠지지 않는 메소아메리칸 배리어 리프 Meso-american Barrier Reef는 카리브해의 보물. 비록 산호초가 죽어가고 있다는 비보도 들리지만, 아직은 화려한 물고기와 산호초를 만날 수 있다. 다이빙 자격증이 없다면 체험다이빙이나 스노클에 산소호스를 달아놓은 스누바Snuba로 조금 더 깊은 바다를 만날 수 있다.

마야 문명의 흔적을 만나고 오자

독특한 세계관이 담긴 달력으로 2012년 세계 종말설을 주도했던 마야문명은 중앙아메리카 유카탄반도를 중심으로 발전했다. 멕시코의 치첸잇사 Chichen Itza, 툴룸Tulum, 코바Coba, 벨리즈의 알툰하 Altun Ha 등에 마야 피라미드가 남아 있다. 이집트 피라미드와 정확히 일치하는 각도와 춘분, 추분일에 해와 일직선상으로 놓이는 창문 등이 볼거리. 치첸잇사가 가장 규모가 크고, 툴룸은 바다와 유적을 동시에 만날 수 있다.

정글 탐험을 즐겨보자

카리브해 주변에는 저개발국가가 많다. 크루즈 항구 주변에는 다이아몬드 등 보석 상점이 즐비한데, 현지인들 동네는 30~40년 전 우리나라를 보는 듯한 괴리감도 크다. 개별적으로 돌아다니기에는 치안이 불안하거나, 배 출발시간이 불안할 수 있어서 대부분 단체투어를 하거나 해변을 즐기게 된다. 몸으로 즐기는 정글투어는 짚라인 Zipline, 동굴 튜빙Cave Tubing, 트래킹 등으로 이뤄지며, 남녀노소 누구나 즐길 수 있다.

> 크루즈 여행은 배에서 보내는 시간이 절반 이상이지만, 결국은 목적지에 내려서 여행하는 것이 목표다. 예약 시 미리 정할 수도 있지만, 배 안에서 TV나 기항지 관광 Shore Excursion 안내책자를 보며 꼼꼼히 따져본 뒤 방에 있는 TV나 기항지 관광 예약 창구, 고객센터 등에서 예약하면 된다. 투어 비용이 만만치는 않지만 씹고 뜯고 맛보고 즐기고 걷고 쉬고 경험하고 돌아오는 게 남는 장사다. 기항지에 크루즈 자체 해변이 있는 경우는 비치의자는 공짜로 이용할 수 있다. 외부 인원이 통제되어 편하다. 투어는 크게 세 가지 방법으로 다녀올 수 있다.

크루즈 자체 투어

가장 편안한 선택이다. 가장 먼저 배에서 내리고, 가장 늦게 배로 돌아올 수 있다. 배로 복귀하는 시간이 늦어져도 기다려주고, 투어 장소까지 배를 이용해야 하는 경우 일반 항구까지 이동하는 대신 크루즈에서 혹은 크루즈 항구에서 바로 출발할 수 있다. 단점은 비싸다는 것. 짧은 시내투어나 쇼핑투어도 30~50달러, 해변까지의 교통편과 썬체어, 화장실 이용 조건이 1인 40~50달러, 해변과 리조트에서의 무제한 음료와 식사를 묶으면 80~90달러 정도 한다. 6-7시간 투어의 경우 100달러 안팎이며, 다이빙이나 정글 짚라인과 동굴 튜빙 등 액티비티는 150달러가 넘기도 한다.

현지 여행사 개별 투어

크루즈 자체 투어와 비슷한 내용의 투어를 40% 정도 싸게 할 수 있는 방법이다. 4~6인까지 우리 일행만 차 1대로 돌아다니는 개별 투어도 가능하며, 가족여행 때 특히 유용하다. 커플여행 중 배에서 만난 사람들과 뜻이 맞으면 배 안에서 인터넷을 이용해 예약해도 된다. 행선지 이름과 익스커전 excursion을 붙여서 검색하거나 트립어드바이저 Tripadvisor에서 평이 좋은 여행사를 골라 예약하면 된다. 배에서 내리면 여행사 팻말을 들고 있는 사람에게 예약자 이름을 말하면 끝. 미리 복귀시간을 귀띔해주는 것이 좋다. 트립어드바이저 캐리비안 투어 참조.

현지 택시로 개별 투어

항구로 나가서 바로 택시나 투어를 예약할 수도 있다. 그러나 지역에 따라서는 바가지 요금도 있다. 정식 허가받은 택시들만 항구에 들어오는 게 아니기 때문이다. 가까운 거리도 편도 1인당 15~20불이라는 엄청난 가격표를 붙여 놓는다. 열띤 호객행위로 목적지에서 몇 시간 기다려주는 왕복 금액을 제시해 놓고, 섬투어를 해주겠다고 하면서 입장료가 비싼 곳들을 데리고 다니거나 처음 약속과 다른 행동을 하기도 한다. 가장 싸고 단출하게 투어를 하는 방식이나 계속 흥정이 붙어서 다소 피곤하다.

여기서 잠깐 Tip!

기항지에서 복귀가 늦어 배를 놓치는 경우가 실제 발생하면, 비행기를 타건 배를 타건 자비로 다음 기항지에 도착해야 한다. 때문에 늘 여유 있게 복귀하는 것이 좋지만, 혹시라도 발생할 위급상황을 대비해서 객실에 매일 도착하는 안내 유인물의 비상연락처 부분과 여권, 신용카드를 늘 몸에 지니고 다니는 것이 좋다. 혹시라도 배를 놓치면 그냥 손만 흔들지 말고 석양과 함께 떠나는 크루즈의 뒷모습이라도 '찰칵' 찍어보자.

> 여행 목적지를 정하면 어디에서 출발할지가 한정된다. 카리브해에 접근하기 위해서는 미국의 동해안이나 남해안에서 출발해야 한다. 캘리포니아쪽에서 떠나는 크루즈는 카리브해 대신 멕시코의 서해안 쪽만 다녀올 수 있다. 북쪽의 시애틀이나 캐나다 밴쿠버에서는 알래스카로 떠나는 크루즈가 인기다. 출발 항구는 목적지의 구성이나 비행편의 편의성을 기준으로 정할 수도 있고, 주변 관광지를 기준으로 정해도 된다. "

플로리다주

크루즈회사들의 본사가 몰려 있는 곳이며 그만큼 많은 크루즈 배가 출항한다. 일정도 목적지도 다양하며 경쟁이 많다보니 가격 프로모션도 잦다. 미국 최남단이기 때문에 같은 7박 일정이라도 이동거리가 짧고 더 많은 기항지에 들를 수 있다. 마이애미Miami, 포트 로더데일Fort Lauderdale, 포트 캐너버럴Fort Canaveral, 잭슨빌Jacsonville, 탬파Tampa 등 여러 항구에서 출발한다. 동카리브해 코스는 가까운 바하마를 거친 다음 미국령 버진아일랜드의 세인트 토마스St. Thomas나 푸에르토리코 산 후안San Juan과 도미니카 공화국 등에 정박한다. 서카리브해 코스는 플로리다의 '땅 끝' 키웨스트를 거친 다음 텍사스나 루이지애나 출발 크루즈와 비슷한 코스로 돈다. 한국에서 직항이 없는 게 단점이다.

텍사스주 등 남부지역

카리브해 동쪽 섬들까지는 거리가 꽤 되지만, 유명 휴양지 캔쿤Cancun과 마야문명 유적들이 있는 멕시코 유카탄반도까지는 하루면 닿는다. 멕시코의 코즈멜Cozumel섬과 프로그레소Progreso, 벨리즈Belize, 온두라스Honduras 등 중미 지역과, 서인도제도의 자메이카Jamaica, 그랜드 케이먼Grand Cayman, 혹은 플로리다 키웨스트와 바하마 쪽으로 다녀오는 코스가 있다. 텍사스주는 갤버스톤Galveston 항구에서 출발하는 경우가 많은데, 휴스턴 공항에 유료셔틀이 있다. 2014년 5월부터 대한항공 직항이 뜨는 휴스턴에서 바로 출발하는 배편도 생겼다. 루이지애나 뉴올리언스New Orleans 주에서도 출발하는데, 항공편을 2번 경유하기 때문에 다소 불편하다.

뉴욕, 메릴랜드주 등 동부 출발 시

카리브해까지 거리가 가장 먼 편이라서 크루즈 일정이 길어야만 카리브해를 보고 올 수 있다. 플로리다 출발과 비슷한 코스로 가는 경우는 8박 이상이어야 하며, 7박 이하 코스로는 플로리다와 바하마 정도만 들르는 경우가 대부분이다. 항공료가 비싸긴 하지만, 직항으로 크루즈를 타려면 가능한 선택이다.

> 크루즈 배에서는 하루 종일 원하는 때 음식을 먹을 수 있다. 식당 종류는 정찬 레스토랑, 뷔페, 24시간 코너와 룸서비스, 유료 레스토랑 등으로 나뉜다. 식당별로 운영시간이 정해져 있는데, 하루 종일 배를 타는 날과 기항지에 정박하는 날의 스케줄이 차이가 나기도 하니 안내 유인물을 숙지하는 것이 좋다.

정찬 레스토랑

대부분 저녁 6시/8시 안팎의 두 타임으로 나누어 대규모 인원을 한꺼번에 접대한다. 테이블이 지정되어 매일 같은 사람들과 식사를 하게 된다. 고객센터에서 자리나 시간 조정을 요청할 수 있다. 원하는 시간에 줄을 서서 먹는 것도 가능한데, 예약 때 미리 지정하면 된다. 3코스요리는 먼저 음료를 시킨 다음, 애피타이저와 메인요리를 주문하고, 나중에 디저트를 주문한다. 컵에 주는 물과 주스, 드립커피는 얼마든지 공짜지만 주류와 탄산음료, 병에 담긴 물, 스페셜티와 커피(라떼, 카푸치노 등)는 유료다. 와인은 병으로 주문하는 게 싸고, 남은 것은 보관했다가 다음 식사 때 가져온다. 전채건 메인이건 디저트건 몇 개씩 시켜도 무방하다. 옆자리 사람들의 얼굴을 자세히 보면 날이 갈수록 빵빵해지는 것을 느낄 수 있다.

룸서비스

24시간 가능하며 기본적으로 무료다. 아침의 경우 방에 제공된 종이에 체크해서 전날 밤에 문 앞에 걸어놓거나 TV의 룸서비스 메뉴에서 신청할 수 있다. 접시 당 팁을 따로 주는 경우도 있다. 방에 있는 물은 유료다. 냉장고 속 음료는 자동으로 계산되는 방식이 많으니 조심하는 게 좋고, 냉장고가 잠겨 있는 경우 객실 담당 승무원에게 열어달라고 하면 된다.

유료 레스토랑

크루즈 내에 별도의 식사비용을 받는 유료 레스토랑이 있다. 크루즈 별로 스테이크하우스나 프렌치레스토랑, 이탈리안레스토랑 등 다양하다. 적게는 1인당 10달러대, 많게는 50달러 이상을 내야 하지만 그 정도의 값어치를 한다는 평을 받는다. 예약이 필수이며, 승선 첫 날 이용할 땐 할인이나 다른 혜택을 주기도 한다.

뷔페

갑판층과 중간층 등에 자리 잡고 있다. 아침에는 오믈렛, 점심에는 몽골리안 그릴 등 즉석 요리가 나오기도 하고, 스시나 인도음식 등 다양한 국적의 음식이 나오기도 한다. 매 끼니를 다 제공하지만 중간에 서빙을 안 하는 시간도 있다. 역시 주류와 탄산음료는 유료다.

24시간 서비스

출출한데 뷔페가 쉬는 시간이라면 24시간 코너를 들러보자. 카니발의 경우는 피자, 로열 캐리비안은 샌드위치를 무한제공하고 있다. 아이스크림도 무제한이다.

드레스코드 안 맞추면 밥 못 먹나요

매일의 드레스코드가 정해져 있으며, 7박 일정의 경우 2회는 정장Formal을 요구한다. 남성은 턱시도나 넥타이, 여성은 칵테일 드레스(혹은 한복)를 입는 경우가 많다. 평소 입을 일이 없는 옷이라 일부러 마련하기 부담스럽다면 셔츠와 재킷(남성), 점잖은 원피스(여성) 정도라도 챙기는 게 좋다. 정 불편하면 이 날은 뷔페에서 저녁을 먹는 대안도 있다.

> 창문이 없는 내측 선실부터 오션뷰, 발코니룸, 스위트룸 순으로 비싸진다. 방마다 전담 승무원이 1일 2회 정도 방 정리를 해주고 저녁에는 내일 일정을 안내하는 유인물과 함께 수건으로 동물 모양을 만들어 놓는다. 침대 아래는 트렁크를 넣을 수 있는 공간이 있으며, 옷장과 서랍도 넉넉하다.

내측 선실Inside

가장 저렴한 방으로 트윈 침대가 기본이나 두 침대를 붙여서 킹사이즈로 만들 수 있다. 로얄 캐리비안의 얼루어와 오아시스 등 일부 배는 내측 선실에도 창문이 있어 배 안쪽의 쇼핑가를 내려다볼 수 있다. 주로 바깥 활동을 즐기고자 한다면 가장 저렴하게 크루즈를 즐길 수 있는 선택이다.

발코니Balcony룸

기본 넓이는 내측/오션뷰와 같지만 발코니 만큼의 공간이 더 있다. 룸서비스를 시켜 오붓하게 식사를 즐길 수도 있고, 일출과 일몰을 방에서 즐기거나 젖은 옷가지를 햇볕과 바람에 말릴 수도 있다. 낮은 층은 비상용 구명보트 아래에 있어 그늘이 질 수 있지만, 그만큼 파도 바로 위에 있다는 느낌을 즐길 수 있다. 신혼부부나 기념일을 축하하는 여행이라면 발코니룸이 좋다.

오션뷰Ocean View룸

밀실공포증이 걱정된다면 창문이 있는 오션뷰 이상을 선택하면 된다. 방 크기는 내측과 동일하고 창문이 열리지는 않는다. 내측 선실처럼 해가 떴는지 오밤중인지도 알 수 없는 상황은 아니므로 답답함은 확실히 덜한 편. 내측과 가격 차이가 꽤 나기 때문에 차라리 조금 더 보태서 발코니룸으로 가는 것을 선호하는 경우가 많다.

스위트Suite룸

가장 넓고 비싼 방이며 다른 방들과 달리 욕조를 갖추고 있다. 뭍 위의 호텔 스위트룸에 비하자면 좁지만, 배에서 누릴 수 있는 최고의 호사다. 내측 선실과의 가격 차이는 이코노미와 비즈니스석 정도로 벌어지나, 특별히 기념할 일이 있거나 평생 한번이라는 생각으로 저질러볼 만하다. 럭셔리 크루즈는 모든 방이 스위트룸인 경우도 있다.

여기서 잠깐 Tip!

저층과 고층의 장단점

같은 인테리어의 방이라도 층별로 등급이 다르다. 일반적으로 위층으로 갈수록 방 가격이 올라간다. 예민한 사람이라면 배의 구조도를 보고 나이트클럽이나 밤늦게까지 여는 바Bar의 위아래 층과 엘리베이터 바로 앞을 피하는 게 좋다. 앞쪽보다는 중간이나 뒤쪽, 윗층보다는 아래층이 배의 흔들림이 덜하다. 예약 때 바로 방을 지정하지 않고 선실 등급만 보장하는 개런티Guarantee 요금으로 예약하면 조금 더 저렴해진다. 3~4인 가족은 트윈침대 외에 소파를 침대로 바꿀 수 있거나 2층 침대가 딸려 있는 방을 택할 수 있다.

> 목적지는 카리브해의 섬과 관광지일지라도 실제 가장 오랜 시간을 보내는 곳은 크루즈 배이기 때문에 배 자체가 중요한 선택의 기준이 된다. 최고의 크루즈는 얼마나 비싸고 고급스러우냐가 아니라 얼마나 자신에게 잘 맞는 분위기냐에 따라 정해진다. 크루즈 회사를 먼저 고른 다음, 항구와 여행 일정을 정하면 된다. 간혹 배 자체가 유명해서, 그 배를 중심으로 목적지와 출발 항구가 정해지는 경우도 있다.

알뜰하게 떠나고 싶다면

캐주얼하고 대중적인 컨템포러리Contemporary급 크루즈가 좋다. 가장 기본 사양이라고 생각하면 된다. 배는 중대형급이며 그만큼 승객이 많고, 가격대가 저렴하다 보니 아이를 동반한 가족여행객이 많다. 카니발Carnival Cruise Line=업계 1위다. '펀쉽Fun Ship'이라는 개념으로 대중적 가격대의 크루즈를 도입한 곳이기도 하다. 라스베가스 스타일의 쇼와 인테리어가 특징이며 가장 많은 배를 보유하고 있다. 일정에 따라 1~2회 정장을 입고 저녁식사를 하는 날이 있지만, 아주 엄격한 편은 아니다. 규정에 어긋나는 일부 복장만 피하면 된다. 로열 캐리비안Royal Caribbean International=암벽등반, 아이스스케이트 등 다양한 선상 프로그램이 특징이다. 최대 6,296명의 승객을 태울 수 있는 22만톤급 '얼루어 오브 더 씨즈'Allure of The Seas와 오아시스 오브 더 씨즈Oasis of The Seas 등 세계 최대 크루즈쉽 2대를 갖고 있다. 식사 때 복장은 캐주얼Casual, 스마트캐주얼 Smart Casual, 정장Formal 등으로 나눠져 있고, 카니발보다는 엄격한 분위기다. 참고로, 부산에서 출발하는 한중일 크루즈도 로열 캐리비안 사에서 운영한다. 노르웨지안Norwegian Cruise Line, NCL=가장 캐주얼하다. 정해진 테이블에서 저녁식사를 할 필요가 없고 복장도 더 자유롭다. 15만톤급 노르웨지안 에픽Norwegian Epic이 가장 큰 배이며, 그 유명한 블루맨그룹의 공연을 볼 수 있다는 장점이 있다.

신혼여행이라면

앞에서 말한 대중적 크루즈도 신혼여행객과 기념일, 생일을 맞은 사람들이 많다. 같은 크루즈라도 발코니 객실이나 스위트 객실을 고르면 더 오붓하게 여행할 수 있다. 경제적 여건이 된다면 살짝 고급스러운 프리미엄Premium급 선사를 택하는 것도 가능하다. 카니발 크루즈 계열사로는 프린세스 크루즈Princess Cruise와 홀랜드 아메리카Holland America가 있고, 로열 캐리비언 계열사로는 셀러브리티 크루즈Celebrity Cruises가 있다. 프리미엄 선사들은 초대형 선박은 아니지만 직원 한 명 당 승객 2명 정도의 비율로 고급 서비스를 제공한다.

> ### 여기서 잠깐 Tip!
>
> #### 멀미가 걱정된다면
>
> 멀미약을 한국에서 미리 준비하지 못했다면 미국 현지의 약국이나 대형마트에서 구매할 수 있다. CVS나 Walgreen 등 약국매장이나 월마트 내 약국에서 멀미Motion Sickness 약을 찾으면 된다. 멀미방지 패치의 경우 어린이에게는 권하지 않는데, 한국에서 2013년 3월부터 처방전이 있어야 살 수 있는 전문의약품으로 바뀐 것과 같은 이유에서다. 미처 약을 챙기지 못했는데 증세를 느끼기 시작했다면, 크루즈 내의 고객서비스센터에서 챙겨주기도 한다.

어린 자녀가 있다면

초등생 이하의 딸이 있다면 컨템포러리급의 디즈니 크루즈Disney Cruise Line가 최고라는 데에 이견이 없다. 배 곳곳에 디즈니 캐릭터들이 있고, 어린이들 위주의 이벤트들이 즐비하며 곳곳에 공주들이 난립하니 공주풍 드레스를 꼭 챙겨가는 것이 좋다. 다른 컨템포러리급에 비해 조금 비싸지만 자녀들 입장에선 '꿈★이 이루어지는' 최상의 경험이 된다. 카니발사에서 운영하는 이탈리아 스타일의 코스타Costa 크루즈는 어른 2인당 17세 이하 자녀 2명의 승선 비용이 무료라서 쏠쏠하다.

배의 크기

크루즈쉽들은 기본적으로 흔들림을 막는 장치가 되어 있지만, 멀미를 걱정하는 사람이라면 되도록 큰 배를 고르고 낮은 층의 중간이나 뒤쪽 방을 고르는 게 좋다. 큰 배가 가지는 또 하나의 장점은 갑판 위에 즐길거리가 많다는 점이다. 작은 배일수록 수영장이 작고 물놀이 시설도 적지만, 항구 주변 수심이 낮은 섬에 가까이 다가갈 수 있기 때문에 따로 텐더Tender용 배를 탈 필요가 없다는 장점은 있다. 럭셔리급 배들은 배가 작아도 승객 숫자가 적어서 1명이 누릴 수 있는 공간이 더 넓고 직원 당 승객의 비율도 가장 낮다. 참고로, 크건 작건 되도록 '젊은' 배가 좋다.

일정의 길이

기본적인 이동거리가 있기 때문에 출발 다음날과 도착 전날은 하루 종일 이동만 하기 마련이다. 3박 일정은 출발 항구에서 가까운 목적지 한 곳만 들르고 돌아오는 경우가 많고, 사실 카리브해까지는 가지도 못하는 경우가 많다. 짧은 일정 때문에 제대로 즐겼다는 느낌을 받기도 어렵다. 5박 정도부터는 카리브해 여행이라 말하기 손색이 없다. 하지만, 일정 마지막 날 저녁부터는 사실상 파장 분위기이기 때문에 여유만 있다면 7박8일 정도가 좋다. 배에서 3일 반, 여행지에서 3일을 보내기 때문에 아쉽지 않게 쉬고 즐길 수 있다.

은퇴기념 여행이라면

부모님과 자식들이 함께 여행한다면 경제적 부담 상 컨템포러리급이 제격이나 부모님만 떠나는 여행이라면 일생의 단 한번뿐인 경험을 위해 딜럭스급이나 럭셔리 최상급 크루즈도 고려할 수 있다. 크리스털Crystal, 리젠트 오브 세븐씨즈Regent of Seven Seas, 실버씨Silversea, 씨번Seabourn, 큐나드Cunard 등은 6성급 서비스를 지향하며 직원 1명 당 손님의 숫자가 적다. 다른 배들에서는 추가요금을 받는 알콜음료, 옵션관광, 팁, 항공권 등도 기본으로 포함된다. 럭셔리 크루즈 선사들은 창문 없는 내측객실이 아예 없고, 전 객실이 넓은 스위트룸인 경우가 많다.

어떻게 예약할까

" 크루즈는 무조건 일찍 예약하는 게 좋다고 알려져 있다. 크루즈 배에서 1년 뒤의 다음 여행을 예약하는 경우까지 있다. 예약 후 가격이 떨어지면 온보드크레딧On-board Credit으로 보상을 받지만, 가격이 오른다고 돈을 더 내지는 않는다. 예약 전에 크루즈 이용자들의 정보가 모인 크루즈크리틱www.cruisecritic.com 리뷰를 찾아보면 도움이 된다. "

현지 여행사 통해 예약하기

웬만한 미국 항공권/호텔 예약사이트들은 모두 크루즈 상품을 취급한다. 일정 금액 이하의 호텔 1박 무료 혜택이나 포인트를 끼워준다. 대신 예약수수료가 있으며, 크루즈 종료 후 일정 기간이 지나야 호텔 예약권을 보내준다는 것이 함정. 미국에 있는 한인 여행사를 통하는 방법도 있다. 뉴저지에 기반을 둔 오마이크루즈ohmycruise.com는 여러 크루즈 상품을 총판하는 곳으로, 한국인이 운영하며 한국인용 단체상품을 기획하는 경우도 있다. 스페인 바르셀로나에 적을 둔 크루즈여행짱cafe.naver.com/barnacruises.cafe도 지중해 상품 등을 중심으로 여러 크루즈 상품을 판다.

국내 여행사 통해 예약하기

항공권과 크루즈를 각각 예약하는 것이 불편하다면, 국내 대행사를 통해 예약할 수 있다. 대형 여행사들도 크루즈 상품을 취급하지만 상품의 종류가 다양하지 않다. 카니발, 코스타, 리벤트세븐시즈, 실버시, 크리스탈 등 여러 크루즈 판매를 대행하는 '크루즈 인터내셔널www.cruise.co.kr'이나 국내 최초로 크루즈를 소개했다는 '크루즈 월드www.cruiseworld.co.kr', 인터넷카페 '배낭 속 크루즈cafe.naver.com/cruisein.cafe'등에서 다양한 상품을 예약할 수 있다. 같은 날 출발하는 사람들을 미리 알아두면 크루즈 기간 동안 말이 통하는 여행친구가 될 수도 있고, 기항지투어를 함께 예약할 수도 있다.

크루즈 선사 자체 사이트에서 예약하기

마음에 드는 크루즈회사가 있다면 해당 홈페이지에서 바로 예약할 수 있다. 가격은 대행사, 여행사와 거의 동일하나 직원과 통화 시 최저가격으로 예약할 수 있는 조건을 알려주고, 결제 전까지 하루 동안 예약을 홀딩해주기도 한다. 항공권을 크루즈 홈페이지에서 예약하는 경우는 항공편이 미뤄져 크루즈를 못 탔을 경우에도 다음 크루즈를 보장받을 수 있다. 로열캐리비안 계열은 한국사무소가 있고, 몇몇 크루즈는 국내 대행사나 여행사와 제휴를 맺어 패키지로도 판매한다. 로열캐리비안, 셀러브리티, 아자마라클럽www.rccl.kr, 카니발 www.carnival.com, www.carnivalcruise.co.kr크루즈 인터내셔널 대행 NCL www.ncl.com, 디즈니disneycruise.disney.go.com, 코스타 www.costacruise.com, www.costa.co.kr

역경매로 예약하기

크루즈컴피트www.cruisecompete.com 사이트에 원하는 스케줄의 견적Quote을 신청하면, 각 여행사들이 가격과 추가혜택을 제시하는 역경매 방식이다. 마음에 드는 곳을 골라서 해당 사이트에서 예약하면 된다. 가격은 비슷하나 와인이나 배에서 쓰는 크레딧을 챙겨주는 소소한 혜택이 있다. 취소 때 따로 수수료가 붙는지 확인하는 것이 좋다.

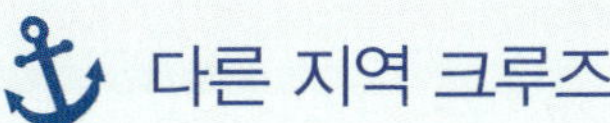 다른 지역 크루즈

크루즈는 5대양 6대주 어디나 바다만 이어져 있으면 다 다닌다. 짧게는 1박짜리에서 길게는 100박이 넘는 세계일주 크루즈까지 다양하다. 캐리비안 크루즈 외에도 인기 있는 지역들은 지중해와 북유럽, 알래스카 등이다. 가장 가까운 곳에서 크루즈를 경험하려면 한중일 노선을 이용해볼 수도 있다.

지중해

지중해는 아름답기로 유명한 바다. 덕분에 가장 먼저 크루즈여행을 시작한 유럽인들뿐 아니라 전세계인들이 찾는 곳이다. 따로 여행하려면 비행기를 타야할 구간까지 배로 아우를 수 있다는 게 장점이다. 스페인 바르셀로나에서 출발해 프랑스 남부 코트다쥐르 해안, 이탈리아 나폴리와 시칠리아섬, 몰타, 아프리카 북부의 튀니지나 모로코 등을 돌아보는 서지중해 코스와 이탈리아 베니스를 시작으로 크로아티아 두부로브니크, 그리스의 미코노스와 산토리니섬, 터키 이스탄불, 이집트 알렉산드리아 등을 돌아보는 동지중해 코스가 있다. 아프리카 모로코 서쪽의 스페인령 카나리아제도를 중심으로 돌아보는 크루즈도 있다. 유럽을 기반으로 성장한 코스타 크루즈가 가장 대중적이다. 어린이 2인까지 객실료가 무료라서 가족여행 때 쏠쏠하다.

언제 갈까 봄에서 가을까지가 좋다. 여름에 건조한 대신 겨울에는 비가 많고 바람도 씽씽 분다. 겨울이라면 되도록 남쪽으로 가는 크루즈를 택하자.

북유럽, 피요르드(피오르)

독일 북부 항구나 덴마크 코펜하겐에서 출발해 러시아 상트페테르부르크, 핀란드 헬싱키, 스웨덴 스톡홀름, 노르웨이 오슬로 등을 둘러보는 여행이다. 에스토니아, 라트비아, 리투아니아를 묶어 부르는 발트해 3국에도 들를 수 있다. 한번쯤 가고 싶지만 쉽게 결심하기 어려운 북유럽을 한 큐에 돌아볼 수 있는 기회가 된다. 노르웨이 오슬로를 출발해 아이슬란드까지, 빙하가 뚫어놓은 시원한 피요르드 해안을 보는 코스도 있다.

언제 갈까 북유럽은 겨울이 길고 해도 일찍 진다. 한여름에도 서늘한 곳이라서 크루즈도 여름을 중심으로 운항한다. 날이 추워질수록 가격은 싸진다. 여름에는 백야를 경험해볼 수 있다.

동남아&한중일 크루즈

아시아권 크루즈가 다양화하고 있다. 가깝게는 중국이나 일본, 멀게는 싱가포르를 출발해 주변의 여러 항구와 섬을 돌아보게 된다. 아시아계 대표주자인 스타크루즈는 가을까지 홍콩, 겨울에는 싱가포르를 중심으로 운항한다. 미국계 프린세스크루즈는 일본 요코하마, 고베, 오타루를 출발해 일본을 돌아보는 코스가 다양하다. 세계 최대 크루즈선을 보유한 미국계 로얄캐리비안은 수로 숭국 상하이와 톈신, 홍콩을 기점으로 운영한다. 아시아권을 운항하는 대부분의 크루즈에는 한국인 승무원들이 있어 위급할 때 도움을 받을 수 있다. 2014년 상반기 기준으로 한국을 정기적으로 출발하는 크루즈는 없고, 중국이나 일본을 출발해 제주와 부산, 인천에 기항하는 횟수는 점차 늘고 있다.

언제 갈까 일본이나 중국 출발 배들은 봄~가을에만 탈 수 있다. 겨울에는 배들이 동남아 등 따뜻한 지역으로 이동하기 때문이다.

알래스카

미국 시애틀이나 캐나다 밴쿠버에서 출발해서 케치칸, 주노, 허버드 등을 지나 길게는 앵커리지까지 운항한다. 때묻지 않은 자연과 야생동물들, 글래셔베이 국립공원의 거대한 빙하를 볼 수 있다. 남쪽에서 북쪽으로, 혹은 북쪽에서 남쪽으로 편도 코스를 타는 경우가 많으며, 크루즈 편도 이후에 렌터카여행을 덧붙여볼 수도 있다. 시애틀과 밴쿠버까지는 직항이 있고, 앵커리지까지는 알래스카항공을 이용하면 된다.

언제 갈까 북유럽과 마찬가지로 여름 한철 장사나 다름없다. 미국사람들도 선망하는 여행지이기 때문에 여름에 떠나기 위해서는 아주 미리 예약해야 한다. 봄가을에는 기항지 중 일부를 못 들를 수 있는 대신 저렴해진다.

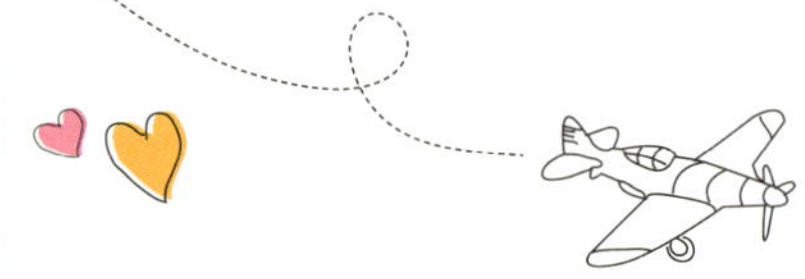

지역 정보

지역명 카리브해

언어 배 안에서는 영어. 기항지 언어는 스페인어, 프랑스어, 네덜란드어, 영어 등 다양하나 가이드나 택시기사는 대부분 영어를 구사할 수 있다.

전기 110, 220V 둘 다 가능

시차 배에서는 출발 항구의 시간대를 사용하므로 현지와 1시간 차이가 나는 경우도 있다. 배를 놓치지 않으려면 무조건 배에서 쓰는 시간을 기준으로 삼는 게 좋다.

비자 미국 입/출국과 재입국을 위해서는 전자여행허가ESTA를 받으면 된다. 크루즈 체크인 때 여권과 비자 검사를 하기 때문에 기항지에서 내리고 탈 때는 승선카드만으로 신원확인이 가능하다. 배를 놓치는 불의의 사고에 대비해 여권과 신용카드는 갖고 다니는 게 좋다.

언제 가는 게 좋아요?

카리브해 지역은 12월~4월 사이가 건기로 가장 여행하기 좋다. 5월부터는 흐리거나 비가 오는 날도 종종 있고 가을에는 허리케인이 자주 생긴다. 하지만 덕분에 크루즈 가격이 가장 저렴한 때가 가을이다. 비수기라도 미국인들의 휴가 기간인 추수감사절(11월 넷째주 목요일), 봄방학, 메모리얼 데이(5월 마지막 월요일)와 겹치면 예약이 빨리 차는 편이다.

어떤 비행기 타면 좋아요?

비행기는 미국까지 직항으로 오거나 한번만 경유하고 크루즈 항구와 가까운 공항에 도착할 수 있는 게 최선이다. 크루즈 수속은 정오~오후 3시 정도이므로 오전 중에 공항에 도착하면 당일 연결이 가능하다. 그러나 비행기 연착으로 배를 놓치는 경우도 생길 수 있기 때문에 크루즈 출발 전날에는 현지에 도착하는 게 좋다. 저녁에 도착하는 비행기라면 공항 근처에서 1박을 하고 다시 공항에 돌아와 크루즈 회사 셔틀을 활용하거나 저녁에 렌터카를 빌려뒀다가 다음날 오전 관광을 한 뒤 크루즈 항구와 되도록 가까운 곳에 반납할 수 있다. 렌터카는 빌리는 곳과 반납하는 곳의 위치가 다르면 비용이 추가된다.

공항에서 시내로는 어떻게 가요?

크루즈 회사들이 공항과 항구 사이를 오가는 유료 셔틀을 운영한다. 텍사스 갤버스톤 항구처럼 공항(휴스턴에 2곳)과 거리가 1시간 정도 나는 경우는 1인당 왕복 70~90달러 정도가 들지만, 공항과 항구의 거리가 가까운 경우는 1인당 20달러 미만에 가능하다. 차량 이용 시 항구 주변에 있는 크루즈 전용 주차장들을 이용하면 크루즈 내내 맡겨도 크게 부담되지 않는 가격에 주차가 가능하다.

준비물로는 뭘 챙겨가면 좋을까요

배에 머무는 날이나 기항지에 내리는 날이나 주로 수영복으로 버티는 날이 많으므로 많은 옷이 필요하진 않다. 수영복을 여유 있게 가져가고 에어컨 바람을 막을 긴팔 옷과 정찬용 복장 한두 벌 외에는 여름옷을 약간 챙기면 된다. 신발은 여럿 필요한데, 슬리퍼와 정찬용 구두, 투어 때 신을 운동화 겸 워터슈즈가 있으면 좋다. 객실에 샴푸, 로션, 바디샴푸는 갖춰져 있지만 칫솔과 린스는 없는 경우가 많으니 따로 챙기자. 모자와 선글라스, 자외선차단제와 카메라는 필수. 휴대폰은 로밍되면 현지 시간으로 표시되니 배에서 쓰는 시간을 체크할 수 있는 시계가 좋다.

멀미약, 지사제, 물파스나 버물리 등 상비약도 챙기고, 평소 지루해서 못 읽던 책도 한권 가져가자. 배 안에 있는 도서관에서 영어로 된 책과 게임을 빌릴 수도 있다.

기념품 뭐가 좋아요?

크루즈 배 안에 면세점이 있는데, 보석이나 티셔츠, 주류, 담배 등 다양한 물건을 판다. 크루즈가 끝나갈 즈음에 세일품목이 늘어나므로 되도록 늦게 쇼핑하는 것이 좋다. 시계 세트는 최대 80%, 자석이나 열쇠고리, 장식품의 경우 60%까지 가격이 떨어지기도 한다. 배 안이나 기항지의 면세점에서 사는 주류의 경우는 배 안에서 바로 개봉할 수 없고, 배에서 내릴 때 찾는다. 기항지 면세점에서 사오는 술도 마찬가지. 하선할 때 담배 1보루, 술 1L를 초과하는 경우 세관신고서에 적고 세금을 물게 되어 있다. 배 안에서 미술품 경매도 여러 차례 열리는데, 역시 마지막 경매에서는 떨이에 가까운 가격에 살 수 있다.

환전은 어떻게 하면 되나요?

크루즈 가격에는 거의 대부분의 음식과 대부분의 시설을 이용하는 비용이 포함되어 있다. 하지만 다 공짜는 아니므로 주의하자. 주류와 탄산음료, 일부 식당, 스파, 카지노, 그리고 기항지에서의 투어는 추가부담이다. 승선할 때 1인당 1장 지급되는 카드가 방열쇠이자 배 밖에 나갔다 돌아오는 신분증이며 배 안에서 사용하는 결제수단이다. 미리 신용카드 번호를 입력하거나 현금을 예치해놓고 마지막에 결제하는 방식이다. 팁은 식사와 방 정리, 배 위의 모든 시설 관련 서비스를 더해 1일 10~12달러 선으로 한꺼번에 결제한다. 주류 등 추가결제 품목에는 15~18%의 서비스료Gratuity가 자동으로 붙는다. 예약 시 결제했던 세금이 환율 등 문제로 변동되는 경우 배에서 쓸 수 있는 크레딧으로 돌려주는 경우도 있다.

여행 경비(7박8일 기준)

	비수기	성수기
세금, 팁 포함 7박 크루즈 (컨템포러리급 내측 선실 기준)	700달러	900달러
현지 투어와 추가지출	300달러	
총예산 (1인당)*항공권 제외	**110만원대~**	**130만원~**

> **TIP!** **크루즈 직원들은 언제 쉴까**
>
> 크루스에서는 수십 개국에서 온 나국적 승무원들을 만나게 된다. 크루즈 디렉터나 호텔 디렉터 등 직급이 높은 사람들은 미국, 영국계가 많지만, 식당이나 선실 등에서 일하는 인원 중에는 동남아시아나 동유럽에서 달러를 벌기 위해 온 사람들도 많다. 승무원들은 연중 6~8개월을 연속으로 배를 타며, 아침에는 기항지 안내를 하고, 밤에는 무대에서 공연을 밤에는 노래를 부르고 낮에는 경매 물건을 옮기는 식으로 일하기 때문에 노동강도가 세다. 특별한 서비스에 대해서는 따로 팁봉투를 챙겨주는 것도 좋고, 선실 정리와 저녁식사 서빙으로 매일 만난 직원들에게는 따뜻한 감사의 인사를 전하는 게 좋다.

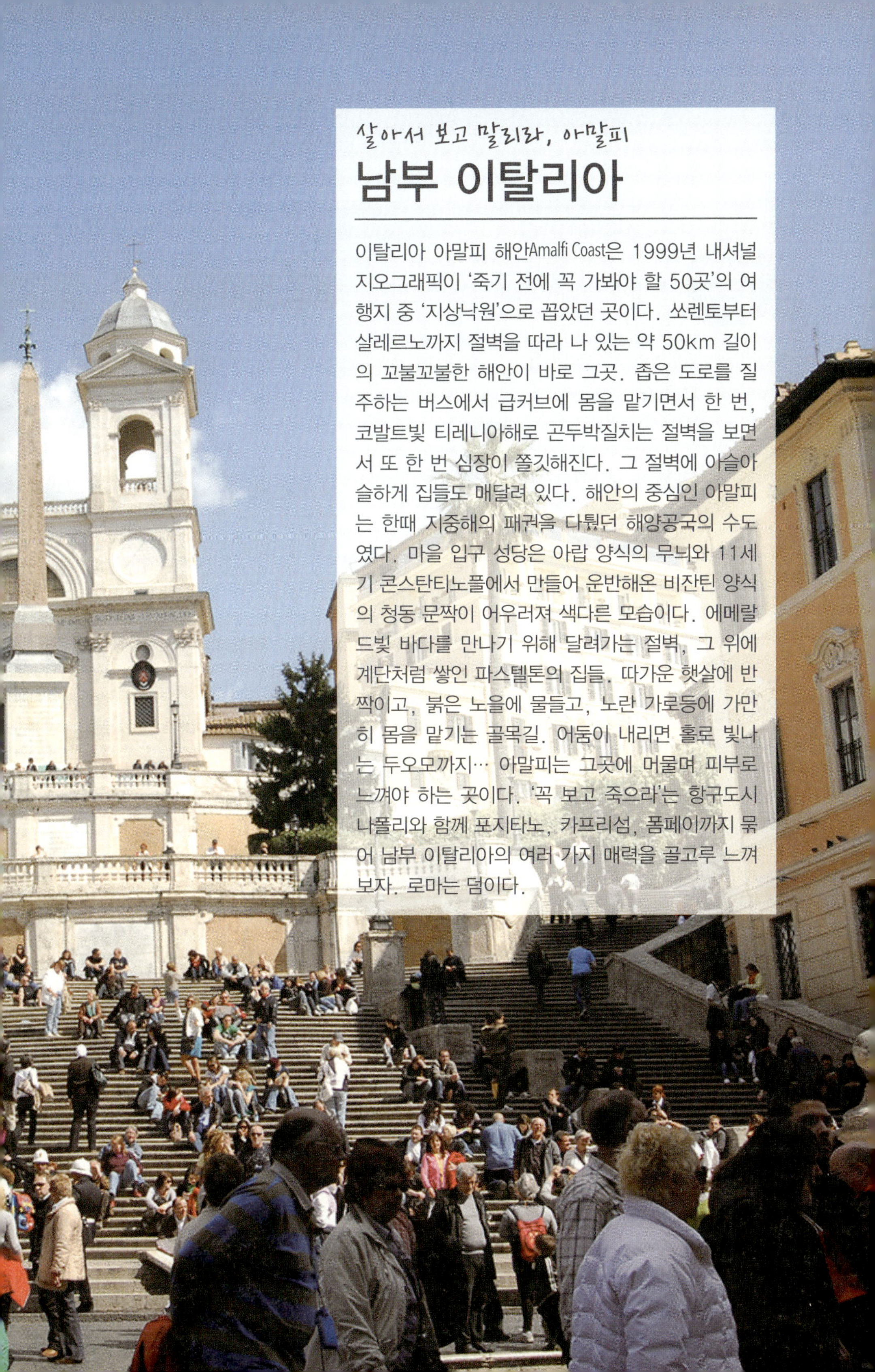

남부 이탈리아

이탈리아 아말피 해안Amalfi Coast은 1999년 내셔널 지오그래픽이 '죽기 전에 꼭 가봐야 할 50곳'의 여행지 중 '지상낙원'으로 꼽았던 곳이다. 쏘렌토부터 살레르노까지 절벽을 따라 나 있는 약 50km 길이의 꼬불꼬불한 해안이 바로 그곳. 좁은 도로를 질주하는 버스에서 급커브에 몸을 맡기면서 한 번, 코발트빛 티레니아해로 곤두박질치는 절벽을 보면서 또 한 번 심장이 쫄깃해진다. 그 절벽에 아슬아슬하게 집들도 매달려 있다. 해안의 중심인 아말피는 한때 지중해의 패권을 다퉜던 해양공국의 수도였다. 마을 입구 성당은 아랍 양식의 무늬와 11세기 콘스탄티노플에서 만들어 운반해온 비잔틴 양식의 청동 문짝이 어우러져 색다른 모습이다. 에메랄드빛 바다를 만나기 위해 달려가는 절벽, 그 위에 계단처럼 쌓인 파스텔톤의 집들. 따가운 햇살에 반짝이고, 붉은 노을에 물들고, 노란 가로등에 가만히 몸을 맡기는 골목길. 어둠이 내리면 홀로 빛나는 두오모까지… 아말피는 그곳에 머물며 피부로 느껴야 하는 곳이다. '꼭 보고 죽으라'는 항구도시 나폴리와 함께 포지타노, 카프리섬, 폼페이까지 묶어 남부 이탈리아의 여러 가지 매력을 골고루 느껴보자. 로마는 덤이다.

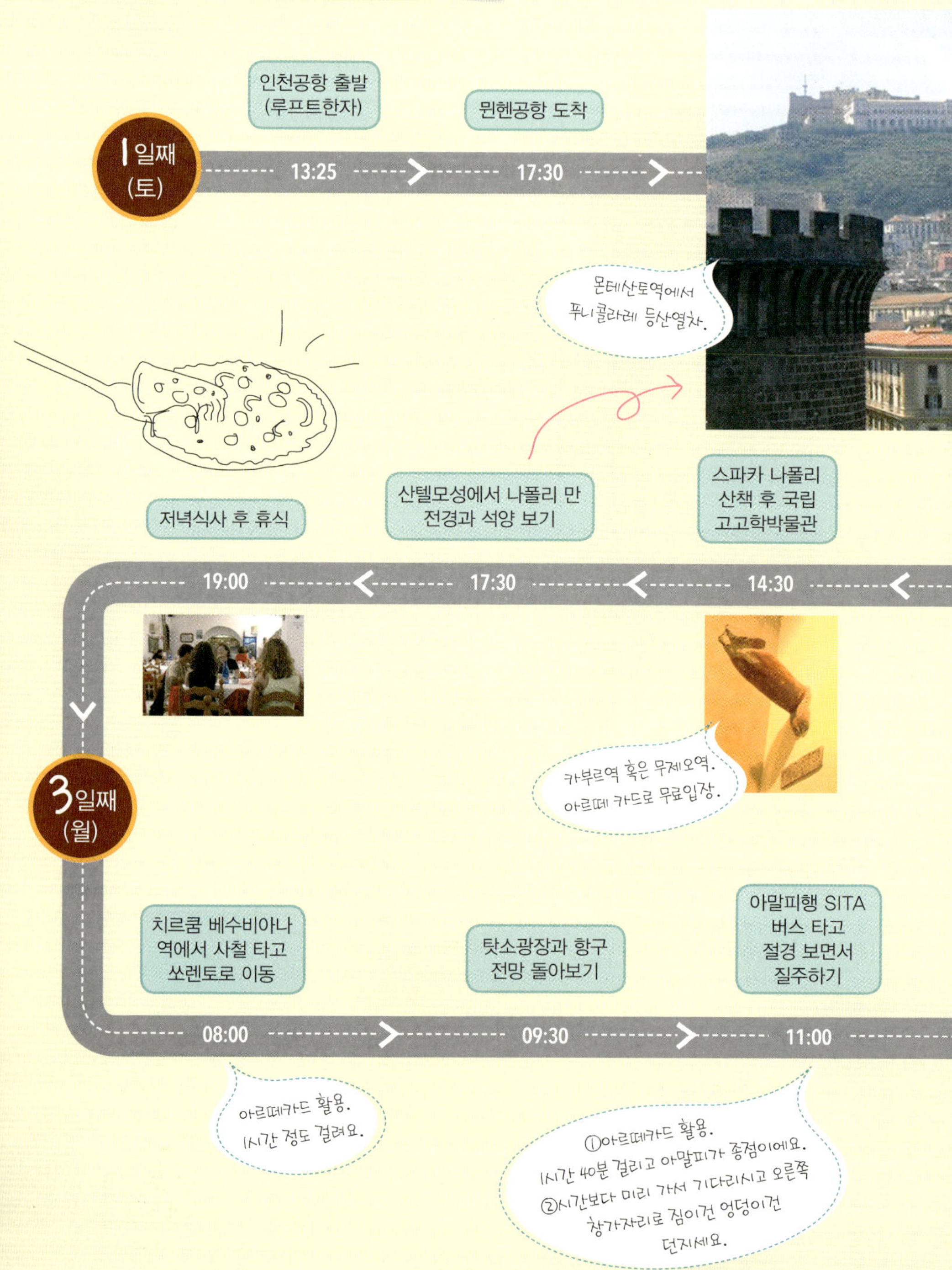

7박9일 추천 일정표

1일째
(토)

인천공항 출발
(루프트한자)

13:25

뮌헨공항 도착

17:30

몬테산토역에서
푸니콜라레 등산열차.

스파카 나폴리
산책 후 국립
고고학박물관

산텔모성에서 나폴리 만
전경과 석양 보기

저녁식사 후 휴식

19:00

17:30

14:30

3일째
(월)

카부르역 혹은 무제오역.
아르떼 카드로 무료입장.

치르쿰 베수비아나
역에서 사철 타고
쏘렌토로 이동

탓소광장과 항구
전망 돌아보기

아말피행 SITA
버스 타고
절경 보면서
질주하기

08:00

09:30

11:00

아르떼카드 활용.
1시간 정도 걸려요.

①아르떼카드 활용.
1시간 40분 걸리고 아말피가 종점이에요.
②시간보다 미리 가서 기다리시고 오른쪽
창가자리로 짐이건 엉덩이건
던지세요.

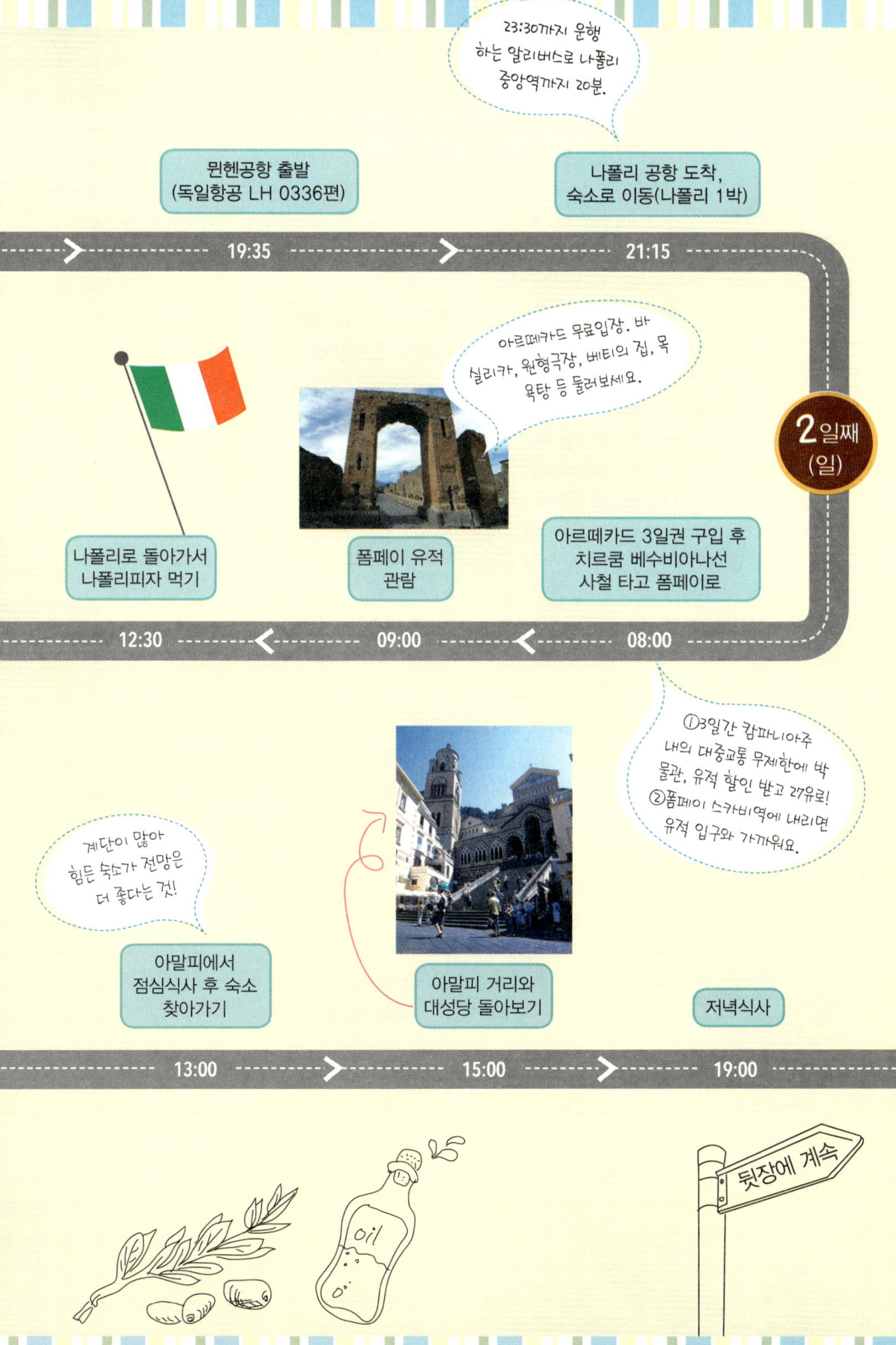

23:30까지 운행 하는 알리버스로 나폴리 중앙역까지 20분.

뮌헨공항 출발 (독일항공 LH 0336편)

나폴리 공항 도착, 숙소로 이동(나폴리 1박)

19:35

21:15

아르떼카드 무료입장. 바실리카, 원형극장, 베티의 집, 목욕탕 등 둘러보세요.

2일째 (일)

나폴리로 돌아가서 나폴리피자 먹기

폼페이 유적 관람

아르떼카드 3일권 구입 후 치르쿰 베수비아나선 사철 타고 폼페이로

12:30

09:00

08:00

①3일간 캄파니아주 내의 대중교통 무제한에 박물관, 유적 할인 받고 27유로! ②폼페이 스카비역에 내리면 유적 입구와 가까워요.

계단이 많아 힘든 숙소가 전망은 더 좋다는 것!

아말피에서 점심식사 후 숙소 찾아가기

아말피 거리와 대성당 돌아보기

저녁식사

13:00

15:00

19:00

oil

뒷장에 계속

①아르떼카드 이용. 30분 정도 걸려요. ②와인이 특산품이에요.

라벨로로 이동, 빌라 침브로네 정원 등 산책 후 두오모 광장에서 커피 한잔

아말피로 가는 트래킹

아말피에서 점심 후 휴식

4일째 (화)

09:00
12:00
13:00

관광안내소에 물어보면 지도를 줘요. 어렵지 않은 내리막 코스.

나폴리로 가는 배 표를 끊어 두고 주변에서 해수욕을 해요.

피아제따 주변 돌아본 뒤 마리나그란데 항구로

카프리로 이동, 아우쿠스 투스 정원의 대포 전망대 에서 전망 보기

몬테 솔라노 전경 감상 후 아나카프리로 걸어 내려와서 점심

16:00
14:00
12:30

걸어 내려오는 건 30분 남짓 걸려요.

몬테 솔라노와는 조금 다른 느낌의 전망을 볼 수 있어요.

버스 1.3유로, 알리버스 이용 시 3유로

나폴리 몰로 베베 렐로 항구로

나폴리 중앙역으로 이동, 간단한 저녁거리 사기

로마행 기차에서 저녁 먹기

17:00
18:00
19:00

하이드로포일은 40분 정도 걸려요.

프레치아로사 기차는 1시간10분, 인터시티는 2시 간 남짓 걸려요.

아르떼카드 이용. 40분 정도 걸려요.
포지타노로 이동, 전망 구경 후 마을 거리 산책과 해수욕
저녁식사
아말피로 복귀 후 휴식
5일째 (수)
15:00
18:00
20:00
아르떼카드 이용. 밤에는 버스가 뜸하고 제 시간을 안 지킬 때도 있어요.
아말피 마리나그란데 항에서 하이드로포일을 타세요. 70유로 안팎.
아나카프리로 이동 후 몬테 솔라노로 가는 리프트 탑승
카프리 마리나 그란데 항 도착, 푸른 동굴 다녀오기
카프리로 이동
11:00
09:00
08:00
①배나 버스로 근처에 가서 다시 작은 배를 타요. ②짐은 항구 근처에 유료로 맡길 수 있어요.
12분 동안 나홀로 경치 감상! 가격은 10유로.
인터넷으로 미리 예약하고 개별관람하거나, 가이드투어를 활용하는 게 좋아요.
로마 도착 (로마 1박)
바티칸 박물관과 성베드로대성당
푸드코트에서 점심
6일째 (목)
20:10
08:00
12:00
Rome
뒷장에 계속

일정짜기 노하우

일정은 7박9일이지만 경유편이기 때문에 실제 여행할 수 있는 시간은 약 엿새 반 정도다. 낮 시간 기준으로 나흘은 남부 이탈리아, 이틀 반 정도가 로마 일정인데, 폼페이와 나폴리 관광을 빼고 로마를 반나절 정도 줄이면 피렌체를 다녀올 수도 있다. 나폴리에서 피렌체까지는 고속열차로 3시간이 안 걸린다.

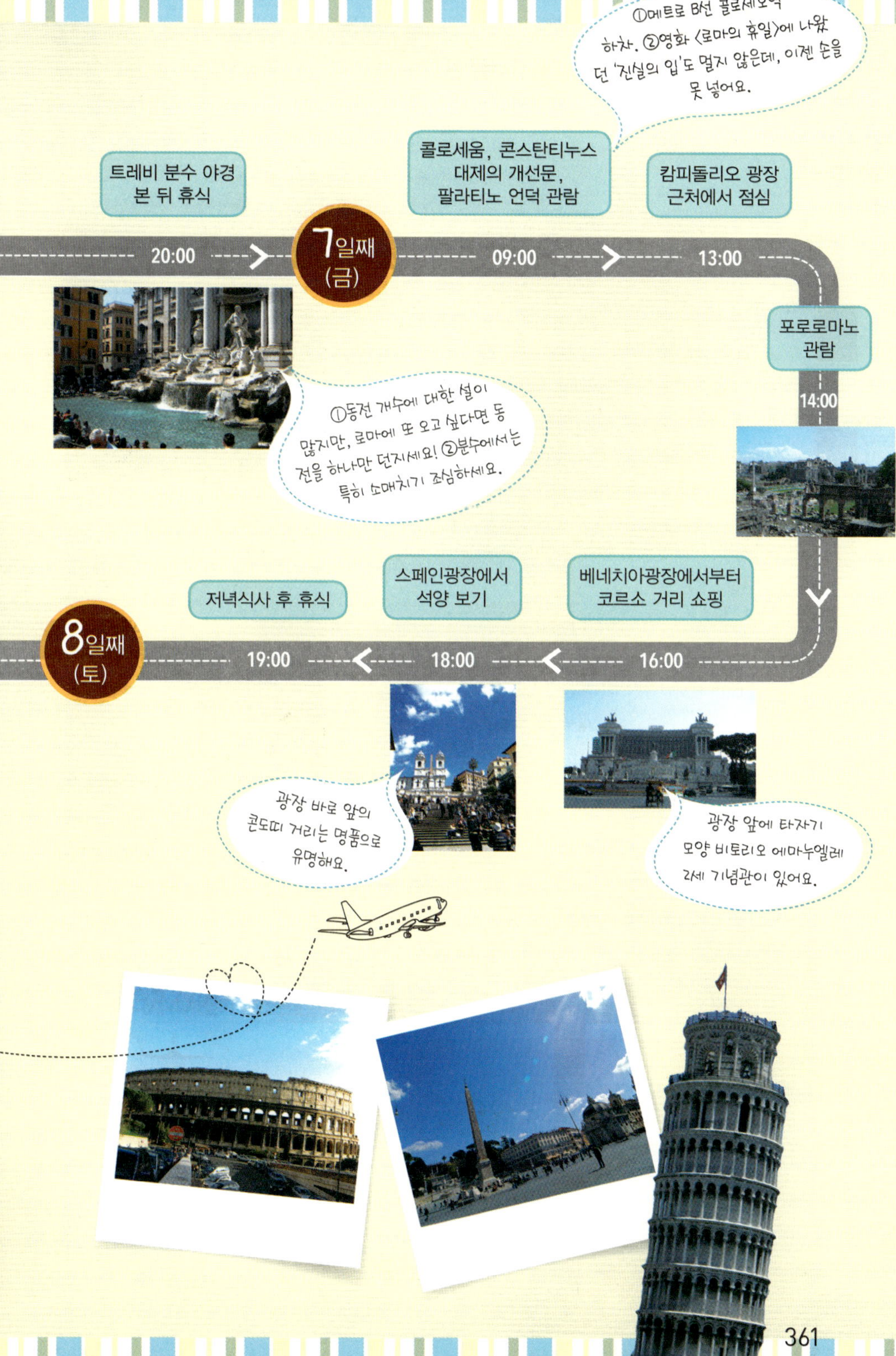

①메트로 B선 콜로세오역 하차. ②영화 〈로마의 휴일〉에 나왔던 '진실의 입'도 멀지 않은데, 이젠 손을 못 넣어요.

트레비 분수 야경 본 뒤 휴식

콜로세움, 콘스탄티누스 대제의 개선문, 팔라티노 언덕 관람

캄피돌리오 광장 근처에서 점심

20:00

7일째 (금)

09:00

13:00

포로로마노 관람

14:00

①동전 개수에 대한 설이 많지만, 로마에 또 오고 싶다면 동전을 하나만 던지세요! ②분수에서는 특히 소매치기 조심하세요.

저녁식사 후 휴식

스페인광장에서 석양 보기

베네치아광장에서부터 코르소 거리 쇼핑

8일째 (토)

19:00

18:00

16:00

광장 바로 앞의 콘도띠 거리는 명품으로 유명해요.

광장 앞에 타자기 모양 비토리오 에마누엘레 2세 기념관이 있어요.

아말피 해안 드라이브를 즐겨보자

꼬불꼬불한 아말피 해안을 따라 한쪽은 산, 한쪽은 절벽. 버스가 곡선주로에서 경적을 울리며 질주하면 반대편 차량이 서서 기다린다. 가드레일이 있다한들 아차하면 "아아아～"하며 하늘로 날아오를 듯한 공포의 질주! 쏘렌토에서 출발할 땐 오른쪽 창가, 살레르노 출발 땐 왼쪽 창가에 앉아야 스릴과 절경을 온몸으로 느낄 수 있다. 쏘렌토에서 출발하면 포지타노Positano, 프라이아노Praiano를, 살레르노에서 출발하면 마이오리Maiori, 미노리Minori, 아트라니Atrani 등 제각각의 매력을 가진 절벽마을들을 만나며 아말피까지 올 수 있다.

나폴리의 아름다움을 찾아보자

'미항'이라고들 한다는데, 사실 어디가 아름답다는 말인지 고개를 갸우뚱하게 만드는 곳이 나폴리다. 항구 주변이나 도시 전체적으로 다소 지저분하고 경적소리도 목소리도 시끄럽다. 하지만, 산텔모성에서 내려다보는 나폴리 만의 모습과 카프리나 쏘렌토로 떠나는 배편에서 바라보는 나폴리는 묘하게 기억에 남는다. 게다가 다혈질의 사람들과 나른하게 누워있는 개들, 스파카나폴리의 매연 속에 나부끼는 빨래를 보면서 이상하게 정이 간다. 서민적인 삶의 소소한 매력에 끌린다고나 할까.

배를 타고 티레니아해를 유람해보자.

카프리섬 주변이나 아말피 해안의 곳곳에서 배를 타고 주변을 돌아보는 투어프로그램이 있다. 하지만 투어가 아닌 페리나 하이드로포일로도 아말피 해안과 나폴리 만의 절경을 볼 수 있다. 특히 여름철에는 배로 주요 지역을 모두 오갈 수 있다. 카프리로는 나폴리, 쏘렌토뿐 아니라 포지타노, 아말피, 살레르노에서도 배편이 뜬다. 포지타노-아말피-살레르노 간, 나폴리에서 쏘렌토 간에도 배편이 있다.

르네상스 시대의 천재들을 만나보자

도시 속의 나라, 바티칸 시국은 로마의 하이라이트 중 하나다. 바티칸 박물관은 교과서에서 보던 작품들이 줄줄이 사탕으로 나오는 곳이다. 하지만 이곳을 딱 세 명의 이름으로 간추린다면 미켈란젤로, 레오나르도 다 빈치, 그리고 라파엘로다. 책으로 보는 것과 실제 작품을 대하는 것은 느낌의 차이가 백만 배쯤 난다. 특히 시스티나 예배당에 있는 미켈란젤로의 천장화는 압권이다. 보는 사람도 목이 아픈데 그림 그린 미켈란젤로는 어떻게 버텼을까 상상하면서 천지창조의 두 주인공이 외계인 E.T.에게 영감을 준 장면을 찾아보자.

언덕배기 숙소에서 묵어보자

아말피 해안의 특징은 언덕배기 위의 집들이다. 워낙 오래된 도시라 차가 다니는 도로는 별로 없거나 좁다. 또 조개껍데기처럼 층층이 산꼭대기까지 자리 잡고 있는 숙소들은 미로 같은 골목과 끝도 없는 계단으로만 연결된다. 덕분에 엘리베이터가 없는 계단 78개짜리 호텔 혹은 계단 184개짜리 아파트에 묵기도 한다. 그러나 중요한 것! 계단이 많을수록 경치는 끝내준다. 숙소에서 나가기가 싫어진다는 부작용 탓에 진정한 휴양도 즐길 수 있다.

낮으로 밤으로 젤라또 먹기

이탈리아의 아이스크림 젤라또는 쫀쫀한 식감이 특징이다. 맛도 워낙 다양해서, 한번 먹었다고 질릴 일이 없다. 로마의 햇살에 금방 녹아버리긴 하지만, 돌아다니다 젤라또 가게를 만날 때마다 먹어보자. 사실 젤라또 하면 영화 〈로마의 휴일〉 속 오드리 햅번이 떠오를 텐데, 너무 많은 사람이 스페인 계단에서 '햅번 코스프레'에 도전하는 바람에 이제는 여기서 젤라또 먹다 걸리면 벌금이란다.

카프리섬Capri

카프리는 로마황제의 별장이 있었던 수려한 풍경의 섬이다. 나폴리, 쏘렌토, 포지타노, 아말피, 살레르노 등에서 페리나 하이드로포일Hydrofoil을 운행한다. 정상에서는 카프리 주변 풍경과 청명한 바다, 그리고 바다 건너 소렌토 반도까지 한눈에 보인다.

바티칸박물관Musei Vaticani

세계 가톨릭의 본산인 교황청이 있는 바티칸 시국Vatican City State은 세계에서 가장 작은 나라다. 바티칸박물관은 고대 그리스, 로마 시대부터 현대까지의 보물 같은 작품을 모아 놓은 곳이다. 개별 관람 시 예약시스템이 생겨서 예전처럼 아침 일찍 줄을 설 필요는 없다. 입장료 16유로에 예약비 4유로www.museivaticani.va. 매월 마지막 일요일은 무료다. 제대로 관람하려면 자전거나라 등의 가이드 투어를 하는 것도 좋다. 종교 지역이므로 나시와 반바지는 입장불가.

폼페이Pompeii

서기 79년 8월 24일 베수비오 산이 심상치 않았다. 분화구에서 거대한 구름이 솟아오르더니, 땅이 흔들리고 낮이 밤처럼 어두워졌다. 고대 로마의 휴양도시 폼페이는 그렇게 사라졌다. 1748년 발굴이 시작되면서 다시 세상에 모습을 드러낸 폼페이에서는 바실리카, 원형극장, 베티의 집, 목욕탕 등을 둘러볼 수 있다. 더운 날씨에는 탈진하기 쉬우므로 동선을 생각해두는 게 좋다. 치르쿰 베수비아나Circum Vesuviana선을 타고 폼페이 스카비Pompei Scavi에 내린다. 입장료 11유로.

쏘렌토Sorrento

아말피 해안의 시작점인 쏘렌토는 나폴리에서 남쪽으로 약 50㎞ 정도 거리에 있다. 관광지라기보다는 휴양지의 느낌이라서, 코로소 이탈리아Corso Italia 거리와 탓소광장Piazza Tasso 주변을 걷고, 항구 근처에서 나폴리 만의 아름다운 풍경을 감상하면 된다. 나폴리에서 사철인 치르쿰 베수비아나Circum Vesuviana선을 타면 약 1시간 정도 걸린다.

로마Roma

로마는 미술관과 고대의 유적, 그리고 가톨릭의 총본산인 바티칸시티 등 볼거리가 많다. 꼭 들러야 할 곳은 거대한 콜로세움, 과학적 건축물 판테온, 소원을 말해보고 싶은 트레비분수, 아이스크림을 먹어야 할 것만 같은 스페인광장 그리고 폐허 속에서 과거의 영광을 상상하게 하는 콜로세움과 포로로마노 등이다. 소매치기와 좀도둑으로 악명이 높고 심지어 경찰 행세를 하는 도둑도 흔하니 저녁에는 혼자 다니지 않는 게 좋다.

'Hotel' 표지 외에 'Albergo'라는 팻말도 자주 보이는데 이탈리아어로 호텔이라는 뜻이다. 가장 신경 써야 할 부분은 치안이다. 휴양지 쪽은 별 문제가 없지만, 대도시는 밤늦게 돌아다니는 게 다소 불안한 지역도 있기 때문이다. 나폴리는 중앙역 근처가 가장 편하고 안전한 편이며, 로마는 테르미니역 부근이나 지하철역과 가까우면서 중심가 근처인 곳이 좋다.

나폴리 *교통과 치안을 기준으로*

나폴리 중앙역 근처에 중급호텔들이 무난하다. 숙소에서 오랜 시간을 보내지 않고 잠만 자는 수준이기 때문에, 교통과 치안을 가장 중요한 기준으로 삼으면 된다. 역까지 5분이면 충분한 그랜드호텔 유로파Grand Hotel Europa는 50~60유로의 가격에 넓지는 않지만 깔끔하다. B&BBed&Breakfast 중에서도 델 고르소Del Corso와 스윗 슬립Sweet Sleep 등이 중앙역과 가깝고 60유로 안팎의 가격으로 평이 좋다.

로마 *교통과 치안을 기준으로*

테르미니역 주변이 가장 편하다. 로마는 도시 자체가 역사인 만큼 대부분의 건물이 오래되었고, 보수를 하는 일이 드물다. 테르미니역 바로 앞 우나 호텔Una Hotel과 예스 호텔Yes Hotel, 베스트 웨스턴 호텔 캐나다Best Western Hotel Canada 등 베스트 웨스턴 체인도 인기가 좋으나 대부분 20만원대. 15만원 이하를 원한다면 조식이 포함된 B&B를 찾아보는 것도 좋다. 한인민박도 테르미니역 근처에 여러 곳 있는데, 대부분 조선족이 운영하지만 식사가 잘 나오고 여행정보를 얻기에도 좋다.

아말피 *전망이 좋은 곳으로*

휴양지에서는 숙소에서 보내는 시간이 많은 편이다. 브래드 피트와 안젤리나 졸리가 묵었다는 호텔 산타 카테리나Hotel Santa Caterina는 벼랑 위에 자리 잡아 숨이 멎는 듯한 전망을 선사하는 대신 하루에 100만 원을 호가한다. 13세기 수도원을 개조한 루나 콘벤토Luna Convento Hotel도 30만~50만원대를 오간다. 중급대의 가격에 빼어난 전망을 얻고 싶다면 수십 개의 계단을 택해보자. 레지덴차 델 두카 호텔Residenza del Duca Hotel은 작고 깔끔한 호텔과 별도로 거실과 주방, 테라스가 딸린 아파트를 갖고 있다. 독채로 사용하니 편하고, 옥상 테라스에 테이블과 파라솔이 있어서 휴양의 느낌을 제대로 낼 수 있다. 계단이 싫다면 항구변에 위치한 라 부솔라Hotel la Bussola나 두오모 앞에 있는 호텔 폰타나Hotel Fontana, 중심가 도로 왼쪽의 호텔 아말피Hotel Amalfi도 있다. 포지타노에도 호텔이 있지만 고급 리조트가 대부분이라서 가격이 다소 부담스럽다.

나폴리 피자

피자의 고향은 나폴리로 알려져 있다. 나폴리 피자는 단순한 토핑이 특징으로 바질, 토마토, 모짜렐라치즈를 얹는 마르게리따Pizza Margherita와 토마토, 마늘, 오레가노, 올리브유를 쓰는 마리나라 Pizza Marinara가 대표메뉴다. 다 미켈레Da Michele와 디 마떼오Di Matteo, 스파카 나폴리 지역에 있는 소르빌로 지노Sorbillo Gino가 늘 줄이 길다. '마르게리따의 원조'라는 피쩨리아 브란디Pizzeria Brandi는 이름값만 못하다는 사람이 많다. 유명식당 치로 아 산타 브리지다Ciro A Santa Brigida는 짜고 비싸다.

파스타Pasta

파스타 하면 스파게티가 떠오르지만, 형태에 따라서 수백 가지 종류가 있다. 길쭉한 면 종류 말고도 짧고 구멍 뚫린 펜네와 마카로니는 물론 넓은 라자냐와 만두처럼 빚는 라비올리, 수제비 같은 뇨끼까지 밀가루로 만든 여러 형태를 파스타라 부른다. 파스타를 알맞게 익힌 정도를 알덴테 aldente라고 하는데, 우리나라 사람이 느끼기에는 살짝 덜 익은 상태를 말한다. 남부 이탈리아는 신선한 해산물과 비옥한 토지에서 나는 토마토와 올리브, 마늘을 재료로 활용한다.

여기서 잠깐 Tip!

메뉴판에서 원하는 것 찾기

메뉴판을 보면 어떤 페이지에서 파스타를 찾아야 할지 헤매기 마련이다. 이탈리아식 정찬은 여러 순서로 이뤄져 있다. 안티파스토Antipasto는 전채요리이며 주로 차갑게 식힌 고기나 생선 요리가 많다. 첫 요리 프리모Primo에 가야 파스타, 리조토, 라비올리, 뇨끼 등이 나온다. 두 번째 요리 세콘도Secondo는 육류나 생선으로 만든 메인요리. 샐러드는 사이드 디쉬 콘토르노Contorno로 메인요리와 함께 먹는다. 후식도 여러 코스가 있는데 치즈나 과일 같은 포르마조 에 프루타Formaggio e frutta, 아이스크림이나 케이크 같은 단음식의 돌체Dolce, 소화를 돕는 식후주 디제스티보Digestivo에 카페Caffè까지 줄줄이 이어진다.

해산물 요리

아말피 해안 주변은 신선한 해산물로 만든 요리가 맛있다. 음식 값은 이탈리아 다른 지역에 비해 비싼 편. 아말피에서는 두오모 앞에서 중심도로Via Lorenzo D'amalfi를 따라 몇 발자국 올라가면 나오는 다 마리아Da Maria를 찾아가자. 봉골레 스파게티나 해물모듬튀김 등 입맛에 딱맞는 해산물 요리를 판다. 중심도로로 더 올라가다 우측으로 작은 광장Piazza dello Spirito Santo에 있는 라 타베르나 델 두카La Taverna Del Duca와 두오모 계단 왼쪽에 바로 붙어 있는 S.안드레아S. Andrea도 관광객이 많이 찾는다.

파니노샌드위치

치아바타나 혹은 미케타로제타와 같은 이탈리아 식빵이나 바게트로 만드는 샌드위치를 말한다. 살라미나 햄, 모짜렐라 치즈 등을 넣고 그릴에서 따뜻하게 덥혀서 나온다. 미국 등에서 양면 그릴로 납작하게 눌러서 만드는 파니니 샌드위치가 이 파니노에서 나왔다. 포지타노 해변 바로 앞 부카 디 바코Buca di Bacco Restaurant에서 해수욕 후 허기진 뱃속을 파니노로 채울 수 있다. 해변 바로 앞에서 바다를 보며 식사할 수 있어 인기가 좋다.

젤라또Gelato

로마의 휴일에서 오드리 햅번이 스페인 광장 앞에서 즐겼던 젤라또는 우리가 흔히 먹는 아이스크림보다 더 쫀득해서 쫄깃하고 진하다. 젤라떼리아Gelateria에 가면 수많은 종류의 젤라또가 산처럼 쌓여 있는데, 재료가 가득 박혀 있다. '리조맛(쌀맛)' 아이스크림 등 특이한 종류도 많다. 로마에서는 판테온 근처 지올리티Giolitti와 바티칸 박물관 근처의 올드 브릿지Old Bridge, 테르미니역 근처의 지오반니 파씨G. Fassi 등이 유명하다. 파씨는 팔라쪼 델 프레도Palazzo del Freddo라는 이름으로 한국에도 진출했다. 아말피 해변 근방에서는 특산품인 레몬으로 만든 젤라또가 가장 흔하다.

여기서 잠깐 Tip!

느끼함을 느낄 땐
이탈리아 음식은 토마토, 마늘, 엔초비멸치 젓갈, 발사믹 식초 등을 사용하기 때문에 그리 느끼한 편은 아니지만, 간혹 새콤한 뭔가가 필요할 때가 있다. 종업원에게 "피클 있냐"고 물어보면, "없다"고 하거나 심지어 "피클이 뭐냐"고 되묻기도 한다. 이럴 땐 메뉴판을 잘 뒤져서 야채모듬Mixed Vegetable이나 토마토 샐러드를 시켜보자. 새콤한 발사믹 식초가 들어 있어서 느끼함을 안드로메다로 보내준다.

잔돈 사기 조심
작은 아이스크림 가게 중에는 잔돈을 지폐 대신 동전으로 왕창 남겨주면서 돈을 덜 주려는 꼼수를 부리기도 한다. 눈앞에서 바로 세어보고 바로 부족한 만큼을 더 달라고 하면, 자기도 몰랐다는 듯이 되돌려 준다.

지역 정보

국명 이탈리아 공화국
수도 로마
언어 이탈리아어
전기 220V (플러그 모양이 다를 수 있으므로 멀티 플러그 준비)
시차 일광절약시간제(서머타임)을 실시하는 4~10월은 7시간, 겨울에는 8시간 느림
비자 관광 목적으로 90일까지 비자없이 체류가능

언제 가는 게 좋아요?

이탈리아는 사계절이 뚜렷하며, 북쪽 알프스 지역을 제외한 대부분 지역의 여름은 상당히 무덥다. 남부 이탈리아는 5월 말에서 10월 초까지는 해수욕이 가능하며 7, 8월은 이탈리아 사람들의 휴가철인 탓에 상당히 붐비므로 그보다 이르거나 늦게 가는 게 좋다. 지중해성 기후라서 겨울에도 따뜻하기를 기대하는 사람도 있겠지만, 우리나라보다는 덜 추워도 비나 눈이 자주 와서 여행에는 적합하지 않다. 위도가 높아서 해가 짧고, 아말피 해안의 휴양지들은 12~2월에 아예 영업을 안 하는 곳이 많다.

어떤 비행기 타면 좋아요?

2013년 11월 현재 대한항공이 인천에서 로마까지 일, 수, 금 출발 밀라노 경유편과 로마에서 인천까지 일, 수, 금 직항편을 운항 중이다. 직항일 때 11~12시간, 경유 시 15~16시간이 걸린다. 유럽 항공사들은 로마 대신 나폴리로 도착하는 것도 가능하니 들어가는 공항과 나오는 공항을 다른 다구간으로 설정하는 게 좋다. 뮌헨이나 프랑크푸르트를 경유하는 루프트한자(독일항공)가 경유시간이 짧아 스케줄이 괜찮은 편이다.

공항과 시내 사이는 어떻게 이동해요?

나폴리 카포디치노 공항 시내와 6㎞ 정도 떨어져 있다. 알리버스Alibus는 공항에서 가리발디광장의 나폴리 중앙역까지 20분, 뮤니치피오광장의 항구까지 30분 걸린다. 티켓은 편도 3유로이며 90분간 유효하다. 공항 매점이나 버스 안에서 살 수 있다. 시내버스는 낮에는 14번과 3S번, 밤에는 449번를 타면 시내로 가며, 티켓은 1.1유로. 자동판매기나 역에서 산다.

로마 레오나르도 다빈치 피우미치노 공항 도심까지는 약 35㎞ 떨어져 있고, 교통의 중심인 테르미니역까지 기차나 셔틀버스를 이용한다. 기차는 레오나르도 특급Reonardo Express을 이용하면 테르미니역까지 약 30분 정도 걸리며 가격은 편도 14유로다. 티켓은 꼭 펀칭 기계에 넣었다 빼야 한다. 버스는 테라비젼Terravision, 싯버스Sit Bus와 T.A.M., Coral, ATRAL 등이며 인터넷 구매 시 편도 4~5유로, 현장에서는 편도 6~7유로 선이다. 타는 위치와 시간표는 각 버스회사 홈페이지 참조.

대중교통은 어떻게 이용하나요?

나폴리 나폴리의 대중교통을 이용할 수 있는 통합티켓 우니코 나폴리Unico Napoli 1회권은 티케팅 기계에 넣은 뒤 90분간 유효하며 1.3유로다. 자정까지 유효한 1일권은 3.7유로(주말에는 3.1유로)이며, 이름과 생일을 적고 신분증을 함께 들고 다녀야 한다.

아말피 해안 우니코 코스티에라Unico Costiera는 소렌토에서 살레르노까지 아말피 해안 일대에서 정해진 시간동안 SITA, EavBus, Circumvesuviana 등 3개 회사의 버스를 이용할 수 있는 공통 버스티켓이다. 처음 버스에 오르면서 티케팅한 시간부터 45분간 유효한 티켓은 2유로, 90분 티켓은 3유로, 24시간 티켓은 6유로, 3일권은 15유로다.

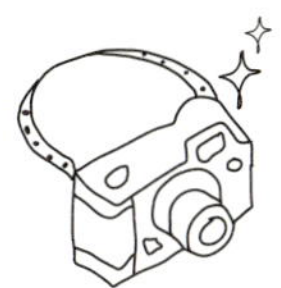

나폴리+아말피 해안 아르떼카드 뚜따 라 레죠네Arte Card 3 days Tutta la Regione는 3일 동안 나폴리를 중심으로 아말피 해안까지 캄파니아주의 기차, 버스, 페리 등을 이용하면서 박물관, 미술관, 유적들을 처음 두 곳까지 무료 입장하고 세 번째부터 50% 할인 혜택을 받는다. 가격은 27유로이며, 폼페이유적(11유로), 나폴리 국립고고학박물관(10유로) 등을 갈 생각이라면 쏠쏠하다. 3일째 자정까지 유효. 단, 카프리를 오가는 페리와 카프리섬 내의 버스에서는 이용할 수 없다.

로마 로마의 지하철, 버스 트램을 이용하는 ATAC 티켓은 1회권이 1유로이며, 75분간 유효하다. 지하철은 한 번, 나머지는 여러 번 타도 상관없다. 1일권은 4유로, 3일권은 11유로, 7일권은 16유로다이며 마지막날 자정까지 유효하다. 로마패스Roma Pass는 3일간 로마 지하철 A, B선과 ATAC버스, Cotral 버스를 무제한 이용하며 박물관, 미술관 중 처음 2곳까지의 무료입장과 나머지는 할인혜택 등이 있다. 가격은 23유로에 3일째 자정까지 유효하다.

패스를 적절히 잘 활용하면 매번 교통티켓을 사는 번거로움이 없고 관광지에서 입장권을 사기 위해 줄을 서는 시간을 줄일 수 있어서 좋다. 다만, 대중교통 1회권들도 1시간 이상 유효하기 때문에 자신의 동선에서 패스를 사는 게 꼭 경제적인지는 잘 계산해보는 게 좋다.

기념품 뭐가 좋아요?

레몬으로 만든 술인 리몬첼로가 남부 이탈리아의 특산품이다. 도수는 30도가 넘는데 20도대로 나오는 종류도 있다. 레몬향수도 판다. 올리브가 많이 나는 지역이므로 엑스트라버진 올리브유를 사는 것도 괜찮다. 각종 파스타와 소스, 다양한 치즈도 사볼 만하다.

텍스 프리Tax Free 마크가 붙어 있는 매장에서 한 번에 154.94유로가 넘게 상품을 구입하면 공항에서 12% 정도의 세금을 환급받는 서류를 만들어준다. 반드시 여권을 지참해야 한다. 출국 때 공항 면세구역 밖에 있는 세관사무실에서 영수증과 세금 서류, 구매 물건을 보여주고 확인도장을 받으면 면세구역 내 환급창구에서 돌려받을 수 있다. 수수료를 떼긴 하지만 쏠쏠한 금액이며, 카드 환급보다 현금으로 받는 게 확실하다.

환전은 어떻게 하면 되나요?

1999년부터 유로화(€)를 사용하고 있다. 보조화폐는 유로센트(¢)로 1€는 ¢100다. 한국에서 유로화 현금이나 여행자수표로 환전해가면 된다. 현지에서 신용카드가 안되는 식당들이 많기 때문에 현금을 여유 있게 챙기는 게 좋은데, 소매치기가 많으므로 모든 돈을 한꺼번에 들고다니지 않는 게 좋다. 현지 환전소들의 수수료가 높기 때문에 달러화 등 다른 통화를 환전하면 손해 보기 쉽다.

여행 경비(7박9일 기준)

	비수기	성수기
항공권 (저가항공 포함)	110만원대~	150만원대~
숙소 (2인실의 1인 기준)	1박 7만원	1박 10만원
식대	40만원	
입장료	10만원	
교통비	20만원	
쇼핑	10만원	
총예산	240만원대~	300만원~

스페인

투우와 플라멩코, 건축가 가우디, 화가 피카소, 대문호 세르반테스의 고향인 스페인은 '정열의 나라'로 불린다. 하루에 다섯 번 식사를 하고, 매일 낮잠(씨에스타)을 자는 '먹고 놀 줄' 아는 나라다. 이탈리아 다음으로 유네스코 세계유산이 많은(43곳) 스페인은 서유럽의 끝 이베리아반도에 있어, 지브롤터 해협만 지나면 아프리카가 나온다. 수도인 마드리드와 인천 사이에 직항편이 오간다. 스페인 동북쪽 해안가에 자리 잡고 있는 바르셀로나는 카탈루냐 자치주의 주도로, 카탈루냐어, 스페인어를 공용어로 사용한다. 거의 성인급으로 추앙받는 천재 건축가 가우디의 작품을 우르르 만날 수 있는 곳이자, 리오넬 메시가 뛰고 있는 바르샤(FC 바르셀로나)의 연고지다. 수도 마드리드는 스페인 영토의 중심에 있으며, 세계적인 미술관으로 꼽히는 프라도미술관과 크리스티아누 호날두가 있는 레알 마드리드 구단이 있는 곳이다. 알함브라궁전이 유명한 그라나다와 플라멩코의 고향 세비야는 스페인의 최남단 안달루시아 자치주에 속해 있다. 종교적 깨달음과 정서적 치유를 찾는 사람들의 발길이 끊이지 않는 순례자의 길 '카미노 데 산티아고'는 스페인 북부를 관통한다.

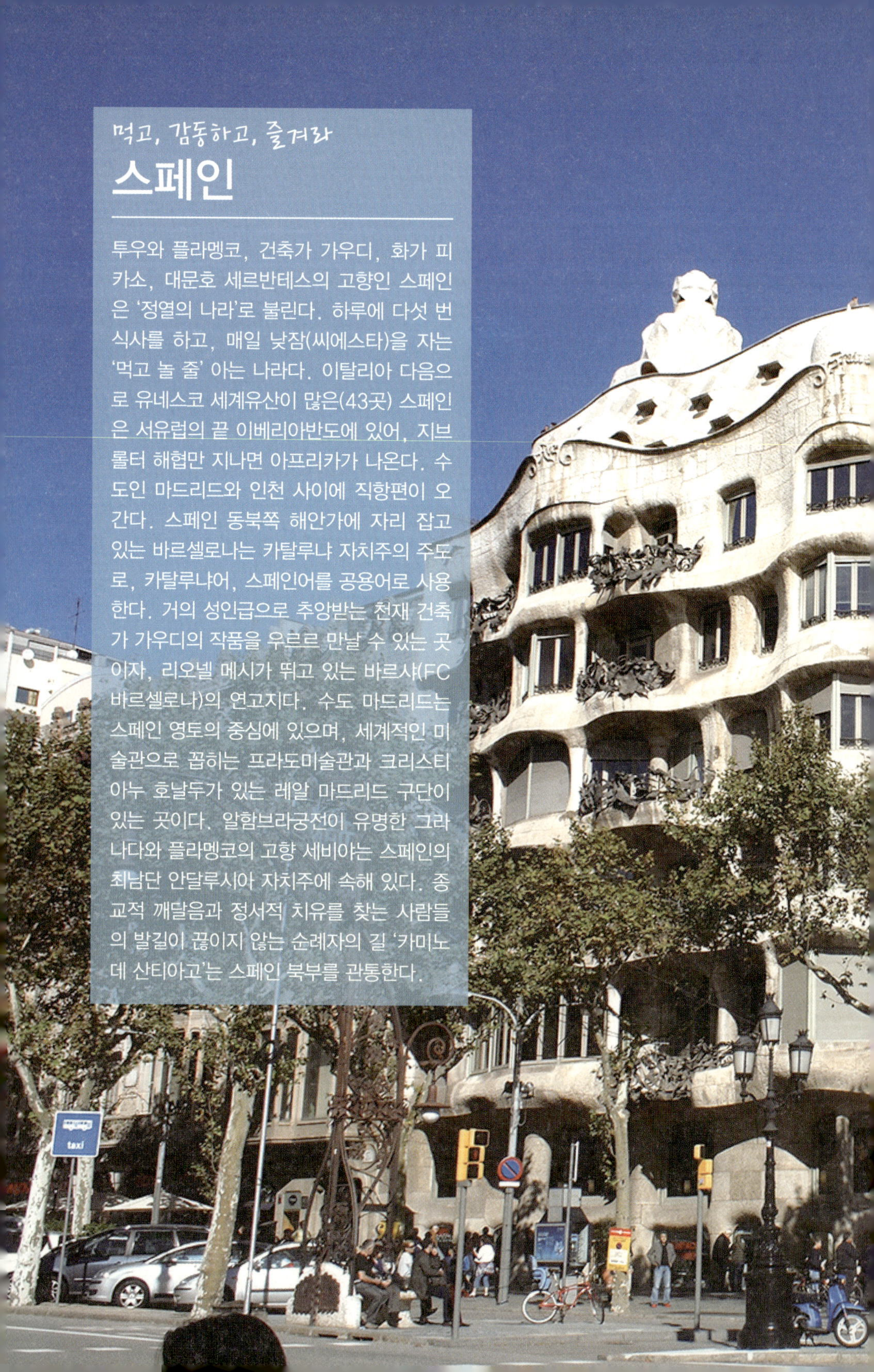

1일째 (토)

인천공항 출발 (러시아항공)
12:40

모스크바 세레메체보공항 도착, 2시간 55분 대기
17:45

모스크바 출발 (러시아항공)
20:40

라람블라 거리로 돌아와 라폰다 혹은 레스낀제니츠에서 저녁

가우디 건축물 투어

3일째 (월)

20:00 ← **10:00** ←

4일째 (화)

라람블라 에스크리바에서 초코 크로와상과 커피로 아침 먹기
09:00

보케리아 시장 구경하고 과일이나 과일 주스 사먹기
10:00

고딕지구 지나 피카소미술관 관람
11:00

키오스코버거에서 점심
13:30

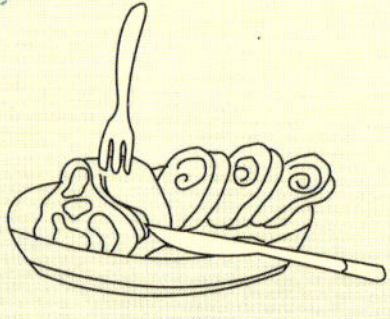

22:20 · **2일째 (일)** · 10:00

13:30

20:30 · 19:00 · 15:00

15:00 · 19:40 · 21:05

알람브라
궁전 관람

엘 페스카토르에서
타파스 체험

그라나다
출발

5일째
(수)

09:00 ▶ 14:00 ▶ 17:00 ▶

로스가요스나 엘 아레날
에서 플라멩코 공연 관람

산타크루스 지역 좁은
골목 헤맨 뒤 카페나
숙소에서 휴식

7일째
(금)

◀ 20:00 ◀ 17:00

황금의 탑과
강변 산책

09:00

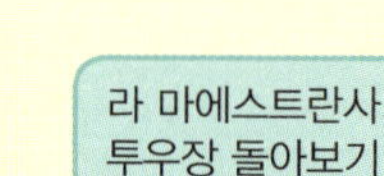

라 마에스트란사
투우장 돌아보기

누에바광장 콜레테에서
프랑스빵 맛본 후 시에르
페스 쇼핑 거리 구경

메트로폴 파라솔 나무
전망대에서 전경 보기

09:30 ▶ 10:30 ▶ 12:00

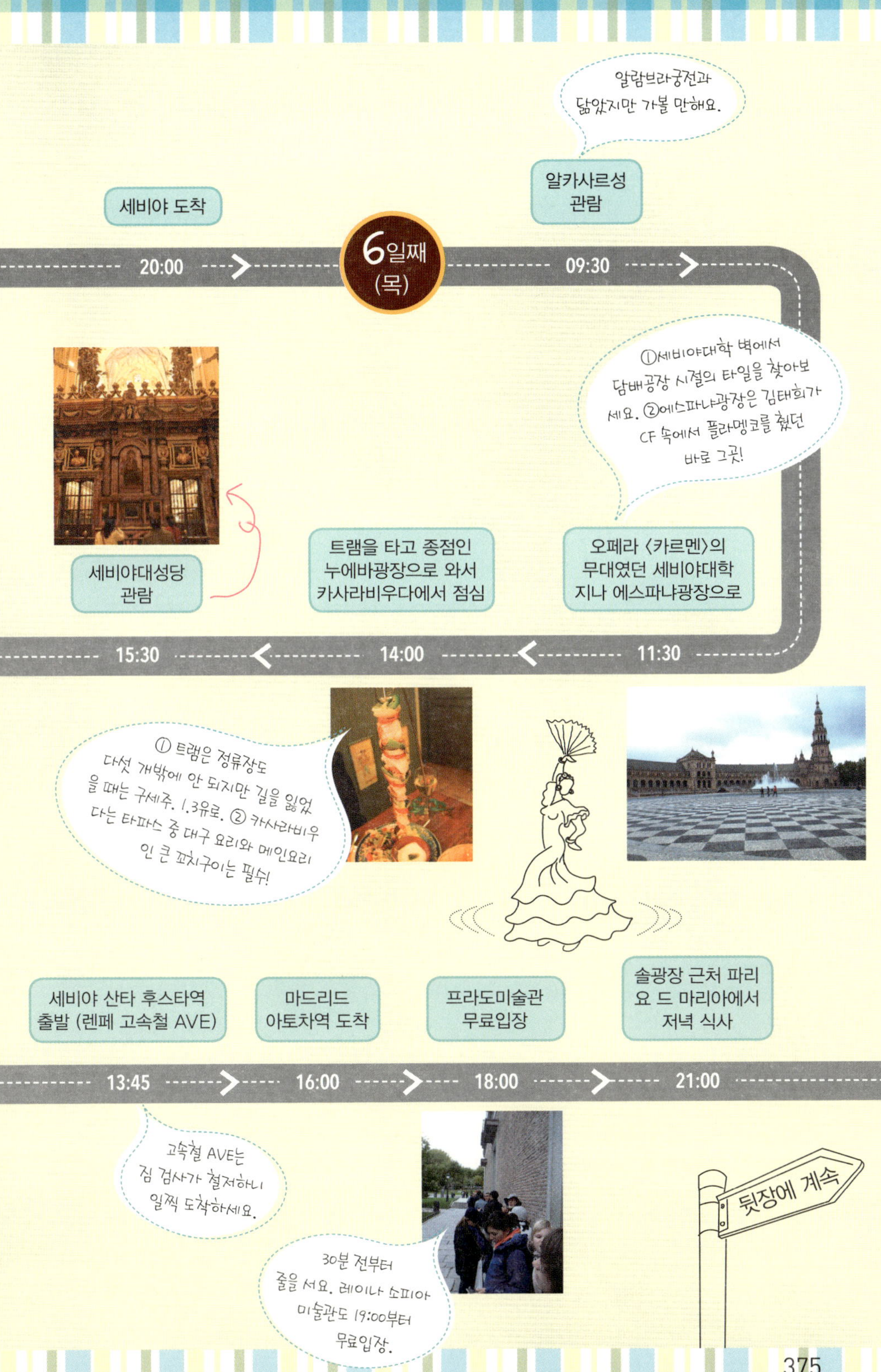
알람브라궁전과 닮았지만 가볼 만해요.
알카사르성 관람
세비야 도착
6일째 (목)
20:00
09:30
①세비야대학 벽에서 담배공장 시절의 타일을 찾아보세요. ②에스파냐광장은 김태희가 CF 속에서 플라멩코를 췄던 바로 그곳!
세비야대성당 관람
트램을 타고 종점인 누에바광장으로 와서 카사라비우다에서 점심
오페라 〈카르멘〉의 무대였던 세비야대학 지나 에스파냐광장으로
15:30
14:00
11:30
① 트램은 정류장도 다섯 개밖에 안 되지만 길을 잃었을 때는 구세주. 1.3유로. ② 카사라비우다는 타파스 중 대구 요리와 메인요리인 큰 꼬치구이는 필수!
세비야 산타 후스타역 출발 (렌페 고속철 AVE)
마드리드 아토차역 도착
프라도미술관 무료입장
솔광장 근처 파리요 드 마리아에서 저녁 식사
13:45
16:00
18:00
21:00
고속철 AVE는 짐 검사가 철저하니 일찍 도착하세요.
30분 전부터 줄을 서요. 레이나 소피아 미술관도 19:00부터 무료입장.
뒷장에 계속

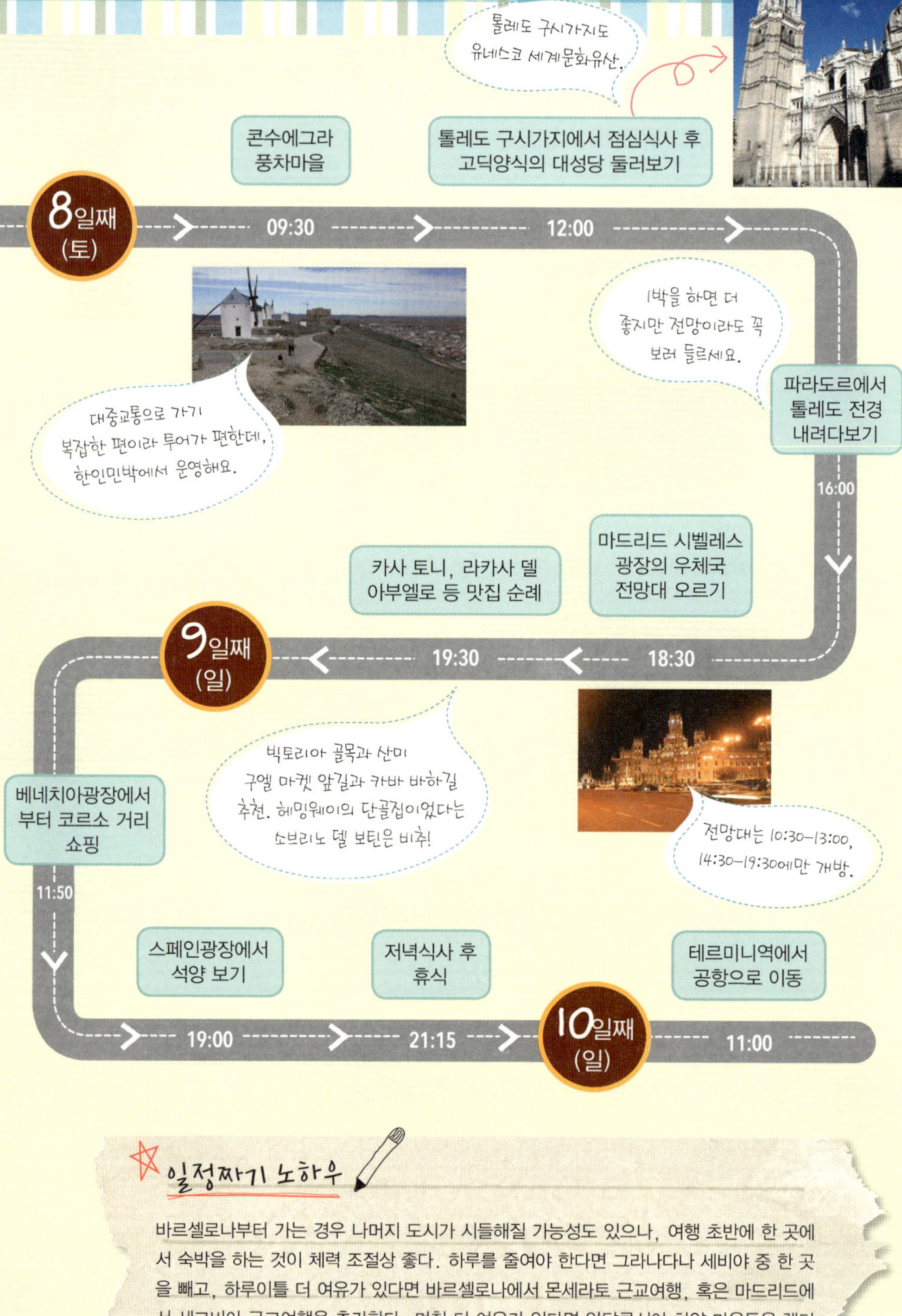

☆ 일정짜기 노하우

바르셀로나부터 가는 경우 나머지 도시가 시들해질 가능성도 있으나, 여행 초반에 한 곳에서 숙박을 하는 것이 체력 조절상 좋다. 하루를 줄여야 한다면 그라나다나 세비야 중 한 곳을 빼고, 하루이틀 더 여유가 있다면 바르셀로나에서 몬세라토 근교여행, 혹은 마드리드에서 세고비아 근교여행을 추가한다. 며칠 더 여유가 있다면 안달루시아 하얀 마을들을 렌터카로 여행해보자.

1. 이슬람 건축물 둘러보기

스페인은 800년 동안 무슬림 지배를 거치면서 이슬람교와 유대교, 그리스도교의 문화가 한데 어우러진 건축물을 갖게 됐다. 이슬람 나스리 왕조가 세운 그라나다의 알람브라궁전은 섬세한 장식과 정교한 무늬, 물을 활용한 정원이 눈길을 끄는 이슬람 건축의 진수다. 세비야의 알카자르는 기독교 지배자의 주문에 따라 무슬림 기술자들이 만든 무데하르Mudejar 양식으로 알람브라궁전과 닮았다. 세비야대성당의 히랄다탑에도 이슬람의 흔적이 남아 있다.

2. 가우디 건축물 투어

바르셀로나는 죽은 가우디가 먹여 살린다는 말이 있다. 가우디는 스페인이 낳은 천재 건축가. 사그라다 파밀리아, 카사밀라, 카사바트요, 구엘 공원 등 그가 만든 건축물들을 둘러보는 것만으로도 하루가 모자라다. 옥수수, 파도, 해초, 뼈다귀 등 자연에서 영감을 얻은 그의 건축물은 흡사 '숨은그림찾기'를 하는 듯 재미있다. 카사밀라 옥상의 굴뚝은 스타워즈의 병사들과 닮아 있으니 꼭 둘러보자. 유로자전거나라 등 해설이 있는 투어가 감상을 도와준다.

3. 타파스 집 순례하기

타파Tapa는 전채요리의 일종이다. 덮다Tapar라는 동사에서 나온 타파는 술잔에 벌레가 꼬이는 것을 막으려 잔 위에 얇은 빵을 올려놓던 일에서 비롯됐다. 스페인 사람들이 저녁식사를 워낙 늦게 시작해서 그 전에 간단히 해산물튀김이나 빵에 샐러드를 얹어 먹던 습관도 타파가 대중화된 요인이기도 하다. 타파스 메뉴를 주문해도 되고, 일반적인 요리를 타파 사이즈로 작게 주문할 수도 있다. 그라나다는 2~2.5유로의 음료 한 잔을 시키면 작은 타파 하나가 따라 나온다.

4. 플라멩코 관람하기

플라멩코Flamenco는 민요와 춤, 기타 연주로 구성되는 스페인 남부 안달루시아 지방의 전통예술이다. 발을 구르고 손뼉을 치면서 공작꼬리 같은 치마 뒷단을 차며 열정적인 춤을 추는 무희들의 표정은 김연아 뺨치고, 남자 가수들의 구성진 목청은 우리네 한이 담긴 민요를 떠올리게 한다. 기교가 넘치는 기타 연주도 볼거리. 세비야의 로스가요스Los Gallos와 엘 아레날El Arenal이 가볼 만한 공연장이다. 그라나다의 '동굴 플라멩코'는 좁은 공간에서 진행되기 때문에 연기자의 땀방울을 맞으며 공연을 보는 장점 겸 단점이 있다.

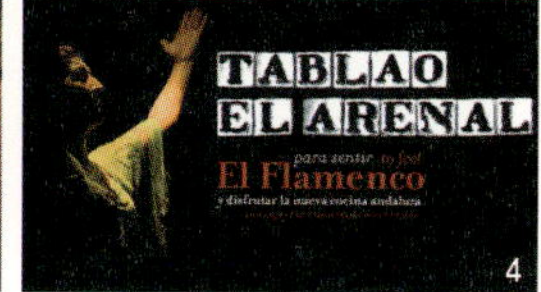

세비야대성당과 산타크루스 *세비야*

세비야대성당은 이슬람 모스크가 있던 자리에 고딕양식으로 세운 성당으로, 로마 산 피에트로 대성당과 런던 세인트 폴 대성당에 이어 유럽에서 세 번째로 크다. 규모도 규모지만 4명이 관을 받치고 있는 형태의 콜럼버스 묘와 보물들이 관광객들을 불러 모은다. 일요일 오전 미사에 참여하면 무료로 살짝 둘러보고 나올 수 있다. 유대인 집단 거주지였던 산타크루스 지역Barrio de Santa Cruz은 '뽀뽀골목'이라고 불릴 만큼 좁은 골목길이 정겹다.

라람블라La Rambla 거리 *바르셀로나*

라람블라는 바르셀로나의 대표 거리. 카탈루냐광장에서 해변까지 이어지는 길을 따라 레스토랑과 노점상 등이 몰려 있다. 늘 사람들로 북적이는 길 자체도 볼거리지만, 과일 등 먹을거리를 파는 보케리아 시장과 가우디가 만든 구엘저택, 가우디가 디자인한 가로등이 서 있는 레알광장 등도 함께 둘러보면 좋다. 근처 고딕지구에 대성당과 피카소박물관도 자리 잡고 있다. 지하철 3호선의 여러 역들이 이 길을 따라 정차한다.

바르셀로네타해변 *바르셀로나*

지하철 4호선 바르셀로네타역에 내리거나 몬주익언덕에서 로프웨이를 타고 내려갈 수 있다. 라람블라 거리 끝에서 바로 바르셀로나 항구가 보이지만, 모래사장을 걸으려면 요트 정박장을 지나 15~20분 정도 걸어야 한다. 바르셀로네타해변은 돛단배 모양의 W호텔이 보이는 멋들어진 풍경을 자랑한다. 도심에서 가깝지만 깨끗하고, 하루 종일 사람이 많다. 여름에는 누드로 돌아다니는 사람도 꽤 볼 수 있다.

호안미로미술관 *바르셀로나*

추상미술과 초현실주의를 결합해 독특한 미술세계를 그려냈던 호안미로의 작품을 전시하는 미술관이다. 회화, 조각, 거대한 태피스트리 등 다양한 작품이 모여 있고, 2층에서 이어지는 옥상에는 유머러스한 조형물들이 있다. 몬주익언덕 중턱에 있어서 몬주익성과 카탈루냐미술관, 스페인 광장의 분수쇼를 같은 날 감상하면 된다.

사그라다 파밀리아 Sagrada Familia, 성가족성당 *바르셀로나*

가우디의 미완성 역작이자 바르셀로나의 상징적 건축물이다. 그리스도의 탄생, 수난, 영광을 의미하는 세 개의 파사드(출입구를 포함한 벽면)와 18개의 탑을 세우는 중이다. 노년의 가우디는 사재를 털어 이 성당을 짓다 전차사고를 당했고, 허름한 차림 탓에 병원에 늦게 옮겨져 세상을 떠났다고 알려진다. 후임인 수바라치가 만든 수난의 문은 모던함의 극치로, 가우디가 만든 정교하고 복잡한 탄생의 문과 너무 다른 탓에 논란이 되기도 했다.

프라도미술관 *마드리드*

디에고 벨라스케스의 '시녀들', 엘 그레코의 '가슴에 손을 얹은 귀족', 프란시스코 고야의 '1808년 5월 3일', 프라 안젤리코의 '수태고지', 보쉬의 '쾌락의 정원' 등은 꼭 봐야 한다. 무리요, 보티첼리, 틴토레토의 작품들과 플랑드르 화가들의 작품도 놓치기 아깝다. 월~토 18:00~20:00, 일 17:00~19:00에 무료입장이 가능하며, 30분 전부터 줄이 길다. 소피아미술관도 휴무일인 화요일을 빼면 평일 저녁 19:00~21:00와 토요일 14:30 이후, 일요일에 무료다.

알람브라궁전 *그라나다*

이슬람 건축의 진수를 보여주는 곳이다. 무슬림 세력을 쫓아낸 이후 기독교 세력이 머물면서 살짝 보수를 하기도 했다. 언덕 위 요새로 둘러싸인 궁전은 나스리궁, 카를로스 5세궁, 알카사바 요새, 헤네랄리페 등 4구역으로 나눠진다. 기하학적 타일과 벌집모양 천정 등 정교한 세공, 물을 활용한 신비스러운 정원이 멋진 나스리궁은 30분 단위 입장시간을 꼭 맞춰서 들어가야 한다. 표는 예매하는 게 좋지만, 현장 판매분을 기다려서 사는 것도 가능하다.

까사 델 아부엘로 La Casa Del Abuelo *마드리드*

생긴 지 100년이 넘은 해물요리 전문점. 마늘과 기름으로 요리한 새우 요리가 감칠맛 나는데, 가격에 비해 양은 적다. 늘 인기가 많은 곳이지만 서서 먹는 곳이라서 회전이 빠르다. 솔광장과 가까운 빅토리아 골목에 있는데, 선채로 하몽과 술을 즐기는 사람들이 바글거리는 하몽박물관 Museo del Jamon부터 주변 맛집을 후루룩 훑는 것도 가능하다.

페리야 데 마리아 La Parrila De Maria *마드리드*

푸짐함으로 승부하는 그릴요리 프랜차이즈. 페리야 Parrila가 그릴을 뜻한다. 9.5유로짜리 세트를 시키면 빵, 소시지, 스테이크, 통감자, 와인이나 맥주, 커피와 아이스크림 등을 차례로 내온다. 바에 앉는 경우만 이 가격의 세트가 유효하며, 안쪽 테이블에 앉을 경우 12유로 안팎의 세트를 시켜야 한다.

까사 라 비우다

Casa La Viuda *세비야*

미슐랭 가이드에 나오는 식당이다. 타파스 경연대회에서 상을 받은 대구요리 Bacalao a la viuda와 참치요리 Atun rojo a la plancha cobre salmorejo 등 한두 가지 타파스를 맛본 뒤 거대한 꼬치구이 Brocheta de iberico y chistorra를 메인으로 먹으면 실하다. 위스키가 들어간 쇠고기요리 solomilo al whiskey는 좀 짜다.

콜레트 Colette *세비야*

누에바 광장 Plaza Nueva에 있는 프랑스식 베이커리 카페. 초코 크로와상 외에 다양한 빵들이 전시돼 있고, 테이블이 많지 않지만 늘 여성손님들이 들끓는다. 월요일에는 커피와 크로와상을 함께 주문하면 2유로에 먹을 수 있는 등 요일별 할인행사도 있다.

라 폰다 La Fonda 바르셀로나

라람블라 거리에서 가까운 고딕지구의 이름난 식당이다. 구색을 갖춘 식사도 가능하지만 파에야와 음료 정도만 시켜도 된다. 먹물 파에야Black Rice가 유명하고, 낮에 가면 전채와 요리, 디저트까지 10유로 이하에 즐길 수 있는 런치메뉴가 있다. 늘 줄이 길고, 한국인들이 많이 찾는다. 레알광장에서 해변 쪽으로 한 블록 아래, 라람블라에서 길 이름을 보고 찾아들어가는 게 편하다.

에스크리바 Escriba 바르셀로나

초코 크로와상 등 빵이 맛있는 베이커리 카페다. 1902년에 문을 열어 무려 110년이 넘었다. 라람블라 거리에 있고, 보케리아 시장에서 해변 쪽으로 조금만 가면 고풍스러운 가게가 보인다. 인테리어도 아기자기한데 테이블이 많지 않아 줄을 서서 기다리는 것은 기본. 하지만 따뜻한 초코 크로와상과 라바차 커피 한잔을 위해 기꺼이 기다려볼 만.

키오스코 버거

Kiosk Buger 바르셀로나

주문한 다음 만들기 시작하는 햄버거. 현지 젊은이들로 바글바글하다. 재료에 따라 버거 스타일과 빵을 고를 수 있고, 크기가 크고 재료도 풍성해서 먹성 좋은 남자들에게도 딱 좋다. 피카소미술관에서 바다 쪽으로 쭉 걸어 내려와서 8차선 도로가 나오면 근처에서 찾을 수 있다.

B 호텔B Hotel *바르셀로나*

지하철 에스파냐역 근처에 있는 디자인 호텔. 별은 3개지만 깔끔하고, 크지는 않지만 통유리로 전망을 내려다보게 만들어 놓은 풀이 포인트다. 에스파냐광장에 분수쇼를 보러 가기에 편하고, 아레나쇼핑몰Arena de Barcelona이 바로 옆에 있어서 쇼핑이나 식사를 해결할 수 있다.

에릭 뵈켈 그랑비아 스윗Eric Vökel Gran Vía Suites *바르셀로나*

에릭 뵈켈이라는 건축가가 지은 서비스 아파트. 로카포트역에서 가까우며, 에스파냐광장까지도 도보로 가능하다. 주변에 식당이 많고, 주방과 발코니가 있어 2베드형의 경우 가족여행에 적합하다. 와이파이는 무료. 스페인 대부분의 건물이 그렇듯 엘리베이터가 다소 불편할 수 있다.

파라도르 그라나다Parador Granada *그라나다*

알람브라 궁전 안에서의 하룻밤, 듣기만 해도 낭만적이다. 정확히 말하면 궁전 내에 있는 수도원을 개조한 국영호텔 파라도르에서의 하룻밤이다. 가장 저렴한 방이 200~350유로나 하는 비싼 가격임에도 몇 달 전에는 예약해야 할 정도로 인기다. 가격에 비해 시설이 만족스럽지는 않지만 운치 있는 정원과 훌륭한 조식으로 보상받는다. 시내 중심가에 다녀오는 게 다소 불편하니 최대한 숙소에 머무르는 게 좋다.

트렌호텔Tren Hotel *바르셀로나~그라나다*

객실에 침대와 샤워실이 있는 호텔형 기차. 바르셀로나~그라나다 구간 등 4개의 국내선과 3개의 국제선 구간에 운행된다. 바르셀로나에서 그라나다까지는 11시간이 넘게 걸리지만, 밤기차를 이용하면 숙박비가 들지 않는다. 미리 예약하면 2인 예약 시 1인 70유로 선. 1인 예약 시에는 100유로가 조금 넘는 금액으로 2인실을 독차지한다. 기차에서 잠을 잘 자는 사람이라면 경험해볼 만하다.

❝ 바르셀로나는 카탈루냐광장 주변이나 라람블라, 그라시아 거리 근처가 좋지만 호텔 가격이 매우 비싼 편이다. 호스텔을 찾거나 에스파냐광장 주변, 혹은 지하철역 주변을 잡는 것도 괜찮다. 마드리드는 솔광장이나 그랑비아, 아토차역 주변이 편하다. 세비야는 대성당이나 누에바광장까지 도보로 이동 가능한 곳이 좋고, 그라나다와 톨레도는 고성이나 요새, 수도원 등 역사적 가치가 있는 건물을 개조한 국영호텔 파라도르Parador를 경험해볼 만하다. 여행 중 동행이 필요하거나 여행정보를 얻어야 하는 경우 한인민박집에 묵는 것도 괜찮다. 가격은 도미토리가 비수기 25유로, 성수기 30유로 선. 2인실은 70유로 정도. 대부분 푸짐한 한식으로 아침을 주고, 불편한 이층침대 대신 싱글침대들을 갖춘 곳이 많다. ❞

호텔 레지나 Hotel Regina *마드리드*

지하철 2호선 세비야역 근처에 있는 호텔. 인테리어는 심플하지만 솔광장과 그랑비아, 프라도미술관이 모두 가까운 곳에 있다. 숙박비 50% 할인 행사가 가끔 있어서 50유로대의 가격에도 예약이 가능하다. 너무 중심가라 다소 시끄럽다는 게 단점.

아르트립 호텔 Artrip Hotel *마드리드*

별 개수는 2개뿐이지만 인테리어가 깔끔하다. 메트로역Lavapies과 가깝고 솔광장이나 아토차 기차역, 프라도미술관, 레이나 소피아미술관 모두 도보이동 가능하다. 와이파이와 커피, 차는 무료. 객실 수가 많지 않아 예약을 서둘러야 하는 곳이다. 트립어드바이저 리뷰 점수 1위에도 올랐다. (www.artriphotel.com/?lang=en)

책 읽는 침대민박 *세비야*

한인민박 가운데 평판이 좋은 곳 중 하나다. 산타크루즈 거리까지 5분 거리로 웬만한 관광지는 도보관광이 가능하다. 기차역이나 버스터미널에서도 10~15분 정도 걸린다. 식사도 잘 나오고, 관광정보도 정리를 잘해놔 여행자에게 도움이 된다. 초창기에 책을 기증하면 숙박비를 할인해주는 행사를 해서 여행자들도 한국 책을 빌려볼 수 있다. 하루 25유로. 식사를 제외한 호스텔 같은 2호점은 18유로. (cafe.naver.com/colchon)

파라도르 톨레도 Parador Toledo *톨레도*

톨레도에서 1박을 할 수 있다면 꼭 이곳이어야 한다. 당일투어로도 파라도르에 가서 성벽에 둘러싸인 중세도시 톨레도의 빼어난 전경을 내려다볼 수 있지만, 밤이 되어 조명을 밝힌 톨레도의 야경은 더욱 환상적이다. 예약도 쉽고 150유로 안팎부터 시작하는, 상대적으로 착한 가격도 매력이다. 구도심까지는 1시간에 1대꼴로 다니는 버스를 이용한다.

국가 정보

__국명__ 스페인 왕국. 스페인Spain은 에스파냐의 영어식 표기

__수도__ 마드리드

__언어__ 스페인어(카스티야어). 지역별로 카탈루냐어, 바스크어, 갈리시아어 등도 공용어.

__전기__ 220볼트, 한국과 같은 모양이므로 어댑터가 따로 필요하지 않다.

__시차__ 한국에 비해 동절기에는 8시간, 썸머타임을 쓰는 하절기에는 7시간 느리다.

__비자__ 3개월 이내는 무비자.

언제 가는 게 좋아요?

남쪽의 안달루시아와 동북쪽의 카탈루냐지방은 연중 온난하고 건조한 지중해성 기후를 보이고, 마드리드를 비롯한 내륙지방은 여름에 덥고 겨울에 추운 대륙성 기후가 나타난다. 더위와 인파에 시달리는 한여름보다는 봄가을이 좋다.

어떤 비행기 타면 좋아요?

대한항공이 마드리드까지 6,196마일 거리를 직항으로 운항하며, 13시간 30분 걸린다. 직항이라 편리하지만 가격은 만만치 않다. 1회 경유하는 노선은 베이징(에어차이나), 도하(카타르항공), 두바이(에미레이트항공), 혹은 유럽 주요도시를 거쳐 가는데, 러시아항공(아에로플롯)이 가장 가격 경쟁력이 있다. 모스크바 세레메체보공항을 경유하며, 스카이팀 회원사이기 때문에 대한항공으로 마일리지를 적립할 수 있다.

공항~시내간 이동은 어떻게 하나요?

__바르셀로나__ 공항철도가 밤 23:40까지 30분 간격으로 있다. 요금은 2.5유로인데, 9.8유로짜리 T-10(10회권)으로 공항구간도 이용할 수 있다. 공항버스는 06:00부터 새벽 01:00까지 운행한다. 카탈루냐광장까지 35분 정도 걸린다.

__그라나다__ 공항버스Aeropuerto Bus가 07:00부터 다닌다. 작은 공항이라 비행기가 도착하는 시간에 무조건 버스가 있다. 시내에서는 05:20부터 20:00까지(토요일은 18:00까지)1시간에 1대 꼴로 있다. 요금은 3유로.

__세비야__ 공항에서 시내까지 06:15부터 자정 무렵까지 30분 간격으로 버스를 운행한다. 2.4유로.

__마드리드__ 공항 지하의 아에로푸에르토Aeropuerto 역에서 지하철 8호선을 탈 수 있다. 문제는 솔광장이나 그랑비아로 가려면 여러 번 환승을 해야 하고 가격도 싸지 않다. 노란색 공항버스Exprés Aeropuerto는 15분 간격으로 24시간 운행하며 공항까지 약 40분 걸린다. 마드리드 시내에서는 오도넬O'Donnell, 시벨레스광장Palacio de Cibeles, 아토차역에서 선다. 요금은 5유로.

도시 안에서 이동은 어떻게 하나요?

__바르셀로나__ 3일 동안 혼자 사용하면 T-10(10회권)이 적당하다. 지하철과 버스는 환승이 가능하다. 3~4명이라면 택시도 이용해볼 만한데, 빈 택시는 리브레Libre라고 써져 있다. 몬주익언덕을 오가는 케이블카는 두 가지. 바르셀로네타해변으로 가는 케이블카와 몬주익성과 몬주익공원을 오가는 케이블카가 있다. 지하철 파라렐Para-lel 역에서 몬주익공원까지는 산악열차가 다닌다.

__그라나다__ 알함브라궁전으로 가는 버스는 누에바광장(31번, 35번)과 그랑비아 거리(30번, 34번) 앞에 있다. 1회 이용 시 1.2유로인데, 그라나다에 이틀 이상 머문다면 충전용 버스패스CrediBus Pass를 사용하는 것도 괜찮다. 버스기사에게 7유로(보증금 2유로와 충전용 5유로)를 내밀며 '보노Bono(패스라는 뜻)'라고 말하거나 키오스크에서 사면 된다. 그라나다에 3~5일 머물 사람

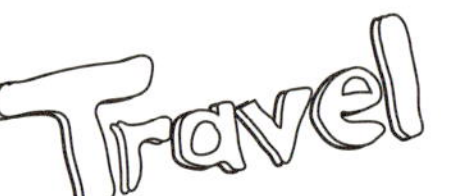

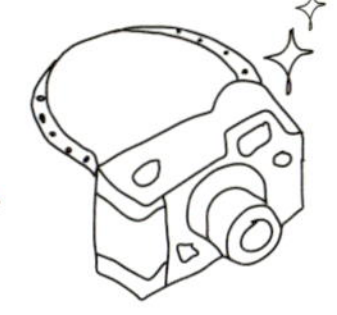

은 보노 투리스티코Bono Turistico를 사면 알함브라궁전 입장권이 매진됐더라도 입장 가능하다.

세비야 누에바광장과 대성당과 세비야대학 등을 지나는 트램은 노선이 너무 짧지만 길을 잃은 관광객이라면 트램길만 찾으면 정확한 장소에 돌아올 수 있다는 장점이 있다. 요금은 버스와 동일하게 1.3유로. 버스패스를 이용하면 둘 사이에 환승이 가능하다. 지하철은 1개 노선이 있는데, 거리기준으로 요금이 매겨져 비싼데다 관광객에게 큰 쓸모가 없는 노선이다.

마드리드 지하철은 12개 노선이 있고, 3개의 트램노선이 운영된다. 06:00~01:30 운영되며 A구역 내에서는 거리에 따라 요금이 1.5~2유로가 나온다. 지하철 3개 노선이 지나는 솔광장이 중심지이며 프라도미술관이 가까운 아토차역, 기차 이용 시 들르는 아토차 렌페역 모두 1호선 하나로 연결이 된다.

도시간 이동은 어떻게 이용해요?

저가항공 부엘링항공이 대표적이다. 저가항공들이 다 그렇듯이 미리 예약할수록 저렴하다. 기내용 수하물은 사이즈와 무게를 제한하기 때문에 수하물 부치는 비용이 따로 든다.

기차 고속철 AVE와 트렌호텔Trenhotel 외에 여러 일반 기차들이 있다. 시속 300㎞로 달리는 AVE를 타면 마드리드에서 세비야까지 2시간 15분, 마드리드에서 바르셀로나는 2시간 45분 정도다. 공식 가격은 매우 비싸서 미리 예약해야 저렴하다.

버스 알사버스www.alsa.es가 주요 도시를 연결한다. 기차보다 시간은 더 걸리지만 저렴한 편이다.

소매치기가 많다는데 괜찮을까요?

사건은 늘 벌어지지만 조심하면 내 일은 아니다. 관광객이 많은 곳은 경계가 필요하다. 여행경비는 그날 쓸 정도만 지갑에 넣고 다니고, 가방은 지퍼 달린 크로스백을 옆으로 매자. 휴대폰이나 카메라는 야외테이블에 놓는 순간 영영 이별이라고 생각하면 된다. 물건을 살 때는 거스름돈을 맞게 주는지 늘 그 자리에서 확인하는 것이 좋다.

기념품 뭐가 좋아요?

먹거리로는 하몽Jamon(햄)과 카탈루냐식 소시지 푸에트Fuet, 그리고 와인이 좋다. 하몽은 도토리만 먹여 키운 돼지의 뒷다리로 만든 '이베리코 하몽'이 최상급. 푸예트는 겉에 하얗게 발효된 소시지인데, 고린내가 살짝 나지만 고소하다. 와인은 리오하Rioja에서 생산한 것이 유명하다. 기념품은 투우나 플라멩코 관련 액세서리, 축구팀 유니폼, '반지의 제왕' 용으로도 제작했다는 톨레도 칼 등이 특색 있다. 백화점 엘 코르테 잉글레스El Corte Inglés에서 관광객카드를 만들면 음식을 제외한 기념품을 10% 할인받을 수 있다. 음식은 백화점 지하 슈퍼마켓에서 사면 된다.

환전은 이떻게 히면 되니요?

스페인은 1999년 유로존 탄생과 함께 유로화를 쓰기 시작했다. 자국통화였던 페세타를 쓰던 시절보다 물가가 확 뛰었다. 환전은 달러화와 마찬가지로 수수료 할인을 최대한 받아서 할 수 있으면 좋다. 휴가철에는 각 은행이 프로모션을 하는 때가 많고, 일반적으로는 외환은행 사이버환전을 이용하면 수수료를 50% 이상 깎아준다.

여행 경비(9박10일 기준)

	비수기	성수기
항공권 (국내선 포함)	110만원대~	150만원대~
숙소 (민박과 저렴한 호텔 2인실의 1인 기준)	1박 5만원	1박 7.5만원
식대	40만원	
투어 (가우디, 톨레도, 미술관)	17만원	
교통비	23만원	
쇼핑	10만원	
총예산	240만원대~	300만원~

미서부 그랜드서클여행

미국 서부는 한 달을 여행해도 모자랄 만큼 멋진 풍경들이 넘쳐난다. 특히 유타주 남부, 애리조나 북부, 뉴멕시코 북동부, 콜로라도 남동부를 포함하는 '그랜드 서클'의 광대한 자연은 미국이 받은 복 중 하나다. 화려한 카지노의 도시 라스베가스를 관문으로 그랜드 캐니언의 광활한 협곡을 뛰어넘는 대자연의 작품들을 감상할 수 있다. 현지 한인여행사의 단체 패키지투어로도 유명 관광지를 돌아볼 수는 있다. 2박3일에서 5박6일 코스로 바쁘게 돌아다니는데, 꼭두새벽부터 차를 타서 서울~부산 거리를 매일 이동하지만, 원하는 만큼 풍경을 만끽할 수가 없는 것이 현실이다. 미국에 지인도 없고 여행을 직접 준비할 여유가 없다면 패키지가 편한 선택이지만 가짓수는 조금 덜 채우더라도 조금 더 깊이, 조금 더 여유롭게 여행하는 방법도 있다. 바로 렌터카여행이다. 물론 이동거리가 만만치 않다는 조건은 그대로. 그러나 자신의 상황에 맞춰, 한 박자 천천히 광대한 자연의 손길과 그 속에서 인간들이 꽃피운 역사의 현장을 느낄 수가 있다.

8박10일 추천 일정표

1일째 (금)

- 21:00 — 인천공항 출발 (대한항공 이용)
- 16:10 — 라스베가스공항 도착, 렌터카 인수 받기
- 19:00 — M리조트 스튜디오 비 뷔페 맛보기

- 89A도로 경치 즐기며 세도나로 이동 (102마일, 1:45 소요)
- 루트 66 명소 셀리그먼에서 점심 (150마일, 2:20 소요)

- 14:00
- 12:30

- 에어포트 메사에 올라 석양에 물든 세도나 전경 바라보기

- 17:30
- 메사 그릴에서 식사 후 숙소로
- 성십자성당 둘러보기
- 세도나 대성당바위, 종바위 중 한 곳 트레일 걷기

4일째 (월)

- 19:00
- 08:00
- 09:00

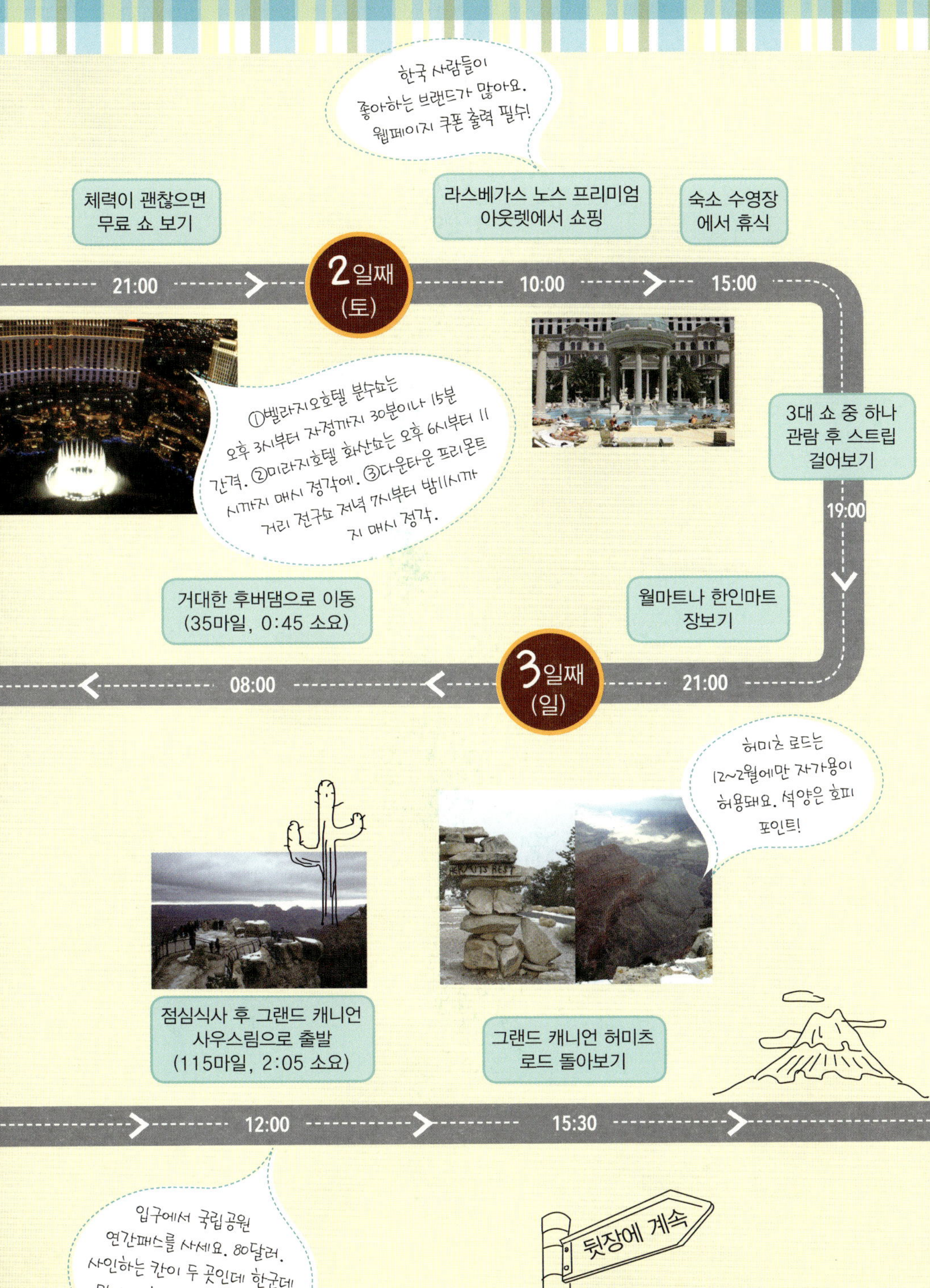

한국 사람들이 좋아하는 브랜드가 많아요. 웹페이지 쿠폰 출력 필수!

체력이 괜찮으면 무료 쇼 보기

라스베가스 노스 프리미엄 아웃렛에서 쇼핑

숙소 수영장에서 휴식

21:00

2일째 (토)

10:00

15:00

①벨라지오호텔 분수쇼는 오후 3시부터 자정까지 30분이나 15분 간격. ②미라지호텔 화산쇼는 오후 6시부터 11시까지 매시 정각에. ③다운타운 프리몬트 거리 전구쇼 저녁 7시부터 밤11시까지 매시 정각.

3대 쇼 중 하나 관람 후 스트립 걸어보기

19:00

거대한 후버댐으로 이동 (35마일, 0:45 소요)

월마트나 한인마트 장보기

08:00

3일째 (일)

21:00

허미츠 로드는 12~2월에만 자가용이 허용돼요. 석양은 호피 포인트!

점심식사 후 그랜드 캐니언 사우스림으로 출발 (115마일, 2:05 소요)

그랜드 캐니언 허미츠 로드 돌아보기

12:00

15:30

입구에서 국립공원 연간패스를 사세요. 80달러. 사인하는 칸이 두 곳인데 한군데만 사인하세요. 지인과 같이 쓸 수 있어요.

뒷장에 계속

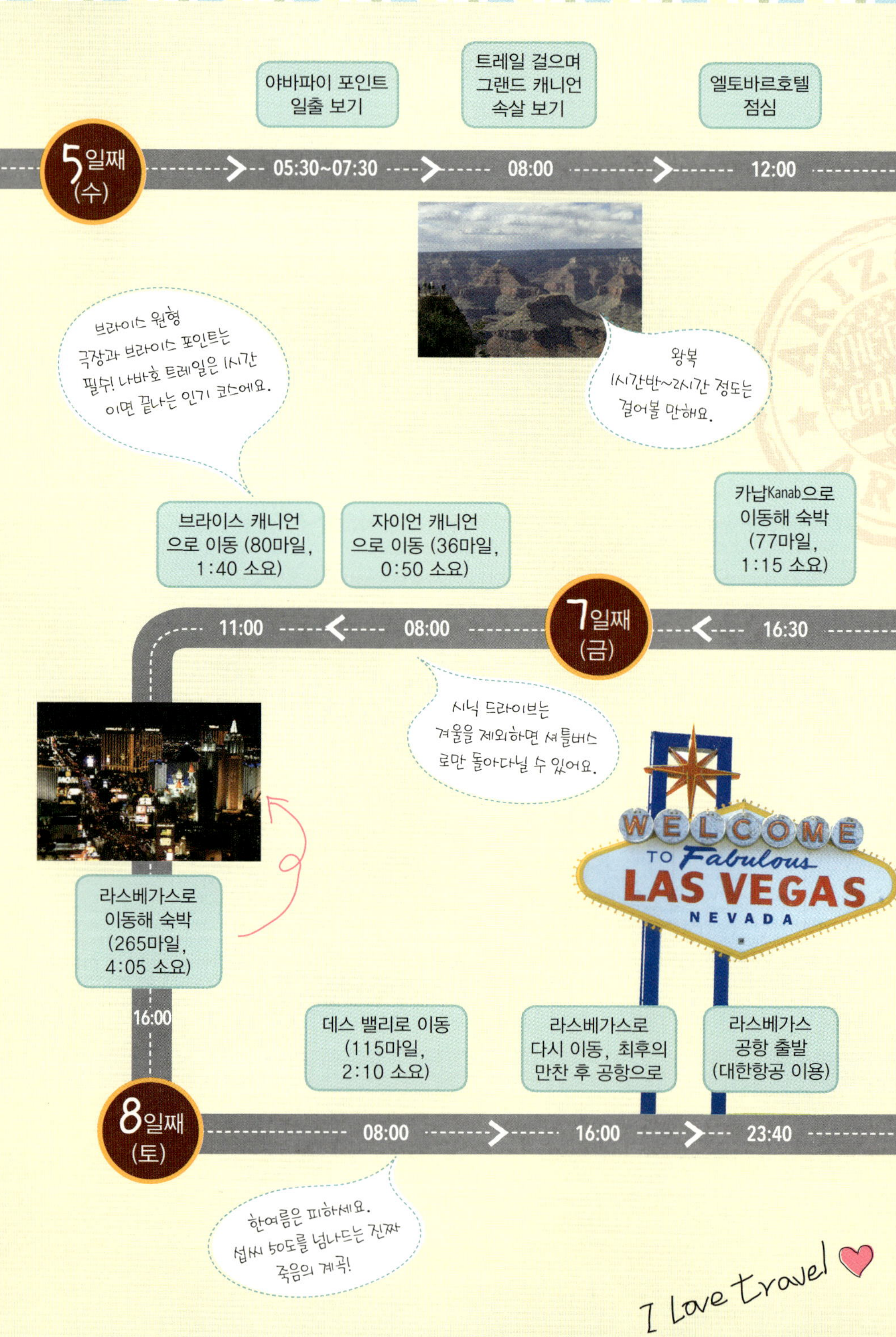
야바파이 포인트
일출 보기
트레일 걸으며
그랜드 캐니언
속살 보기
엘토바르호텔
점심
5일째
(수)
05:30~07:30
08:00
12:00
브라이스 원형
극장과 브라이스 포인트는
필뷰! 나바호 트레일은 1시간
이면 끝나는 인기 코스에요.
왕복
1시간반~2시간 정도는
걸어볼 만해요.
카납Kanab으로
이동해 숙박
(77마일,
1:15 소요)
브라이스 캐니언
으로 이동 (80마일,
1:40 소요)
자이언 캐니언
으로 이동 (36마일,
0:50 소요)
11:00
08:00
7일째
(금)
16:30
시닉 드라이브는
겨울을 제외하면 셔틀버스
로만 돌아다닐 수 있어요.
라스베가스로
이동해 숙박
(265마일,
4:05 소요)
16:00
데스 밸리로 이동
(115마일,
2:10 소요)
라스베가스로
다시 이동, 최후의
만찬 후 공항으로
라스베가스
공항 출발
(대한항공 이용)
8일째
(토)
08:00
16:00
23:40
한여름은 피하세요.
섭씨 50도를 넘나드는 진짜
죽음의 계곡!
I Love Travel

6일째 (목)

13:00 — 15:00 — 17:30~19:00

05:30 ~ 07:30

14:30 — 11:00 — 08:00

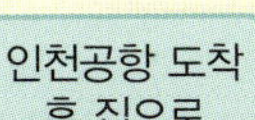

10일째 (일)

05:15

★ 일정짜기 노하우

10일 안팎의 일정이라면 라스베가스로 날아와 그랜드 캐니언 주변 작은 원을 그리며 돌아보는 그랜드 서클여행 정도가 여유 있다. LA나 샌프란시스코 경유편을 이용한다면 그랜드서클 일정을 줄이고 경유지 시내 관광을 해보자. 2주 넘는 일정이라면 LA행 비행기를 타고, 렌터카로 LA-라스베가스-그랜드서클 지역-요세미티-샌프란시스코-LA로 돌아보는 것도 가능하다.

그랜드서클의 일출과 일몰 보기

대자연이 햇살을 받아 잠에서 깨어나는 모습, 하늘보다 더 붉게 물든 기암괴석 뒤로 지는 해! 잊을 수 없는 일출과 일몰을 국립공원National Park이나 국정공원National Monument에서 맞아보자. 일출을 보려면 국립공원 내의 롯지나 국립공원 바로 앞 숙소에 묵어야 편하다. 다만, 여름에는 숙소 예약이 어렵고, 겨울에는 눈이 복병이다. 석양을 보려면 낮 일정에 욕심을 버리고 최대한 일찍 이동하자. 해는 기다려주지 않는다.

쇼의 진수 맛보기

잠들지 않는 도시 라스베가스는 화려한 쇼 비지니스의 각축장이다. 매일 100여개의 공연이 있는데, 그 중에서도 벨라지오호텔의 'O 쇼', 엠지엠호텔의 'KA 쇼', 윈호텔의 '르 레브Le Reve'를 흔히 3대 쇼로 꼽는다. 흔히 '물 쇼'라고 부르는 O 쇼와 '불 쇼'라 부르는 KA 쇼는 태양의 서커스의 대표작품들. '르 레브Le Reve'는 O 쇼의 제작자가 따로 만든 '물 쇼'다. 어린이를 동반한 가족이라면 무대 활용이 독특한 KA 쇼가 좋다.

미국 국립공원 연간이용권 National Park Annual Pass
미국 국립공원 입장료는 차 1대당 10~25달러 정도다. 12개월간 모든 국립공원, 국정공원에 입장할 수 있는 연간이용권이 80달러로 개별 입장료를 내는 것보다 이득이 될 수 있다. 첫 번째 도착한 국립공원 매표소에서 "애뉴얼 패스"라고 외치거나 온라인store.usgs.gov/pass/index.html으로 주문할 수 있다. 뒷면에 이름을 2명까지 쓸 수 있기 때문에 여행을 끝내고 다른 사람에게 반값에 파는 경우도 많다.

쇼를 싸게 보고 싶다면
쇼 티켓은 공연 자체 사이트의 프로모션과 오쇼 www.ohshow.net, 희망투어heemangtour.com 등 미국 현지 한인여행사, 베가스닷컴www.vegas.com/shows 등에서 미리 예매하는 게 좋다. Tix4Tonight 부스에서 환불티켓을 할인해 살 수도 있다. www.tix4tonight.com/shows/index.php에 해당일 티켓을 살 수 있는 공연을 게시하며, 홈피에 나와 있는 쿠폰을 뽑아가면 수수료를 깎아준다.

무료 쇼 즐기기

무료 쇼도 다양한데, 벨라지오호텔의 분수 쇼, 미라지호텔의 화산 쇼, 다운타운Fremont St.의 LED 쇼가 3대 무료 쇼로 꼽힌다. 스트립 거리와 무료 쇼를 구경할 때는 벨라지오 정도에 차를 세우고 주변을 돌아보면 된다. 스트립의 호텔들은 주차비가 무료이며, 발렛파킹을 해도 나중에 차를 찾을 때 1~2달러 팁을 주면 된다. 무료 쇼는 벨라지오의 분수 쇼가 '갑'이고, 미라지호텔의 화산 쇼는 쌀쌀한 밤에 불을 쬐는 용도로도 그럭저럭 괜찮다.

아메리칸 원주민의 슬픈 역사 되새기기

우리가 인디언이라고 불러온 아메리칸 원주민 Native American은 스페인 정복자들과 영국 이민자들에게 터전을 빼앗겨 왔다. 보호가 아니라 사실상 격리인 '인디언 보호구역' 중 가장 큰 땅이 애리조나주의 북동부와 유타, 뉴멕시코 일부 지역을 포함하는 '나바호국Navajo Nation'이다. 모뉴먼트 밸리는 서부영화에 많이 나오는 풍경이고, 캐니언 드 셰이Canyon De Chelly는 원주민 전사들이 스페인 군대에 저항하다 학살당한 슬픈 계곡이다.

루트 66Historic Route 66 드라이브

루트 66은 산타모니카에서 시카고까지 미국의 동서를 가로지르던 옛 고속도로의 이름이다. '마더 로드Mother Road'라 불린다. 주와 주를 가로지르는 인터스테이트 고속도로의 등장과 함께 80년대 중반 이후 거의 버려진 신세가 됐다가, 현재 몇몇 구간이 복원돼 있다. 그랜드서클여행 중 자주 이용하는 I-40 도로에서 'Historic Route U.S. 66' 팻말을 따라 빠져나가 옛 정취를 느껴보자. 라스베가스와 플래그스태프 사이에 있는 셀리그먼Seligman이 재치 있는 볼거리로 유명하다.

그랜드 캐니언Grand Canyon

길이가 서울~부산 거리에 맞먹는 그랜드 캐니언은 동서를 가로지르는 협곡을 기준으로 사우스림 나뉜다. 해가 뜰 때의 사우스림 야바파이 포인트와 해질 무렵의 데저트뷰 포인트와 호피 포인트가 명소다. 노스림은 5월 중순에서 10월 중순까지만 여행자를 받는다. 유리전망대 '스카이워크'는 인디언 후알라파이Hualapai 부족의 지역에 있다. 이곳을 웨스트림이라고 부르기도 한다.

미 서부 3대 캐니언

그랜드 캐니언에 비해 자이언 캐니언Zion Canyon과 브라이스 캐니언Bryce Canyon은 아기자기하다. 자이언 캐니언은 그랜드 캐니언의 바닥에 내려가 있는 느낌이며, 하루 70명까지만 허가서를 받고 다녀올 수 있는 동굴형태의 서브웨이Subway가 명소다. 브라이스 캐니언은 핑크색 돌기둥인 후두Hoodoo들이 늘어서 있는 모습이 신비롭다. 브라이스 원형극장Bryce Amphitheater과 브라이스 포인트 Bryce Point가 유명하다.

모뉴먼트 밸리 나바호 부족 공원
Monument Valley Navajo Trival Park

모뉴먼트 밸리는 나바호국 영토에 있는 신비로운 땅이다. 낮은 벌판에 바위 언덕이 우뚝 솟아 있다. 장갑 두 짝처럼 생긴 이스트 앤 웨스트 미튼East and West Mitten과 메릭 언덕Merrick Butte, 세 자매 Three Sisters, 토템폴Totem Pole 등을 돌아보는 17마일 길이의 시닉 드라이브는 약 2시간 정도 걸린다. 비포장 도로 탓에 붉은 흙이 차를 뒤덮는다.

영화 속 모뉴먼트 밸리

이름은 몰랐더라도 풍경만은 낯설지 않은데, 단골로 등장한 미국의 대표 풍경이기 때문이다. 배우 존 웨인과 존 포드 감독 콤비가 만든 〈역마차〉와 〈수색자〉, 드라마 〈에어울프〉, 영화 〈백투더퓨쳐〉, 〈인디애너 존스〉 시리즈의 일부를 이곳에서 촬영했다. 모뉴먼트 밸리가 멀리서 보이는 국도 163번 북쪽에서는 포레스트 검프가 불현 듯 달리기를 멈춘 곳이기도 하다.

호스슈 밴드Horseshoe Band

호스슈 밴드는 물길이 흘러 말발굽의 편자 모양으로 만들어진 지형. 미국 내에도 여러 곳이 있지만 페이지 근처의 호스슈 밴드는 꼭 한번 들러볼 만하다. 자칫 스쳐지나가기 쉬운 주차장에 차를 세우고 발이 폭폭 빠지는 모랫길을 1㎞ 정도를 걸어가면 낭떠러지 너머로 아찔한 절경이 펼쳐진다. 보호 장치가 없기 때문에 아찔한 인증샷을 찍을 수 있다. 빛에 따라 달라지는 호스슈밴드www.pbase.com/brianowski/horseshoe를 미리 감상해보자.

라스베가스

사막 한 가운데 있는 환락의 도시 라스베가스는 스트립Strip이라는 중심가 주변으로 베니스의 운하와 뉴욕의 엠파이어 스테이트 빌딩과 파리의 에펠탑과 이집트의 피라미드, 동화 속 궁전 등 전혀 안 어울리는 풍경들이 공존한다. 발길에 채이는 게 카지노라서 도박본능을 테스트해볼 수 있는 곳이기도 하고, 다양한 쇼와 공연을 보고 길거리를 돌아다니며 쇼핑을 하기에도 좋다.

앤털로프 캐니언Antelope Canyon

물길이 쓸고 지나간 S자 굴곡 사이로 빛의 향연이 펼쳐지는 곳이다. 페이지 근처에서 나바호족 투어를 이용하는데, 어퍼 캐니언Upper Canyon 투어는 오프로드 차량을 타고 이동한 뒤 평지 위의 계곡으로 걸어 들어가는 형태다. 가이드가 "여기, 이 각도로! 지금 니가 찍은 게 내셔널지오그라픽 표지야!" 이런 식으로 찍을 곳을 알려준다. '죽기 전에 꼭 보라'는 수식어가 달린 곳이며, 점심나절의 빛이 가장 좋다.

세도나Sedona

세도나는 흔히 기氣라고 부르는 에너지가 충만하기로 유명하다. 솟아오른 붉은 언덕들이 층층이 다른 색을 내뿜는 풍경이 신령하게 다가온다. 덕분에 '신은 그랜드 캐니언을 만들었지만, 세도나에 살고 있다'는 말이 있다나… 벨 락Bell Rock, 캐서드럴 락Cathedral Rock과 함께 돌무더기 절벽 위에 세워진 성십자가성당Chapel of Holy Cross이 가볼 만하다. 공항 근처의 에어포트 메사Airport Mesa에서 붉은 바위언덕을 더 붉게 물들이는 석양을 만끽할 수 있다.

'기가 참 맑고 센' 그곳

공기의 소용돌이를 뜻하는 볼텍스Vortex가 지구상에 21곳 정도 있다는데, 그 중 적어도 4곳이 세도나 주변에 있다고들 한다. 우리나라로 치면 계룡산 쯤인 셈이다. 볼텍스의 위치는 에어포트 메사와 종모양의 벨 락, 방향에 따라 대성당으로 보이기도 하는 캐서드럴 락, 보인튼 캐니언Boynton Canyon 등이다. 직접 바위에 올라 기를 체험해볼 수 있다. 한국의 명상센터에서 만든 '마고가든'이라는 명상수련원도 있다.

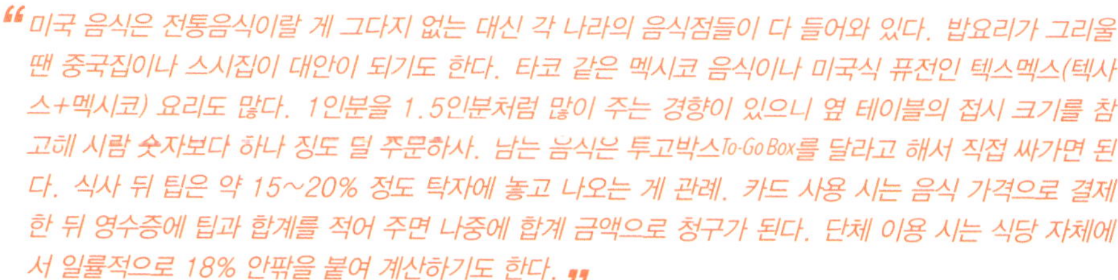

> 미국 음식은 전통음식이랄 게 그다지 없는 대신 각 나라의 음식점들이 다 들어와 있다. 밥요리가 그리울 땐 중국집이나 스시집이 대안이 되기도 한다. 타코 같은 멕시코 음식이나 미국식 퓨전인 텍스멕스(텍사스+멕시코) 요리도 많다. 1인분을 1.5인분처럼 많이 주는 경향이 있으니 옆 테이블의 접시 크기를 참고해 사람 숫자보다 하나 정도 덜 주문하자. 남는 음식은 투고박스To·Go Box를 달라고 해서 직접 싸가면 된다. 식사 뒤 팁은 약 15~20% 정도 탁자에 놓고 나오는 게 관례. 카드 사용 시는 음식 가격으로 결제한 뒤 영수증에 팁과 합계를 적어 주면 나중에 합계 금액으로 청구가 된다. 단체 이용 시는 식당 자체에서 일률적으로 18% 안팎을 붙여 계산하기도 한다. "

아메리칸 브랙퍼스트, 모텔의 아침

웬만한 체인 모텔들은 숙박에 아침식사가 포함되며, 대략 6~9시 언저리에 정해진 공간에서 마음껏 음식을 집어먹는 구조다. 모텔 식당에 가면 베이글, 머핀, 토스트 등 빵류와 스크램블드 에그 등 계란요리, 햄, 베이컨, 소시지 등 육류, 시리얼과 오트밀, 요거트와 과일, 그리고 주스와 커피, 우유 등 다양한 음식이 놓여 있다. 직원이 계란에 야채를 넣은 오믈렛이나 프라이, 스크램블 등 계란 요리를 바로 만들어주는 곳도 있는데, 나갈 때 팁통에 1인당 1~2달러 정도는 넣는 게 관례다. 원하는 만큼 먹을 수 있지만, 낮에 먹겠다고 싸가는 것은 안하는 게 좋다. 예의도 아니거니와, 들고 가도 나중에 짐만 된다.

여기서 잠깐 Tip!

서양식 조식 두 가지의 차이

서양식 조식은 크게 두 가지인데, 컨티넨탈 브랙퍼스트Continental Breakfast와 아메리칸 브랙퍼스트American Breakfast라 부른다. 전자는 유럽식으로 빵과 음료가 기본. 겨우 허기만 가시게 하는 개념이라, '대륙식 식사'라는 이름에서 풍겨오는 거대한 대륙의 포스 따위 없다. 후자는 이름 그대로 미국식 식사. 빵과 음료에 달걀요리와 햄, 베이컨 등 단백질이 곁들여져, 상대적으로 기름진 식사다.

밥심이 필요할 땐 한식

한국에서는 햄버거를 부르짖던 사람도 미국에서 삼시 세끼 느끼한 요리를 먹으려면 한식 생각이 불끈불끈하기 마련이다. 라스베가스의 한식집은 스프링 마운틴spring mountain 근처 허니 피그honey pig, 대장금, 사하라 커머셜센터 도쿄활어, 독도 등이 유명하다. 하지만 라스베가스를 떠나 한식당을 만나기는 어렵다. 하지만, 렌터카여행의 장점은 차에 짐을 마음껏 실을 수 있다는 것. 라스베가스에서 쌀과 전기밥솥, 간단한 반찬류와 물을 마련해두면, 숙소에서 아침이나 늦은 저녁으로 한식을 만들어 먹을 수 있다. 월마트나 한인마트에서 20달러 안팎이면 보온기능 없이 밥만 지을 수 있는 간단한 전기밥솥Rice Cooker를 살 수 있고, 쌀과 반찬류는 한인마트에서 구입해 아이스박스에 넣어다니면 된다. 햇반과 컵라면을 사는 것도 방법이다.

여행의 시작과 끝, 라스베가스의 뷔페

라스베가스는 미서부여행의 시작과 끝이다. 비행으로 인한 피로를 풀고 저렴하고 푸짐한 식사로 여행할 체력을 비축하는 것을 목표로 삼자.

M리조트 스튜디오 비 뷔페M Resort Studio B Buffet 스트립을 한참 벗어난 남쪽에 있어 저렴한 가격과 음식의 질로 승부한다. 200가지 넘는 음식 종류와 디저트의 다양함도 좋지만 가장 큰 장점은 무제한 와인과 맥주를 포함하는데도 다른 뷔페보다 싸다는 점이다. 2010년에 라스베가스 최고의 뷔페로 뽑혔다.

뷔페 오브 뷔페즈 Buffet of Buffets 뷔페를 골라먹는다. 24시간 동안 하라스Harrah's 계열 호텔의 8곳 뷔페 중 최대 6곳을 갈 수 있다. 하라스 토털 리워즈Total Rewards에 무료가입하면 5달러를 할인해주고, 개별 금액이 40달러 이상인 시저스팰리스호텔의 배커널 뷔페Ceaser's Palace Bacchanal Buffet와 리오호텔의 시푸드 뷔페는 각각 15달러 추가된다. 24시간을 최대한 활용해 저녁, 아침, 점심, 저녁으로 최대 4끼까지 해결 가능하나 늘 줄이 길어 시간 소모가 크다. 추천 뷔페 시저스팰리스호텔 배커널, 리오 시푸드, 패리스호텔의 르 빌리지 뷔페의 브런치, 플래닛할리우드호텔의 스파이스마켓.

오이시 스시 Oyshi Sushi 라스베가스에서 뜨고 있는 오이시 스시는 '올유캔잇'All You Can Eat이라는 이름의 뷔페 메뉴로 인기다. 개별메뉴로 선택할 수도 있지만, 한 테이블에서 뷔페 주문자가 있으면 전부 뷔페로 주문해야 한다. 테이블 담당자에게 주문하면 바로 만들어서 갖다 주는 형식이라 신선하다. 가격은 연중 점심 21달러, 저녁 26달러에 세금과 팁 추가. 생굴 등 일부는 1인당 2접시로 제한된다.

마키노 스시 Makino Sushi 라스베가스 노스프리미엄아웃렛에 자리 잡고 있는 스시뷔페로 일본인 셰프 덕분에 유명하다. 아웃렛에 가는 김에 들러도 좋고, 그게 아니라도 해산물이 생각날 때 가볼 만한 곳이다.

> 그랜드서클여행의 숙박은 크게 대도시인 라스베가스와 국립공원 주변의 시골 숙박으로 나뉜다. 라스베가스의 경우는 스트립 주변에 머물면 걸어다니면서 관광할 수 있지만 스트립 주변이 은근 방대하다. 스트립 인근 대형호텔은 대도시답지 않게 주차료를 받지 않으므로 차로 이동해도 된다. 셀프주차장은 멀고 발렛 주차가 편한데, 차를 되찾을 때 1~2달러 정도 팁만 주면 된다. 가족 중 한 명(운전자)이희생하면 나머지 식구들은 편하다. 국립공원 내부 숙소는 여름 성수기의 경우 몇 달 전에 이미 마감된다. 국립공원 내에서 일출을 볼 생각이라면 되도록 국립공원 내부나 근처에 숙박을 잡는 게 좋다. 〞

호텔 천국 라스베가스

라스베가스는 대형 컨벤션이 개최되느냐 아니냐에 따라 숙박비의 차이가 크다. 때로는 5성급 호텔이라도 10만 원대에 잘 수 있다. 할인과 함께 리조트 내에서만 쓸 수 있는 상품권 등 프로모션이 종종 나오니 스마터베가스닷컴www.smartervegas.com을 참조하자. 인원이 딱 둘이라면 프라이스라인 비딩도 해볼 만하지만, 3인 이상이라면 침대 개수를 정할 수 없기 때문에 위험부담이 있다.

가족여행이라면 카지노가 있는 호텔은 힘들다. 객실로 가는 길에 카지노를 통과하도록 만들어져, 주차장에서 객실까지 멀고 담배 냄새를 피하기 어렵다. 가족여행에는 브다라Vdara 호텔과 힐튼 그랜드 배케이션Hilton Grand Vacation 등 카지노가 없는 숙소를 고려해보자. 힐튼 그랜드 베케이션 라스베가스는 힐튼에서 타임쉐어 형태와 호텔 형태로 판매하는 콘도식 숙소. 주방과 제대로 거실을 갖췄고, 소파침대Sofa Bed, Futon을 갖추고 있어 식구가 많아도 된다. 라스베가스 스트립 주변으로 4군데가 있는데 리조트 피Fee가 없고, 주방과 세탁, 건조기가 있어 편리하다. 만달레이베이Mandalay Bay 호텔은 수영장에 파도풀이 있어서 어린이들이 좋아한다.

리조트 피가 뭔가요?

리조트 피Resort Fee라는 명목으로 매일 10~30달러를 내야 하는 호텔이 많다. 수영장, 인터넷, 유선전화, 헬스장, 신문 등을 이용하는 비용이라고 설명한다. 겨울이라 수영장을 사용하지 않는 경우는 다소 아까울 수 있다. 어린이 추가비용을 받는 곳들도 있는데, 솔직하게 내면 마음은 편하고 속이 쓰리다. 이 비용을 절약하고 싶다면 가족을 멀리 떼어놓고 혈혈단신 체크인한 뒤 엘리베이터를 타는 스릴을 느껴보자.

국립공원 안에서 자기

국립공원 내 롯지나 주변 모텔들에서 숙박하게 된다. 국립공원 내 롯지는 대부분 일찍 마감되는데, 간혹 취소된 방이 나오기도 하므로 다른 곳을 예약해 두고 계속 주시하는 것도 가능하다.

그랜드 캐니언 롯지 그랜드 캐니언은 워낙 크기 때문에 국립공원 밖에서 자는 경우 이동시간이 상당하다. 특히 일몰과 일출을 보려 한다면 그랜드 캐니언 빌리지 안에서 자는 거 외에는 거의 답이 없다. 사우스림에는 엘 토바르 호텔, 브라이트 앤젤, 롯지, 카치나 롯지, 썬더버드 롯지, 매스윅 롯지, 야바파이 롯지, 팬텀 랜치 로지 등이 있다. 가격대와 숙소 형태는 다양하다. 그랜드 캐니언 사우스림 롯지www.grandcanyonlodges.com, 노스림 롯지www.grandcanyonlodgenorth.com 그랜드 캐니언 국립공원 내 숙소가 없다면 남쪽 출구 바로 아래쪽 투사얀Tusayan 지역이 가장 가까운 대안이다. 투사얀에도 숙소가 없다면 I-40 상에 있는 윌리엄스나 플래그스태프에서 숙박해야 하는데 이동시간이 길다.

모뉴먼트 밸리 관광안내소를 겸하는 더뷰호텔The View Hotel이 모뉴먼트 밸리 내 유일한 숙박시설이다. 방마다 거대한 바위언덕이 그대로 보이는 전망으로 이름값을 한다. 1층에서 3층까지 객실이 있는데, 층이 높을수록 가격이 비싸진다. 창을 통해 쏟아질 것처럼 많은 별과 신비로운 일출도 그대로 보이니 돈값도 한다. 시닉 드라이브 중에 호텔 쪽을 보면, 절벽 위에 지어진 호텔 자체도 멋스럽다. 몇 달 전부터 예약이 꽉 차니 아주 부지런하거나 겨울을 노리자.

KOA 캠핑장 국립공원 주변을 비롯해 미 전역에 퍼져 있는 캠핑장 체인으로 통나무집Cabin도 딸려 있다. 침구류가 갖춰져 있지 않기 때문에 차에 기본적인 이불과 방한장비를 싣고 가야 하지만, 가격대는 저렴하다. 웹페이지koa.com에서 위치를 조회해보고 주변 모텔에 비해 공원 입구와 가깝다면 미리 예약해두자. 24달러를 내고 유료회원으로 가입하면 숙박비의 10%를 적립받을 수 있으나, 여러 번 이용하지 않는다면 굳이 고려할 필요가 없다.

모텔 트립어드바이저www.tripadvisor.com에서 각 지역 숙소 순위를 보고 적당한 가격대 중에 높은 순위의 숙소를 택하거나, 온라인예약사이트에서 평점이 10점 만점에 7점 이상인 곳을 택하면 큰 무리는 없다. 미국 내 숙소는 카약닷컴www.kayak.com에서 가격을 비교하면 편하다. 예약사이트보다 호텔자체 사이트가 취소기한이 여유로운 경우가 많고 포인트를 모을 수 있다. 가족여행의 경우 되도록 침대가 2개인 방을 고르거나 접이식 침대Rollaway 추가를 미리 요청한다. 소파베드Sofa Bed가 있는 방은 더 많은 사람이 머물 수 있지만, 스프링이 낡아 허리가 아플 수 있다. 주방이 딸린 장기체류형도 많다.

미리 예약 않고도 숙소 할인을 받고 싶다면
일정이 유동적이어서 미리 예약하지 못하고 숙소를 바로 구해야 하는 경우는 고속도로변 패스트푸드점 등에 있는 쿠폰집을 활용해보자. 온라인으로 미리 출력해갈 수도 있으나 프로모션은 1인 요금이라는 식으로 조건의 제약이 있는 경우도 많다. www.hotelcoupons.com/

지역 정보

지명 그랜드서클Grand Circle. 미국 서부의 애리조나, 유타, 뉴멕시코, 콜로라도 등 4개주를 포함하는 국립공원 집결 지대다.

언어 영어

전기 110~120V (흔히 '돼지코'라 부르는 어댑터 필요)

시차 라스베가스는 일광절약시간제(서머타임)를 실시하는 3~11월은 16시간, 겨울에는 17시간 느림. 그랜드서클 지역은 그보다 1시간 빠르나 애리조나주는 일광절약시간제를 안 씀.

비자 90일 이하 관광이나 사업상 방문의 경우 전자여행허가ESTA를 받으면 된다. 최소 72시간 전에 신청해야 하며 2년간 유효하다. 전자여권과 14달러 필요. esta.cbp.dhs.gov/esta/ (상단에서 한국어 선택)

Tip! 여름 애리조나는 시차계산의 복병

미국은 본토에서만 태평양, 산악, 중부, 동부 등 4가지 표준시를 사용한다. 라스베가스가 있는 네바다주(PST, 태평양표준시)에서 그랜드 캐니언이 있는 애리조나주(MST, 산악표준시)로 갈 땐 1시간을 더한다. 나머지 그랜드서클 지역은 동일한 시간대다. 문제는 일광절약시간제를 쓰는 3월 중순부터 11월 중순까지에 발생한다. 다같이 1시간을 앞당기면 겨울처럼 계산하면 되겠으나 애리조나주가 일광절약시간제를 안 쓰고, 많은 국토가 애리조나주에 속해 있는 나바호국은 일광시간제를 쓴다는 게 문제다. 결국, 여름에 라스베가스에서 그랜드 캐니언에 오면 시간이 동일하고, 모뉴먼트 밸리로 가면 다시 1시간이 늘어난다. 둘을 오락가락해보면 매우 헷갈린다.

언제 가는 게 좋아요?

봄 가을은 늘 여행하기에 좋다. 여름과 겨울은 장단점이 있다. 여름에는 그랜드서클 지역을 여행하는 사람이 너무 많고, 데스 밸리 같은 곳은 피하는 게 좋다. 겨울에는 국립공원 중 일부 지역은 개방을 하지 않거나 폭설 때문에 도로가 차단되는 경우가 있는 대신 관광객 숫자가 적어 숙소 예약이 편하다. 그랜드 캐니언과 자이언 캐니언 등은 하절기에 셔틀버스로만 갈 수 있는 지역을 개인차량으로 돌아볼 수 있다는 점도 좋다.

어떤 비행기 타면 좋아요?

라스베이거스는 대한항공만 직항을 운항한다. 델타항공에서 대한항공이 대신 운행하는 코드쉐어 티켓을 파는 경우는 저렴하게 대한항공을 탈 수도 있다. LA나 샌프란시스코 경유편은 종류가 많고, 가거나 오는 길에 스탑오버로 도시여행을 할 수 있다. 아메리칸항공(AA)이 댈러스 직항을 취항하면서, 댈러스 경유 라스베이거스 항공권이 저렴하게 나오기도 한다. LA까지는 대한항공, 아시아나항공, 타이항공이, 샌프란시스코까지는 대한항공, 아시아나, 싱가폴항공, 유나이티드, US항공 등이 직항을 운항한다.

렌터카는 어떻게 빌리나요?

한국의 운전면허시험장이나 경찰서에서 미리 국제운전면허증을 발급받아서 들고 간다. 인터넷으로 차량 예약 시 차량의 크기와 종류, GPS가 필요한지를 정하게 된다. 예약 당시 자동차보험을 함께 들었다면, 차량을 받을 때 보험을 들 필요가 없다. 예약 당시보다 더 큰 차를 내준다고 좋아라 타고 나서 나중에 돈을 더 청구하는 경우도 있으니 미리 추가금액이 있는지 물어야 한다. 하루하루 이동거리가 꽤 길기 때문에 주유소를 발견할 때마다 기름을 넣는 것이 안전하다. 따로 기름 관련 옵션을 구매하지 않았다면 렌터카 반납 직전에 기름을 채워서 가져가야 바가지요금을 면할 수 있다. 렌터카는 익스피디아 등 미국 여행사이트들과 트래블직소www.traveljigsaw.co.kr/locations/usa/lasvegas를 비교해본다.

주마다 법이 다르다. 5세 미만 어린이는 기본으로 카시트에 앉혀야 하고, 최대 12살 미만까지 부스터 시트에 앉혀야 하는 경우도 있다. 그랜드서클 여행에서 주로 돌아다니게 되는 애리조나주는 5~7세 아동을 부스터 시트에 앉혀야 한다. 부스터 시트는 렌터카 회사에 요청하거나 마트에서 비싸지 않게 살 수 있다.

스탑오버 땐 어디 가면 좋아요?

LA 경유라면 하루쯤 테마파크에서 즐기는 걸 추천한다. LA 주변의 테마파크는 디즈니랜드와 유니버설 스튜디오 헐리우드가 있고 샌디에고 쪽으로 내려가면 레고랜드와 씨월드가 있다. 테마파크 입장권은 LA 한인디운의 여행사 희망투어heemangtour.com와 UCLAwww.tickets.ucla.edu나 USCwww.usc.edu/bus-affairs/ticketoffice 등 여러 대학에서 할인 가격으로 살 수 있다. 현장판매 줄이 길기 때문에 미리 사가는 것을 추천한다.

디즈니랜드 LA 남쪽 애너하임에 있다. 디즈니랜드 파크와 캘리포니아 어드벤처 파크로 나뉘어져 있는데, 어드벤처 파크에는 인기 애니메이션 〈카〉를 재현한 카스 랜드Cars Land도 생겼다. 시간이 많지 않으므로 하루에 두 곳을 다 갈 수 있는 1일 호퍼티켓을 끊고 놀이기구보다는 퍼레이드와 쇼를 챙겨보는 게 좋다. 인기 있는 곳에 먼저 가서 패스트티켓을 받고, 줄서기와 병행해 시간계산을 잘해야 한다.

유니버설 스튜디오 할리우드 LA의 할리우드 북쪽에 있다. 킹콩, 죠스, 터미네이터2, 워터월드 등 영화의 특수효과와 놀이기구로 가득찬 곳이다. 요즘 어린이들은 잘 모르는 옛날 영화가 많아 어른들이 좋아하기도 한다.

레고랜드 샌디에고 근처 칼스배드에 있다. 전시와 놀이기구 등 모든 것을 레고로 재현해 놓아 어린이들을 잡아끈다. 레고를 사달라는 아이들과의 끝없는 '네고'에 돌입할 마음의 준비를 해야한다.

씨월드 샌디에고에 있다. 올랜도에 있는 씨월드에서 범고래가 조련사를 공격한 사고 이후 인기가 다소 줄었다.

환전은 어떻게 하면 되나요?

달러화는 인터넷뱅킹이나 환전클럽을 통해 수수료를 할인받으며 환전하는 것이 좋다. 환율이 오르는 시기라면 미리 환전을 많이 하고, 환율이 떨어지는 시기라면 미국 현지에서 신용카드를 사용하는 것이 이득일 수도 있다.

여행 경비(8박10일 기준)

	비수기	성수기
항공권	100만원대~	180만원대~
숙소 (2인실의 1인 기준)	1박 4만원	1박 7만원
렌터카 (7일 기준)	30만원	
주유비 (2인여행시 1인)	12만원	
식대	30만원	
투어&쇼	20만원	
쇼핑	10만원	
총예산	230만원대~	280만원~

유용한 인터넷 사이트

• 여행정보

미국자동차여행 www.usacartrip.com
나바호킴 cafe.naver.com/navajokim
위기주부의 미국서부여행 chakeun.tistory.com/
바다를 건너며와 함께 떠나는 미국 여행 blog.naver.com/xcreative
미국 날씨 www.weather.gov/
네바다 도로정보 www.safetravelusa.com/nv/
아리조나 도로정보 www.az511.com/adot/files/traffic/
유타주 도로 www.udottraffic.utah.gov/RoadWeatherForecast.aspx

두근두근 해외여행

2014년 4월 5일 초판 1쇄 펴냄
2014년 6월 16일 초판 2쇄 펴냄

지은이 임소정
발행인 김산환
편집인 조동호
편집 윤소영
디자인 윤지영
영업 신경국
펴낸곳 꿈의지도
인쇄 다라니
종이 월드페이퍼
주소 경기도 파주시 광인사길 68 성지문화빌딩 401호
전화 070-7535-9416
팩스 031-955-1530
홈페이지 www.dreammap.co.kr
출판등록 2009년 10월 12일 제82호

ISBN 978-89-97089-32-1-13980